工业分析技术

主　编　李赞忠
副主编　陶柏秋
参　编　张　瑄　白艳红　马光路
主　审　李继睿　李纯毅

北京理工大学出版社
BEIJING INSTITUTE OF TECHNOLOGY PRESS

内容简介

本书介绍了工业分析技术的基础知识，整体上分为两大部分，即基础知识和工业分析方法及应用。理论知识坚持"够用"为度的原则，实践任务注重可操作性，尽量按照由易到难、结合真实工作情景，力求使学生对任务引领比较容易"入手"，同时对完成任务拓展又有一定的挑战性。

本书适合作为高等职业学校的教材使用，也可供相关从业人员学习参考。

版权专有　侵权必究

图书在版编目（CIP）数据

工业分析技术／李赞忠主编．—北京：北京理工大学出版社，2013.3（2020.7 重印）

ISBN 978-7-5640-7247-6

Ⅰ．①工… Ⅱ．①李… Ⅲ．①工业分析－高等学校－教材 Ⅳ．①TB4

中国版本图书馆 CIP 数据核字（2012）第 318190 号

出版发行 /	北京理工大学出版社
社　　址 /	北京市海淀区中关村南大街 5 号
邮　　编 /	100081
电　　话 /	（010）68914775（办公室）　68944990（批销中心）　68911084（读者服务部）
网　　址 /	http：//www.bitpress.com.cn
经　　销 /	全国各地新华书店
印　　刷 /	北京虎彩文化传播有限公司
开　　本 /	710 毫米×1000 毫米　1/16
印　　张 /	25.5
字　　数 /	479 千字
版　　次 /	2013 年 3 月第 1 版　2020 年 7 月第 6 次印刷
定　　价 /	56.00 元

责任编辑 / 张慧峰
责任校对 / 周瑞红
责任印制 / 王美丽

图书出现印装质量问题，本社负责调换

前 言

本教材是内蒙古化工职业学院国家骨干校高职院校建设项目成果。在高等职业教育由规模发展已经完全转变为内涵建设的今天，课程体系与教学内容的改革已成为各高职院校的核心工作，它推动着高等职业教育课程的改革，并促进实践性教学的创新。由此产生了适合高等职业教育的项目教学法、任务驱动教学法、基于资源的主题学习教学法、案例教学法等众多教学理念和方法，而教材改革也必须适应上述教学理念和方法的要求。因此本教材在内容编排上紧紧围绕高等职业教育发展的方向，同时立足区域行业发展的需要以及相关技术领域和岗位的任职要求，以任务驱动为导向，结合项目课程的设计方法，将理论知识和实践任务有机结合在一起，从而强化学生综合职业素质的培养，为学生职业能力的提高打下坚实的基础。

本教材在整体上分为两大部分，即基础知识和工业分析方法及应用。理论知识坚持"够用"为度的原则，实践任务注重可操作性，尽量按照由易到难、结合真实工作情景，力求使学生对任务引领比较容易"入手"，同时对完成任务拓展又有一定的挑战性。

本教材由内蒙古化工职业学院李赞忠教授担任主编、陶柏秋副教授担任副主编，张瑄、白艳红、马光路参与编写。其中绪论、第1章、第10章由李赞忠编写；第2章、第4章由陶柏秋编写；第3章、第9章、附录由张瑄编写；第6章、第8章由白艳红编写；第5章、第7章由马光路编写；全书由李赞忠教授统稿。湖南化工职业技术学院李继睿教授、内蒙古化工职业学院李纯毅副教授担任主审，参加审稿的还有中石油呼和浩特石化公司和中海油内蒙古天野化工集团的专业技术人员，在此深表感谢。

在本教材编写过程中，得到了有关领导及教师们的支持和帮助，同时还要对为本教材提供技术资料的有关企业技术人员，表示深深的谢意。

鉴于编者学识有限，书中难免有疏漏和不足之处，请广大同仁、学者及使用本教材的师生提出批评、指正，特此致谢。

编 者

目 录

绪论 ·· 1
  0.1 工业分析的任务和作用 ·· 1
  0.2 工业分析的特点 ··· 1
  0.3 工业分析的方法 ··· 2
  0.4 允许误差 ·· 3
  0.5 标准物质 ·· 3
  0.6 干扰的消除方法 ··· 4
  0.7 测定方法的选择 ··· 4
  思考题 ··· 5
  阅读材料 ··· 5

第一部分   基础知识和技能

第1章 试样的采集、制备和分解 ·· 9
  1.1 概述 ··· 9
  1.2 试样的采集 ·· 11
  1.3 试样的制备 ·· 16
  1.4 试样的分解 ·· 20
  1.5 任务 ··· 28
    任务1 固体试样的采取、制备 ·· 28
    任务2 固体试样的分解 ·· 29
    任务3 液体试样的采取、制备 ·· 30
    任务4 气体试样的采取、制备 ·· 32
  习题 ··· 34
  阅读材料 ··· 35

第二部分   工业分析方法及应用

第2章 食品分析 ·· 39
  2.1 概述 ··· 39
  2.2 食品一般成分分析 ··· 51

2.3 食品添加剂分析 ········· 85
2.4 任务 ········· 97
  任务1 食品中苯甲酸含量的测定（蜜饯中山梨酸含量的测定） ········· 97
  任务2 食品中总脂肪含量的测定（午餐肉中脂肪含量的测定） ········· 98
  任务3 食品中亚硝酸盐含量的测定（咸肉中亚硝酸盐含量的测定） ········· 100
习题 ········· 102
阅读材料 ········· 107

第3章 硅酸盐分析 ········· 108

3.1 概述 ········· 109
3.2 硅酸盐分析系统 ········· 112
3.3 硅酸盐系统分析 ········· 115
3.4 任务 ········· 130
  任务1 硅酸盐中 SiO_2 含量的测定（动物胶凝聚质量法） ········· 130
  任务2 硅酸盐中 Fe_2O_3 含量的测定 ········· 131
  任务3 硅酸盐中 TiO_2 含量的测定（二安替比林甲烷分光光度法） ········· 134
  任务4 硅酸盐中 Al_2O_3 含量的测定 ········· 134
  任务5 硅酸盐中 CaO 含量的测定（EDTA滴定法） ········· 137
习题 ········· 137
阅读材料 ········· 139

第4章 钢铁分析 ········· 143

4.1 概述 ········· 143
4.2 钢铁定性分析 ········· 154
4.3 钢铁定量分析 ········· 155
4.4 任务 ········· 190
  任务1 钢铁中碳硫含量的测定 ········· 190
  任务2 钢铁中锰含量的测定 ········· 194
  任务3 钢铁中硅含量的测定（还原型硅钼酸盐光度法） ········· 195
习题 ········· 197

第5章 水质分析 ········· 198

5.1 概述 ········· 199
5.2 工业用水分析 ········· 206
5.3 工业污水分析 ········· 218
5.4 锅炉用水分析 ········· 224
5.5 任务 ········· 231
  任务1 工业用水中溶解氧含量的测定（碘量法） ········· 231
  任务2 工业污水中六价铬含量的测定（GB/T 7466—1987） ········· 234
  任务3 工业污水中铜、锌、铅、镉含量的测定（伏安法） ········· 236

    任务 4　工业污水中氨氮含量的测定 ……………………………………… 239
    任务 5　工业污水中化学耗氧量的测定 …………………………………… 240
  习题 ………………………………………………………………………………… 242
  阅读材料 …………………………………………………………………………… 243
第 6 章　化学肥料分析 ……………………………………………………………… 244
  6.1　概述 …………………………………………………………………………… 245
  6.2　化学肥料分析 ………………………………………………………………… 247
  6.3　任务 …………………………………………………………………………… 262
    任务 1　农用碳酸氢铵中氨态氮含量的测定 ……………………………… 262
    任务 2　尿素中总氮含量的测定 …………………………………………… 264
    任务 3　磷肥中有效磷含量的测定 ………………………………………… 266
    任务 4　钾肥中钾含量的测定 ……………………………………………… 268
  习题 ………………………………………………………………………………… 271
  阅读材料 …………………………………………………………………………… 272
第 7 章　气体分析 …………………………………………………………………… 275
  7.1　概述 …………………………………………………………………………… 275
  7.2　气体化学分析法 ……………………………………………………………… 277
  7.3　大气污染物分析 ……………………………………………………………… 283
  7.4　任务 …………………………………………………………………………… 288
    任务 1　大气中二氧化硫含量的测定 ……………………………………… 288
    任务 2　工业半水煤气全分析（1904 型奥式气体分析仪）……………… 291
  习题 ………………………………………………………………………………… 294
  阅读材料 …………………………………………………………………………… 295
第 8 章　化工产品分析 ……………………………………………………………… 297
  8.1　概述 …………………………………………………………………………… 297
  8.2　硫酸生产过程分析 …………………………………………………………… 299
  8.3　烧碱生产过程分析 …………………………………………………………… 304
  8.4　乙酸乙酯生产过程分析 ……………………………………………………… 308
  8.5　任务 …………………………………………………………………………… 310
    任务 1　氢氧化钠产品中铁含量的测定 …………………………………… 310
    任务 2　乙酸乙酯含量的测定 ……………………………………………… 312
  练习题 ……………………………………………………………………………… 314
  阅读材料 …………………………………………………………………………… 315
第 9 章　煤质分析 …………………………………………………………………… 316
  9.1　概述 …………………………………………………………………………… 316
  9.2　煤的工业分析 ………………………………………………………………… 322
  9.3　煤中全硫的测定 ……………………………………………………………… 330

9.4 煤的发热量的测定 ··· 333
9.5 任务 ··· 335
 任务1 煤中水分含量的测定 ··· 335
 任务2 煤中灰分含量的测定 ··· 336
 任务3 煤中全硫含量的测定 ··· 337
 任务4 煤的发热量的测定 ··· 339
练习题 ··· 344
阅读材料 ··· 345

第10章 农药分析 ··· 347
10.1 概述 ··· 347
10.2 杀虫剂分析 ··· 350
10.3 除草剂分析 ··· 353
10.4 杀菌剂分析 ··· 356
10.5 植物生长调节剂分析 ··· 359
10.6 任务 ··· 362
 任务1 绿麦隆含量的测定 ··· 362
 任务2 多效唑含量的测定 ··· 365
练习题 ··· 367
阅读材料 ··· 368

附录 ··· 369
附录1 相对原子量表 ··· 369
附录2 相对分子量表 ··· 370
附录3 我国化学试剂规格的划分 ··· 372
附录4 普通酸碱溶液的配制 ··· 373
附录5 指示剂 ··· 374
附录6 物质颜色和吸收光颜色的对应关系 ··· 377
附录7 滴定分析基准物质的干燥方法 ··· 378
附录8 缓冲溶液 ··· 378
附录9 常见弱电解质的标准解离常数（298.15 K） ··· 382
附录10 常见配离子的稳定常数 ··· 384
附录11 难溶化合物的溶度积常数 ··· 386
附录12 常见氧化还原电对的标准电极电势 $E^{\ominus}$ ··· 389
附录13 常见离子和化合物的颜色 ··· 393
附录14 危险药品的分类、性质和管理 ··· 396
附录15 特种试剂的配制 ··· 397
附录16 常用有机溶剂的物理常数 ··· 398

参考文献 ··· 399

绪 论

任务目标

> **知识目标**
> 1. 了解工业分析的任务、作用和特点。
> 2. 掌握工业分析的方法和结果的允许误差。
> 3. 了解标准物质的使用和干扰的消除方法及测定方法的选择。

0.1 工业分析的任务和作用

工业分析是分析化学及仪器分析等学科在工业生产中的具体应用。工业分析的任务是研究工业生产的原料、辅助材料、中间产品、产品、副产品以及生产过程中各种废物的组成。

对于一个企业，工业分析是确保生产正常运行不可或缺的环节，在企业质量保证体系认证中，分析测试与生产工艺同等纳入质量体系的管理。通过工业分析能评定原料和产品的质量，检查工艺过程是否正常，从而能及时、正确地指导生产，并能够经济合理地使用原料、燃料，及时发现、消除生产的缺陷，减少废品，提高产品质量。因此，工业分析起着指导和促进生产的作用，是国民经济的许多生产部门（如化工、冶金、煤炭、石油、环保、建材等）中不可缺少的生产检验手段。因此，工业分析被誉为"工业生产的眼睛"，在工业生产中起着重要的作用。

0.2 工业分析的特点

（1）工业生产中原料、产品等的量是很大的，往往以千吨、万吨计，而其组成又很不均匀，但在进行分析时却只能测定其中很小的一部分，因此，正确采取能够代表全部物料的平均组成的少量样品，是工业分析中的重要环节，是获得准确分析结果的先决条件。

（2）对所采取的样品，要处理成适合分析测定的试样。多数分析操作是在溶液中进行的，因此在工业分析中，应根据测定样品的性质，选择适当的溶剂来溶解试样。

（3）工业物料的组成是比较复杂的，共存的物质对待测组分可能会产生干扰，因此，在研究和选择工业分析方法时，必须考虑共存组分的影响，并且采取相应的措施消除其干扰。

（4）工业分析的一个重要作用，是用来指导和控制生产的正常进行，因此，必须快速、准确地得到分析结果，在符合生产所要求的准确度的前提下，提高分析速度也是很重要的，有时不一定要达到分析方法所能达到的最高准确度。

0.3 工业分析的方法

1. 快速分析法

主要用以控制生产工艺过程中最关键的阶段，要求能迅速得到分析结果，而对准确度则允许在符合生产要求的限度内适当降低。此法多用于生产控制分析。

2. 标准分析法

标准分析法的结果是进行工艺核算及评定产品质量的依据，因此需要很高的准确度，完成分析的时间可适当长些。此种分析方法主要用于测定原料、产品的化学组成，也常用于校核和仲裁分析，此项工作通常在中心化验室进行。

制定和采用标准方法是保证质量的重要措施。国际标准化组织（ISO）为此下设 162 个技术委员会，制定了各种标准方法。ISO 标准每 5 年复审一次，但 ISO 标准不带强制性。我国在国家标准管理方法中规定国家标准实施 5 年内要进行复审，即国家标准有效期一般为 5 年。

我国的标准分析法是由国家技术监督局或有关主管业务部门审核、批准并作为"法律"公布施行。前者称为国家标准（代号 GB），后者称为行业标准，各个行业代号不同，如化工行业代号为 HG，石油行业代号为 SY。此外，还有地方或企业标准，但只在一定范围内有效。如果企业生产的产品或分析方法没有国家标准和行业标准可用时，企业应制定企业标准，国家也鼓励企业制定比国家标准更为严格的企业标准。

工业分析应积极引入新的方法。新方法应具有快速、准确、简便等优点。其中，简便、快速能够直接看出来，准确性应按拟定的方法进行测定，即：首先进行精密度检验，平行做 10~20 次，计算标准偏差和变异系数；然后进行准确度检验，准确度检验主要采用如下三种方法：

① 采用标准样品对照（最佳方法）；

② 标准方法或公认方法的结果对照；

③ 标准加入回收试验法。

新方法制订时，还要由制订部门将该类样品发至各个化验部门，按照新方法进行测试，综合处理测试结果，判断其方法的可行性，以便确定能否制订等。

0.4 允许误差

允许误差又称公差，允许误差是指某一分析方法所允许的平行测定值间的绝对偏差，或者说是指按此方法进行多次测定所得的一系列数据中最大值与最小值的允许界限，即极差。它是主管部门为了控制分析精确度而规定的依据。标准分析法都注有允许误差（或允许差），允许误差是根据特定的分析方法统计出来的，它仅反映本方法的精确度，而不适用于另一种方法。一般工业分析只做两次平行测定，若两次平行测定的绝对偏差超出允许差，称为超差，则必须重新测定。允许误差分为室内允许差和室间允许差两种。

室内允许差指在同一实验室内，用同一种分析方法，对同一试样，独立地进行两次分析，所得两次分析结果之间在 95% 置信度下可允许的最大差值。如果两个分析结果之差的绝对值不超过相应的允许误差，则认为室内的分析精度达到了要求，可取两个分析结果的平均值报出；否则，即为超差，认为其中至少有一个分析结果不准确。

例如，氯化铵质量法测定水泥熟料中的 SiO_2 含量，国家标准规定 SiO_2 允许差范围为 0.15%，若实际测得数值为 23.56% 和 23.34%，其差值为 0.22%，必须重新测定。如果再测得数据为 23.48%，与 23.56% 的差值为 0.08%，小于允许误差，则测得数据有效，可以取其平均值 23.52% 作为测定结果。

室间允许差指两个实验室采用同一种分析方法，对同一试样各自独立地进行分析时，所得两个平均值之间在 95% 置信度下可允许的最大差值。两个结果的平均值之差符合允许差规定，则认为两个实验室的分析精确度达到了要求；否则就叫做超差，认为其中至少有一个平均值不准确。

0.5 标准物质

标准物质是具有一种或多种足够均匀和很好确定的特性值，用以校准设备，评价测量方法或给材料赋值的材料或物质。按技术特性标准物质分为：

① 化学成分和纯度标准物质，如钢铁、合金、矿石、炉渣和基准试剂等标准物质。

② 物理化学特性标准物质，如燃烧热、pH 值、高聚物分子量等标准物质。

③ 工程类标准物质，如橡胶、工程塑料的机械性能、电性能的标准物质。

按照特性值的准确度水平标准物质可分为一级标准物质、二级标准物质和工作标准物质，其中一级水平最高，二级次之，工作标准物质最低。标准物质可由科研部门和企业根据规定要求自己制备，我国标准物质编号为 GBW。

标准物质作为统一量值的计量单位，必须具备定值准确、稳定性好、均匀性好三个基本条件。除此之外，还要具备能小批量生产、制备上再现性好等优点。标准物质通常有下列几条获取途径：

① 由纯物质制备。

② 直接由高纯度的物质作为标准物质。

③ 从生产物料中选取。如无机固体物、矿物、化肥、水泥、钢铁等，可以从生产物料中选取有代表性的样品，按照试样的制备方法制得标准物质。

④ 特殊方法制备。如高聚物分子量窄分布的标准物质，可以用柱分离技术制得。

水泥、玻璃、陶瓷、钢铁、合金、矿石和炉渣等标准物质习惯上叫做标准试样，简称标样。标样的研制过程比较复杂。国家计量部门早在 20 世纪 50 年代开始研制标准物质，现在冶金、机械、化工、地质、环保、建材等行业已研制出了近千种标准物质，门类也有数十种，特别是近几年来发展十分迅速。国家计量部门还专设标准物质管理委员会，负责鉴定、审核标准物质的生产和发行。

标准物质在工业分析中作为参照物质，用于检测结果的可靠性。标准物质与试样进行平行分析，比较测定值与标准值之间的差异，是检验结果可靠性的最好方法之一；标准物质用于校准仪器或标定标准滴定溶液，仪器在使用前或使用中，需用标准物质定标或制作校正曲线，才能给出正确的分析结果；标准物质作为已知试样用以发展新的测量技术和新的仪器，当采用不同方法或不同仪器进行测量时，标准物质帮助我们判断测量结果的可靠程度；在仲裁分析和进行实验室质量考核中经常采用标准物质作为评价标准。

0.6 干扰的消除方法

试样分解后制成的试验溶液中，往往有多种组分（离子）共存，测定时常常会彼此干扰，不仅影响分析结果的准确性，有时甚至使测定无法进行。因此必须预先除去干扰组分。通常采用的方法有掩蔽法（含解蔽）和分离法。

掩蔽法分为配位掩蔽法、沉淀掩蔽法、氧化还原掩蔽法三类，使用的掩蔽剂有无机掩蔽剂和有机掩蔽剂两大类，其中有机掩蔽剂使用较多。常用的分离方法有沉淀分离法、萃取分离法、离子交换树脂分离法、色谱分离及挥发法、蒸馏分离法等。

0.7 测定方法的选择

每一种组分往往有几种测定方法，选择何种测定方法，直接影响分析结果的可靠性。测定方法的选择可根据测定的具体要求、待测组分的含量范围、待测组分的性质、共存组分的影响四个主要方面进行综合考虑。

随着科学技术水平的提高，工业分析将向着准确、高速、自动化、在线分析以及与计算机结合以实现过程质量控制分析的方向发展。

思 考 题

1. 什么是工业分析？其任务和作用是什么？
2. 工业分析的特点是什么？工业分析的方法是什么？什么是允许差？
3. 什么是标准物质？工业分析中常用的标准物质指哪些？
4. 消除干扰离子的方法有哪些？
5. 选择分析方法时应注意哪些方面的问题？
6. 通过查阅资料，概述工业分析的发展状况。

阅 读 材 料

标准化是在一定的范围内获得最佳秩序，对实际的或潜在的问题制定共同的和重复使用的规则的活动。国家质量监督检验检疫总局（原国家技术监督局、国家质量技术监督局）是主管全国标准化、计量、质量监督、质量管理和认证工作等的国务院的职能部门。2001年成立了中国国家标准化管理委员会。标准化是一个活动过程，它是一个制定标准、发布与实施标准并对标准的实施进行监督的过程。标准包括质量标准、卫生标准、安全标准。

标准是对重复性事物和概念所做的统一规定，它以科学、技术和实践经验和综合成果为基础，经有关方面协商一致，由主管机构批准，以特定形式发布，作为共同遵守的准则和依据。世界有国际标准、区域标准、国家标准、专业团体协会标准和公司企业标准。我国标准分为四级：国家标准、行业标准、地方标准、企业标准。

分析方法标准的内容包括方法的类别、适用范围、原理、试剂或材料、仪器或设备、采样、分析或操作、结果的计算、结果的数据处理。有专门单列的分析方法标准和包含在产品标准中的分析方法标准。化验室对某一样品进行分析检验，必须依据以条文形式规定下来的分析方法进行。分析方法标准是经过充分试验、广泛认可逐渐建立，不需额外工作即可获得有关精密度、准确度和干扰等知识的整体。

分析方法标准在技术上并不一定是先进的，准确度也可能不是最高的方法，但是在一般条件下是一种简便易行、具有一定可靠性、经济实用的成熟方法。分析方法标准也常用作仲裁方法，有人称之权威方法。分析方法标准都应注明允许误差（或称公差），公差是某分析方法所允许的平行测定间的绝对偏差。

第一部分 基础知识和技能

第 1 章

试样的采集、制备和分解

任务引领

任务1　固体试样的采取、制备
任务2　固体试样的分解
任务3　液体试样的采取、制备

任务拓展

任务4　气体试样的采取、制备

任务目标

▶ 知识目标

1. 了解采样的目的、意义;
2. 了解并掌握固体、液体、气体试样的采样工具及采样方法;
3. 掌握试样的制备方法;
4. 掌握试样的几种分解方法。

▶ 能力目标

1. 能够使用工业技术标准文献查阅国家和行业标准;
2. 具备使用各种常见工业物料采样工具的能力;
3. 具备使用制备、分解试样仪器和设备的能力。

物质的一般分析步骤:采样、称样、试样分解、分析方法的选择、干扰杂质的分离、分析测定和结果计算。试样分解,是化验分析工作中很重要的一个步骤。

1.1　概述

工业生产的物料往往是大批量的,通常有几十、几百吨,甚至成千上万吨,状态一般有固态、液态和气态三种。工业物料按其特性值的变异性类型可以分为两类，即均匀物料和不均匀物料。均匀物料是指如果物料各部分的特性平均值在测定该特性的测量误差范围内，此物料就该特性而言是均匀物料。不均匀物料指如果物料各部分的特性平均值不在测定该特性的测量误差范围内，此物料就该特性而言是不均匀物料。

如何在如此大量的物料中采集有代表性的、质量仅为几百或几千克的物料送到化验室作为试样，是分析测试工作的首要问题。因为如果试样采集不合理，所采集的试样没有代表性或代表性不充分，那么随后的分析程序再认真、细致，测试的手段再先进也是徒劳。因此，必须重视分析测试工作的第一道程序——采样。首先介绍几个采样中常用的名词术语。

采样单元：具有界限的一定数量的物料。

子样：在采样单元上采集一定量（质量或体积）的物料，称之为子样。

子样数目：在一个采样单元中应采集样品点的个数，称为子样数目。每个采样单元应采集量的多少，是根据物料的颗粒大小、均匀程度、杂质含量的高低、物料的总量等多个因素来决定的。一般情况下，采样单元的量越大、杂质越多、分布越不均匀，则子样的数目和每个子样的采集量也相应增加，以保证采集样品的代表性。但是采样量过大，会给后面的制样带来麻烦。

原始平均试样：合并所采集子样得到的试样，即为原始平均试样。

分析化验单位：指的是所采取的一个原始平均试样的物料总量。

正确采样的原则如下：

（1）采集的样品要均匀、有代表性，能反映全部被检样品的组成、质量和状况；

（2）采样方法要与分析目的一致；

（3）采样过程要设法保持原有的理化指标，防止成分逸散（如水分、气味、挥发性物质等）；

（4）防止带入杂质或污染；

（5）采样方法要尽量简单，处理装置尺寸适当。

均匀物料的采样原则上可以在物料的任意部位进行，但要注意在采样过程中不应带进杂质，且尽量避免引起物料的变化（如吸水、氧化等）。不均匀物料一般采取随机采样。对所得样品分别进行测定，再汇总所有样品的检测结果，可以得到总体物料的特性平均值和变异性的估计量。物料状态不同，采样的具体操作也各异。在国家标准或部颁标准中，对分析对象的采样和样品的制备等都有明确的规定和具体的操作方法，可按标准要求进行。

1.2 试样的采集

1.2.1 固态物料试样的采集

固态的工业产品，一般颗粒都比较均匀，采样操作简单。如对于袋装化肥，通常规定50件以内抽取5件；51~100件，每增10件，加取1件；101~500件，每增50件，加取2件；501~1 000件之间，每增100件，加取2件；1 001~5 000件之间，每增100件，加取1件。将子样均匀地分布在该批物料中，然后用采样工具进行采集。

自袋、罐、桶中采集粉末状物料样品时，通常采用采样探子或双套取样管（图1-1）。采样探子约长750 mm，外径18 mm，槽口宽12 mm，下端30°角锥的不锈钢管或铜管。取样时，将采样探子由袋（罐、桶）口的一角沿对角线插入袋（罐、桶）内的1/3~3/4处，旋转180°后抽出，刮出钻槽中物料作为一个子样。

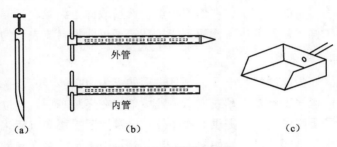

图1-1 试样采集工具

(a) 采样探子；(b) 双套取样管；(c) 舌形采样铲

但有些固态产品，如冶炼厂、水泥厂、肥料厂的原料矿石，其颗粒大小不甚均匀，有的相差很大。对于不均匀的物料，可参照下面的经验公式计算试样的采集量：

$$Q \geqslant Kd^a \tag{1-1}$$

式中，Q——采集试样的最低量，kg；

d——物料中最大颗粒的直径，mm；

K，a——经验常数，一般取 $K = 0.02 \sim 1$，$a = 1.8 \sim 2.5$。

可见，若物料的颗粒愈大，则最低采样量也愈多。另外，物料所处的环境不尽相同，有的可能在输送皮带上、运输机中、车或斗车里，等等，应根据物料的具体情况，采取相应的采样方式和方法。

1. 物料流中采样

随运送工具运转中的物料，称之为物料流。在确定了子样数目后，应根据物料流量的大小以及物料的有关性质等，合理布点采样。以国家标准 GB 475—1977《商品煤采样方法》为例，根据煤中灰分含量高低和煤的粒度大小，子样应采取的最小数量分别列于表 1-1 和表 1-2 中。

表 1-1 商品煤灰分与采样量

项目\煤种	原煤（包括筛选煤）					洗煤产品		
灰分/%	10	10~15	15~20	20~25	>25	<15	15~30	>30
子样数目	15	25	45	65	85	50	60	80

表 1-2 商品煤粒度与采样量

商品煤最大粒度/mm	0~25	25~50	50~100	>100 或原煤
子样数目	1	2	4	5

在物料流中的人工采样，一般使用 300 mm 长、250 mm 宽的舌形采样铲（图 1-1（c）），能一次（即操作一次）在一个采样点采取规定量的物料。采样前，应分别在物料流的左、中、右位置布点，然后取样。如果在运转着的皮带上取样，则应将采样铲紧贴着皮带，而不能抬高铲子仅取物料流表面的物料。

2. 运输工具中采样

例如，以燃煤为能源的发电厂，每月进厂的煤为 400 多万吨，平均每天为 13 余万吨。常用的运输工具是火车或汽车。发货单位在煤装车后，应立即采样。而用煤单位则除了采用发货单位提供的样品外，也常按照需要布点后采集样品。根据运输工具的容积不同，可选择如图 1-2 至图 1-4 所示方法在车厢对角线上布点采样。

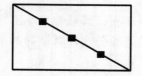

图 1-2 车厢上 3 点采样法
（限 30 t 以下）

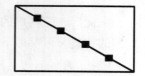

图 1-3 车厢上 4 点采样法
（限 40~50 t）

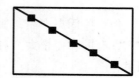

图 1-4 车厢上 5 点采样法
（限 50 t 以上）

对于矿石等块状不均匀物料试样的采集，一般与煤的试样采集相似。但应注意的问题是，当发现正好在布点处有大于 150 mm 的块状物料，而且其质量分数超过总量的 5%，则应将这些大块的物料进行粉碎，然后用四分法（具体内容见 1.3 试样的制备）缩分，取其中约 5 kg 物料并入子样内。

若运输工具为汽车、畜力或人力车，由于其容积相对较小，此时可将子样的总数平均分配到 1 或 2 个分析化验单位中，再根据运输量的大小决定间隔多少车采 1 个子样。

[例 1-1] 某个火力发电厂每天以装载量 4 t 的汽车运来的煤为 1 500 t。若某天煤质灰分为 12%，问应每相隔几部车采集一个子样？

解 查表 1-1，当灰分为 12% 时，应取子样 25 个，则

$$n = \frac{1\ 500\ \text{t}}{4\ \text{t} \times 25} = 15$$

即每隔 15 部运煤汽车取 1 个子样。

3. 物料堆中采样

进厂后的物料通常堆成物料堆，此时，应根据物料堆的大小、物料的均匀程度和发货单位提供的基本信息等，计算应该采集的子样数目及采集量，然后进行布点采样。一般从物料中采样可按下面方法进行，见图 1-5。

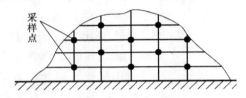

图 1-5 堆料上采样点的分布

在物料中采样时，应先将表层 0.1 m 厚的部分用铲子除去。然后以地面为起点，在每间隔 0.5 m 高处划一横线，再每隔 1~2 m 向地面划垂线，横线与垂线相交点即为采样点。用铁铲在采样点处挖 0.3 m 左右深度的坑，从坑的底部向地面垂直的方向挖够一个子样的物料量。最后将所采集的子样混合成为原始平均试样。

4. 各种不同包装中采样

固态的工业原料或产品根据其本身性质以及用户的远近情况，采用不同的包装，常见的有袋装和罐装。袋装包括纸袋、布袋、麻袋和纤维织袋；罐（桶）装包括木质、塑料和铁皮等制成的罐（桶）。按子样数目确定的方法，确定子样的数目和每个子样的采集量后，即可进行采样。

1.2.2 液态物料试样的采集

工业生产中的液态物料，包括原材料及生产的最终产品，其存在形式和状态因容器而异。例如，有输送管道中流动着的物料，也有装在贮罐（瓶）中的物料等。

1. 流动着的液体物料

这种状态的物料一般在输送管道中，可以根据一定时间里的总流量确定采集的子样数目、采集 1 个子样的间隔时间和每个子样的采集量。可以利用安装在管

道上的不同采样阀采集到管道中不同部位的物料。但必须注意,应将滞留在采样阀口以及最初流出的物料弃去,然后才正式采集试样,以保证采集到的试样具有真正的代表性。

2. 贮罐(瓶)中的物料

贮罐包括大贮罐和小贮罐,两者的采集方法有区别。

(1) 大贮罐中物料试样的采集

由于其容积大,不能仅取易采集部分的物料作为样品,否则不具代表性。在这种情况下,常用的采样工具为采样瓶(图1-6),由金属框架和具塞的小口瓶组成。金属框架的质量有利于采样瓶顺利沉入预定的采样液位。小口瓶的材质可以选择玻璃或者塑料。玻璃瓶的优点是易于清洗、透明而易于观察,但玻璃中的Si、Na、K、B、Li等成分易于溶出,可能造成对样品测定的干扰。另外,玻璃易碎、携带不便。而聚乙烯材质的小口瓶不易碎、轻便、方便运输,但其易于吸附PO_4^{3-}离子及某些有机物,还易受有机溶剂的腐蚀。因此,应根据实际采样对象,选择合适的采样瓶。

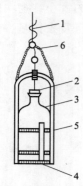

图1-6 采样瓶
1—绳子;2—带有软绳的橡胶塞;
3—小口瓶;4—铅锤;
5—铁框;6—挂钩

当需要采集全液层试样时,先将采样瓶的瓶塞打开,沿垂直方向将采样装置匀速沉入液体物料中,当采样瓶刚达底部时,瓶内刚装满物料即可。若有自动采样装置,则可测出物料深度,调节好采样瓶下沉速度、时间,令采样瓶刚到底部时,瓶内物料刚装满,这样采集的试样即为全液层试样。

若是采集一定深度层的物料试样,则将采样装置沉入到预定的位置时,通过系在瓶塞上的绳子打开瓶塞,待物料充满采样瓶后,将瓶塞盖好再提出液面。这样采集的物料为某深度层的物料试样。

从大贮罐中采集试样有两种方式:一种是分别从上层(距离表层200 mm)、中层、下层分别采样,然后再将它们合并、混合均匀作为一个试样(参见下页表1-3);另一种为采集全液层试样。在未特别指明时,一般以全液层采样法进行采样。例如,有一批液态物料,用几个槽车运送,需采集样品时,则每一个槽车采集一个全液层试样(≥500 mL),然后将各个子样合并,制备为原始平均试样。而当物料量很大,需要的槽车数量很多时,则可根据采样的规则,统计应采集原始平均试样的量、子样数目、子样的采集量等,再确定间隔多少个槽车采集一个子样。

表1-3 立式圆形贮罐采样部位与比例

采样时液面的情况	混合样品时相应的比例		
	上	中	下
满罐时	1/3	1/3	1/3
液面未达到上采样口,但更接近上采样口	0	2/3	1/3
液面未达到上采样口,但更接近中采样口	0	1/2	1/2
液面低于中部采样口	0	0	1

(2) 小贮罐中物料试样的采集

由于该贮罐容积不大,最简单的方法是将全罐(桶)搅拌均匀,然后直接取样分析。但若某些物料不易搅拌均匀时,则可用液态物料采样管进行采样。液态物料采样管(图1-7)一般有两种:一种是金属采样管,由一条长的金属管制成,其管嘴顶端为锥体状,内管有一个与管壁密合的金属锥体,采样时,用系在锥体的绳子将锥体提起,物料即可进入,当欲采集的物料量足够时,即可将锥体放下,取出金属采样管,并将管内的物料置入试样瓶中即可;另一种是玻璃材质制成的液体采样管,它是内径为10~20 mm的厚壁玻璃管,由于玻璃采样管为一直管,当将此采样管插入到物料中一定位置时,即可用食指按住管口,取出采样管,将管内物料置入试样瓶中即可。

图1-7 液体搅拌器、采样管

在工业生产中,除了对液态的原材料、产品进行采样分析外,为了监视生产过程中产生的废水是否达到排放标准,也必须对工业废水进行合理的采样。为了采集有代表性的废水样品,应根据废水的杂质含量、废水排放量和排放时间的长短等进行布点。同时必须特别注意在各工段、车间的废水排出口、废水处理设施以及工厂废水的总出口进行采样监测。

1.2.3 气态物料样品的采集

由于气体物料易于扩散,而容易混合均匀,工业气体物料存在状态如动态、静态、正压、常压、负压、高温、常温、深冷等,且许多气体有刺激性和腐蚀性,所以,采样时一定要按照采样的技术要求,并且注意安全。

一般运行的生产设备上安装有采样阀。气体采样装置一般由采样管、过滤器、冷却器及气体容器组成。

采样管用玻璃、瓷或金属制成。气体温度高时,应以流水冷却器将气样降至常温。冷却器有玻璃冷却器和金属冷却器。玻璃冷却器适用于气温不太高的气体物料,金属冷却器适用于气温很高的气体物料。气体物料的采样方法如下:

常压状态气体采样 $\begin{cases} 封闭液采样法 \\ 流水抽气采样法 \end{cases}$

负压状态气体采样 $\begin{cases} 抽气泵减压采样法 \\ 抽空容器采样法 \end{cases}$

正压状态气体采样：以橡皮囊为采样容器或直接与分析仪器相连。

例如，采用封闭液采样法进行常压状态气体采样，选择采样瓶采样。具体步骤如图 1-8 所示。

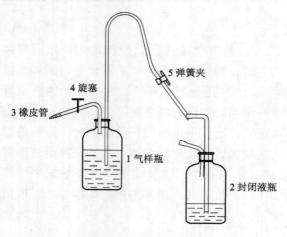

首先瓶 2 中注满封闭液→打开弹簧夹 5→提高瓶 2→封闭液进入瓶 1→瓶 1 空气排尽，然后经旋塞 4 和橡皮管 3→与采样管连接→降低瓶 2→气体进入瓶 1→至需要量关旋塞 4 并夹紧弹簧 5→完成采样工作。

图 1-8 采样瓶装置图

1.3 试样的制备

原始平均试样一般不能直接用于分析，必须经过制备处理，才能成为供分析测试用的试样。对于液态和气态的物料，由于易于混合均匀，而且采样量较少，经充分混合后，即可分取一定的量进行分析测试；对于固体物料的原始平均试样，除粉末状和均匀细颗粒的原料或产品外，往往都是不均匀的，不能直接用于分析测试，一般要经过以下步骤才能将采集的原始平均试样制备成分析试样。

1.3.1 破碎

通过机械或人工方法将大块的物料分散成一定细度物料的过程，称之为破碎。破碎可分为 4 个阶段：

(1) 粗碎：将最大颗粒的物料分散至 25 mm 左右。

(2) 中碎：将 25 mm 左右的颗粒分散至 5 mm 左右。

(3) 细碎：将 5 mm 左右的颗粒分散至 0.15 mm 左右。

(4) 粉碎：将 0.15 mm 左右的颗粒分散至 0.074 mm 以下。

常用的破碎工具有锷式破碎机、锥式轧碎机、锤击式粉碎机、圆盘粉碎机、钢臼、铁碾槽、球磨机等。有的样品不适宜用钢铁材质的粉碎机破碎，只能由人工用锤子逐级敲碎。具体采用哪种破碎工具，应根据物料的性质和对试样的要求进行选择。例如，大量大块的矿石，可选用锷式破碎机；性质较脆的煤和焦炭，则可用手锤、钢臼或铁碾槽等工具；而植物性样品，因其纤维含量高，一般的粉碎机不适合，选用植物粉碎机为宜。

对试样进行破碎，其目的是为了把试样粉碎至一定的细度，以便于试样的缩分处理，同时也有利于试样的分解处理。当上述工序仍未达到要求时，可以进一步用研钵（瓷或玛瑙材质）研磨。为保证试样具有代表性，要特别注意破碎工具要保持清洁、不能磨损，以防止引入杂质；同时要防止破碎过程中物料跳出和粉末飞扬，也不能随意丢弃难破碎的任何颗粒。

由于无需将整个原始平均试样都制备成分析试样，因此，在破碎的每一个阶段又包括4个工序，即破碎、过筛、混匀、缩分。经历这些工序后，原始平均试样自然减量至送实验室的试样量，一般为100~200 g。

1.3.2 过筛

粉碎后的物料需经过筛分。在筛分之前，要视物料的情况决定是否需烘干，以免过筛时粘结或将筛孔堵塞。

试样过筛常用的筛子为标准筛，其材质一般为铜网或不锈钢网，有人工操作和机械振动两种方式。

根据孔径的大小，即每1英寸①距离的筛眼数目或每平方厘米的面积中有多少筛孔，筛子可分为不同的筛号。在物料破碎后，要根据物料颗粒的大小情况，选择合适筛号的筛子对物料进行筛分。但必须注意的是，在分段破碎、过筛时，可先将小颗粒物料筛出，而对于大于筛号的物料不能弃去，要将其破碎至令全部物料都通过筛孔。缩分操作至最后得到的样品，则应根据要求，粉碎及研磨到一定的细度，全部过筛后作为分析样品贮存于广口磨砂试剂瓶中。

1.3.3 混匀

混匀的方法有人工混匀和机械混匀两种。

1. 人工混匀法

人工混匀法是将原始平均试样或经破碎后的物料置于木质或金属材质、混凝土质的板上，以堆锥法进行混匀。具体的操作方法是：用一铁铲将物料往一中心堆积成一圆锥（第一次）；然后将已堆好的锥堆物料，用铁铲从锥堆底开始一铲一铲地将物料铲起，在另一中心重堆成圆锥堆，这样反复操作3次，即可认为混

---

① 1英寸＝2.54厘米。

合均匀。堆锥操作时，每一铲的物料必须从锥堆顶自然洒落，而且每铲一铲都朝同一方向移动，以保证混匀。

2. 机械混匀法

将欲混匀的物料倒入机械混匀（搅拌）器中，启动机器，经一段时间运作，即可将物料混匀。

另外，经缩分、过筛后的小量试样，也可采用一张四方的油光纸或塑料、橡胶布等，反复沿对角线掀角，使试样翻动数次，将试样混合均匀。

1.3.4 缩分

在不改变物料平均组成的情况下，通过某些步骤，逐步减少试样量的过程称为缩分。常用的缩分方法有：

1. 分样器缩分法

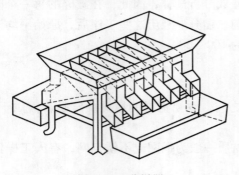

图1-9 分样器

采用分样器（图1-9）缩分法的操作如下：用一特制的铲子（其铲口宽度与分样器的进料口相吻合）将待缩分的物料缓缓倾入分样器中，进入分样器的物料顺着分样器的两侧流出，被平均分成两份。将一份弃去（或保存备查），另一份则继续进行再破碎、混匀、缩分，直至所需的试样量。用分样器对物料进行缩分，具有简便、快速、减小劳动强度等特点。

2. 四分法

如果没有分样器，最常用的缩分方法是四分法，尤其是样品制备程序的最后一次缩分，基本都采用此法。四分法（图1-10）的操作步骤如下：

（1）将物料按堆锥法堆成圆锥。
（2）用平板在圆锥体状物料的顶部垂直下压，使圆锥体成圆台体。
（3）将圆台体物料平均分成4份。
（4）取其中对角线作为一份物料，另一份弃去或保存备查。
（5）将取用的物料再按（1）~（4）步骤继续缩分至约100~500 g（或视

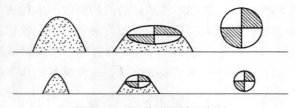

图1-10 四分法取样示意图

需要量而定），缩分程序即完成。

3. 正方形挖取法

将混匀的样品铺成正方形的均匀薄层，用直尺或特制的木格架划分成若干个小正方形（图1-11），用小铲子将每一定间隔内的小正方形中的样品全部取出，放在一起混合均匀，其余部分弃去或留作副样保管。

将最后得到的物料装入广口磨砂试剂瓶中贮存备用，同时立即贴上标签，标明该物料试样的基本信息（见表1-4）。

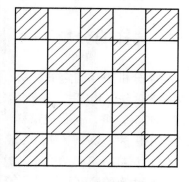

图1-11 正方形挖取法

表1-4 试样标签

试样名称：
采集地点：
采集时间：
采集人：
制样时间：
制样人：
制成试样量：
过筛号：

固体物料试样的采集和制备方法，因试样的性质、所处环境、状态以及分析测试要求不同而异。例如，对于棒状、块状、片状的金属物料，可以根据一定的要求以钻取、削或剪的方法进行采样；对特殊要求，如金属材料的发射光谱分析，则可以直接将棒状的金属物料用车床车成电极状，直接用于分析。

常用的缩分法还有棋盘缩分法，其操作方法与四分法基本相同。

缩分是样品制备过程十分重要的一个步骤。如何在这一环节中确保缩分的质量，同时又节省人力、物力，我们可以根据经验公式（1-1）计算缩分的次数。

[例1-2] 被送到化验室的原始平均试样是直径为2 mm的矿石，质量为4 kg，要缩分出有代表性的样品最小质量，应缩分多少次？

解 根据经验公式（1-1）得：
$$Q = Kd^2 = 0.04 \text{ kg/mm}^2 \times 2^2 \text{ mm}^2 = 0.16 \text{ kg}$$

则缩分次数为

$$n = \frac{\lg Q_{采样} - \lg Q_{缩分}}{\lg 2}$$

$$= \frac{\lg 4 - \lg 0.16}{\lg 2} = 5$$

即在上述条件下，只能缩分5次。若超过计算的次数，试样就不具代表性。

而需进一步缩分，则要再经过破碎、过筛，再根据具体情况决定缩分的次数。

1.4 试样的分解

化学分析法（滴定分析法、质量分析法）和仪器分析法（分光光度法、原子吸收光度法、ICP法、电化学分析法、色谱分析法等）都必须将固态的试样进行溶（或熔）解，制备成试样溶液才能进行测定。因此，试样的分解是分析测试工作中极为重要的一环。一般试样的分解应遵循如下要求和原则：

（1）试样分解必须完全。这是分析测试工作的首要条件，应根据试样的性质，选择适当的溶（熔）剂、合理的溶（熔）解方法和操作条件，并力求在较短的时间内将试样分解完全。

（2）防止待测组分的损失。分解试样往往需要加热，有些甚至蒸至近干，这些操作往往会发生暴沸或溅跳现象，使待测组分损失；此外加入不恰当的溶（熔）剂也会引起组分的损失。例如，在测定钢铁中磷的含量时，不能采用HCl或H_2SO_4作溶剂，因为部分的磷会生成PH_3逸出，使被测组分磷损失。

（3）不能引入与被测组分相同的物质。在分解试样过程中，必须注意不能选用含有与被测组分相同的试剂和器皿。例如，测定的组分是磷，则所用试剂不能含有磷；测定硅酸盐试样，不能选用瓷坩埚（本身为硅酸盐材质）作为器皿溶（熔）样，因为在试样分解过程中，瓷坩埚可能被腐蚀，溶（熔）出与被测组分相同的硅酸盐等物质。

（4）防止引入对待测组分测定引起干扰的物质。这主要是要注意所使用的试剂、器皿可能产生的化学反应而干扰待测组分的测定。

（5）选择的试样分解方法应与组分的测定方法相适应。例如，采用质量分析法和滴定分析法（K_2SiF_6法）测定SiO_2时，两者的试样分解方法就不同，前者可用Na_2CO_3或NaOH分解试样，而后者则不能采用Na_2CO_3或NaOH为熔剂，必须用K_2CO_3熔融。

（6）根据溶（熔）剂的性质，选择合适的器皿（如坩埚等）。因为，有些溶（熔）剂会腐蚀某些材质制造的器皿，所以必须注意溶（熔）剂与器皿间的匹配。

1.4.1 水溶解法

水是一种性质良好的溶剂。由于水价廉易得，因此，当采用溶解法分解试样时，首先应考虑水作为溶剂是否可行。

碱金属盐、大多数的碱土金属盐、铵盐、无机酸盐（钡、铅的硫酸盐、钙的磷酸盐除外）、无机卤化物（银、铅、汞的卤化物除外）等试样都可以用水溶解。若溶解后制备的稀溶液出现浑浊等现象时，可加入适量相应的酸，即可使溶液澄清。

1.4.2 酸分解法

利用酸的酸性、氧化还原性或配位性将试样中的被测组分转入溶液中的方法，称为酸分解法。这是一种最常用的试样分解方法，所采用的酸有盐酸、硝酸、硫酸、磷酸、氢氟酸和高氯酸等。为了提高酸分解的效果，除了采用一种酸作为溶剂外，也常用两种或两种以上酸对某些较难分解的试样进行处理。

1. 盐酸分解法

利用盐酸的酸性（氢离子效应）、还原性和氯离子的强配位性对试样（例如，元素周期表中电动势排在氢之前的金属或合金）进行分解是十分有效的。在水溶液中，盐酸中的氯离子可以和许多金属离子形成配合物，其中 Au（Ⅲ）、Ti（Ⅲ）、Hg（Ⅱ）等金属离子的配合物特别稳定；在酸度较高时，Pe（Ⅲ）、Ca（Ⅲ）、In（Ⅲ）、Sn（Ⅳ）等金属离子也能与氯离子反应生成配合物。利用氯离子的还原性和配位反应，盐酸还能溶解软锰矿（MnO_2）和褐铁矿（Fe_2O_3）等。

大多数的碳酸盐、氧化物、氢氧化物、磷酸盐、硼酸盐、硫化物及许多其他的化合物都可用盐酸进行分解。某些硅酸盐也可用盐酸进行分解，生成澄清的溶液或硅胶凝胶，如沸石、方钠石、蓝方石、钠沸石、方沸石、菱沸石、硅钙硼石等。水泥试样也可用盐酸进行分解。

但对于灼烧过的 Al、Be、Cr、Fe、Ti、Zn，或者对于 SnO_2、Sb_2O_5、Nb_2O_5、Ta_2O_5 和 Th 的氧化物，还有磷酸锆，独居石，钇矿及锶、钡、铅的硫酸盐，碱土金属的氟化物（氟化铍可溶）等，它们都不能用盐酸进行分解。

以上所述属于非特殊措施下的分解。如果改变分解条件，则可将在常规情况下不能分解的试样也得以分解或转化。例如，在一个密闭的容器中，用 8 mol/L HCl，在 100 ℃条件下处理十二烷基磺酸钠，两小时后即可将其完全转化为十二醇；又如，为了分析蛋白质的氨基酸含量，人们就是采用盐酸分解法将蛋白质进行分解的。

2. 硝酸分解法

硝酸具有很强的酸性和氧化性。除了铂、金以及某些稀有金属外，浓硝酸几乎可以分解所有的金属试样，生成的硝酸盐绝大多数都溶于水。但有些金属如铝、硼、铬、镓、铟、钕、钽、钍、钛、锆和铪，若将它们浸泡在硝酸中，其表面会形成稳定的不溶性氧化物保护层，钙、镁和铁也会被浓硝酸钝化，以上这些金属不能用硝酸分解。

硝酸是硫化物和含硫矿石样品良好的溶剂，可以通过氧化作用将试样中的硫氧化成单质硫，或进一步反应生成硫酸盐，甚至可视反应的需要控制硝酸的浓度和反应的温度，使其发生复分解反应，生成硫化氢逸出。

硝酸的配位能力很弱，即使某些金属在水溶液中能与硝酸生成配合物，其原子与原子间也极易离解。为了充分利用硝酸的强氧化性，扩大硝酸在分解试样中的应用，早在 8 世纪，人们就开始使用王水。王水是由 1 份硝酸和 3 份盐酸混合而成。除了极个别的金属不能溶解外，许多不能溶解在硝酸里的金属、合金、矿石等，都能在王水中迅速分（溶）解。对于不同的试样，也可采用逆王水即 3 份硝酸和 1 份盐酸的混合物进行分解。实际上，根据试样的情况，可以调节硝酸和盐酸的不同比例，配制出不同的混合酸以适应分解不同样品的要求。

除了与盐酸配成混合溶剂使用外，硝酸与氢氟酸的混合溶剂和硝酸－氢氟酸－高氯酸混合溶剂也常有使用。

在采用硝酸或硝酸与其他酸的混合溶剂分解试样时，要特别注意器皿的匹配和反应条件的控制。

由于有机酸的配合作用可防止金属离子的水解，因此，以硝酸和有机羧酸混合的混合溶剂有特别的用途。如硝酸＋柠檬酸可溶解铅－锑合金；硝酸＋柠檬酸＋酒石酸的混合溶剂可溶解铅－锡合金；硝酸＋草酸钠的混合溶剂可以溶解半导体材料铅－碲和锗－碲等。

3. 硫酸分解法

（1）非氧化性溶解

稀硫酸不具备氧化性。在化学分析中常用稀硫酸来溶解氧化物、氢氧化物、碳酸盐、硫化物及砷化物矿石。由于硫酸钙微溶于水，因此当试样中钙为主要成分时，不能用硫酸作为溶剂。

（2）氧化性溶解

热浓硫酸具有很强的氧化性和脱水性。利用硫酸的这一特点，可以分解金属及合金，如锑、氧化砷、锡、铅的合金以及冶金工业的产品。除此之外，几乎所有的有机物都能被热浓硫酸氧化（或称消化），金属中的氮化物如氮化钒、氮化钕、氮化钼等也可用硫酸与硫酸氢钾或硫酸与硫酸钾、硫酸铜的混合物作为溶剂进行分解。

另外，利用硫酸沸点高的性质，可将其蒸至冒白烟驱走溶液中的盐酸、硝酸和氢氟酸。

4. 磷酸分解法

磷酸是一种中等强度的酸。磷酸分解法除利用它的酸效应外，还利用它在加热情况下生成的焦磷酸和聚磷酸对金属离子有很强的配位作用，所以常用来分解合金钢试样或某些难溶的矿样，如铬矿、氧化铁矿和炉渣等。但要注意，单独使用磷酸溶样时，不要长时间加热，以免生成多聚磷酸难溶物。

5. 氢氟酸分解法

氢氟酸分解法广泛用于分解各种天然和工业生产的硅酸盐。对于一般分解方法难于分解的硅酸盐，可以用氢氟酸为溶剂，在加压和温热的条件下很快便可分解。氢氟酸的酸性较弱，但其配位能力很强，若与硝酸、高氯酸、磷酸或硫酸混合使用，则可以分解硅酸盐、磷矿石、银矿石、石英、富铝矿石、铌矿石和含铌、锗钨的合金钢等试样。

采用氢氟酸分解的另一特点是：分解后制备的试样溶液可以不必除去氟而直接用于原子吸收法、光焰光度法、分光光度法和纸上层析法等。

由于氢氟酸具有毒性和强腐蚀性，操作人员必须配备防护工具，在通风良好的环境下操作。另外，用氢氟酸分解试样，一般都采用铂器皿或聚四氟乙烯（俗称塑料王）材质的容器，但聚四氟乙烯在高温（超过 250 ℃）条件下将分解产生有毒的氟异丁烯气体，因此，必须控制聚四氟乙烯材质容器的使用温度。

将氢氟酸分解制备的试液进行蒸发时，试液中的某些组分（如砷、硼、钛、铌、钽等）可能会部分或全部损失，而硅和氟化氢反应生成氟化硅挥发出去，反应如下：

$$SiO_2 + 6HF = H_2SiF_6 + 2H_2O$$
$$H_2SiF_6 = SiF_4\uparrow + 2HF$$
$$TiO_2 + 4HF = TiF_4 + 2H_2O$$

6. 高氯酸分解法

稀高氯酸在冷或热的状态都没有氧化性，而仅有强酸性质。浓高氯酸（恒沸点为 203 ℃）在常温时虽无氧化性，但在加热时却表现出很强的氧化能力。

热的浓高氯酸几乎能与所有的金属反应，所生成的高氯酸盐除了少数不溶于水外，大多数都溶于水。如果用高氯酸分解钢或其他合金试样，不仅分解快速，而且在分解过程中将金属氧化为最高的氧化态。

除了采用单一高氯酸分解试样外，更多的是采用高氯酸与硝酸、硫酸或氢氟酸的混合溶剂。例如，用高氯酸与氢氟酸的混合溶剂可将钢、铌、钽、锆等试样中的微量氮，在加压条件下，转化为氨来测定；尤其是高氯酸与上述多种酸混合使用，对有机物的分解（消解）十分有效，是最常用的有机物分解法。为了进一步提高高氯酸对有机物的分解作用，也可以加入合适的催化剂。

1.4.3 碱、碳酸盐和氨分解法

1. 碱金属氢氧化物溶解法

某些酸性或两性氧化物可用稀氢氧化物溶解；某些钨酸盐、低品位的钨矿石、磷酸锆、金属氮化物（如氮化钚、氮化铝）等，可以用浓的氢氧化物分解。元素硅可以溶解在氢氧化钾溶液中，用来测定其中的杂质。

2. 碳酸盐和氨分解法

浓的碳酸盐溶液可以用来分解硫酸盐，如 $CaSO_4$、$PbSO_4$（但 $BaSO_4$ 不能溶解)。利用氨的配合作用,也可用来分解铜、锌、镉等的化合物。

1.4.4 熔融分解法

将试样与酸性或碱性熔剂混合,置于适当的容器中,在高温下进行分解,生成易溶于水的产物,称为熔融分解法。由于熔融分解的反应物仅为熔剂和试样,反应物的浓度很高,因此在高温的条件下,分解能力强、效果好。但熔融法操作较为麻烦,而且易引入杂质(加入的熔剂或容器被腐蚀后引入),并且在熔融过程中易使组分丢失(如熔液沿容器壁往外"爬")。因此,一般先将能以溶解法分解的部分分解后,再将不溶的残渣以熔融法分解。

根据熔剂的性质,熔融分解法一般分为碱性熔剂分解法和酸性熔剂分解法两种。

1. 碱熔法

常用的碱性熔剂有 Na_2CO_3(熔点 850 ℃)、K_2CO_3(熔点 891 ℃)、NaOH(熔点 460 ℃),还有硼砂、偏硼酸锂等。

(1)用 Na_2CO_3(或 K_2CO_3)熔融

很多的天然硅酸盐试样不能被酸(HF 除外)分解,但硅酸盐中碱性氧化物含量愈高,碱性愈强,则愈易被酸分解,甚至可溶于水。例如,Na_2SiO_3(水玻璃)可溶于水,$CaSiO_3$ 可溶于酸,但 $Al_2(SiO_3)_3$ 既不溶于水也不溶于酸,很多天然硅酸盐矿物不为一般的酸所分解。碱熔法就是在不被酸分解的硅酸盐试样中,加入一定量强碱,然后进行高温熔融,使硅酸盐中的碱性氧化物增加,成为能溶于水或酸的硅酸盐。其熔融过程是复分解反应过程:

$$MSiO_3 + Na_2CO_3 =\!=\!= MCO_3 + Na_2SiO_3$$

式中,M 代表 Ca、Al。

在系统分析中,通常采用 Na_2CO_3 而不是 K_2CO_3,这是因为:

① K_2CO_3 的吸水性比 Na_2CO_3 强,使用前要脱水。

② 钾盐被沉淀吸附的倾向比钠盐大,洗涤沉淀时较难把它洗干净。但是在用 K_2SiF_6 容量法测 SiO_2 时,却采用 K_2CO_3(铂坩埚)熔样,原因如下:

a. 用 K_2CO_3 熔融的熔块比用 Na_2CO_3 的熔块容易脱落,并且试样易被分解,这对缩短分析时间有利。

b. 在 K_2SiF_6 滴定法中,Na^+ 对测定有干扰,而 K^+ 的干扰则较少。

在 K_2CO_3(Na_2CO_3)熔融时,要采用铂坩埚。为了使其反应完全,必须加 4~6 倍试样量的熔剂,而高铝试样,则要加 6~10 倍熔剂,温度为 950 ℃ ~ 1 000 ℃,时间为 30~40 min。

熔融时,Na_2CO_3(K_2CO_3)与硅酸盐、硫酸盐主要起复分解反应,样品中的某些元素会发生氧化反应,如 Fe^{2+}、Ti^{3+}、Mn^{2+} 都可变成高价元素。熔块冷

却后如果呈蓝绿色或用水浸取时呈玫瑰色,表示试样中有 Mn 存在,试样中的 Mn 被氧化成锰酸钠(绿色):

$$2MnO_2 + 2Na_2CO_3 + O_2 =\!=\!= 2Na_2MnO_4 + 2CO_2$$

用热水浸取时,由于锰酸盐在水溶液中生成高锰酸盐而呈玫瑰色。

$$3Na_2MnO_4 + 2H_2O =\!=\!= 2NaMnO_4(玫瑰色) + MnO_2\downarrow + 4NaOH$$

当加入盐酸后,高锰酸盐与盐酸反应生成二价锰,溶液颜色又消失。

$$2NaMnO_4 + 16HCl =\!=\!= 2NaCl + 2MnCl_2 + 8H_2O + 5Cl_2$$

熔块用酸分解后,用平头玻璃棒压研,如发现有沙子般颗粒存在,表示熔融不完全,应重新称样再进行熔融。

(2) 用 NaOH(或 KOH)熔融

NaOH(KOH)是强碱性的低熔点熔剂。由于它们易吸水,因此熔融前要把 NaOH(KOH)放在银(或镍)坩埚中,加热使其脱水,直至平稳状态再加试样,以免引起喷溅。有时加样后也可加数滴无水乙醇,加热时水分随乙醇挥发或燃烧除去。所加熔剂通常为试样的 8~10 倍。

由于 NaOH(KOH)严重腐蚀金属铂,因此不能采用铂坩埚。银坩埚虽被腐蚀较少,但每次还有数毫克甚至数十毫克 Ag 进入熔物中,故在系统分析中必须注意 Ag 对测定的干扰。

(3) 用 Na_2O_2 熔融

Na_2O_2 是强氧化性熔剂,它能使所有元素氧化至高价态,并促使试样分解,是分析锡石、铬铁矿、锆英石等难熔矿物的常用熔剂。

熔融不得用铂坩埚,而需用镍、银、铁、刚玉或瓷坩埚。开始时先小火加热,然后慢慢提高温度,以免溅出。当温度在 600 ℃~700 ℃,熔融物不冒气泡后,再恒温 5~10 min 即可。

(4) 用硼砂($Na_2B_4O_7$)熔融

硼砂也是强熔剂,但不起氧化作用。通常先把硼砂脱水,与碳酸钠以 1:1 研磨混匀使用。主要用于难分解的矿物,如刚玉、冰晶石、锆石等。其熔融一般在铂坩埚中进行,于 950 ℃~1 000 ℃条件下熔融 30~40 min 即可。

此法的缺点是熔融物很难浸取,分析前有时要求除硼(以硼酸甲酯形式除去)。

(5) 用偏硼酸锂($LiBO_2$)熔融

偏硼酸锂熔样是近年来发展的新方法。它属碱性熔剂,可以分解多种矿物、玻璃及陶瓷材料,熔融速度快。

市售的偏硼酸锂($LiBO_2 \cdot 8H_2O$)含结晶水,使用前先低温加热脱水,脱水后的偏硼酸锂成海绵状,要研碎。也可以自己制备,方法是将 73.89 g 碳酸锂(Li_2CO_3)和 122.6 g 硼酸(H_3BO_3)混匀,置于铂或瓷质的蒸发皿中,于 400 ℃加热 4 h,研磨备用。

偏硼酸锂熔样分解硅酸盐试样可以测定包括 Si、K、Na 在内的所有组分（Li、B 除外），是原子吸收法进行硅酸盐全分析的常用分解方法。

偏硼酸锂在铂坩埚中熔融与硼砂熔样相似，熔融物粘附在坩埚壁上难于浸出，因此最好的方法是采用石墨作坩埚，使其熔块呈球状易于倒出，再用 HNO_3 分解。

2. 酸熔法

常用的酸性熔剂是焦硫酸钾（$K_2S_2O_7$）和硫酸氢钾（$KHSO_4$）。$KHSO_4$ 实际上相当于 $K_2S_2O_7$，因为加热时发生分解：

$$2KHSO_4 \rightleftharpoons K_2S_2O_7 + H_2O \uparrow$$

$K_2S_2O_7$ 在高于 450 ℃时分解出的硫酐（SO_3）对试样有强的分解作用。它主要用来分解 Al_2O_3、Fe_2O_3、TiO_2、ZrO_2、Cr_2O_3，或者为了制取这些氧化物的标准溶液而用来分解基准物。在分析高铝矾土、钛矿渣、铬渣、铁矿石、中性耐火材料（铝砂、高铝砖）时，也可用 $K_2S_2O_7$ 分解。但不能用于硅酸盐系统的分析，因为其分解不完全，往往残留少量黑残渣。对硅酸盐单项测定（Fe、Mn、Ti）则可采用。

在熔融状态时，Fe（Ⅱ）被氧化为 Fe（Ⅲ），但 Mn（Ⅱ）、Cr（Ⅲ）则不会被氧化。

$K_2S_2O_7$ 分解出来的 SO_3 可与金属氧化物生成可溶性盐。为了防止 SO_3 来不及氧化作用就挥发掉，要求开始时应小火加热，最后加热至 600 ℃～700 ℃熔融半小时左右。其熔融过程表示如下：

$$K_2S_2O_7 \rightleftharpoons K_2SO_4 + SO_3 (450 \ ℃)$$
$$Al_2O_3 + 3SO_3 \rightleftharpoons Al_2(SO_4)_3$$
$$Fe_2O_3 + 3SO_3 \rightleftharpoons Fe_2(SO_4)_3$$
$$TiO_2 + 2SO_3 \rightleftharpoons Ti(SO_4)_2$$
$$ZrO_2 + 2SO_3 \rightleftharpoons Zr(SO_4)_2$$

其熔融可在瓷、石英、铂坩埚及硅硼耐热玻璃容器中进行。但 $K_2S_2O_7$ 对铂有腐蚀作用（可达数毫克），在比色法测定钛时，会干扰测定，因此最合适的容器是瓷坩埚。在浸取熔块时，用体积分数为 5% 的 H_2SO_4 在 70 ℃左右温度下进行，以防不溶性偏钛酸（H_2TiO_3）析出。

3. 熔融方法的改进

熔融操作是难熔物质分解的重要环节，为了避免引进坩埚物质，减少使用价格昂贵的铂坩埚，人们对此法作了一些改进：

（1）瓷坩埚法。在试样里加入 $Na_2B_4O_7 \cdot H_2O$（硼砂）- Na_2CO_3（1∶1），用滤纸包好，另在坩埚底部垫以光谱纯石墨粉（石墨化学性质稳定），并放进包好的滤纸在 850 ℃～900 ℃熔融 10～15 min，使试样熔成块状，然后用镊子取出。此法可省去洗坩埚并可避免被坩埚物沾污。

（2）石墨坩埚法。石墨坩埚比镍、银、刚玉坩埚耐用，用 NaOH 和 Na_2CO_3 在 350 ℃ ~400 ℃ 熔融一次只损失 1~2 mg，一个坩埚可用 100 次左右。

热解石墨坩埚纯度高，不会引进杂质，适用于痕量分析。

1.4.5 烧结分解法

该分解法又称半熔法，是利用熔剂和固体试样加热时发生化学反应而实现的。其分解程度决定于试样的细度和熔剂与试样的混合程度，一般要求有较长的分解时间和过量的熔剂。此法同时可实现分离目的。

1. 用 $Na_2CO_3 - ZnO$ 烧结法

该法使用试剂称为艾氏卡试剂，是测定矿石中全硫量的常用分解法。反应是在瓷坩埚或刚玉坩埚中进行的，于 800 ℃ ~850 ℃ 烧结 1.5~2.5 h。

2. 用 $CaCO_3 - NH_4Cl$ 烧结法

该法也称斯密特法，原是用于质量法测钾和钠的含量。以长石（$KAlSi_3O_3$）为例，试样与熔剂一起加热，硅酸盐中的碱金属变成氯化物，硅酸根则结合成硅酸钙。

$$2KAlSi_3O_3 + 6CaCO_3 + 2NH_4Cl = 6CaSiO_3 + Al_2O_3 + 2KCl + 6CO_2 + 2NH_3 + H_2O$$

熔块用水浸取时，Al_2O_3 和 $CaSiO_3$ 留于残渣中，而碱金属和部分钙则转化为水溶性氯化物。

本法分解能力强，要求试样的粒度小于 200 目，称样小于 0.5 g。$CaCO_3$ 用量是试样的 8~10 倍，而 NH_4Cl 用量是 $CaCO_3$ 的 1/18~1/6，温度控制在 750 ℃ ~800 ℃。

此外，烧结法用到的熔剂还有 $CaO - KMnO_4$、Zn 粉 $- NH_4F$、$Na_2CO_3 -$ 硫黄等。

1.4.6 其他分解法

（1）燃烧法。例如，矿石或钢铁中的 C 和 S 可以采用燃烧法，使其生成 CO_2 或 SO_2，然后用气体容量法或滴定法测定其含量。

（2）热解法。氟矿物中的 F 可采用热解法，使氟矿物分解生成 HF，然后测得 F 的含量。

（3）升华法。例如，测汞时，使矿样与 Fe 粉混合，在裴氏管中加热，汞还原成单体汞。

1.5 任务

任务1　固体试样的采取、制备

1. 采取和制备均匀固体试样

（1）目的

① 正确使用固体采样工具。

② 熟练掌握均匀固体试样的采取方法。

（2）仪器和试剂

① 仪器：舌形铲、采样探子、样品瓶。

② 试剂：袋装化肥、磷石灰、水泥原料。

（3）步骤

① 静止物料的采样：根据所采取的物料的性质确定采样工具为采样探子。按规定确定批量袋装化肥应采取的采样单元数，在批量化肥中确定每个采样单元。将采样探子由袋口一角沿对角线方向插入袋内1/3处，旋转180°后抽出。刮出探子槽中的物料到样品瓶中，在瓶上贴好标签，注明试样名称、来源、采样日期。

② 流动物料的采样：根据物料流动的情况确定间隔时间和采样部位。用舌形铲一次横切物料流的断面，采取一个子样。采样铲必须紧贴传送带，不得悬空铲取样品。将所采取的子样混合均匀后放入样品瓶中，在瓶外贴好标签，注明试样名称、来源、采样日期。

（4）注意事项

正确使用采样工具，以免发生意外事故。

2. 采取和制备不均匀固体试样

（1）目的

① 正确使用标准筛和分样器。

② 熟练掌握不均匀固体试样的采取方法。

（2）仪器和试剂

① 仪器：破碎机、标准筛、掺合器、分样器、盛样桶、样品瓶（500 mL磨口玻璃塞的广口瓶）。

② 试剂：煤、矿石。

（3）步骤

根据物料堆的大小按规定方法确定采取的子样数。根据所采集的不均匀固体物料的形状，将子样数目均匀地分布在物料堆的上、中、下三个部位，按规定确定每个子样的最小质量。在每个取样点除去 0.2 m 的表层,沿着物料堆垂直的方向采取一个子样,置于盛样桶中。最下层采样部位应距地面 0.5 m。将所有的子样合并成一个总样,用破碎机将试样破碎。

用适当的标准筛对试样进行分选,用掺和器或堆锥法掺和试样。将分样器的簸箕向一侧倾斜,把试样加入分样器中,使分样器沿着二分器的整个长度往复摆动,让试样均匀地通过二分器。取任意一边的试样再进行缩分,直至达到规定的取样量,或采用四分法将试样缩分。将处理好的试样装入样品瓶中。试样的装入量一般不得超过样品瓶容积的 3/4。

(4) 注意事项

① 采取工具和试样容器必须洁净、干燥。

② 原始煤样品以 300 kg 为一个缩分单位,如果原始煤样品超过 300 kg,则应将全部煤样品分成相同的几份,分别进行缩分。

任务 2　固体试样的分解

1. 碱熔法分解试样

(1) 目的

① 正确选择熔剂和坩埚。

② 熟练掌握碱熔法处理试样的操作过程。

(2) 仪器和试剂

① 仪器:银坩埚、坩埚钳、高温炉、塑料烧杯(300 mL)。

② 试剂:乙醇、氢氧化钾(固体)、水泥。

(3) 步骤

称取 2.5 g 粒状氢氧化钾置于坩埚中,准确称取水泥试样 0.1~0.2 g,置于氢氧化钾之上,并滴加 2~3 滴无水乙醇。盖上坩埚盖,稍留缝隙,置于高温炉中。在高温炉中低温熔融 10 min,再逐渐升温至 600 ℃~650 ℃,继续熔融 3~5 min,熔融过程中不断摇动坩埚。停止加热,转动坩埚,使熔融物均匀地附在坩埚壁上。冷却至温热,取下坩埚盖,用少量蒸馏水浸取熔融物,小心转移至 300 mL 塑料烧杯中。用蒸馏水洗净银坩埚和坩埚盖,将洗液全部移入塑料烧杯中。

(4) 注意事项

① 在银坩埚中熔融试样时,温度不能超过 700 ℃,以免银坩埚被损坏。

② 熔融后会有少量银转入熔融物中,应考虑对测定有无影响。

2. 酸熔法分解试样

(1) 目的

① 正确选择熔剂和坩埚。

② 熟练掌握酸熔法处理试样的操作过程。

(2) 仪器和试剂
① 仪器：瓷坩埚、坩埚钳、马弗炉、烧杯。
② 试剂：焦硫酸钾、钛铁矿、碱性耐火材料（铝砂、镁砖、高铝砖）。
(3) 步骤
准确称取钛铁矿试样 0.2 g，置于瓷坩埚中。加焦硫酸钾 8～10 g，盖上坩埚盖，稍留缝隙。将坩埚放入 400 ℃～500 ℃ 的马弗炉中，逐渐升温至 700 ℃～750 ℃，熔融 10～15 min。取出坩埚，冷却后转移至烧杯中。
(4) 注意事项
用焦硫酸钾熔融分解试样时，温度不宜过高，时间也不宜过长，以免大量 SO_3 挥发，使硫酸盐分解为难溶氧化物，另外需注意安全，避免烫伤。

3. 硝化法分解试样

(1) 目的
熟练掌握硝化法处理试样的操作过程。

图 1-12 凯氏烧瓶

(2) 仪器和试剂
① 仪器：凯氏烧瓶（图 1-12）（500 mL）、电炉、沸石。
② 试剂：浓硫酸、浓硝酸、固形食品（粮食、粉条、豆干等）。
(3) 步骤
称取搅拌均匀的试样 20 g 于 500 mL 凯氏烧瓶中，加数粒沸石，加入浓硫酸、浓硝酸各 10 mL。小火加热，至剧烈作用停止后，加大火力。不断沿瓶壁滴加浓硝酸至溶液透明不再转黑为止。继续加热数分钟至浓白烟逸出，冷却。加入 10 mL 水，继续加热至冒白烟为止，冷却，备用。
(4) 注意事项
每当硝化溶液颜色变深时，立即添加浓硝酸，否则溶液难以硝化完全。

任务 3　液体试样的采取、制备

1. 大型贮罐中采取和制备一般液体试样

(1) 目的
① 正确使用液体采样工具。
② 熟练掌握从大型贮罐中采取一般液体试样的方法。
(2) 仪器和试剂
① 仪器：采样瓶、样品瓶。
② 试剂：液体石油产品、液碱、硝酸、食用油。
(3) 步骤
确定采样数目。盖紧瓶塞，将采样瓶沉入液面以下 20 cm 处。拔出瓶塞，液体物料进入瓶内。待瓶内空气被驱尽，即停止冒出气泡时，放下瓶塞，将采样瓶提出液面，即采取一个子样。用同样的方法在贮罐中部采取 3 个子样，贮罐下部以上 10 cm 处采取一个子样。将采取的子样按规定比例倒入同一样品瓶中，盖紧瓶塞，混合成一个平均样品。对于均匀的样品，可采用全液层采样。对于石油产品，用液态石油产品采样器按相同步骤进行采样。

2. 小型贮罐中采取和制备一般液体试样

（1）目的

熟练掌握从小型贮罐中采取一般液体试样的方法。

（2）仪器和试剂

① 仪器：长玻璃管（内径为 20 mm）、样品瓶。

② 试剂：涂料、油漆。

（3）步骤

确定采样部位和采样数目。将长玻璃管下端缓缓地斜插入容器底部，用拇指或塞子封闭上端管口。抽出长玻璃管，使液体物料注入样品瓶中，即采得一个子样。用同样方法在确定的各个部位采取样品。将采取的子样倒入同一样品瓶中，盖紧瓶塞，混合成一个平均样品。

3. 从输送管道中采取和制备一般液体试样

（1）目的

熟练掌握从输送管道中采取一般液体试样的方法。

（2）仪器和试剂

① 仪器：样品瓶。

② 试剂：液碱、磷酸。

（3）步骤

确定采样间隔时间和采样量。开启管道上的采样阀，排出阀内原有的液体，用样品瓶接收样品。将子样合并成一个总样。

4. 采取和制备易挥发液体试样

（1）目的

① 掌握金属杜瓦瓶采样的方法。

② 熟悉易挥发液体试样的采取方法。

（2）仪器和试剂

仪器：金属杜瓦瓶（图 1-13）。

试剂：液氧、液氮、液化气。

（3）步骤

① 直接注入法（允许样品与大气接触）。

首先卸下金属杜瓦瓶上的盖帽。把连接

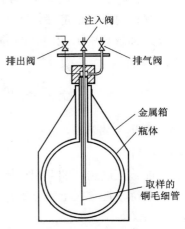

图 1-13 金属杜瓦瓶

在采样口上的采样管放入金属杜瓦瓶中,充分打开延伸轴的阀门。当采集到足够的液体样品后,立即关闭延伸轴的阀门。取出采样管,把已经打开排气阀的螺旋口旋紧。

② 通过盖帽注入法(不允许样品与大气接触)。

把旋紧在金属杜瓦瓶盖帽上的所有阀门都关闭好。将注入阀连接在采样口接头上,按顺序打开排气阀、注入阀和采样点上的延伸轴阀门。在注入样品时,要经常检查排气阀出口是否被凝结物堵塞。当所需体积的液体样品采集完毕后,关闭延伸轴阀门和注入阀,取下金属杜瓦瓶。开始采得液体样品后,排气阀应始终打开,以防瓶中压力过大。

5. 采取和制备高黏度液体试样

(1) 目的

① 正确使用采样工具和搅拌器。

② 熟练掌握高黏度液体试样的采取方法。

(2) 仪器和试剂

① 仪器:采样管、样品瓶、搅拌器。

② 试剂:水玻璃、尿醛。

(3) 步骤

根据所采集的样品的均匀情况和所处状态,选择采样方法。根据样品的性质选择采样工具。通过搅拌使样品达到均匀状态。用采样管在不同的部位根据所确定的采样数采集样品。将所有的子样合并成一个总样。

(4) 注意事项

① 采样设备和样品容器必须洁净、干燥,不与样品发生化学作用。

② 采样器及样品容器应考虑到使用和清洗的方便,在采集温度较高的液体时,应采用耐热材料制成的采样设备。

③ 采样时采样器应慢慢放入热液体中,在其达到温度平衡后再采样。

④ 采样过程中不能使样品的组分发生变化和损失,不污染样品,采得的样品要妥善保存。

任务4 气体试样的采取、制备

1. 常压气体采样

(1) 目的

① 能够正确选择和使用气体采样设备。

② 熟练掌握常压下气体试样的采取方法。

(2) 仪器和试剂

① 仪器:橡皮管、采样管、吸气管。

② 试剂：1.1% HCl 的 NaCl 饱和溶液（封闭液）、大气。

(3) 步骤

根据气体的性质选择采样器。用吸气管采样时，组装吸气管装置（图 1-14），并装入适量封闭液。向瓶 4 中注满封闭液，开启旋塞 2 和 3，使管 1 与大气相遇，提高瓶 4，使封闭液进入并充满管 1，将管 1 内的空气排到大气中。将管 1 经旋塞 3 及橡皮管与取样点的采样管相连，降低瓶 4，气样进入管 1，至封闭液面降到旋塞 2 以下，关闭旋塞 2 和 3，从采样管上取下吸气管即可。

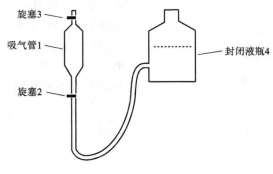

图 1-14 吸气管装置

2. 正压气体采样

(1) 目的

① 能够正确选择和使用采样器、导管和样品容器。

② 熟悉正压下气体试样的采集方法和操作过程。

(2) 仪器和试剂

① 仪器：球胆（图 1-15）、橡皮管。

② 试剂：大气、硫酸生产气体、合成氨生产气体。

图 1-15 球胆

(3) 步骤

在球胆入口处配一附有弹簧夹的橡皮管，通过橡皮管将球胆与采样阀连接起来，打开弹簧夹，开启采样阀，使气体进入球胆。关闭采样阀和弹簧夹后，取下球胆，排出气体。重复操作三次，采取需要量的气样。

3. 负压气体采样

(1) 目的

熟练掌握负压下气体试样的采集方法和操作过程。

(2) 仪器和试剂

① 仪器：抽空器、真空泵、橡皮管。

② 试剂：负压气体。

(3) 步骤

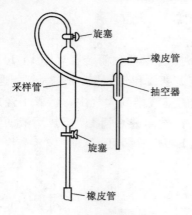

图 1-16 采样管和抽空器连接图

用真空泵抽出抽空器中的空气直至其内压降至 8~13 kPa 以下，关闭旋塞。用橡皮管将采样管和抽空器连接（图 1-16）。开启采样管和抽空容器上的旋塞，取样。先关闭采样管，再关闭抽空器上的旋塞，结束取样。

(4) 注意事项

① 采样前，应先观察样品容器是否有破损、污染、泄漏等现象。

② 采样管过长会引起采样系统的时间滞后，使样品失去代表性，应使用短的、孔径小的采样管。

③ 封闭液要用样气饱和后再使用。

习 题

一、选择题

1. 从大量的分析对象中采取少量分析试样，必须保证所取的试样具有（　）
   A. 一定的时间性　　　　　　B. 广泛性
   C. 稳定性　　　　　　　　　D. 代表性

2. 试样粉碎到一定程度时，需要过筛，过筛的正确方法是（　）
   A. 根据分析试样的粒度选择合适筛子
   B. 先用较粗的筛子，随着试样粒度逐渐减小，筛孔目数相应地增加
   C. 不能通过筛子的少量试样，为了节省时间和劳力，可以作缩分和处理去掉
   D. 对不能通过筛子的试样，要反复破碎，直至全部通过为止

3. 分析中分解试样的目的，是要将试样转变为（　）
   A. 沉淀　　　B. 单质　　　C. 简单化合物　　　D. 水溶性物质

4. 下列有关选择分解方法的说法，哪些是不妥的（　）
   A. 溶（熔）剂要选择分解能力愈强愈好
   B. 溶（熔）剂应不影响被测组分的测定
   C. 最好用溶解法，如试样不溶于溶剂，再用熔融法
   D. 应能使试样全部分解转入溶液

5. 在使用氢氟酸时要注意（　）
   A. 在稀释时极易溅出
   B. 有腐蚀性

C. 氟极活泼，遇水激烈反应

D. 分解试样时，要在铂皿或聚四氟乙烯容器中进行

二、计算题

1. 某矿石的最大直径为 30 mm，若采样时的 $K = 0.05$，$a = 2$，则应取样多少克？

2. 某矿石的原始试样为 30 kg，已知 $K = 0.2$，当粉碎至颗粒直径为 0.83 mm 时，需缩分几次？

三、思考题

1. 什么叫子样、平均原始试样？子样的数目和最少质量取决于什么因素？

2. 如何应用采样经验公式计算矿石的最少采样量和缩分次数？

3. 样品的制备有什么要求？烘干、破碎、过筛、混匀、缩分各工序的要点是什么？

4. 分解试样有什么要求？什么情况下不宜采用 HCl、HNO_3、H_2SO_4、H_3PO_4 分解试样？

5. 用 HF 分解硅酸盐时，加 H_2SO_4 的目的是什么？

6. 碱性熔剂分解硅酸盐试样的原理是什么？

7. 用 $LiBO_2$ 分解试样有什么好处？采用什么材质坩埚合适？

8. 酸性熔剂主要用于分解什么试样？原理是什么？

9. 采用石英、瓷、银、镍、铁、铂等器皿时，必须采用什么溶（熔）剂？

阅读材料

采样误差

在采样的过程中，采得的样品可能包含采样的偶然误差和系统误差。其中偶然误差是由一些无法控制的偶然因素所引起的，这虽无法避免，但可以通过增加采样的重复次数来缩小这个误差。而系统误差是由于采样方案不完善、采样设备有缺陷、操作者不按规定进行操作以及环境等的影响产生的，其偏差是定向的，必须尽力避免。

采样安全

为确保采样操作的安全进行，采样时应注意以下事项：

（1）采样前，应调查物料的货主、来源、种类、批次、生产日期、总量、包装堆积形式、运输情况、贮存条件、贮存时间、可能存在的成分逸散和污染情况，以及其他一切能揭示物料发生变化的材料。

（2）采样器械可分为电动、机械和手工三种类型。

（3）盛样容器要依分析项目和被检物料的性质而定。

(4) 采样后要及时记录样品名称、规格型号、批号、等级、产地、采样基数、采样部位、采样人、采样地点、日期、天气、生产厂家名称及详细通信地址等内容。

(5) 采集的样品应由专人妥善保管，并尽快送达指定地点，且要注意防潮、防损、防丢失和防污染。

(6) 样品的交接一定要有文字记录，手续要清楚。

(7) 采样地点要有出入安全的通道、良好的照明和通风条件；在贮罐或槽车顶部采样时要防止掉下来，还要防止堆垛容器的倒塌；如果所采物料本身有危险，采样前必须了解各种危险物质的基本规定和处理办法，采样时，需有防止阀门失灵、物料溢出的应急措施和心理准备。

(8) 采样时必须有陪伴者，且需对陪伴者进行事先培训。

第二部分　工业分析方法及应用

第 2 章

食 品 分 析

任务引领

任务 1　食品中苯甲酸含量的测定
任务 2　食品中总脂肪含量的测定

任务拓展

任务 3　食品中亚硝酸盐含量的测定

任务目标

▶ **知识目标**

1. 了解食品分析的目的、任务、意义及常见食品的性状、组成、分类；
2. 掌握食品样品的预处理方法，以适应不同类型食品的分析需要；
3. 掌握食品中水分、灰分等概念及相应知识；
4. 掌握食品中酸类物质存在的状态及 pH、酸碱滴定等有关知识；
5. 了解脂类、碳水化合物的存在及其影响的知识；
6. 了解蛋白质及氨基酸的概念及相应的知识；
7. 了解食品添加剂的概念及相应的知识。

▶ **能力目标**

1. 正确测定食品中水分、灰分的含量；
2. 正确测定食品中酸类物质的含量；
3. 正确测定食品中脂类、碳水化合物的含量；
4. 正确测定食品中蛋白质及氨基酸的含量。

2.1　概述

《食品卫生法》对"食品"的法律定义是：各种供人食用或者饮用的成品和

原料以及按照传统既是食品又是药品的物品，但是不包括以治疗为目的的物品。

从食品卫生立法和管理的角度，广义的食品概念还涉及所生产食品的原料，食品原料种植、养殖过程接触的物质和环境，食品的添加物质，所有直接或间接接触食品的包装材料、设施以及影响食品原有品质的环境。

2.1.1 基础知识

1. 食品分析检验的目的和任务

（1）食品分析检验的目的

以现代人的生活观点来看，饮食除了提供生存的功能之外，亦是生活的乐趣之一，因此追求美食也成为一种享受，蔚为潮流。而食品品质的好坏直接关系着人们的身体健康。对食品品质好坏的评价，就要看它的营养性、安全性和可接受性。因此对食品进行分析检验是必需的。而食品分析就是专门研究各类食品组成成分的检测方法及有关理论，进而评定食品品质的一门技术性和应用性的学科课程，它是食品质量管理过程中一个重要环节。

（2）食品分析检验的任务

食品分析的任务是依据物理、化学、生物化学等学科的基本理论和国家食品卫生标准，运用现代科学技术和分析手段，对各类食品（包括原料、辅助材料、半成品及成品）的主要成分和含量进行检测，以保证生产出的产品质量合格。

2. 食品分析的标准

（1）国内标准

自《食品卫生法》颁布以来，食品卫生工作有了明确的法律依据，为了保证该法律的有效实施，卫生部发布并实施了新版（2004年）国家标准——《中华人民共和国食品卫生检验方法（理化部分）》。

新版国家标准对促进中国食品工业采用新工艺、新技术，提高人民的身体健康起了重要的作用，也为中国从事食品卫生理化检验人员提供了选择分析方法的依据。

（2）国际标准

国际食品分析标准主要是指国际标准化组织（ISO）制定的食品分析标准以及经 ISO 认可并收入《国际标准题内关键词索引》中的标准。其中与食品质量安全有关的组织主要有联合国粮食与农业组织（FAO）、世界卫生组织（WHO）、"食品法典"联合委员会（CAC）、国际制酪业联合会（IDF）等，其中"食品法典"已成为全球食品行业最重要的参照标准。

在国际上影响较大的组织还有美国分析化学家协会（AOAC），其宗旨在于促进分析方法及相关实验室品质保证的发展及规范化，该协会推荐的分析方法比较先进、可靠，对国际上食品分析领域的影响较大，已为越来越多的国家所采用。

3. 食品分析的内容和范围

食品分析的主要内容包括：感官检验、营养成分检验、食品添加剂的检验及食品中有毒有害物质的检验。

(1) 食品的感官检验

食品质量的优劣最直接地表现在它的感官性状上，各种食品都具有各自的感官特征，除了色、香、味是所有食品共有的感官特征外，液态食品还有澄清、透明等感官指标，对固体、半固体食品还有软、硬、弹性、韧性、黏、滑、干燥等一切能为人体感官判定和接受的指标。好的食品不但要符合营养和卫生的要求，而且要有良好的可接受性。因此，各类食品的质量标准中都有感官指标。感官鉴定是食品质量检验的主要内容之一，在食品分析检验中占有重要的地位。

(2) 食品中营养成分检验

食品中的营养成分主要包括水分、灰分、矿物元素、脂肪、碳水化合物、蛋白质与氨基酸、有机酸、维生素等八大类，这是构成食品的主要成分。不同的食品所含营养成分的种类和含量是各不相同的，在天然食品中，能够同时提供各种营养成分的品种较少，因此人们必须根据人体对营养的要求，进行合理搭配，以获得较全面的营养。为此必须对各种食品的营养成分进行分析，以评价其营养价值，为选择食品提供资料。此外，在食品工业生产中，对工艺配方的确定、工艺合理性的鉴定、生产过程的控制及成品质量的监测等，都离不开营养成分的分析。所以，营养成分的分析是食品分析检验中的主要内容。

(3) 食品添加剂的检验

食品添加剂是指食品在生产、加工或保存过程中，添加到食品中期望达到某种目的的物质。由于目前所使用的食品添加剂多为化学合成物质，有些对人体具有一定的毒性，故国家对其使用范围及用量均做了严格的规定。为监督在食品生产中使用食品添加剂的合理性，保证食品的安全性，必须对食品添加剂进行检验，因此，对食品添加剂的鉴定和检验也具有十分重要的意义。

(4) 食品中有害物质的检测

正常的食品应当无毒无害，符合应有的营养素要求，具有相应的色、香、味等感官性状。但食品在生产、加工、包装、运输、贮存、销售等各个环节中，由于污染混入的对人体有急性或慢性危害的物质，按其性质分，主要有以下几类：

① 有害元素　由于工业三废、生产设备、包装材料等对食品所造成的污染，主要有砷、镉、汞、铅、铜、铬、锡、锌、硒等。

② 农药及兽药　由于不合理地施用农药造成对农作物的污染，再经动植物体的富集作用及食物链的传递，最终造成食品中农药的残留。另外，兽药（包括兽药添加剂）在畜牧业中的广泛使用，对降低牲畜发病率与死亡率、提高饲料利用率、促生长和改善产品品质方面起到十分显著的作用，已成为现代畜牧业不可

缺少的物质。但是，由于科学知识的缺乏和经济利益的驱使，畜牧业中滥用兽药和超标使用兽药的现象普遍存在，导致动物性食品中兽药残留量超标。

③ 细菌、霉菌及其毒素　这是由于食品的生产或贮藏不当而引起的微生物污染，例如危害较大的黄曲霉毒素；另外，还有动植物体中的一些天然毒素，例如贝类毒素、苦杏仁中存在的氰化物等。

④ 包装材料带来的有害物质　由于使用了质量不符合卫生要求的包装材料，例如聚氯乙烯、多氯联苯、荧光增白剂等有害物质，对食品造成污染。

4. 食品分析检验的方法

食品分析需考虑样品的分析目的和分析方法本身的特点，使采用的分析方法具有有效性和适用性。

若用于指导生产或企业内部的质量评估，可选择分析速度快、操作简单、费用低的分析方法；而对成品进行质量鉴定或营养标签的产品分析，则应采用标准的分析方法。采用标准的分析方法、利用统一的技术手段才能使分析结果有权威性，便于比较与鉴别产品质量，为食品生产和流通领域标准化管理、国际贸易往来和国际经济技术合作有关的质量管理和质量标准提供统一的技术依据。这对促进技术进步、提高产品质量和经济效益、扩大对外贸易、提高标准化水平、促进我国食品事业的发展、保护消费者利益和保证食品贸易的公平进行，具有重要的意义。食品分析检验常用的方法有感官检验法、化学分析法、仪器分析法、微生物检验法和酶分析法。

（1）感官检验法

感官检验法是通过人体的各种感觉器官（眼、耳、鼻、舌、皮肤）所具有的视觉、听觉、嗅觉、味觉和触觉，结合平时积累的实践经验，并借助一定的器具对食品的色、香、味、形等质量特性和卫生状况作出判定和客观评价的方法。感官检验作为食品分析检验的重要方法之一，具有简便易行、快速灵敏、不需要特殊器材等特点，特别适用于目前还不能用仪器定量评价的某些食品特性的检验，如水果味道的检验、食品风味的检验以及烟、酒、茶的气味检验等。

（2）化学分析法

化学分析法以物质的化学反应为基础，使被测成分在溶液中与试剂作用，由生成物的量或消耗试剂的量来确定组分含量的方法。包括定性分析和定量分析。定量分析包括：称量法和容量法，如：食品中水分、灰分、脂肪、果胶、纤维等成分的测定，常规法都是称量法；容量法包括酸碱滴定法、氧化还原滴定法、配位滴定法和沉淀滴定法，如：酸度、蛋白质的测定常用到酸碱滴定法，还原糖、维生素 C 的测定常用到氧化还原滴定法。化学分析法是食品分析检验技术中最基础、最基本、最重要的分析方法。

（3）仪器分析法

仪器分析法以物质的物理或物理化学性质为基础，利用光电仪器来测定物质含量的方法。包括物理分析法和物理化学分析法。

物理分析法是通过测定密度、黏度、折光率、旋光度等物质特有的物理性质来求出被测组分含量的方法。如：密度法可测定糖液的浓度、酒中酒精含量、检验牛乳是否掺水、脱脂，等等；折光法可测定果汁、番茄制品、蜂蜜、糖浆等食品的固形物含量、牛乳中乳糖含量等；旋光法可测定饮料中蔗糖含量、谷类食品中淀粉含量等。

物理化学分析法是通过测量物质的光学性质、电化学性质等物理化学性质来求出被测组分含量的方法。它包括光学分析法、电化学分析法、色谱分析法、质谱分析法等，食品分析检验中常用的是前三种方法。光学分析法又分为紫外－可见分光光度法、原子吸收分光光度法、荧光分析法等，可用于测定食品中无机元素、碳水化合物、蛋白质、氨基酸、食品添加剂、维生素等成分。电化学分析法又分为电导分析法、电位分析法、极谱分析法等，电导法可测定糖品灰分和水的纯度等；电位分析法广泛应用于测定 pH 值、无机元素、酸根、食品添加剂等成分；极谱分析法已应用于测定重金属、维生素、食品添加剂等成分。色谱分析法包含许多分支，食品分析检验中常用的是薄层层析法、气相色谱法和高效液相色谱法，可用于测定有机酸、氨基酸、维生素、农药残留量、黄曲霉素等成分。

（4）微生物分析法

微生物分析法基于某些微生物生长需要特定的物质，方法条件温和，克服了化学分析法和仪器分析法中某些被测成分易分解的弱点，方法的选择性也高。常应用于维生素、抗生素残留量、激素等成分的分析中。

（5）酶分析法

酶分析法是利用酶的反应进行物质定性、定量分析的方法。酶是具有专一性催化功能的蛋白质，用酶分析法进行分析的主要优点在于高效和专一，克服了用化学分析法测定时，某些共存成分产生干扰，以及类似结构的物质也可发生反应，从而使测定结果发生偏离的缺点。酶分析法测定条件温和，结果准确，已应用于食品中有机酸、糖类和维生素的测定。

2.1.2　食品样品的采集与处理

1. 食品样品采集、制备及保存

食品分析的一般程序是：样品的采集、制备和保存，样品的预处理，成分分析，分析数据处理，撰写分析报告。

（1）样品的采集

样品的采集是从大量的分析对象中抽取有代表性的一部分样品作为分析材料，即分析样品。

① 样品采集的目的和意义

为保证分析结果准确、无误，首先就要正确地采样。因被检测的食品种类差异大、加工储藏条件不同、同一材料的不同部分彼此有别，所以采用正确的采样技术采集样品尤为重要，否则分析结果就不具代表性，甚至得出错误的结论。同样，为使后续的分析工作能顺利实施，对采集到的样品作进一步加工处理是任何检测项目中不可缺少的环节。

② 样品采集的要求

采样过程中应遵循两个原则：一是采集的样品要均匀，具有代表性，能反映全部被检食品的组成、质量及卫生状况；二是采样中避免成分逸散或引入杂质，应保持原有的理化指标。

③ 样品采集的步骤

采样一般分三步。首先是获取检样，即从大批物料的各个部分采集少量的物料；将所有获取的检样综合在一起得到原始样品，这是第二步；最后是将原始样品经技术处理后，抽取其中的一部分作为分析检验的样品（称为平均样品）。

④ 样品采集的数量和方法

采样数量应能反映该食品的卫生质量和满足检验项目对试样量的需求，样品应一式三份，分别供检验、复验、备查或仲裁，一般散装样品每份不少于0.5 kg。具体采样方法，因分析对象的性质而异。

⑤ 不同食品样品的采集

a. 固体食品物料试样的采集

一般使用双套回转采样管采样。在上、中、下三层取得子样，合并为原始平均试样。

b. 液体、胶体或半胶体食品物料试样的采集

对于稀奶油、麦芽糖、牛乳等食品物料，采样前要先用搅拌棒在物料中由上至下、由下至上以螺旋式搅拌20次以上，再以每1 000 mL采样0.1~0.2 mL的量采集子样，然后合并为原始平均试样。其他均匀液体食品物料可按一般液体物料的采集方式进行采样。

c. 罐装、瓶装及软包装内食品物料试样的采集

小包装食品，根据不同批号，分批随机采样。大于250 g的包装，每批不少于2包；小于250 g的包装，则取2~3包。对于生产量大的食品厂，以2万罐为基准，少于2万罐，则每3 000罐取1罐；超过2万罐，则每1万罐取1罐作为子样，再将子样混匀制成试样。

d. 果蔬类物料试样的采集

先去除泥沙和非食用部分，再视物料个体大小进行处理。个体大的水果或蔬菜，沿其纵轴切开，按四分法进行取样。个体小的果蔬，则可按大批量物料的采样方法进行采样。

e. 鱼类和肉类物料试样的采集

鱼类物料先去鳞、头、尾、内脏等，抹干，再纵向对半剖开，取一半，去

骨，绞成泥，备用。大鱼每份试样需用3条，小鱼每份试样需用5~10条。

肉类物料先去皮、毛、骨，肥瘦肉混合取样，剁成肉泥，再混匀，备用。

f. 掺伪食品和食品中毒的样品采集要有典型性

采样时使用的工具、容器、包装纸等都应保证清洁，采样后应迅速检测以免发生变化。最后在盛装样品的容器上要贴上标签，注明样品名称、采样地点、采样日期、样品批号、采样方法、采样数量、分析项目及采样人。无记录的样品不予检验。

（2）样品的制备

按采样规程采取的样品一般数量过多、颗粒大、组成不均匀，样品制备是对上述采集的样品进行进一步粉碎、混匀、缩分，目的是保证样品完全均匀，取任何部分都具代表性。具体制备方法因产品类型不同有如下几种。

① 液体、浆体或悬浮液体

样品可摇匀，也可以使用玻璃棒或电动搅拌器搅拌使其均匀，采取所需要的量。

② 互不相溶的液体

如油与水的混合物，应先使不相溶的各成分彼此分离，再分别进行采样。

③ 固体样品

先将样品制成均匀状态，具体操作有切细（大块样品）、粉碎（硬度大的样品如谷类）、捣碎（质地软含水量高的样品如果蔬）、研磨（韧性强的样品如肉类）。常用工具有粉碎机、组织捣碎机、研钵等。然后用四分法采取制备好的均匀样品。

④ 罐头

水果或肉禽罐头在捣碎之前应清除果核、骨头及葱、姜、辣椒等调料。再用高速组织捣碎机采样。

上述样品制备过程中，还应注意防止易挥发成分的逸散及有可能造成的样品理化性质的改变，尤其是做微生物检验的样品，必须根据微生物学的要求，严格按照无菌操作规程制备。

（3）样品的保存

制备好的样品应尽快分析，如不能马上分析，则需妥善保存。保存的目的是防止样品发生受潮、挥发、风干、变质等现象，确保其成分不发生任何变化。保存的方法是将制备好的样品装入具磨口塞的玻璃瓶中，置于暗处；易腐败变质的样品应保存在0℃~5℃的冰箱中；易失水的样品应先测定水分。

一般检验后的样品还需保留一个月，以备复查。保留期限从签发报告单算起，易变质食品不予保留。对感官不合格样品可直接定为不合格产品，不必进行理化检验。最后，存放的样品应按日期、批号、编号摆放，以便查找。

2. 样品的预处理

食品的成分复杂，既含有如糖、蛋白质、脂肪、维生素、农药等有机大分子化合物，也含有许多如钾、钠、钙、铁、镁等无机元素，它们以复杂的形式结合在一起，当用选定的方法对其中某种成分进行分析时，其他组分的存在，常会产生干扰而影响被测组分的正确检出。为此，在分析检测之前，必须采取相应的措施排除干扰。另外，有些成分特别是有毒、有害污染物虽然在食品中的含量极低，但危害很大，完成这些组分的测定，有时会因为所选方法的灵敏度不够而难于检出，这种情形下往往需对样品中的相应组分进行浓缩，以满足分析方法的要求。样品预处理就是用来解决上述问题，根据食品的种类、性质不同，以及不同分析方法的要求，预处理的手段有如下几种。

（1）有机物破坏法

当测定食物中无机物含量时，常采用有机物破坏法来消除有机物的干扰。因为食物中的无机元素会与有机质结合，形成难溶、难离解的化合物，使无机元素失去原有的特性，而不能依法检出。有机物破坏法是将有机物在强氧化剂的作用下经长时间的高温处理，破坏其分子结构，有机质分解呈气态逸散，而被测无机元素得以释放的方法。该法除常用于测定食品中微量金属元素之外，还可用于检测硫、氮、氯、磷等非金属元素。根据具体操作不同，常用的是干法和湿法两大类，但随着微波技术的发展，微波消解法也得到了应用。

① 干法（又称灰化）

干法是通过高温灼烧将有机物破坏。除汞外的大多数金属元素和部分非金属元素的测定均可采用此法。具体操作是将一定量的样品置于坩埚中加热，使有机物脱水、炭化、分解、氧化，再于高温电炉中（500 ℃ ~ 550 ℃）灼烧灰化，残灰应为白色或浅灰色，否则应继续灼烧，得到的残渣即为无机成分，可供测定用。

干法特点是破坏彻底、操作简便、使用试剂少、空白值低，但破坏时间长、温度高，尤其对汞、砷、锑、铅易造成挥散损失。适用于除汞、砷、铅等以外的金属元素的测定。对有些元素的测定必要时可加助灰化剂。

② 湿法（又称消化）

湿法是在酸性溶液中，向样品中加入硫酸、硝酸、高氯酸、过氧化氢、高锰酸钾等氧化剂，并加热消煮，使有机质完全分解、氧化、呈气态逸出，待测组分转化成无机状态存在于消化液中，供测试用。

湿法是一种常用的样品无机化法。其特点是分解速度快、时间短，因加热温度低可减少金属的挥发逸散损失；缺点是耗用试剂多，并会产生大量有毒气体，需在通风橱中操作，另外消化初期会产生大量泡沫外溢，需随时照管。因试剂用量较大，则必须做空白实验，且空白值偏高。

湿法破坏根据所用氧化剂不同分如下几类：

硫酸-硝酸法：将粉碎好的样品放入 250~500 mL 凯氏烧瓶中（样品量可称 10~20 g），加入浓硝酸 20 mL，小心混匀后，先用小火使样品溶化，再加浓硫酸 10 mL，渐渐加强火力，保持微沸状态并不断滴加浓硝酸，至溶液透明不再转黑为止。每当溶液变深时，立即添加硝酸，否则会消化不完全。待溶液不再转黑后，继续加热数分钟至冒出浓白烟，此时消化液应澄清透明。消化液放冷后，小心用水稀释，转入容量瓶，同时用水洗涤凯氏瓶，洗液并入容量瓶，调至刻度后混匀供待测用。

高氯酸-硝酸-硫酸法：称取粉碎好的样品 5~10 g 放入 250~500 mL 凯氏烧瓶中，加少许水湿润，加数粒玻璃珠，加 3:1 的硝酸-高氯酸混合液 10~15 mL，放置片刻，小火缓缓加热，反应稳定后放冷，沿瓶壁加入 5~10 mL 浓硫酸，继续加热至瓶中液体开始变成棕色时，不断滴加硝酸-高氯酸混合液（3:1）至有机物分解完全。加大火力至产生白烟，溶液应澄清，呈无色或微黄色。操作中注意防爆。放冷后转入容量瓶定容。

高氯酸（过氧化氢）-硫酸法：称取适量样品于凯氏瓶中，加适量浓硫酸，加热消化至呈淡棕色，放冷，加数毫升高氯酸（或过氧化氢），再加热消化，重复操作至破坏完全，放冷后以适量水稀释，小心转入容量瓶定容。

硝酸-高氯酸法：称取适量样品于凯氏瓶中，加数毫升浓硝酸，小心加热至剧烈反应停止后，再加热煮沸至近干，加入 20 mL 硝酸-高氯酸（1:1）混合液，缓缓加热，反复添加硝酸-高氯酸混合液至破坏完全，小心蒸发至近干，加入适量稀盐酸溶解残渣，若有不溶物应过滤。滤液于容量瓶中定容。

消化过程中注意维持一定量的硝酸或其他氧化剂，破坏样品时作空白，校正消化试剂引入的误差。

(2) 微波消解法

微波样品处理设备兴起于 20 世纪最后几十年，对解决长期困扰 AAS、AFS、ICP、ICP-MS、LC、HPLC 等仪器分析的样品制备，起了革命性的推动作用。微波对食品样品的消解主要包括有传统的敞口式、半封闭式、高压密封罐式，以及近几年发展起来的聚焦式。微波是一种电磁波，它能使样品中极性分子在高频交变电磁场中发生振动，相互碰撞、摩擦、极化而产生高热。

压力自控密闭微波消解是将试样和溶剂放在双层密封罐里进行微波加热消解，自动控制密闭容器的压力，它结合了高压消解和微波加热迅速以及能使极性分子在高频交变电磁场中剧烈振动碰撞、摩擦、极化等方面的性能，在压强或温度控制下，难消解的样品在微波炉里自动加热几十分钟即可。时间大大缩短，酸雾量也减少，同时也减少了对人和对环境的危害。和传统干、湿消解方法相比，它具有节能、快速、易挥发元素损失少、污染小、操作简便、消解完全、溶剂消耗少、空白值低等特点，特别适应于测定易挥发元素的样品分解。例如：微波消解-AAS 法测芦荟中微量金属元素锌、锰、镉、铅，就是应用具有压力控制附件的 MSP-100D 型微波样品制备系统。在混合酸体系 HNO_3-HCl 中,当混酸 HNO_3-HCl 配比为 8:3、固液比为 1:12、最高功率时微波消解时间为 6 min 的条件下,消解结果最佳。在微波消解最佳条件下,进行了精密度实验和回收率实验,所得结果的相对标准偏差均在 0.3%~6.2% 之间,回收率在 95.0%~110.0% 之间。结果表明,测定结果的精密度和准确度令人满意。

3. 食品中成分的提取分离

同一溶剂中,不同的物质有不同的溶解度;同一物质在不同的溶剂中溶解度也不同。利用样品中各组分在特定溶剂中溶解度的差异,使其完全或部分分离即为溶剂提取法。常用的无机溶剂有水、稀酸、稀碱;有机溶剂有乙醇、乙醚、氯仿、丙酮、石油醚等。可用于从样品中提取被测物质或除去干扰物质。在食品分析检验中常用于维生素、重金属、农药及黄曲霉毒素的测定。

溶剂提取法可用于提取固体、液体及半流体,根据提取对象不同可分为化学分离法、离心分离法、浸泡萃取分离法、挥发分离法、色谱分离法和浓缩法,分别介绍如下:

(1) 化学分离法

① 磺化法和皂化法

磺化法和皂化法是去除油脂的常用方法。可用于食品中农药残存的分析。

磺化法:磺化法是以硫酸处理样品提取液,硫酸使其中的脂肪磺化,并与脂肪和色素中的不饱和键起加成作用,生成溶于硫酸和水的强极性化合物从有机溶剂中分离出来。使用该法进行农药分析时只适用强酸介质中稳定的农药,如有机氯农药中的六六六、DDT。回收率在 80% 以上。

皂化法:皂化法是以热碱 KOH-乙醇溶液与脂肪及其杂质发生皂化反应,而将其除去。本法只适用于对碱稳定的农药提取液的净化。

② 沉淀分离法

本法是向样液中加入沉淀剂,利用沉淀反应使被测组分或干扰组分沉淀下来,再经过滤或离心实现与母液分离。该法是常用的样品净化方法。如饮料中糖精钠的测定,可加碱性硫酸铜将蛋白质等杂质沉淀下来,过滤除去。

③ 掩蔽法

向样液中加入掩蔽剂,使干扰组分改变其存在状态(被掩蔽状态),以消除其对被测组分的干扰。掩蔽法有一个最大的好处,就是可以免去分离操作,使分析步骤大大简化,因此在食品分析检验中广泛用于样品的净化。特别是测定食品中的金属元素时,常加入配位掩蔽剂消除共存的干扰离子的影响。

(2) 离心分离法

当被分离的沉淀量很少时,应采用离心分离法,操作简单而迅速。实验室常用的有手摇离心机和电动离心机。由于离心作用,沉淀紧密地聚集于离心管的尖端,上方的溶液是澄清的,可用滴管小心地吸取上方清液,也可将其倾出。如果沉淀需要洗涤，可以加入少量的洗涤液，用玻璃棒充分搅动，再进行离心分离，如此重复操作 2~3 遍即可。

（3）浸泡萃取分离法

① 浸取法

用适当的溶剂将固体样品中的某种被测组分浸取出来称为浸取，也即液-固萃取法。该法应用广泛，如测定固体食品中脂肪含量时，用乙醚反复浸取样品中的脂肪，而杂质不溶于乙醚，再使乙醚挥发掉，称出脂肪的质量。

提取剂的选择：提取剂应根据被提取物的性质来选择，对被测组分的溶解度应最大，对杂质的溶解度最小，提取效果遵从相似相溶原则，通常对极性较弱的成分（如机氯农药）可用极性小的溶剂（如正己烷、石油醚）提取，对极性强的成分（如黄曲霉毒素 B1）可用极性大的溶剂（如甲醇与水的混合液）提取。所选择的溶剂的沸点应适当，太低易挥发，过高又不易浓缩。

振荡浸渍法：将切碎的样品放入选择好的溶剂系统中，浸渍、振荡一定时间使被测组分被溶剂提取。该法操作简单但回收率低。

捣碎法：将切碎的样品放入捣碎机中，加入溶剂，捣碎一定时间，被测成分被溶剂提取。该法回收率高，但选择性差，干扰杂质溶出较多。

索氏提取法：将一定量样品放入索氏提取器中，加入溶剂，加热回流一定时间，被测组分被溶剂提取。该法溶剂用量少，提取完全，回收率高，但操作麻烦，需专用索氏提取器。

② 溶剂萃取法

利用适当的溶剂（常为有机溶剂）将液体样品中的被测组分（或杂质）提取出来称为萃取。其原理是被提取的组分在两互不相溶的溶剂中分配系数不同，从一相转移到另一相中而与其他组分分离。本法操作简单、快速，分离效果好，使用广泛。缺点是萃取剂易燃、有毒。

萃取剂的选择：萃取剂应对被测组分有最大的溶解度，对杂质有最小的溶解度，且与原溶剂不互溶；两种溶剂易于分层，无泡沫。

萃取方法：萃取常在分液漏斗中进行，一般需萃取 4~5 次方可分离完全。若萃取剂比水轻，且从水溶液中提取分配系数小或振荡时易乳化的组分时，可采用连续液体萃取器。

三角瓶内的溶剂经加热产生蒸汽后沿导管上升，经冷凝器冷凝后，在中央管的下端聚为小滴，并进入欲萃取相的底部，上升过程中发生萃取作用，随着欲萃取相液面不断上升，上层的萃取液流回三角瓶中，再次受热气化后的纯溶剂进入冷凝器又被冷凝返回欲萃取相底部重复萃取，如此反复，使被测组分全部萃取三角瓶内的溶剂中。

在食品分析检验中常用提取法分离、浓缩样品，浸取法和萃取法既可以单独使用也可联合使用。如测定食品中的黄曲霉素 B1，先将固体样品用甲醇-水溶液浸取，黄曲霉毒素 B1 和色素等杂质一起被提取，再用氯仿萃取甲醇-水溶液，色素等杂质不被氯仿萃取仍留在甲醇-水溶液层，而黄曲霉毒素 B1 被氯仿萃取，以此将黄曲霉毒素 B1 分离。

(4) 挥发分离法（蒸馏法）

挥发分离法是利用液体混合物中各组分挥发度不同进行分离的方法。既可将干扰组分蒸馏除去，也可将待测组分蒸馏逸出，收集馏出液进行分析。根据样品组分性质不同，蒸馏方式有常压蒸馏、减压蒸馏、水蒸气蒸馏。

① 常压蒸馏。当样品组分受热不分解或沸点不太高时，可进行常压蒸馏。加热方式可根据被蒸馏样品的沸点和性质确定，如果沸点不高于 90 ℃，可用水浴；如果超过 90 ℃，则可改用油浴；如果被蒸馏物不易爆炸或燃烧，可用电炉或酒精灯直火加热，最好垫以石棉网；如果是有机溶剂则要用水浴并注意防火。

② 减压蒸馏。如果样品待蒸馏组分易分解或沸点太高时，可采取减压蒸馏。该法装置复杂。

③ 水蒸气蒸馏。水蒸气蒸馏是用水蒸气加热混合液体装置。操作初期，蒸汽发生瓶和蒸馏瓶先不连接，分别加热至沸腾，再用三通管将蒸汽发生瓶连接好开始蒸汽蒸馏，这样不致因蒸汽发生瓶产生蒸汽遇到蒸馏瓶中的冷溶液凝结出大量的水增加体积而延长蒸馏时间。蒸馏结束后应先将蒸汽发生瓶与蒸馏瓶连接处拆开，再撤掉热源。否则会发生回吸现象而将接受瓶中蒸馏出的液体全部抽回去，甚至回吸到蒸汽发生瓶中。

蒸馏操作注意事项：

a. 蒸馏瓶中装入的液体体积最大不超过蒸馏瓶的 2/3，同时加瓷片、毛细管等防止爆沸，蒸汽发生瓶也要装入瓷片或毛细管；

b. 温度计插入高度应适当，以与通入冷凝器的支管在一个水平面上或略低一点为宜，温度计的观察温度应在瓶外；

c. 有机溶剂的液体应使用水浴，并注意安全；

d. 冷凝器的冷凝水应由低向高逆流。

(5) 色谱分离法

色谱分离是将样品中的组分在载体上进行分离的一系列方法，又称色层分离法。根据分离原理不同分为吸附色谱分离、分配色谱分离和离子交换色谱分离等。该类分离方法效果好，在食品分析检验中广为应用。

① 吸附色谱分离。该法使用的载体为聚酰胺、硅胶、硅藻土、氧化铝等经活化处理后具一定吸附能力的吸附剂。样品中的各组分依其吸附能力不同被载体选择性吸附，使其分离。如食品中色素的测定，将样品溶液中的色素经吸附剂吸附（其他杂质不被吸附），经过过滤、洗涤，再用适当的溶剂解吸，得到比较纯净的色素溶液。吸附剂可以直接加入样品中吸附色素，也可将吸附剂装入玻璃管

制成吸附柱或涂布成薄层板使用。

② 分配色谱分离。此法是根据样品中的组分在固定相和流动相中的分配系数不同而进行分离。当溶剂渗透在固定相中并向上渗展时，分配组分就在两相中进行反复分配，进而分离。如多糖类样品的纸上层析，样品经酸水解处理，中和后制成试液，滤纸上点样，用苯酚 – 1% 氨水饱和溶液展开，苯胺邻苯二酸显色，于 105 ℃加热数分钟，可见不同色斑：戊醛糖（红棕色）、己醛糖（棕褐色）、己酮糖（淡棕色）、双糖类（黄棕色）。

③ 离子交换色谱分离。这是一种利用离子交换剂与溶液中的离子发生交换反应实现分离的方法。根据被交换离子的电荷分为阳离子交换和阴离子交换。该法可用于从样品溶液中分离待测离子，也可从样品溶液中分离干扰组分。分离操作可将样液与离子交换剂一起混合振荡或将样液缓缓通过事先制备好的离子交换柱，则被测离子与交换剂上的 H^+ 或 OH^- 发生交换，或是被测离子上柱，或是干扰组分上柱，从而将其分离。

(6) 浓缩法

样品在提取、净化后，往往样液体积过大，被测组分的浓度太小，影响其分析检测，此时则需对样液进行浓缩，以提高被测成分的浓度。常用的浓缩方法有常压浓缩和减压浓缩。

① 常压浓缩。只能用于待测组分为非挥发性的样品试液的浓缩，否则会造成待测组分的损失。操作可采用蒸发皿直接挥发，若溶剂需回收，则可用一般蒸馏装置或旋转蒸发器。操作简便、快速。

② 减压浓缩。若待测组分为热不稳定或易挥发的物质，其样品净化液的浓缩需采用 K – D 浓缩器。采取水浴加热并抽气减压，以便浓缩在较低的温度下进行，且速度快，可减少被测组分的损失。食品中有机磷农药的测定（如甲胺磷、乙酰甲胺磷含量的测定）多采用此法浓缩样品净化液。

2.2　食品一般成分分析

2.2.1　水分的测定

1. 水分的种类

水是维持动植物和人类生存必不可少的物质之一。食物中水分含量的测定是食品分析的重要项目，另外水分测定对于计算生产中的物料平衡、生产工艺控制与监督等方面，都具有很重要的意义。

食品中水分含量的多少会直接影响到食品的感官性状、结构以及对腐败的敏感性。食品中水分的存在形式，可以按照其物理、化学性质，定性分为结合水分和非结合水分两大类。由氢键结合力系着的水习惯上称为结合水或束缚水，在测定过程中此类水分较难从物料中逸出。结合水有两个特点：不易结冰（冰点 -40 ℃）；不能作为溶质的溶媒。非结合水（自由水或游离水），即指组织、细胞中容易结冰、能溶解溶质的这部分水，它又可细分为三类：不可移动水或滞化水、毛细管水、自由流动水。滞化水是指被组织中的显微和亚显微结构与膜所阻留住的水；毛细管水是指在生物组织的细胞间隙和制成食品的结构组织中通过毛细管力所系留的水；自由流动水主要指动物的血浆、淋巴和尿液以及植物导管和细胞内液泡等内部的水。相对而言，这类水分易与物料分离。食品中自由水的含量与其品质有密切关系，通常所研究的主要是非结合水分（自由水），在一般水分测定中，也主要是自由水的含量。但对不同食品其水分的含量差别很大。常见食品中水分含量见表 2-1。

表 2-1 各种食品中水分含量

种类	鲜果	鲜菜	鱼类	鲜蛋	乳类	猪肉	面粉	饼干	面包
水分含量/%	70~93	80~97	67~81	67~74	87~89	43~59	12~14	2.5~4.5	28~30

控制食品水分含量，对于保持食品的感官性质，维持食品中其他组分的平衡关系，保证食品的稳定性，都起着重要的作用。例如，新鲜面包的水分含量若低于 28%~30%，其外观形态干瘪，失去光泽；水果糖的水分含量一般控制在 3.0% 左右，过低则会出现反砂甚至反潮现象；乳粉的水分含量控制在 2.5%~3.0% 以内，可控制微生物生长繁殖，延长保质期。

此外，各种生产原料中水分含量高低，对于它们的品质和保存、成本核算、生产企业的经济效益等均具有重大意义。

2. 测定方法

食品中水分测定的方法很多，通常可分为两大类：直接法和间接法。

直接法是利用水分本身的物理、化学性质来测定水分的方法，如干燥法、蒸馏法和卡尔·费休法；间接法是利用食品的相对密度、折射率、电导、介电常数等物理性质测定水分的方法。直接法的准确度高于间接法，本节主要介绍直接法中的干燥法。

干燥法是样品在一定条件下加热干燥，使其水分蒸发，以样品在蒸发前后的失重来计算水分含量的一类测定方法。根据测定条件不同，可分为常压烘箱干燥法、真空烘箱干燥法、红外线干燥法等。常压烘箱干燥法适用于谷物及其制品、水产品、豆制品、乳制品、肉制品及卤菜制品等食品中水分的测定；真空烘箱干燥法适用于糖及糖果、味精等易分解食品中水分的测定。

（1）常压烘箱干燥法

该法适用于在 95 ℃~105 ℃ 范围内不含或含有极微量挥发性成分，而且对热稳定的各种食品。

① 原理

食品中的水分受热以后，产生的蒸汽压高于空气在电热干燥箱中的分压，使食品中的水分蒸发出来，同时，由于不断的加热和排走水蒸气，而达到完全干燥的目的。食品干燥的速度取决于这个压差的大小。

② 样品的制备

食品的种类、存在状态决定样品的制备方法。一般情况下食品以固态（如面包、饼干、乳粉等）、液态（如牛乳、果汁等）和浓稠态（如炼乳、糖浆、果酱等）存在。其中固态样品的制备与测定方法如下。

固态样品必须磨碎，经 20~40 目筛过筛，混匀。在磨碎过程中，要防止样品中水分含量的变化。一般水分含量在14%以下时称安全水分，即在实验室条件下进行粉碎过筛等处理，水分含量一般不会发生变化。处理动作要迅速，制备好的样品存放于干燥洁净的磨口瓶中备用。若要检查在制备过程中水分的变化情况，可在制备前后进行称量检查。

③ 测定

测定时，用恒量的带盖称量瓶准确称取上述样品 2~10 g（视样品的性质和水分含量而定），移至95 ℃~105 ℃ 常压烘箱中，开盖烘 2~4 h 后取出，加盖于干燥器内冷却 0.5 h 后称量。重复此操作，直至前后 2 次质量差不超过 2 mg 即算为恒量。

④ 结果计算

按下式进行测定结果的计算：

$$w = \frac{m_1 - m_2}{m_1 - m_3} \times 100\% \tag{2-1}$$

式中，w——水分的质量分数；

m_1——干燥前样品与称量瓶质量，g；

m_2——干燥后样品与称量瓶质量，g；

m_3——称量瓶质量，g。

⑤ 说明及注意事项

a. 水果、蔬菜样品，先洗去泥沙，再用蒸馏水冲洗，然后吸干表面的水分。

b. 测定过程中，当盛有试样的称量器皿从烘箱中取出后，应迅速放入干燥器中进行冷却，否则，不易达到恒量。

c. 干燥器内一般用硅胶作为干燥剂，硅胶吸潮后会使干燥效能降低，当硅胶蓝色减退或变红时，应及时更换，于135 ℃左右烘 2~3h 使其再生后使用。硅胶若吸附油脂等后，去湿力也会大大降低。

d. 加热过程中，一些物质发生化学反应，会使测定结果产生误差。如：果糖含量较高的样品，如水果制品、蜂蜜等，在高温下（大于 70 ℃）长时间加热，样品中的果糖会发生氧化分解反应而导致明显误差，故宜采用减压干燥法测定水分含量；含有较多氨基酸、蛋白质及羰基化合物的样品，在长期加热时会发生羰氨反应，析出水分导致误差，对此类样品宜用其他方法测定其水分含量。

e. 在水分测定中，恒量的标准一般指前后 2 次称量之差小于等于 3 mg，根据食品的类型和测定要求来确定。

f. 对于含挥发性组分较多的食品，如香料油、低醇饮料等，可采用蒸馏法测定水分含量。

g. 对于固态样品的细度要均匀一致，达到标准的要求。

h. 测定水分后的样品，可供测定脂肪、灰分含量用。

（2）真空烘箱干燥法

该法适用于在较高温度下加热易分解、变质或不易除去结合水的食品，如糖浆、果糖、味精、麦乳精、高脂肪食品、果蔬及其制品。

① 原理

根据大气中空气分压降低时水的沸点降低的原理，将某些不宜在高温下干燥的食品置于一个低压的环境中，使食品中的水分在较低的温度下蒸发，根据样品干燥前后的质量差，来计算水分含量。

② 仪器

真空烘箱（带真空泵）、干燥瓶、安全瓶。

在用减压干燥法测定水分含量时，为了除去烘干过程中样品挥发出来的水分，以及避免干燥后期烘箱恢复常压时空气中的水分进入烘箱，影响测定的准确度，整套仪器设备除必须有一个真空烘箱（带真空泵）外，还需设置一套安全、缓冲的设施，连接若干个干燥瓶和一个安全瓶。

③ 操作步骤

准确称取 2~5 g 样品于已烘至恒量的称量皿中，置于真空烘箱内，加热至所需温度（50 ℃ ~ 60 ℃），打开真空泵抽出烘箱内空气至所需压力（40 ~ 53.3 kPa），使烘箱内保持一定的温度和压力。

经一定时间后，关闭真空泵停止抽气，打开通大气的活塞，使空气经干燥瓶缓缓进入烘箱内。待压力恢复正常后，再打开烘箱取出称量皿，放入干燥器中冷却 30 min 后称量，并重复以上操作至恒量。

④ 结果计算

同常压烘箱干燥法。

⑤ 说明及注意事项

a. 真空烘箱内各部位温度要求均匀一致，若干燥时间短，更应严格控制。

b. 第一次使用的铝质称量盒要烘干两次，每次置于调节到规定温度的烘箱内烘 1~2 h，然后移至干燥器内冷却 45 min，称量（精确到 0.1 mg），求出恒量。第二次以后使用时，通常采用前一次的恒量值。试样为谷粒时，小心使用可重复 20~30 次而恒量值不变。

c. 由于直读天平与被测量物之间的温度差会引起明显的误差，故在操作中应力求被称量物与天平的温度相同后再称量，一般冷却时间在 0.5~1 h。

d. 减压干燥时，自烘箱内部压力降至规定真空度时起计算烘干时间，一般每次烘干时间为 2 h，但有的样品需 5 h；恒量一般以减量不超过 0.5 mg 时为标准，但对受热后易分解的样品则可以不超过 1~3 mg 的减量值为恒量标准。

2.2.2 灰分的测定

1. 灰分测定的意义

食品的组成成分十分复杂，除了大分子的有机物质外，还含有丰富的无机物质，当在高温灼烧灰化时将会发生一系列的变化，其中的有机成分经燃烧、分解而挥发逸散，无机成分则留在残灰中。在高温灼烧的情况下，食品中的组分经过一系列的反应，有机成分挥发逸出，而无机物残留下来，残留下来的物质称为总灰分。不同的食品组成成分不同，要求的灼烧条件不同，残留物亦不同。灰分中的无机成分与食品中原有的无机成分并不完全相同。食品在灼烧时，一些易挥发的元素，如氯、碘、铅等会挥发散失，磷、硫以含氧酸的形式挥发散失，使部分无机成分减少；而食品中的有机组分如碳，则可能在一系列的变化中形成了无机物——碳酸盐，又使无机成分增加了。所以，灰分并不能准确地表示食品中原有的无机成分的总量。严格说来，应该把灼烧后的残留物叫做粗灰分。

灰分测定内容包括总灰分、水溶性灰分、水不溶性灰分、酸不溶性灰分等。水溶性灰分反映的是可溶性的钾、钠、钙、镁等的含量；水不溶性灰分反映的是污染泥沙和铁、铝等氧化物及碱土金属的碱式磷酸盐的含量；酸不溶性灰分反映的是污染泥沙和食品组织中存在的微量硅的含量。不同的食品，因原料、加工方法不同，测定灰分的条件不同，其灰分的含量也不相同。测定灰分可判断食品在加工、贮运过程中受污染的程度，也是评价食品质量的重要指标，同时也可反映出植物生长的成熟度和自然条件的影响。

对于有些食品，总灰分是一项重要的指标。例如，生产面粉时，其加工精度可由灰分含量来表示，面粉的加工精度越高，灰分含量越低。富强粉灰分含量为 0.3%~0.5%，标准粉为 0.6%~0.9%，全麦粉为 1.2%~2.0%。因此，可根据成品粮灰分含量高低来检验其加工精度和品质状况。生产果胶、明胶之类胶质品时，灰分是这些制品胶冻性能的标志。常见食品中灰分含量大致如表 2-2。

表 2-2 常见食品中灰分含量

种类	牛乳	乳粉	脱脂乳粉	鲜肉	鲜鱼	稻谷	小麦	大豆	玉米
灰分含量/%	0.6~0.7	5.0~5.7	7.8~8.2	0.5~1.2	0.8~2.0	5.3	1.95	4.7	1.5

测定灰分具有十分重要的意义。不同的食品，因原料、加工方法不同，测定

灰分的条件不同,其灰分的含量也不相同。但当这些条件确定以后,某种食品中灰分的含量常在一定范围内,若超过正常范围,则说明食品生产中使用了不符合卫生标准要求的原料或食品添加剂,或在食品的加工、贮运过程中受到了污染。因此,灰分是某些食品重要的控制指标,也是食品常规检验的项目之一。

2. 总灰分的测定

测定食品灰分的方法有直接灰化法、硫酸灰化法和醋酸镁灰化法。对总灰分的测定常采用直接灰化法。

(1) 原理

将一定量的样品经炭化后放入高温炉内灼烧,有机物中的碳、氢、氮被氧化分解,以二氧化碳、氮的氧化物及水等形式逸失,另有少量的有机物经灼烧后生成的无机物以及食品中原有的无机物均残留下来,这些残留物即为灰分。对残留物进行称量即可检测出样品中总灰分的含量。

(2) 仪器

高温炉、坩埚、坩埚钳、分析天平(灵敏度0.000 1)、干燥器。

(3) 试剂

① 1:4 盐酸溶液;

② 5 g/L 三氯化铁溶液和等量蓝墨水的混合液;

③ 6 mol/L HNO_3;

④ 36% 过氧化氢;

⑤ 辛醇或纯植物油。

(4) 操作条件的选择

① 灰化容器

测定灰分通常以坩埚作为灰化的容器。坩埚分为素烧瓷坩埚、铂坩埚、石英坩埚,其中最常用的是素烧瓷坩埚。它的物理和化学性质与石英坩埚相同,具有耐高温、内壁光滑、耐酸、价格低廉等优点,但它在温度骤变时易破裂,抗碱性能差,当灼烧碱性食品时,瓷坩埚内壁釉层会部分溶解,反复多次使用后,往往难以得到恒量,在这种情况下宜使用新的瓷坩埚,或使用铂坩埚等其他灰化容器。

铂坩埚具有耐高温、耐碱、导热性好、吸湿性小等优点,但其价格昂贵,约为黄金的9倍,所以应特别注意使用规则。

近年来,某些国家采用铝箔杯作为灰化容器,比较起来,它具有质量轻,在525 ℃~600 ℃范围内,能稳定地使用,同时冷却效果好,且在一般温度条件下没有吸潮性等优点。如果将杯子上缘折叠封口,基本密封好,冷却时可不放入干燥器中,几分钟后便可降到室温,缩短了冷却时间。

灰化容器的大小应根据样品的性状来选用,液态样品,加热易膨胀的含糖样品及灰分含量低、取样量较大的样品,需选用稍大些的坩埚。但灰化容器过大会使称量误差增大。

② 取样量

测定灰分时，取样量应根据样品的种类、性状及灰分含量的高低来确定。谷类及豆类、鲜果、蔬菜、鲜肉、鲜鱼、乳粉、精糖（0.01%）取样时应考虑称量误差，以灼烧后得到的灰分质量为 10～100 mg 来确定称样量。通常乳粉、麦乳精、大豆粉、调味料、鱼类及海产品等取 1～2 g；谷类及其制品、肉及其制品、糕点、牛乳等取 3～5 g；蔬菜及其制品、砂糖及其制品、淀粉及其制品、蜂蜜、奶油等取 5～10 g；水果及其制品取 20 g；油脂取 50 g。

③ 灰化温度

灰化温度一般在 500 ℃～550 ℃ 范围内，各类食品因其中无机成分的组成、性质及含量各不相同，灰化的温度也有所不同。果蔬及其制品、肉及肉制品、糖及糖制品 ≤ 525 ℃；谷类食品、乳制品（奶油除外）、鱼类、海产品、酒 ≤ 550 ℃；奶油 ≤ 500 ℃；个别样品（如谷类饲料）可以达到 600 ℃。灰化温度过高，会引起钾、钠、氯等元素的损失，而且碳酸钙变成氧化钙、磷酸盐熔融，将炭粒包藏起来，使炭粒无法氧化；灰化温度过低，又会使灰化速度慢、时间长，且易造成灰化不完全，也不利于除去过剩的碱（碱性食品）所吸收的二氧化碳。因此必须根据食品的种类、测定精度的要求等因素，选择合适的灰化温度，在保证灰化完全的前提下，尽可能减少无机成分的挥发损失和缩短灰化时间。

④ 灰化时间

一般要求灼烧至灰分显白色或浅灰色并达到恒量为止。灰化至达到恒量的时间因样品的不同而异，一般需要灰化 2～5 h，通常是根据经验在灰化一定时间后，观察一次残灰的颜色，以确定第一次取出冷却、称量的时间，然后再放入炉中灼烧，直至达到恒量为止。应指出，有些样品即使灰化完全，残灰也不一定显白色或浅灰色，如含铁量高的食品，残灰显褐色，含锰、铜量高的食品，残灰显蓝绿色。

⑤ 加速灰化的方法

对于难灰化的样品，可以采取下述方法来加速灰化的进行。

a. 样品初步灼烧后，取出冷却，加入少量的水，使水溶性盐类溶解，被熔融磷酸盐所包裹的炭粒重新游离出来。在水浴上加热蒸去水分，置 120 ℃～130 ℃ 烘箱中充分干燥，再灼烧至恒量。

b. 添加硝酸、乙醇、过氧化氢、碳酸铵等，这些物质在灼烧后完全消失，不增加残灰质量。例如，样品经初步灼烧后，冷却，可逐滴加入硝酸，约 4～5 滴，以加速灰化。

c. 添加碳酸钙、氧化镁等惰性不熔物（MgO 熔点为 2 800 ℃），这类物质的作用纯属机械性的，它们与灰分混在一起，使炭粒不受覆盖。采用此法应同时做空白试验。

（5）操作步骤

① 瓷坩埚的准备

在坩埚外壁及盖上编号，置于 500 ℃ ~550 ℃ 的高温炉中灼烧 0.5 ~1 h，移至炉口，冷却至 200 ℃ 以下，取出坩埚，置于干燥器中冷却至室温，称量，再放入高温炉内灼烧 0.5 h，取出冷却称量，直至恒量（两次称量之差不超过 0.2 mg）。

② 样品预处理

a. 谷类、豆类等水分含量较少的固体样品：先粉碎成均匀的试样，取适量试样于已知质量的坩埚中再进行炭化。

b. 果蔬、动植物等含水量较多的样品：应先制成均匀的试样，再准确称取适量试样于已知质量的坩埚中，置于烘箱中干燥，再进行炭化。也可取测定水分含量后的干燥试样直接进行炭化。

c. 果汁、牛乳等液体样品：先准确称取适量试样于已知质量的坩埚中，于水浴上蒸发至近干，再进行炭化；若直接炭化，液体沸腾，容易造成样品溅失。

d. 脂肪含量高的样品：先制成均匀试样，准确称取适量试样，经提取脂肪后，再将残留物移入已知质量的坩埚中，进行炭化。

③ 炭化

试样经预处理后，在灼烧前要先进行炭化，否则在灼烧时，试样中的水分因温度高急剧蒸发使试样飞溅，糖、蛋白质、淀粉等易发泡膨胀的物质在高温下发泡膨胀而溢出坩埚，且直接灼烧，炭粒易被包住，使灰化不完全。

将坩埚置于电炉或煤气灯上，半盖坩埚盖，小心加热使试样在通气状态下逐渐炭化，直至无烟产生。易膨胀发泡样品，在炭化前，可在试样上酌情加数滴纯植物油或辛醇后再进行炭化。

④ 灰化

将炭化后的样品移入灰化炉中，在 500 ℃ ~550 ℃ 灼烧灰化，直至炭粒全部消失，待温度降至 200 ℃ 左右，取出坩埚，放入干燥器中冷却至室温，准确称量。再灼烧、冷却、称量，直至达到恒量。若后一次质量增加时，则取前一次质量计算结果。

（6）结果计算

$$w = \frac{m_3 - m_1}{m_2 - m_1} \times 100\% \qquad (2-2)$$

式中，w——灰分的质量分数；

m_1——空坩埚质量，g；

m_2——样品加空坩埚质量，g；

m_3——残灰加空坩埚质量，g。

(7) 说明及注意事项

① 试样粉碎细度不宜过细,且样品在坩埚内不要放得很紧密,炭化要缓慢进行,温度要逐渐升高,以免氧化不足或试样被气流吹逸,同时也会引起磷、硫的损失。

② 温度过高的强烈灼烧常会引起硅酸盐的熔融,遮盖炭粒,使氧气被隔绝而妨碍炭的完全氧化。若遇此情况必须停止灼烧,冷却坩埚,用几滴热蒸馏水溶解被熔融的灰分,烘干坩埚,重新灼烧。如经此操作后仍得不到良好结果,则应重做试验。

③ 灼烧完毕后先将高温炉电源关闭,打开炉门,待温度降至300 ℃左右方能取出坩埚。取出坩埚时需在炉口处稍加冷却,否则坩埚容易因骤冷而破裂。

④ 高温炉的灼烧室应保持清洁,定期检查电炉、热电偶和控制器之间的连接导线接触是否良好,仪表指针是否有摆动、呆滞和卡住等现象。

⑤ 在操作过程中,若热电偶温度计或其他仪表失灵,可根据炉膛红热程度粗略估计温度,使之继续工作。

开始红热时　　480 ℃ ~ 530 ℃
暗红时　　　　640 ℃ ~ 700 ℃
浅红时　　　　840 ℃ ~ 960 ℃
黄红时　　　　940 ℃ ~ 1 100 ℃

3. 水溶性灰分和水不溶性灰分的测定

(1) 原理

在测定总灰分所得的残留物中加水,盖上表面皿,加热至近沸,以无灰滤纸过滤,热水分多次洗涤,将滤纸和残渣移回坩埚中,再干燥、炭化、灼烧、冷却、称量至恒量。残灰即为水不溶性灰分,总灰分与水不溶性灰分之差即为水溶性灰分。

(2) 结果计算

按下式计算水不溶性灰分的质量分数:

$$w = \frac{m_4 - m_1}{m_2 - m_1} \times 100\% \qquad (2-3)$$

式中,w——水不溶性灰分的质量分数;

　　　m_4——水不溶性灰分和坩埚的质量,g。

其他符号意义同总灰分的计算。

水溶性灰分质量分数 = 总灰分质量分数 - 水不溶性灰分质量分数

4. 酸不溶性灰分的测定

(1) 原理

向总灰分或水不溶性灰分中加入盐酸,盖上表面皿,慢火煮沸,以无灰滤纸过滤，热水分次洗涤，将滤纸和残渣移回坩埚中，再干燥，炭化，灼烧，冷却，称量至恒量。

（2）结果计算

按下式计算酸不溶性灰分的质量分数：

$$w = \frac{m_5 - m_1}{m_2 - m_1} \times 100\% \tag{2-4}$$

式中，w——酸不溶性灰分的质量分数；

m_5——酸不溶性灰分和坩埚的质量，g。

其他符号意义同总灰分的计算。

2.2.3 酸类物质的测定

1. 测定食品中酸度的意义

食品中的酸性物质包括有机酸、无机酸、酸式盐以及某些酸性有机化合物（如单宁、蛋白质分解产物等）。这些酸有的是食品中本身固有的，例如果蔬中含有苹果酸、柠檬酸、酒石酸、醋酸、草酸，鱼肉类中含有乳酸等；有的是外加的，如配制型饮料中加入的柠檬酸；有的是因发酵而产生的，如酸奶中的乳酸。

食品中存在的酸类物质对食品的色、香、味、成熟度、稳定性和质量的好坏都有影响。例如，水果加工过程中降低介质的 pH 可以抑制水果的酶促褐变，从而保持水果的本色，果蔬中的有机酸使食品具有浓郁的水果香味，而且还可以改变水果制品的味感，刺激食欲，促进消化，并有一定的营养价值，在维持人体的酸碱平衡方面起着显著作用。根据果蔬中酸度和糖的相对含量的比值可以判断果蔬的成熟度，如柑橘、番茄等随着成熟度的增加其糖酸比增大，口感变好。食品中存在的酸类物质还可以判断食品的新鲜程度以及是否腐败。如当醋酸含量在 0.1% 以上时则说明制品已腐败；牛乳及其制品、番茄制品、啤酒等乳酸含量高时，说明这些制品已由乳酸菌引起腐败；水果制品中含有游离的半乳糖醛酸时，说明已受到污染开始霉烂；新鲜的油脂常常是中性的，随着脂肪酶水解作用的进行，油脂中游离脂肪酸的含量不断增加，其新鲜程度也随之下降。食品中的酸类物质还具有一定的防腐作用。当 pH<2.5 时，一般除霉菌外，大部分微生物的生长都受到抑制；将醋酸的浓度控制在 6% 时，可有效地抑制腐败菌的生长。所以，食品中酸度的测定，对食品的色、香、味、成熟度、稳定性和质量具有重要的意义。

食品中的酸类物质构成了食品的酸度，在食品生产过程通过酸度的控制和检测来保证食品的品质。酸度可分为总酸度、有效酸度和挥发酸度。总酸度是指食品中所有酸性物质的总量，包括离解的和未离解的酸的总和，常用标准碱溶液进行滴定，并以样品中主要代表酸的质量分数来表示，故总酸度又称可滴定酸度；

有效酸度是指样品中呈游离状态的氢离子的浓度（准确地说应该是活度），常用 pH 表示，用 pH 计（酸度计）测定；挥发酸是指易挥发的有机酸，如醋酸、甲酸及丁酸等，可通过蒸馏法分离，再用标准碱溶液进行滴定。

2. 总酸度的测定（滴定法）

本法适于各类色泽较浅的食品中总酸含量的测定。

（1）原理

食品中的有机弱酸的电离常数均大于 10^{-8}，可用强碱标准滴定溶液直接进行滴定。

$$RCOOH + NaOH =\!=\!= RCOONa + H_2O$$

以酚酞作为指示剂，滴定至溶液显淡红色，30 s 不褪色为终点。根据所消耗的标准碱液的浓度和体积，计算出样品中酸的含量。

（2）试剂

① 0.1 mol/L NaOH 标准溶液：称取 6 g 氢氧化钠，用约 10 mL 水迅速洗涤表面，弃去溶液，随即将剩余的氢氧化钠（约 4 g）用新煮沸并经冷却的蒸馏水溶解，并稀释至 1 000 mL，摇匀待标定。

标定：精确称取 0.4~0.6 g（准确至 0.000 1 g）在 110 ℃~120 ℃ 干燥至恒量的基准物邻苯二甲酸氢钾，于 250 mL 锥形瓶中，加 50 mL 新煮沸过的冷蒸馏水，振摇溶解，加 2 滴酚酞指示剂，用配制的 NaOH 标准溶液滴定至溶液显微红色 30 s 不褪色。同时做空白试验。

② 10 g/L 酚酞指示剂：称取酚酞 1 g 溶解于 100 mL 95% 乙醇中。

（3）操作步骤

① 样品处理

固体样品：若是果蔬及其制品，需去皮、去柄、去核后，切成块状，置于组织捣碎机中捣碎并混匀。取适量样品（视其总酸含量而定），用 150 mL 无 CO_2 蒸馏水（果蔬干品需加入 8~9 倍无 CO_2 蒸馏水）将其移入 250 mL 容量瓶中，在 75 ℃~80 ℃ 的水浴上加热 0.5 h（果脯类在沸水浴上加热 1 h），冷却定容，干燥过滤，弃去初滤液 25 mL，收集滤液备用。

含 CO_2 的饮料、酒类：将样品置于 40 ℃ 水浴上加热 30 min，以除去 CO_2，冷却后备用。

不含 CO_2 的饮料、酒类或调味品：混匀样品，直接取样，必要时加适量的水稀释（若样品浑浊，则需过滤）。

咖啡样品：取 10 g 经粉碎并通过 40 目筛的样品，置于锥形瓶中，加入 75 mL 80% 的乙醇，加塞放置 16 h，并不时摇动，过滤。

固体饮料：称取 5~10 g 样品于研钵中，加少量无 CO_2 蒸馏水，研磨成糊状，用无 CO_2 蒸馏水移入 250 mL 容量瓶中定容，充分摇匀，过滤。

② 滴定

吸取已制备好的滤液 50 mL 于 250 mL 三角瓶中，加 3～4 滴酚酞指示剂，用 0.1 mol/L NaOH 标准溶液滴定至微红色 30 s 不褪色，记录消耗 0.1 mol/L NaOH 标准溶液的毫升数。

(4) 结果计算

$$w = \frac{cVK}{m} \times \frac{V_0}{V_1} \times 100\% \qquad (2-5)$$

式中，w——样品的总酸度（样品中主要酸的质量分数）；

c——NaOH 标准溶液的浓度，mol/L；

V——消耗 NaOH 标准溶液的体积，mL；

m——样品的质量或体积，g 或 mL；

V_0——样品稀释液总体积，mL；

V_1——滴定时吸取样液体积，mL；

K——换算成适当酸之系数，表示 1 mol NaOH 相当于主要酸质量，g/mmol。其中：苹果酸为 0.067，醋酸为 0.060，酒石酸为 0.075，乳酸为 0.090，柠檬酸（含 1 分子水）为 0.070，草酸为 0.045。

(5) 说明及注意事项

① 食品中含有多种有机酸，总酸测定的结果一般以样品中含量最多的酸来表示。例如，柑橘类果实及其制品和饮料以柠檬酸表示；葡萄及其制品以酒石酸表示；苹果、核果类果实及其制品和蔬菜以苹果酸表示；乳品、肉类、水产品及其制品以乳酸表示；酒类、调味品以乙酸表示；

② 食品中的有机酸均为弱酸，用强碱（NaOH）滴定时，其滴定终点偏碱性，一般在 pH 8.2 左右，所以，可选用酚酞作为指示剂；

③ 若滤液有颜色（如带色果汁等），使终点颜色变化不明显，从而影响滴定终点的判断，可加入约同体积的无 CO_2 蒸馏水稀释，或用活性炭脱色，用原样液对照，或用外指示剂法等方法来减少干扰；对于颜色过深或浑浊的样液，可用电位滴定法进行测定。

3. 挥发酸的测定

食品中的挥发酸主要是指醋酸和恒量的甲酸、丁酸等一些低碳链的直链脂肪酸。原料本身含有一部分挥发酸，在食品的正常生产中，挥发酸的含量较为稳定，但如果在生产中使用了不合格的原料，或违反正常的工艺操作，都将会因为糖的发酵而使挥发酸含量增加，从而降低了食品的品质。所以，挥发酸的含量是某些食品的一项重要的控制指标。

挥发酸的测定可用直接法或间接法。直接法是通过水蒸气蒸馏或溶剂萃取把挥发酸分离出来，再用标准碱进行滴定；间接法是将挥发酸蒸发除去后，用标准碱滴定不挥发酸，最后从总酸度中减去不挥发酸含量，便是挥发酸的含量。直接法操作方便,较常用,适用于挥发酸含量比较高的样品;若蒸馏液有所损失或被污染,或样品中挥发酸含量较低时,应选用间接法。下面介绍在食品分析中,常用的水蒸气蒸馏法测定挥发酸含量的方法。

水蒸气蒸馏法适用于各类饮料、果蔬及其制品(如发酵制品、酒类等)中挥发酸含量的测定。

(1) 原理

样品经适当处理,加入适量的磷酸使结合态的挥发酸游离出来,用水蒸气蒸馏使挥发酸分离,经冷凝、收集后,用标准碱溶液滴定,根据所消耗的标准碱溶液的浓度和体积,计算挥发酸的含量。

(2) 试剂

① 0.1 mol/L NaOH 标准溶液:同总酸度的测定;

② 10 g/L 酚酞指示剂:同总酸度的测定;

③ 100 g/L 磷酸溶液:称取 10.0 g 磷酸,用少量无 CO_2 蒸馏水溶解,并稀释至 100 mL。

(3) 仪器装置:水蒸气蒸馏装置。

(4) 操作步骤

准确称取约 2~3 g(视挥发酸含量的多少酌情增减)搅碎混匀的样品,用 50 mL 新煮沸的蒸馏水将样品全部洗入 250 mL 圆底烧瓶中,加 100 g/L 磷酸溶液 1 mL,连接水蒸气蒸馏装置,通入水蒸气使挥发酸蒸馏出来。加热蒸馏至馏出液 300 mL 为止。将馏出液加热至 60 ℃~65 ℃,加入 3 滴酚酞指示剂,用 0.1 mol/L NaOH 标准溶液滴定至微红色 30 s 不褪色即为终点。用相同的条件做一空白试验。

(5) 结果计算

$$w = \frac{(V_1 - V_2) \times c \times 0.060}{m} \times 100\% \tag{2-6}$$

式中,w——挥发酸的质量分数(以醋酸计);

c——NaOH 标准溶液的浓度,mol/L;

V_1——滴定样液消耗 NaOH 标准溶液的体积,mL;

V_2——滴定空白消耗 NaOH 标准溶液的体积,mL;

m——样品的质量或体积,g 或 mL;

0.060——1 mmol CH_3COOH 的毫摩尔质量,g/mmol。

(5) 说明及注意事项

① 蒸馏前蒸汽发生瓶中的水应先煮沸 10 min,以排除其中的 CO_2,并用蒸汽冲洗整个蒸馏装置;

② 整套蒸馏装置的各个连接处应密封,切不可漏气;

③ 滴定前将馏出液加热至 60 ℃~65 ℃,使其终点明显,加快反应速度,缩

短滴定时间，减少溶液与空气的接触，提高测定精度。

2.2.4 脂类的测定

1. 食品中脂肪的存在形式及测定意义

食品中脂类主要可分为单纯脂质（甘油三酸酯及蜡）、复合脂质（磷脂、糖脂）及其衍生脂质（脂溶性维生素、甾醇）等。大多数动物性食品和某些植物性食品（如种子、果实、果仁）含有天然脂肪和脂类化合物。

在食品生产加工过程中，原料、半成品、成品的脂类含量直接影响到产品的外观、风味、口感、组织结构、品质等，如蔬菜本身的脂肪含量较低，在生产蔬菜罐头时，添加适量的脂肪可改善其产品的风味；对于面包之类的焙烤食品，脂肪含量特别是卵磷脂等组分，对于面包的柔软度、面包的体积及其结构都有直接影响。因此，食品中脂肪含量是一项重要的控制指标，测定食品中脂肪含量，不仅可以用来评价食品的品质，衡量食品的营养价值，而且对实现生产过程的质量管理、实行工艺监督等方面有着重要的意义。

食品中脂肪的存在形式有游离态的，如动物性脂肪和植物性油脂；也有结合态的，如天然存在的磷脂、糖脂、脂蛋白及其某些加工食品（如焙烤食品、麦乳精等）中的脂肪，与蛋白质或碳水化合物等形成结合态。对于大多数食品来说，游离态的脂肪是主要的，结合态的脂肪含量较少。

脂类不溶于水，易溶于有机溶剂，测定脂类大多采用低沸点有机溶剂萃取的方法。常用的溶剂有：无水乙醚、石油醚、氯仿－甲醇的混合溶剂等。其中乙醚沸点低（34.6℃），溶解脂肪的能力比石油醚强，现有的食品脂肪含量的标准分析方法都是采用乙醚作为提取剂；但乙醚易燃，可饱和2%的水分，含水乙醚会同时抽出糖分等非脂成分，所以，实际使用时必须采用无水乙醚作提取剂，被测样品也必须事先烘干。石油醚具有较高的沸点（沸程为30℃~60℃），吸收水分比乙醚少，没有乙醚易燃，用它作提取剂时，允许样品含有微量的水分；它没有胶溶现象，不会夹带胶态的淀粉、蛋白质等物质，石油醚抽出物比较接近真实的脂类。这两种溶剂只能直接提取游离的脂肪，对于结合态的脂类，必须预先用酸或碱破坏脂类和非脂的结合后才能提取。因二者各有特点，故常常混合使用。氯仿－甲醇是另一种有效的溶剂，它对脂蛋白、磷脂的提取效率较高，特别适用于水产品、家禽、蛋制品等食品中脂肪的提取。

食品的种类不同，其脂肪的含量及存在形式不同，因此测定脂肪的方法也就不同。常用的测脂的方法有：索氏提取法、酸水解法、罗紫－哥特里法、巴布科克氏法和氯仿－甲醇提取法等。过去普遍采用索氏提取法，至今该法仍被认为是测定多种食品脂类含量的具有代表性的方法，但对某些样品其测定结果往往偏低；酸水解法能对包括结合脂在内的全部的脂类进行测定；罗紫－哥特里法、巴布科克氏法主要用于乳及乳制品中的脂类的测定。下面将对以上各种方法进行介绍。

2. 索氏提取法

此法是经典方法，适用于脂类含量较高、含结合态脂肪较少、能烘干磨细、不易吸潮结块的样品的测定。

(1) 原理

将已经过预处理的干燥分散的样品用无水乙醚或石油醚等溶剂进行提取，使样品中的脂肪进入溶剂当中，然后从提取液中回收溶剂，最后所得到的残留物即为脂肪（或粗脂肪）。由于残留物中除了主要含游离脂肪外，还含有磷脂、色素、树脂、蜡状物、挥发油、糖脂等物质，所以用索氏提取法测得的为粗脂肪。

由于索氏提取法中所使用的无水乙醚或石油醚等有机溶剂只能提取样品中的游离脂肪，故该法测得的仅仅是游离态脂肪，而结合态脂肪未能测出来。

(2) 仪器

分析天平（感量0.000 1）、电热恒温箱、电热恒温水浴锅、粉碎机、研钵、广口瓶、脱脂线、脱脂棉、脱脂细纱、索氏抽提器。

(3) 试剂

无水乙醚或石油醚、海砂。

(4) 操作步骤

① 准备滤纸筒

取20 cm×8 cm的滤纸一张，卷在光滑的圆形木棒上，木棒直径比索氏抽提器中滤纸筒的直径小1~1.5 mm，将一端约3 cm纸边摺入，用手捏紧，形成袋底，取出圆木棒，在纸筒底部衬一块脱脂棉，用木棒压紧，纸筒外面用脱脂线捆好，在100 ℃~105 ℃烘干至恒量。

② 样品处理

固体样品：准确称取于100 ℃~105 ℃烘干、研细的样品2~5 g（可取测定水分后的试样），装入滤纸筒内。

半固体或液体样品：精确称取5.0~10.0 g样品于蒸发皿中，加入海砂约20 g，于沸水浴上蒸干后，再于95 ℃~105 ℃烘干、磨细，全部移入滤纸筒内，蒸发皿及粘有样品的玻璃棒用沾有乙醚（或石油醚）的脱脂棉擦净，将棉花一同放入滤纸筒内，最后再用脱脂棉塞入上部，压住试样。

③ 抽提

将滤纸筒放入索氏抽提器内，连接已干燥至恒量的脂肪接收瓶，倒入乙醚（或石油醚），其量为接收瓶体积的2/3，于水浴上加热，进行回流抽提，控制每分钟滴下乙醚（或石油醚）120滴左右（夏天约65 ℃，冬天约80 ℃），根据样品含油量的高低，一般需回流抽提6~12 h，直至抽提完全为止。

④ 回收溶剂、烘干、称量

取出滤纸筒，用抽提器回收乙醚（或石油醚），待接收瓶内的乙醚（或石油醚）剩下 1~2 mL 时，取下接收瓶，于水浴上蒸干，在 100 ℃~105 ℃下烘 0.5 h，冷却、称量；再烘 20 min，直至恒量（前后两次质量差不超过 0.000 2 g）。

（5）结果计算

$$w = \frac{m_2 - m_1}{m} \times 100\% \qquad (2-7)$$

式中，w——脂类的质量分数；

m_2——接收瓶和脂肪的质量，g；

m_1——接收瓶的质量，g；

m——样品的质量，g。

（6）说明及注意事项

① 样品必须干燥，样品中含水分会影响溶剂提取效果，造成非脂成分的溶出；滤纸筒的高度不要超过回流弯管，否则超过弯管中的样品的脂肪不能提取尽，带来测定误差。

② 乙醚回收后，剩下的乙醚必须在水浴上彻底挥发干净，否则放入烘箱中有爆炸的危险；乙醚在使用过程中，室内应保持良好的通风状态，仪器周围不能有明火，以防空气中有乙醚蒸气而引起着火或爆炸。

③ 脂肪接收瓶反复加热时，会因脂类氧化而增重，质量增加时，应以增重前的质量为恒量；对富含脂肪的样品，可在真空烘箱中进行干燥，这样可避免因脂肪氧化所造成的误差。

④ 抽提是否完全，可用滤纸或毛玻璃检查，由提脂管下口滴下的乙醚（或石油醚）滴在滤纸或毛玻璃上，挥发后不留下痕迹即表明已抽提完全。

⑤ 抽提所用的乙醚（或石油醚）要求无水、无醇、无过氧化物，挥发残渣含量低，这是因为水和醇会导致糖类及水溶性盐类等物质的溶出，使测定结果偏高，过氧化物会导致脂肪氧化，在烘干时还有引起爆炸的危险。

过氧化物的检查方法：取乙醚 10 mL，加 2 mL 100 g/L 的碘化钾溶液，用力振摇，放置 1 min，若出现黄色，则证明有过氧化物存在。此乙醚应经处理后方可使用。

⑥ 在挥干溶剂时应避免温度过高而造成粗脂肪氧化，造成恒量困难。

乙醚的处理：于乙醚中加入 1/20~1/10 体积的 200 g/L 硫代硫酸钠溶液洗涤，再用水洗，然后加入少量无水氯化钙或无水硫酸钠脱水，于水浴上蒸馏，蒸馏温度略高于溶剂沸点，能使烧瓶内达到沸腾即可。弃去最初和最后的 1/10 馏出液，收集中间馏出液备用。

3. 酸水解法

某些食品，其所含脂肪包含于组织内部，如面粉及其焙烤制品（面条、面包之类），由于乙醚不能充分渗入样品颗粒内部，或由于脂类与蛋白质或碳水化合物形成结合脂，特别是一些容易吸潮、结块、难以烘干的食品，用索氏抽提法不能将其中的脂类完全提取出来，这时用酸水解法效果就比较好，即在强酸、加热的条件下，使蛋白质和碳水化合物被水解，使脂类游离出来，然后再用有机溶剂提取。本法适用于各类食品中总脂肪含量的测定，但对含磷脂较多的一类食品，如鱼类、贝类、蛋及其制品，在盐酸溶液中加热时，磷脂几乎完全分解为脂肪酸和碱，使测定结果偏低；另外，多糖类食品遇强酸易炭化也会影响测定结果。本方法测定时间短，在一定程度上可限制脂类物质的氧化。

（1）原理

将试样与盐酸溶液一起加热进行水解，使结合或包含在组织内的脂肪游离出来，再用有机溶剂提取脂肪，回收溶剂，干燥后称量，提取物的质量即为样品中脂类的含量。

（2）仪器

100 mL 具塞刻度量筒。

（3）试剂

① 乙醇（体积分数95%）；

② 乙醚（无过氧化物）；

③ 石油醚（30 ℃ ~60 ℃）；

④ 盐酸。

（4）操作步骤

① 样品处理

a. 固体样品：精确称取约 2.0 g 样品于 50 mL 大试管中，加 8 mL 水，混匀后再加 10 mL 盐酸。

b. 液体样品：精确称取 10.0 g 样品于 50 mL 大试管中，加入 10 mL 盐酸。

② 水解

将试管放入 70 ℃ ~80 ℃ 水浴中，每隔 5 ~10 min 搅拌一次，至脂肪游离完全为止，约需 40 ~50 min。

③ 提取

取出试管加入 10 mL 乙醇，混合，冷却后将混合物移入 100 mL 具塞量筒中，用 25 mL 乙醚分次洗涤试管，一并倒入具塞量筒中，加塞振摇 1 min，小心开塞放出气体，再塞好，静置 15 min，小心开塞，用乙醚 - 石油醚等量混合液冲洗塞及筒口附着的脂肪。静置 10 ~20 min，待上部液体清晰，吸出上清液于已恒量的锥形瓶内，再加 5 mL 乙醚于具塞量筒内，振摇，静置后，仍将上层乙醚吸出，放入原锥形瓶内。

④ 回收溶剂、烘干、称量

将锥形瓶于水浴上蒸干后，置于 100 ℃ ~105 ℃ 烘箱中干燥 2 h，取出放入干燥器内冷却 30 min 后称量,重复以上操作直至恒量。

(5) 结果计算

$$w = \frac{m_2 - m_1}{m} \times 100\% \qquad (2-8)$$

式中,w——脂类的质量分数;

m_2——锥形瓶和脂类的质量,g;

m_1——空锥形瓶的质量,g;

m——试样的质量,g。

(6) 说明及注意事项

① 固体样品必须充分磨细,液体样品必须充分混匀,以便充分水解;

② 水解时水分应大量损失,使酸浓度升高;

③ 水解后加入乙醇可使蛋白质沉淀,降低表面张力,促进脂肪球聚合,还可以使碳水化合物、有机酸等溶解;后面用乙醚提取脂肪时,由于乙醇可溶于乙醚,所以需要加入石油醚,以降低乙醇在乙醚中的溶解度,使乙醇溶解物停留在水层,使分层清晰;

④ 挥干溶剂后,残留物中如有黑色焦油状杂质(分解物与水混入所致),将使测定值增大,造成误差,可用等量乙醚及石油醚溶解后过滤,再次进行挥干溶剂的操作。

4. 罗紫-哥特里法

本法为国际标准化组织(ISO)、联合国粮农组织(FAO)、世界卫生组织(WHO)等采用,为乳及乳制品脂类定量的国际标准法。

本法适用于各种液状乳(生乳、加工乳、部分脱脂乳、脱脂乳)、炼乳、奶粉、奶油、冰淇淋等食品中脂类含量的测定,除上述乳制品外,还适用于豆乳或加水显乳状的食品。

(1) 原理

利用氨-乙醇溶液破坏乳的胶体性状及脂肪球膜,使非脂成分溶解于氨-乙醇溶液中,而脂肪游离出来,再用乙醚-石油醚提取出脂肪,蒸馏去除溶剂后,残留物即为乳脂肪。

(2) 仪器

100 mL 具塞量筒或提脂瓶(内径 2.0~2.5 cm,体积 100 mL)。

(3) 试剂

① 250 g/L 氨水(相对密度 0.91);

② 96%(体积分数)乙醇;

③ 乙醚(不含过氧化物);

④ 石油醚(沸程 30 ℃~60 ℃);

⑤ 乙醇(分析纯)。

(4) 操作步骤

精确吸（称）取样品（牛乳吸取 10.00 mL，乳粉 1～5 g，用 10 mL 60 ℃的水分次溶解）于提脂瓶（或具塞量筒）中，加 1.25 mL 氨水，充分混匀，置 60 ℃水中加热 5 min，再振摇 5 min，加入 10 mL 乙醇，加塞，充分摇匀，于冷水中冷却后，加入 25 mL 乙醚，加塞轻轻振荡摇匀，小心放出气体，再塞紧，剧烈振荡 1 min，小心放出气体并取下塞子，加入 25 mL 石油醚，加塞，剧烈振荡 0.5 min，小心开塞放出气体，敞口静置约 0.5 h。当上层液澄清时，可从管口倒出，不得搅动下层液（若用具塞量筒，可用吸管将上层液吸至已恒量的脂肪烧瓶中）。用乙醚-石油醚（1∶1）混合液冲洗吸管、塞子及提取管附着的脂肪，静置，待上层液澄清，再用吸管将洗液吸至上述脂肪烧瓶中；重复提取提脂瓶中的残留液 2 次，每次每种溶剂用量为 15 mL，最后合并提取液，回收乙醚及石油醚。将脂肪烧瓶置于 100 ℃～105 ℃烘箱中干燥 2 h，冷却，称量。

(5) 结果计算

$$w = \frac{m_2 - m_1}{m} \times 100\% \qquad (2-9)$$

式中，w——脂类的质量分数；

m_2——脂肪烧瓶和脂肪的质量，g；

m_1——脂肪烧瓶的质量，g；

m——样品的质量，g（或样品毫升数/相对密度）。

(6) 说明及注意事项

① 乳类脂肪虽然也属于游离脂肪，但它是以脂肪球状态存在，分散于乳浆中形成乳浊液，脂肪球被乳中酪蛋白钙盐包裹，所以不能直接被乙醚、石油醚提取，需先用氨水和乙醇处理，氨水使酪蛋白钙盐变成可溶解的盐，乙醇使溶解于氨水的蛋白质沉淀析出，然后再用乙醚提取脂肪，故此法又称碱性乙醚提取法；

② 加入石油醚的作用是降低乙醚的极性，使乙醚与水不互溶，只抽提出脂肪，并可使分层清晰。

5. 巴布科克氏法

(1) 原理

用浓硫酸溶解乳中的乳糖和蛋白质等非脂成分，将牛奶中的酪蛋白钙盐转成可溶性的重硫酸酪蛋白，使脂肪球膜被破坏，脂肪游离出来，再通过加热离心，使脂肪能充分分离，在脂肪瓶中直接读取脂肪层，从而得出被检乳的含脂率。

(2) 说明及注意事项

此法为测定乳脂肪的标准方法，适用于鲜乳及乳制品中脂肪的测定，但对含糖多的乳品，硫酸易使糖炭化，结果误差较大。此法样品不需事前烘干，且操作简便、快速，但不如质量法准确。

硫酸的浓度要严格遵守规定要求，硫酸可破坏脂肪球膜，使脂肪游离浮出；若过浓会使乳炭化成黑色溶液影响读数，过稀则蛋白质不能完全溶解，测定值偏低。

6. 氯仿–甲醇提取法

（1）原理

将试样分散于氯仿–甲醇混合液中，在水浴中微沸，氯仿–甲醇及样品中一定的水分形成提取脂类的溶剂，使样品组织中结合态脂肪游离出来的同时与磷脂等极性脂类的亲和性增大，从而有效地提取出全部脂类。过滤除去非脂成分，回收溶剂，对残留脂类用石油醚提取，蒸去石油醚后定量。

（2）结果计算

按下式计算样品的脂肪总量：

$$w = \frac{(m_2 - m_1) \times 2.5}{m} \times 100\% \qquad (2-10)$$

式中，w——脂类的质量分数；

m_2——脂肪烧瓶和脂肪质量，g；

m_1——脂肪烧瓶质量，g；

m——样品质量，g（或样品毫升数/相对密度）；

2.5——从 25 mL 乙醇中取 10 mL 进行干燥，故乘以系数 2.5。

（3）说明及注意事项

此法适合于结合态脂类，特别是磷脂含量高的样品，如鱼、肉、禽、蛋、大豆及其制品等。

2.2.5 碳水化合物的测定

1. 碳水化合物的分类及测定意义

糖类是由 C、H、O 组成的一类化合物，又常称为碳水化合物，其在植物界分布十分广泛，是食品工业的主要原辅材料，也是大多数食品的重要组成成分，同时，糖类的含量还是食品营养价值高低的重要标志。根据碳水化合物在人体内的功效，通常将其分为有效碳水化合物和无效碳水化合物两大类。凡是通过消化系统能被肌体吸收利用的碳水化合物称为有效碳水化合物，而不被消化吸收的碳水化合物称为无效碳水化合物。

如单糖、低聚糖、糊精、淀粉等属于有效碳水化合物，果胶、半纤维素、纤维素、本质素等属于无效碳水化合物。食品的加工工艺中，碳水化合物对改善食品的形态、组织结构、物理化学性质及色、香、味等感官指标起着十分重要的作用。另外，食品的营养价值在一定程度上需考虑糖类含量，它是某些食品的主要质量指标。

食品中碳水化合物的测定方法很多,测定单糖和低聚糖采用的方法有物理法、化学法、色谱法、酶法等。物理法包括相对密度法、折光法、旋光法等,这些方法比较简便。对一些特定的样品,或生产过程中进行监控,采用物理法较为方便;化学法是一种广泛采用的常规分析法,它包括还原糖法(斐林试剂法、高锰酸钾法、铁氰酸钾法等)、碘量法、缩合反应法等,化学法测得的多为糖的总量,不能确定糖的种类及每种糖的含量;利用色谱法可以对样品中的各种糖类进行分离定量,目前利用气相色谱和高效液相色谱分离和定量食品中的各种糖类已得到广泛应用,另外,近年来发展起来的离子交换色谱具有灵敏度高、选择性好等优点,也已成为一种卓有成效的糖的色谱分析法;用酶法测定糖类也有一定的应用,如β-半乳糖脱氢酶测定半乳糖、乳糖,葡萄糖氧化酶测定葡萄糖等。

2. 还原糖的测定

还原糖是指具有还原性的糖类。葡萄糖分子中含有游离醛基,果糖分子中含有游离酮基,乳糖和麦芽糖分子中含有游离的半缩醛羟基,因而它们都具有还原性,都是还原糖。其他非还原性糖类,如双糖、三糖、多糖等(常见的蔗糖、糊精、淀粉等都属此类),它本身不具有还原性,但可以通过水解生成具有还原性的单糖,再进行测定,然后换算成样品中的相应糖类的含量。所以糖类的测定是以还原糖的测定为基础的。

还原糖的测定方法很多,其中最常用的有直接滴定法、高锰酸钾滴定法、葡萄糖氧化酶-比色法。

(1) 直接滴定法(斐林试剂法)

此法是目前测定还原糖最常用的方法,它具有试剂用量少、操作简单、快速、滴定终点明显等特点,适用于各类食品中还原糖的测定;但对深色样品(如酱油、深色果汁等)因色素干扰使终点难以判断,从而影响其准确性。本法是国家标准分析方法。

① 原理

一定量的碱性酒石酸铜甲、乙液等体积混合后,生成天蓝色的氢氧化铜沉淀,这种沉淀很快与酒石酸钾钠反应,生成深蓝色的酒石酸钾钠铜的络合物。在加热条件下,以次甲基蓝作为指示剂,用样液直接滴定经标定的碱性酒石酸铜溶液,还原糖将二价铜还原为氧化亚铜,待二价铜全部被还原后,稍过量的还原糖将次甲基蓝还原,溶液由蓝色变为无色,即为终点。根据最终所消耗的样液的体积,即可计算出还原糖的含量。

实际上,还原糖在碱性溶液中与硫酸铜的反应并不完全符合以上关系,还原糖在此反应条件下将产生降解,形成多种活性降解产物,其反应过程极为复杂,并非反应方程式中所反映的那么简单,在碱性及加热条件下,还原糖将形成某些差向异构体的平衡体系。例如,由上述反应可以知道,1 mol 葡萄糖可以将 6 mol 的 Cu^{2+} 还原为 Cu^+,而实验结果表明,1 mol 的葡萄糖只能还原略多于 5 mol 的

Cu^{2+}，且随反应条件的变化而变化。因此，不能根据上述反应直接计算出还原糖含量，而是要用已知浓度的葡萄糖标准溶液标定的方法，或利用通过实验编制出来的还原糖检索表来计算。

② 试剂

a. 碱性酒石酸铜甲液：称取 15 g 硫酸铜（$CuSO_4 \cdot 5H_2O$）及 0.05 g 次甲基蓝，溶于水中并稀释至 1 000 mL；

b. 碱性酒石酸铜乙液：称取 50 g 酒石酸钾钠及 75 g 氢氧化钠，溶于水中，再加入 4 g 亚铁氰化钾，完全溶解后，用水稀释至 1 000 mL，贮存于橡胶塞玻璃瓶内；

c. 乙酸锌溶液：称取 21.9 g 乙酸锌（$Zn(CH_3COO)_2 \cdot 2H_2O$），加 3 mL 冰醋酸，加水溶解并稀释至 1 000 mL；

d. 106 g/L 亚铁氰化钾溶液：称取 10.6 g 亚铁氰化钾（$K_4Fe(CN)_6 \cdot 3H_2O$）溶于水中，稀释至 100 mL；

e. 盐酸；

f. 1 g/L 葡萄糖标准溶液：准确称取 1.000 g 于 98 ℃ ~ 100 ℃ 烘干至恒量的无水葡萄糖，加水溶解后，加入 5 mL 盐酸（防止微生物生长），转移入 1 000 mL 容量瓶中，并用水定容。

③ 操作步骤

a. 样品处理

对于乳类、乳制品及含蛋白质的饮料（雪糕、冰淇淋、豆乳等）：称取 2.5 ~ 5 g 固体样品或吸取 25 ~ 50 mL 液体样液，置于 250 mL 容量瓶中，加水 50 mL，摇匀后慢慢加入 5 mL 醋酸锌及 5 mL 亚铁氰化钾溶液，并加水至刻度，混匀，静置 30 min。干燥滤纸过滤，弃去初滤液，收集滤液供分析用。

对于淀粉含量较高的样品：称取 10 ~ 20 g 样品，置于 250 mL 容量瓶中，加水 200 mL，在 45 ℃ 水浴中加热 1 h，不断振摇。取出冷却后加水至刻度，混匀，静置，吸取 20 mL 上清液于另一 250 mL 容量瓶中，以下按乳类等制品的操作方法操作。

其他类型的样品：取适量样品（一般液体样品为 100 mL，固体样品为 5 ~ 10 g，可根据含糖量的高低而增减）后，对样品进行提取。

b. 碱性酒石酸铜溶液的标定

准确吸取碱性酒石酸铜甲液和乙液各 5 mL 于 250 mL 锥形瓶中，加水 10 mL，加入玻珠 3 粒。从滴定管中滴加约 9 mL 葡萄糖标准溶液，加热使其在 2 min 沸腾，并保持沸腾 1 min，趁沸以 0.5 滴/s 的速度继续用葡萄糖标准溶液滴定，直至蓝色刚好褪去为终点。记录消耗葡萄糖标准溶液的体积，平行操作三次，取其平均值。

计算每 10 mL（甲、乙液各 5 mL）碱性酒石酸铜溶液相当于葡萄糖的质量，公式如下：
$$m = V \times \rho_1 \quad (2-11)$$

式中，ρ_1——葡萄糖标准溶液的质量浓度，mg/mL；
　　　V——标定时消耗葡萄糖标准溶液的总体积，mL；
　　　m——10 mL 碱性酒石酸铜溶液相当于葡萄糖的质量，mg。

c. 预测定样液

准确吸取碱性酒石酸铜甲液和乙液各 5 mL 于 250 mL 锥形瓶中，加水 10 mL，加入玻珠 3 粒，加热使其在 2 min 沸腾，并保持沸腾 1 min，趁沸以先快后慢的速度从滴定管中滴加样液，滴定时需始终保持溶液呈微沸腾状态。待溶液颜色变浅时，以 0.5 滴/s 的速度继续滴定，直至蓝色刚好褪去为终点。记录消耗样液的总体积。

d. 测定样液

准确吸取碱性酒石酸铜甲液和乙液各 5 mL 于 250 mL 锥形瓶中，加水 10 mL，加入玻珠 3 粒，从滴定管中加入比预测定时少 1 mL 的样液，加热使其在 2 min 沸腾，并保持沸腾 1 min，趁沸以 0.5 滴/s 的速度继续滴定，直至蓝色刚好褪去为终点。记录消耗样液的总体积，同法平行操作三次，取其平均值。

④ 结果计算

$$w = \frac{A}{m \times \dfrac{V}{250} \times 1\,000} \times 100\% \quad (2-12)$$

$$A = V_0 \times \rho \quad (2-13)$$

式中，w——还原糖（以葡萄糖计）的质量分数；
　　　m——样品的质量，g；
　　　V——测定时平均消耗样液的体积，mL；
　　　A——10 mL 碱性酒石酸铜溶液相当于葡萄糖的质量，mg；
　　　250——样液的总体积，mL；
　　　V_0——标定时消耗葡萄糖标准溶液的总体积，mL；
　　　ρ——葡萄糖标准溶液的质量浓度，mg/mL。

⑤ 说明与注意事项

a. 碱性酒石酸铜甲液、乙液应分别配制贮存，用时才能混合；

b. 碱性酒石酸铜的氧化能力较强，可将醛糖和酮糖都氧化，所以测得的是总还原糖量；

c. 本法对糖进行定量的基础是碱性酒石酸铜溶液中 Cu^{2+} 的量，所以，样品处理时不能采用硫酸铜 - 氢氧化钠作为澄清剂，以免样液中误入 Cu^{2+}，得出错误的结果；

d. 在碱性酒石酸铜乙液中加入亚铁氰化钾，是为了使所生成的 Cu_2O 的红色

沉淀与之形成可溶性的无色络合物,使终点便于观察;

e. 次甲基蓝也是一种氧化剂,但在测定条件下其氧化能力比 Cu^{2+} 弱,故还原糖先与 Cu^{2+} 反应,待 Cu^{2+} 完全反应后,稍过量的还原糖才会与次甲基蓝发生反应,溶液蓝色消失,指示到达终点;

f. 整个滴定过程必须在沸腾条件下进行,其目的是为了加快反应速度和防止空气进入,避免氧化亚铜和还原型的次甲基蓝被空气氧化而使得耗糖量增加;

g. 测定中还原糖液浓度、滴定速度、热源强度及煮沸时间等都对测定精密度有很大的影响。还原糖液浓度要求在 0.1% 左右,与标准葡萄糖溶液的浓度相近;继续滴定至终点的体积数应控制在 0.5~1 mL 以内,以保证在 1 min 内完成连续滴定的工作;热源一般采用 800 W 电炉,热源强度和煮沸时间应严格按照操作中规定的执行,否则,加热至煮沸时间不同,蒸发量不同,反应液的碱度也不同,从而影响反应的速度、反应进行的程度及最终测定的结果;

h. 预测定与正式测定的检测条件应一致;平行实验中消耗样液量应不超过 0.1 mL。

(2) 高锰酸钾滴定法

① 原理

试样经除去蛋白质后,将还原糖与碱性酒石酸铜溶液反应,还原糖把二价铜盐还原为氧化亚铜,加硫酸铁溶液,氧化亚铜被氧化为铜盐,三价铁盐被还原为亚铁盐,再用高锰酸钾标准溶液滴定氧化作用后产生的亚铁盐,根据高锰酸钾标准溶液消耗量计算氧化亚铜含量,再查表计算样品中还原糖含量。

② 操作步骤

根据样品的组成、性状取适量样品于 250 mL 容量瓶中,慢慢加入 10 mL 碱性酒石酸铜甲液和 4 mL 1 mol/L 氢氧化钠溶液,加水至刻度,混匀,静置 30 min。用干燥滤纸过滤,弃去初滤液,滤液供测定用。

反应控制在 4 min 内沸腾,再准确沸腾 2 min,趁热用铺好石棉的古氏坩埚或 G4 垂融坩埚抽滤,并用 60 ℃ 热水洗涤烧杯及沉淀,至洗液不呈碱性为止。

③ 结果计算

按下式计算样品中还原糖质量相当于氧化亚铜的质量:

$$X = (V - V_0) \times c \times 71.54 \qquad (2-14)$$

式中,X——样品中还原糖相当于氧化亚铜的质量,mg;

V——测定用试样消耗 $KMnO_4$ 标准溶液的体积,mL;

V_0——试剂空白消耗 $KMnO_4$ 标准溶液的体积,mL;

c——$KMnO_4$ 标准溶液的浓度,mol/L;

71.54——1 mL $KMnO_4$ 标准溶液 $\left[c\left(\frac{1}{5}KMnO_4\right) = 1.000 \text{ mol/L}\right]$ 相当于氧化亚铜的质量,mg。

④ 说明及注意事项

此法测定结果准确性、重现性较好，但较费时。

3. 蔗糖的测定

在食品生产中，为判断原料的成熟度，鉴别白糖、蜂蜜等食品原料的品质，以及控制糖果、果脯、加糖乳制品等产品的质量，常常需要测定食品蔗糖的含量。蔗糖是非还原性双糖，不能用测定还原糖的方法直接进行测定，但蔗糖经酸水解后可生成具有还原性的葡萄糖和果糖，可以再按测定还原糖的方法进行测定。对于纯度较高的蔗糖溶液，可用相对密度、折光率、旋光率等物理检验法进行测定。下面以盐酸水解法为例进行介绍。

(1) 原理

样品脱脂后，用水或乙醇提取，提取液经澄清处理除去蛋白质等杂质后，再用稀盐酸水解，使蔗糖转化为还原糖，然后按还原糖测定的方法，分别测定水解前后样液中还原糖的含量，两者的差值即为由蔗糖水解产生的还原糖的量，再乘以换算系数 0.95 即为蔗糖的含量。

(2) 试剂

① 6 mol/L 盐酸溶液；

② 1 g/L 甲基红指示剂：称取 0.1 g 甲基红，用体积分数 60% 的乙醇溶解并定容至 100 mL；

③ 200 g/L 氢氧化钠溶液；

④ 其他试剂同还原糖的测定。

(3) 操作步骤

取一定的样品，按还原糖测定中的方法进行处理。吸取经处理后的样品 2 份各 50 mL，分别放入 100 mL 容量瓶中，其中一份加入 5 mL 6 mol/L HCl 溶液，置于 68 ℃ ~ 70 ℃ 水浴中加热 15 min，取出迅速冷却至室温，加 2 滴甲基红指示剂，用 200 g/L 的氢氧化钠溶液中和至中性，加水至刻度，摇匀。而另一份直接用水稀释到 100 mL，按直接滴定法或高锰酸钾滴定法测定还原糖含量。

(4) 结果计算

$$X = (R_2 - R_1) \times 0.95 \qquad (2-15)$$

式中，X——试样中蔗糖的含量，g/100 g；

R_1——未经水解处理的样液中还原糖的含量，g/100 g；

R_2——水解处理后样液中还原糖的含量，g/100 g；

0.95——转化糖换算为蔗糖的系数。

(5) 说明及注意事项

① 蔗糖在该法规定的水解条件下，可以完全水解，而其他双糖、淀粉等的水解作用很小，可忽略不计，所以必须严格控制水解条件，以确保结果的准确性

与重现性；此外果糖在酸性溶液中易分解，故水解结束后应立即取出并迅速冷却中和。

② 蔗糖的相对分子质量为 342 g/mol，水解后生成 2 分子单糖，其相对分子质量之和为 360 g/mol，即 1 g 转化糖相当于 0.95 g 蔗糖量。

③ 用还原糖法测定蔗糖时，为减少误差，测得的还原糖应以转化糖表示，故用直接法滴定时，碱性酒石酸铜溶液的标定需采用蔗糖标准溶液按测定条件水解后进行标定。

④ 碱性酒石酸铜溶液的标定。

称取 105 ℃ 烘干至恒量的纯蔗糖 1.000 g，用蒸馏水溶解，并定容至 500 mL，混匀。此标准溶液 1 mL 相当于纯蔗糖 2 mg。

吸取上述蔗糖标准溶液 50 mL 于 100 mL 容量瓶中，加 5 mL 6 mol/L 盐酸溶液，在 68 ℃ ~ 70 ℃ 水浴中加热 15 min，取出迅速冷却至室温，加 2 滴甲基红指示剂，用 200 g/L 的氢氧化钠溶液中和至中性，加水至刻度，摇匀。此液 1 mL 相当于纯蔗糖 1 mg。

取经水解的蔗糖标准溶液，按直接滴法标定碱性酒石酸铜溶液。

4. 总糖的测定

总糖是指具有还原性的葡萄糖、果糖、乳糖及麦芽糖等和在测定条件下能水解为还原性单糖的蔗糖的总量。总糖的测定通常是以还原糖的测定方法为基础，常用的方法是直接滴定法，也可用蒽酮比色法。下面以直接滴定法为例进行介绍。

（1）原理

样品经处理除去蛋白质等杂质后，加入稀盐酸，在加热条件下使蔗糖水解转化为还原糖，再以直接滴定法测定水解后样品中还原糖的总量。

（2）结果计算

按下式计算样品中总糖含量：

$$w = \frac{m_2}{m \times \frac{50}{V_1} \times \frac{V_2}{100} \times 1\,000} \times 100\% \tag{2-16}$$

式中，w——总糖的质量分数；

m_2——10 mL 碱性酒石酸铜相当于转化糖的质量，mg；

m——样品的质量，mg；

V_1——样品处理液的总体积，mL；

V_2——滴定时消耗样品水解液的体积，mL。

（3）方法讨论

分析结果的准确性及重现性取决于水解的条件，要求样品在水解条件下只有蔗糖能完全水解，其他多糖不水解，单糖不分解。

5. 淀粉的测定

淀粉测定的方法很多，常用的方法有酶水解法和酸水解法，首先将淀粉在酶或酸作用下水解为葡萄糖，再按测定还原糖的方法进行定量测定。

(1) 酶水解法

适用于淀粉和其他可水解多糖含量较高的样品的测定，该法操作简单，应用广泛，具有专一性和高选择性。

① 原理

样品经过除去脂肪和可溶性糖类后，其中淀粉用淀粉酶水解成双糖，再用盐酸将双糖水解成单糖，最后按还原糖测定，并折算成淀粉含量。

② 操作步骤

称取样品置于放有折叠滤纸的漏斗内，先用乙醚分次洗除脂肪，再用乙醇（85%）洗去可溶性糖类，将残留物移入烧杯内，并用水洗滤纸及漏斗，洗液并入烧杯内，将烧杯置沸水浴上加热，使淀粉糊化，放冷至60 ℃以下，加淀粉酶溶液，保温1 h，并不断搅拌。

取1滴溶液，加1滴碘溶液检验，应不显现蓝色；若显蓝色，再将烧杯置沸水浴上加热糊化，并加淀粉酶溶液，继续保温，直至加碘溶液不显蓝色为止。

在锥形瓶中，加盐酸（1:1）水解双糖，装上回流冷凝器，在沸水浴中回流1 h。冷却后加2滴甲基红指示液，用氢氧化钠溶液中和至中性。

③ 结果计算

按下式计算样品中淀粉含量：

$$w = \frac{(m_1 - m_2) \times 0.9}{m \times \frac{50}{250} \times \frac{V}{100} \times 1\,000} \times 100\% \qquad (2-17)$$

式中，w——淀粉的质量分数；

m_1——测定用试样中还原糖的质量，mg；

m_2——试剂的质量，mg；

V——测定用样品水解液的体积，mL。

(2) 酸水解法

该法适用于淀粉含量较高、而其他能被水解为还原糖的多糖含量较少的样品。选择性和准确性不如酶水解法。

① 原理

样品经过除去脂肪和可溶性糖类后，用酸将淀粉水解为葡萄糖，按还原糖的测定方法来测定还原糖含量，再折算成淀粉含量。

② 步骤

粮食、豆类、饼干等较干燥试样需磨细、过40目筛，置于铺有慢速滤纸的漏斗中，用乙醚分次洗去脂肪，再用85%乙醇分数次洗涤残渣，以除去可溶性糖类；菠菜、水果等含水分较多的样品需按1:1加水，将试样捣成匀浆再分析。

淀粉水解条件必须严格控制，加盐酸（1:1）使淀粉水解为葡萄糖，装上回流冷凝器，在沸水浴中回流2 h。

回流完毕后，立即置流水中冷却，待试样水解液冷却后，加甲基红指示液，先用氢氧化钠溶液调至黄色，再以盐酸（1:1）校正至水解液刚变红色为宜。若水解液颜色较深，可用精密pH试纸测试，使试样水解液的pH约为7。

加入醋酸铅溶液沉淀蛋白质、有机酸、单宁、果胶及其他胶体，再加入硫酸钠溶液，以除去过多的铅。并同时做试剂空白试验。

③ 结果计算

按下式计算样品中淀粉含量：

$$w = \frac{(m_1 - m_2) \times 0.9}{m \times \frac{V}{500} \times 1\,000} \times 100\% \qquad (2-18)$$

式中，w——淀粉的质量分数；

m——试样的质量，mg；

m_1——水解液中还原糖的质量，mg；

m_2——试剂空白中还原糖的质量，mg；

V——测定用样品水解液的体积，mL；

500——样液总体积，mL；

0.9——还原糖折算为淀粉的系数。

6. 果胶的测定

果胶测定的方法很多，常用的方法有称量法和咔唑比色法。

（1）称量法

适用于各类食品，方法稳定可靠，但操作较繁琐费时；果胶酸钙沉淀中易夹杂其他胶态物质，选择性较差。

① 原理

用乙醇处理样品，使果胶沉淀，再依次用乙醇、乙醚洗涤沉淀，以除去可溶性糖类、脂肪、色素等物质，残渣分别用酸或用水提取总果胶或水溶性果胶。果胶经皂化生成果胶酸钠，再经醋酸酸化使之生成游离果胶酸，加入钙盐则生成果胶酸钙沉淀，烘干后称量进行定量。

② 操作步骤

新鲜样品，用小刀切成薄片，置于预先放有99%乙醇的锥形瓶中，装上回流冷凝器，在水浴上沸腾回流后，冷却，用布氏漏斗过滤，残渣于研钵中一边慢慢磨碎，一边滴加70%的热乙醇，冷却后再过滤，反复操作至滤液不呈糖的反应为止。否则新鲜样品直接磨碎，由于果胶分解酶的作用，果胶会迅速分解。

糖反应以苯酚-硫酸法检验。取乙醇洗液 1 mL、5% 苯酚水溶液 1 mL 于试管中，加 5 mL 硫酸，混匀。糖反应呈褐色。

③ 结果计算

按下式计算样品中果胶物质（以果胶酸计）的含量：

$$w = \frac{(m_1 - m_2) \times 0.9233}{m \times \frac{25}{250}} \times 100\% \qquad (2-19)$$

式中，w——果胶物质（以果胶酸计）的质量分数；

m——试样的质量，mg；

m_1——果胶酸钙和垂融坩埚的质量，mg；

m_2——垂融坩埚的质量，mg；

25——测定时取果胶提取液的体积，mL；

250——果胶提取液的总体积，mL；

0.9233——由果胶酸钙折算为果胶酸系数，果胶酸钙的分子式为 $C_{17}H_{22}O_{11}Ca$，其中钙含量约为 7.67%，果胶酸含量约为 92.33%。

(2) 咔唑比色法

适用于各类食品，具有操作简便、快速、准确度高、重现性好等优点。

① 原理

果胶经水解生成半乳糖醛酸，在硫酸溶液中与咔唑试剂发生缩合反应，生成紫红色化合物，其呈色强度与半乳糖醛酸含量成正比，在波长 520 nm 处测其吸光度，定量测定果胶物质含量。

② 结果计算

按下式计算样品中果胶物质（以半乳糖醛酸计）的含量：

$$w = \frac{cVK}{m \times 10^6} \times 100\% \qquad (2-20)$$

式中，w——果胶物质（以半乳糖醛酸计）的质量分数；

c——从标准曲线上查得的半乳糖醛酸的浓度，10^{-3} mg/mL；

V——果胶提取液的总体积，mL；

K——提取液稀释的倍数；

m——样品的质量，g。

③ 说明及注意事项

a. 糖分的存在对咔唑呈色反应有较大干扰，故样品除糖要彻底。

b. 咔唑呈色反应与硫酸的浓度及纯度有关系，只有在浓硫酸中，咔唑呈色才能充分。硫酸-半乳糖醛酸混合液，在加热后 10 min 即可形成呈色反应所必须的中间化合物,要求测定迅速且测定条件稳定,才能满足测定要求。

7. 纤维的测定

食品中纤维的测定提出最早、应用最广泛的是粗纤维测定法,此外还有中性洗涤纤维法、酸性洗涤纤维法、酶解质量法等分析方法。这些方法各有优缺点,下面主要介绍粗纤维测定法。

(1) 原理

在热的稀硫酸作用下,样品中的糖、淀粉、果胶等物质经水解而除去,再用热的氢氧化钾处理,使蛋白质溶解,脂肪皂化而除去,然后用乙醇和乙醚处理以除去单宁、色素及残余的脂肪,所得的残渣即为粗纤维,如其中含有无机物质,可经灰化后扣除。

(2) 适用范围及特点

该法操作简便、迅速,适用于各类食品,是应用最广泛的经典分析法。目前,我国的食品成分中"纤维"一项的数据都是用此法测定的,但该法测定结果粗糙,重现性差。另外,由于酸碱处理时纤维成分会发生不同程度的降解,使测得值与纤维的实际含量差别很大,这是此法的最大缺点。

(3) 试剂及仪器

a. 1.25% 硫酸;

b. 1.25% 氢氧化钾;

c. G2 垂融坩埚或 G2 垂融漏斗。

(4) 操作步骤

① 取样

干燥样品:如粮食、豆类等,经磨碎过 24 目筛,称取均匀的样品 5.0 g,置于 500 mL 锥形瓶中。

含水分较高的样品:如蔬菜、水果、薯类等,先加水打浆,记录样品质量和加水量,称取相当于 5.0 g 干燥样品的量,加 1.25% 硫酸适量,充分混合,用亚麻布过滤,残渣移入 500 mL 锥形瓶中。

② 酸处理

于锥形瓶中加入 200 mL 煮沸的 1.25% 硫酸,装上回流装置,加热使之微沸,回流 30 min,每隔 5 min 摇动锥形瓶一次,以充分混合瓶内物质,取下锥形瓶,立即用亚麻布过滤,用热水洗涤至洗液不呈酸性(以甲基红为指示剂)。

③ 碱处理

用 20 mL 煮沸的 1.25% 氢氧化钾溶液将亚麻布上的存留物洗入原锥形瓶中,加热至沸,回流 30 min,取下锥形瓶,立即用亚麻布过滤,以沸水洗至洗液不呈碱性(以酚酞为指示剂)。

④ 干燥

用水把亚麻布上的残留物洗入 100 mL 烧杯中，然后转移到已干燥至恒量的 G2 垂融坩埚（或 G2 垂融漏斗）中，抽滤，用热水充分洗涤后，抽干，再依次用乙醇、乙醚洗涤一次。将坩埚（或漏斗）和内容物在 105 ℃ 烘箱中烘干至恒量。

⑤ 灰化

若样品中含有较多无机物质，可用石棉坩埚代替垂融坩埚过滤，烘干称量后，移入 550 ℃ 高温炉中灼烧至恒量，置于干燥器内，冷却至室温后称量，灼烧前后的质量之差即为粗纤维的量。

（5）结果计算

$$w = \frac{m_1}{m_2} \times 100\% \quad (2-21)$$

式中，w——试样中粗纤维的质量分数；

m_1——残余物的质量（或经高温灼烧后损失的质量），g；

m_2——样品的质量，g。

（6）说明及注意事项

a. 此法是 1960 年由 Helnneberg 等人首次提出的，一直沿用至今，目前是测定纤维含量的标准分析方法；

b. 样品中脂肪含量高于 1% 时，应先用石油醚脱脂，然后再测定，如脱脂不足，结果将偏高；

c. 酸、碱消化时，如产生大量泡沫，可加入 2 滴硅油或辛醇消泡；

d. 本法测定结果的准确性取决于操作条件的控制。实验证明，样品的细度、加热回流时间、沸腾的状态、过滤时间等因素都将对测定结果产生影响。样品粒度过大影响消化，结果偏高，粒度过细则会造成过滤困难；沸腾不能过于剧烈，以防止样品脱离液体，附于液面以上的瓶壁上；过滤时间不能太长，一般不超过 10 min，否则应适量减少称样量；

e. 用亚麻布过滤时，由于其孔径不稳定，结果出入较大，最好采用 200 目尼龙筛绢过滤，既耐较高温度，孔径又稳定，本身不吸留水分，洗残渣也较容易；

f. 恒量要求：烘干 < 0.2 mg，灰化 < 0.5 mg；

g. 在这种方法中，纤维素、半纤维素、木质素等食物纤维成分都发生了不同程度的降解，且残留物中还包含了少量的无机物、蛋白质等成分，故测定结果称为"粗纤维"；

h. 测定粗纤维的方法还有容量法。样品经 2% 盐酸回流，除去可溶性糖类、淀粉、果胶等物质，残渣用 80% 硫酸溶解，使纤维成分水解为还原糖（主要是葡萄糖），然后按还原糖测定方法测定，再折算为纤维含量。该法操作复杂，一般很少采用。

2.2.6 蛋白质和氨基酸的测定

1. 测定意义

蛋白质是复杂的含氮有机化合物，分子质量大，主要化学元素为C、H、O、N，在某些蛋白质中还含有P、S、Cu、Fe、I等元素，由于食物中另外两种重要的营养素——碳水化合物、脂肪中只含有C、H、O，不含有氮，所以含氮是蛋白质区别于其他有机化合物的主要标志。不同的蛋白质中氨基酸的构成比例及方式不同，故不同的蛋白质含氮量不同。一般蛋白质含氮量为16%，即1份氮素相当于6.25份蛋白质，此数值称为蛋白质系数，不同种类食品的蛋白质系数有所不同，如玉米、荞麦、青豆、鸡蛋等为6.25，花生为5.46，大米为5.95，大豆及其制品为5.71，小麦粉为5.70，牛乳及其制品为6.38。蛋白质可以被酶、酸或碱水解，水解的中间产物为胨、肽等，最终产物为氨基酸。氨基酸是构成蛋白质的最基本物质。

测定蛋白质的方法可分为两大类：一类是利用蛋白质的共性，即含氮量、肽键、折射率等测定蛋白质含量；另一类是利用蛋白质中特定氨基酸残基、酸性和碱性基团以及芳香基团等测定蛋白质含量。蛋白质测定最常用的方法是凯氏定氮法，它是测定总有机氮的最准确和操作较简便的方法之一，在国内外应用普遍；此外，双缩脲分光光度比色法、染料结合分光光度比色法、酚试剂法等也常用于蛋白质含量测定，由于方法简便快速，多用于生产单位质量控制分析。近年来，国外采用红外检测仪对蛋白质进行快速定量分析。

鉴于食品中氨基酸成分的复杂性，对食品中氨基酸含量的测定在一般的常规检验中多测定样品中的氨基酸总量，通常采用酸碱滴定法来完成。近年来，世界上已出现了多种氨基酸分析仪、近红外反射分析仪，可以快速、准确地测出各种氨基酸含量。

这里主要介绍凯氏定氮法。

2. 凯氏定氮法

凯氏定氮法由Kieldahl于1833年首先提出，经长期改进，迄今已演变成常量法、微量法、改良凯氏定氮法、自动定氮仪法、半微量法等多种方法。

（1）原理

将样品与浓硫酸和催化剂一同加热消化，使蛋白质分解，其中碳和氢被氧化为二氧化碳和水逸出，而样品中的有机氮转化为氨，并与硫酸结合成硫酸铵，此过程称为消化。加碱将消化液碱化，使氨游离出来，再通过水蒸气蒸馏，使氨蒸出，用硼酸吸收形成硼酸铵，再以标准盐酸或硫酸溶液滴定，根据标准酸消耗量可计算出蛋白质的含量。

① 消化

$$\text{含氮有机物} + H_2SO_4 \xrightarrow{420\ ℃} (NH_4)_2SO_4$$

在消化反应中,为了加速蛋白质的分解,缩短消化时间,常加入下列催化剂:

a. K_2SO_4:加入 K_2SO_4 是为了提高溶液的沸点,加快有机物的分解。硫酸钾与硫酸作用生成硫酸氢钾可提高反应温度,一般纯硫酸的沸点在 340 ℃ 左右,而添加硫酸钾后,可使温度提高至 400 ℃ 以上,而且随着消化过程中硫酸不断地被分解,水分不断逸出而使硫酸氢钾的浓度逐渐增大,故沸点不断升高。所以 K_2SO_4 的加入量也不能太大,否则消化体系温度过高,会引起已生成的铵盐发生热分解析出氨而造成损失。除 K_2SO_4 外,也可以加入 Na_2SO_4、KCl 等盐类来提高沸点,但效果不如 K_2SO_4。

b. $CuSO_4$:$CuSO_4$ 起催化剂的作用。凯氏定氮法中可用的催化剂种类很多,除 $CuSO_4$ 外,还有 HgO、Hg、Sn 粉等,但考虑到效果、价格及环境污染等多种因素,应用最广泛的是硫酸铜。使用时常加入少量过氧化氢、次氯酸钾等作为氧化剂以加速有机物的氧化分解,待有机物全部被消化完后,不再有硫酸亚铜(Cu_2SO_4 褐色)生成,溶液呈现清澈的 Cu^{2+} 的蓝绿色,故 $CuSO_4$ 除起催化剂的作用外,还可指示消化终点的到达,以及下一步蒸馏时作为碱性反应的指示剂。

② 蒸馏

$$(NH_4)_2SO_4 + 2NaOH = 2NH_3\uparrow + Na_2SO_4 + 2H_2O$$

在消化完全的样品消化液中加入浓氢氧化钠使之呈碱性,此时氨游离出来,加热蒸馏即可释放出氨气。

③ 吸收与滴定

吸收:$NH_3 + H_3BO_3 = NH_4BO_2 + H_2O$

滴定:$2NH_4BO_2 + H_2O + H_2SO_4 = (NH_4)_2SO_4 + 2H_3BO_3$

蒸馏所释放出来的氨,用硼酸溶液进行吸收,硼酸呈微弱酸性($K = 7.3 \times 10^{-10}$),与氨形成强碱弱酸盐,待吸收完全后,再用盐酸标准溶液滴定。

蒸馏释放出来的氨,也可以采用硫酸或盐酸标准溶液吸收,然后再用氢氧化钠标准溶液反滴定吸收液中过剩的硫酸或盐酸,从而计算出总氮量。

(2) 适用范围

此法可应用于各类食品中蛋白质含量的测定。

(3) 主要仪器

凯氏烧瓶(500 mL)定氮蒸馏装置,如图 2-1 所示。

(4) 试剂

① 浓硫酸;

② 硫酸铜;

③ 硫酸钾;

④ 400 g/L 氢氧化钠溶液;

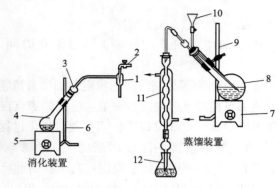

图 2-1 凯氏烧瓶（500 mL）定氮蒸馏装置

1—水力抽气管；2—水龙头；3—倒置的干燥管；4—凯氏烧瓶；5,7—电炉；
6,9—铁支架；8—蒸馏烧瓶；10—进样漏斗；11—冷凝管；12—接收瓶

⑤ 40 g/L 硼酸吸收液：称取 20 g 硼酸溶解于 500 mL 热水中，摇匀备用；

⑥ 甲基红-溴甲酚绿混合指示剂：5 份 2 g/L 溴甲酚绿 95% 乙醇溶液与 1 份 2 g/L 甲基红乙醇溶液混合均匀（临用时现混合）；

⑦ 0.100 0 mol/L HCl 标准溶液。

（5）操作步骤

准确称取固体样品 0.2~2 g（固体样品 2~5 g，液体样品 10~20 mL），小心移入干燥洁净的 500 mL 凯氏烧瓶中，加入研细的 $CuSO_4$ 0.5 g、K_2SO_4 10 g 和浓 H_2SO_4 20 mL，轻轻摇匀，按图 2-1 安装消化装置，并将其以 45° 斜支于有小孔的石棉网上。用电炉以小火加热，待内容物全部炭化，泡沫停止产生后，加大火力，保持瓶内液体微沸，至液体变蓝绿色透明后，再继续加热微沸 30 min。冷却后，小心加入 200 mL 蒸馏水，再放冷，加入玻璃珠数粒以防蒸馏时爆沸。

将凯氏瓶按图 2-1 蒸馏装置方式连好，塞紧瓶口，冷凝管下端插入吸收瓶液面下（瓶内预先装入 50 mL 40 g/L 硼酸溶液及 2~3 滴混合指示剂）。放松夹子，通过漏斗加入 70~80 mL 400 g/L 氢氧化钠溶液，并摇动凯氏瓶，至瓶内溶液变为深蓝色或产生黑色沉淀，再加入 100 mL 蒸馏水（从漏斗中加入），夹紧夹子，加热蒸馏，至氨全部蒸出（馏液约 250 mL 即可），将冷凝管下端提离液面，用蒸馏水冲洗管口。继续蒸馏 1 min，用表面皿接几滴馏出液，以奈氏试剂检查，如无红棕色物生成，表示蒸馏完毕，即可停止加热。

将上述吸收液用 0.100 0 mol/L HCl 标准溶液滴定，溶液由蓝色变为微红色即为终点，记录盐酸溶液用量，同时做一试剂空白试验（除不加样品外，从消化开始操作完全相同），记录空白试验消耗盐酸标准溶液的体积。

（6）结果计算

$$w = \frac{c \times (V_1 - V_2) \times 0.014\ 0}{m \times \dfrac{10}{100}} \times F \times 100\% \qquad (2-22)$$

式中，w——蛋白质的质量分数；
$\quad\quad c$——HCl 标准溶液的浓度，mol/L；
$\quad\quad V_1$——滴定样品吸收液时消耗盐酸标准溶液的体积，mL；
$\quad\quad V_2$——滴定空白吸收液时消耗盐酸标准溶液的体积，mL；
$\quad\quad m_1$——样品的质量，g；
$\quad\quad$0.014 0——与 1.0 mL 1.000 mol/L 硫酸（1/2 H_2SO_4）或盐酸标准滴定溶液相当的氮的质量，g/mol；
$\quad\quad F$——氮换算为蛋白质的系数。

（7）说明及注意事项

① 所用试剂溶液应用无氨蒸馏水配制；

② 消化时不要用强火，应保持和缓沸腾，注意不断转动凯氏烧瓶，以便利用冷凝酸液将附在瓶壁上的固体残渣洗下并促进其消化完全；

③ 样品中若含脂肪或糖较多时，消化过程中易产生大量泡沫，为防止泡沫溢出瓶外，在开始消化时应用小火加热，并不断摇动；或者加入少量辛醇或液体石蜡或硅油消泡剂，并同时注意控制热源强度；

④ 当样品消化液不易澄清透明时，可将凯氏烧瓶冷却，加入 30% 过氧化氢 2~3 mL 后再继续加热消化；

⑤ 若取样量较大，如干试样超过 5 g，可按每克试样 5 mL 的比例增加硫酸用量；

⑥ 一般消化至液体呈透明后，继续消化 30 min 即可，但对于含有特别难以氨化的氮化合物的样品，如赖氨酸、组氨酸、色氨酸、酪氨酸、脯氨酸等时，需适当延长消化时间；有机物如分解完全，消化液呈蓝色或浅绿色，但含铁量多时，呈深绿色；

⑦ 蒸馏装置不能漏气；

⑧ 蒸馏前若加碱量不足，消化液呈蓝色不生成氢氧化铜沉淀，此时需再增加氢氧化钠用量；

⑨ 硼酸吸收液的温度不应超过 40 ℃，否则对氨的吸收作用减弱而造成损失，此时可置于冷水浴中使用；

⑩ 蒸馏完毕后，应先将冷凝管下端提离液面清洗管口，再蒸 1 min 后关掉热源，否则可能造成吸收液倒吸；

⑪ 混合指示剂在碱性溶液中呈绿色，在中性溶液中呈灰色，在酸性溶液中呈红色。

2.3 食品添加剂分析

当你津津有味地品尝着美味食品的时候，是否想到绝大多数食品都含有各类不同的添加剂，食品中为什么要加入添加剂，加入添加剂的食品是否安全，如何进行质量监督，相信以下内容的学习将不无裨益。

2.3.1 概述

1. 食品添加剂的概念

《中华人华民共和国食品卫生法》对食品添加剂的定义是："为改善食品的品质和色、香、味，以及为防腐和加工工艺的需要而加入食品中的化学合成或天然物质。"从上述定义可知，添加剂是出于技术目的而有意识地加到食品中的物质。

2. 食品添加剂的种类

食品添加剂的种类繁多，我国较为常用的有300多种。食品添加剂可按其来源、功能等划分。按来源分为天然食品添加剂和化学合成添加剂；按其功能和用途分为22类，它们是：① 酸度调节剂；② 抗结剂；③ 消泡剂；④ 抗氧化剂；⑤ 漂白剂；⑥ 膨松剂；⑦ 胶姆糖基础剂；⑧ 着色剂；⑨ 护色剂；⑩ 乳化剂；⑪ 酶制剂；⑫ 增味剂；⑬ 面粉处理剂；⑭ 被膜剂；⑮ 水分保持剂；⑯ 营养强化剂；⑰ 防腐剂；⑱ 凝固剂；⑲ 甜味剂；⑳ 增稠剂；㉑ 香料；㉒ 其他。

3. 食品添加剂的用途

提高食品的保藏性能，延长保质期，防止微生物引起的腐败和由氧化引起的变质；改善食品的感官性状，如食品的色、香、味、形、质地等（这些是衡量食品品质的常用指标）；有利于食品的加工操作，适应机械化、连续化大生产，如在豆腐中加凝固剂可大规模生产盒装豆腐。

4. 测定食品添加剂的意义

中国《食品添加剂卫生管理办法》规定："禁止以掩盖食品腐败或以掺杂掺假、伪造为目的而使用食品添加剂。"因此，为保证食品的质量，避免因添加剂的不当使用造成不合格食品进入家庭，在食品的生产、检验、管理中对食品添加剂的测定是十分必要的。中国《食品添加剂使用卫生标准》中规定了各类食品添加剂的适用范围、最大使用量（参见有关标准）。

5. 食品添加剂的测定项目及方法

添加剂的种类多，功能各异，经常测定的项目有：防腐剂、护色剂、漂白剂、着色剂、甜味剂等。

测定中需先将上述添加剂从复杂的食品混合物中分离出来，再根据其物理、化学性质选择适当的方法进行测定。常用的方法有紫外分光光度法、薄层层析法、高效液相色谱法等。

2.3.2 防腐剂的测定

1. 防腐剂的作用及分类

食品在加工、存放和销售过程中，微生物的作用会导致其腐败、变质而不能食用。为延长食品的保存时间，一方面可通过物理方法控制微生物的生存条件，如温度、水分、pH值等，以杀灭或抑制微生物的活动；另一方面还可用化学方法保存，即使用食品防腐剂提高食品的保藏期。防腐剂是为防止食品在加工、存放和销售过程中，因微生物的作用导致其腐败、变质而不能食用，人为添加的化学物质。防腐剂具有使用方便、高效、投资少的特点，但是防腐剂在杀死或抑制微生物的同时，也不可避免地会对人体产生副作用。因此，随着食品保藏新工艺的发展，防腐剂的使用将会逐步减少。

防腐剂可分为有机防腐剂和无机防腐剂。有机防腐剂有：苯甲酸及其盐类、山梨酸及其盐类、对羟基苯甲酸酯类、丙酸及其盐类等；无机防腐剂有：二氧化硫、亚硫酸盐类、亚硝酸盐类等。

表2-3列举了几种我国允许使用的防腐剂。

表2-3 常用食品防腐剂

名称	使用范围	最大使用量/($g \cdot kg^{-1}$)
苯甲酸 苯甲酸钠	酱油、食醋、果汁（味）型饮料、果酱（不包括罐头）	1.0
	葡萄酒、果酒、软糖	0.8
	碳酸饮料	0.2
	低盐酱菜、酱类、蜜饯	0.5
	食品工业用塑料桶装浓缩果蔬汁	2.0
山梨酸 山梨酸钾	酱油、食醋、果酱、氢化植物油、软糖、鱼干制品、即食豆制食品、糕点、馅、面包、蛋糕、月饼、即食海蜇、乳酸菌饮料	1.0
	低盐酱菜、酱类、蜜饯、果汁（味）型饮料、果冻、胶原蛋白肠衣	0.5
	葡萄酒、果酒	0.6
	果、蔬类保鲜、碳酸饮料	0.2
	肉、鱼、蛋、禽类制品	0.075
	食品工业用塑料桶装浓缩果蔬汁	2.0
对羟基苯甲酸丙酯（又名尼泊金丙酯）	酱油、酱料、果酱（不包括罐头）、果汁（果味）型饮料	0.25
	食醋	0.10
	糕点馅	0.5（单一或混合用总量）
	果蔬保鲜	0.012
	碳酸饮料、蛋黄馅	0.20

续表

名称	使用范围	最大使用量/$(g \cdot kg^{-1})$
脱氢乙酸	腐乳、酱菜、原汁橘浆	0.30
丙酸钙	生面湿制品	0.25
	面包、醋、酱油、糕点、豆制食品	2.5
丙酸钠	糕点	2.5
	杨梅罐头加工工艺	50

目前我国食品加工业中,防腐剂多使用山梨酸(钾)和苯甲酸及其钠盐,山梨酸在 pH 8.0 以下、苯甲酸在 pH 5.0 以下,对霉菌、酵母和好气性细菌具有较好的抑制作用。故本节主要介绍这两种防腐剂的测定方法。

2. 山梨酸(钾)的测定

(1) 理化性质

山梨酸俗名花楸酸,化学名称为 2,4-己二烯酸。山梨酸及其钾盐作为酸性防腐剂,在酸性介质中对霉菌、酵母菌、好气性细菌有良好的抑制作用,可与这些微生物酶系统中的疏基结合使之失活;但对厌氧的芽孢杆菌、乳酸菌无效。山梨酸是一种不饱和脂肪酸,在肌体内可参与正常的新陈代谢,对人体无毒性,是目前认为最安全的一类食品防腐剂。

(2) 分离过程

称取 100 g 样品,加 200 mL 水于组织捣碎机中捣成匀浆。称取匀浆 100 g,加水 200 mL 继续捣 1 min,称取 10 g 于 250 mL 容量瓶中定容,摇匀,过滤备用。

(3) 山梨酸(钾)的测定

山梨酸(钾)的测定方法有气相色谱法、高效液相色谱法、分光光度法等。下面以分光光度法为例进行介绍。

① 原理

提取样品中山梨酸及其盐类,经硫酸-重铬酸钾氧化成丙二醛,再与硫代巴比妥酸形成红色化合物,其颜色深浅与丙二醛含量成正比,可于 530 nm 处比色定量。

② 试剂

a. 重铬酸钾-硫酸溶液:0.016 7 mol/L 重铬酸钾与 0.15 mol/L 硫酸以 1:1 混合备用;

b. 硫代巴比妥酸溶液:准确称取 0.5 g 硫代巴比妥酸于 100 mL 容量瓶中,加 20 mL 水,加 10 mL 1 mol/L 氢氧化钠溶液,摇匀溶解后再加 1 mol/L 盐酸,以水定容(临用配制,6 h 内使用);

c. 山梨酸钾标准溶液：准确称取 250 mg 山梨酸钾于 250 mL 容量瓶中，用蒸馏水溶解并定容（本溶液山梨酸含量为 1 mg/mL，使用时再稀释为 0.1 mg/mL）。

③ 仪器

分光光度计；组织捣碎机；10 mL 比色管。

④ 操作步骤

a. 标准曲线绘制

吸取 0.0 mL、2.0 mL、4.0 mL、6.0 mL、8.0 mL、10.0 mL 山梨酸钾标准溶液于 250 mL 容量瓶中，用水定容，分别吸取 2.0 mL 于相应的 10 mL 比色管中，加 2 mL 重铬酸钾硫酸溶液，于 100 ℃ 水浴中加热 7 min，立即加入 2.0 mL 硫代巴比妥酸，继续加热 10 min，立刻用冷水冷却，于 530 nm 处测吸光度，绘制标准曲线。

b. 试样测定

吸取试样处理液 2 mL 于 10 mL 比色管中，按标准曲线绘制操作，于 530 nm 处测吸光度，以标准曲线定量。

⑤ 结果计算

$$w_1 = \frac{\rho \times 250}{m \times 2} \times 100\%, \quad w_2 = \frac{w_1}{1.34} \qquad (2-23)$$

式中，w_1——山梨酸钾的质量分数；

w_2——山梨酸的质量分数；

ρ——试液中山梨酸钾的浓度，g/mL；

m——称取匀浆相当于试样的质量，g；

1.34——山梨酸与山梨酸钾之间的换算系数。

3. 苯甲酸（钠）的测定

(1) 理化性质

苯甲酸俗称安息香酸，是常用的防腐剂之一。因对其安全性尚有争议（此前已有苯甲酸引起叠加（蓄积）中毒的报道），故有逐步被山梨酸盐类防腐剂取代的趋势。在我国山梨酸盐类防腐剂的价格比苯甲酸类防腐剂的价格要贵很多，一般多用于出口食品或婴幼儿食品，普通酸性食品则以苯甲酸（钠）应用为主。

(2) 分离与富集过程

称取 2.50 g 事先混合均匀的样品，置于 25 mL 带塞量筒中，加 0.5 mL 盐酸（1:1）酸化，用 15 mL、10 mL 乙醚提取两次，每次振摇 1 min，静置分层后将上层乙醚提取液吸入另一个 25 mL 带塞量筒中，合并乙醚提取液。用 3 mL 氯化钠酸性溶液（40 g/L）洗涤两次，静置 15 min，用滴管将乙醚层通过无水硫酸钠滤入 25 mL 容量瓶中，用乙醚洗涤量筒及硫酸钠层，洗液并入容量瓶。加乙醚至刻度，混匀。准确吸取 5 mL 乙醚提取液于 5 mL 带塞刻度试管中，置 40 ℃ 水浴上挥干，加入 2 mL 石油醚－乙醚（3:1）混合溶剂溶解残渣，备用。

(3) 苯甲酸（钠）的测定

苯甲酸（钠）的测定有气相色谱法、紫外分光光度法、高效液相色谱法、滴定法等。气相色谱法和高效液相色谱法灵敏度高，分析结果准确，随着仪器的普及已被广泛采用，下面以气相色谱法为例进行介绍。

① 原理

样品酸化后，用乙醚提取苯甲酸，用附氢火焰离子化检测器的气相色谱仪进行分离测定，与标准系列比较定量。

② 试剂

a. 乙醚，不含过氧化物；

b. 石油醚，沸程30 ℃~60 ℃；

c. 盐酸1:1；

d. 无水硫酸钠；

e. 氯化钠酸性溶液40 g/L：于氯化钠溶液（40 g/L）中加少量盐酸（1:1）酸化；

f. 苯甲酸标准溶液：准确称取苯甲酸0.200 0 g，置于100 mL容量瓶中，用石油醚－乙醚（3:1）混合溶剂溶解并稀释至刻度（此溶液每毫升相当于2.0 mg苯甲酸）；

g. 苯甲酸标准使用液：吸取适量的苯甲酸标准溶液，以石油醚－乙醚(3:1)混合溶剂稀释至每毫升相当于50 μg、100 μg、150 μg、200 μg、250 μg苯甲酸。

③ 仪器

气相色谱仪，氢火焰离子化检测器。

④ 操作步骤

a. 色谱参考条件

色谱柱：玻璃柱，内径3 mm，长2 m，内壁涂以5% DEGS + 1% H_3PO_4 固定液的60~80目Chromosorb W AW。

气流速度：50 mL/min，载气为氮气（氮气和空气、氢气之比按各仪器型号不同选择各自的最佳比例条件）。

温度：进样口230 ℃；检测器230 ℃，柱温170 ℃。

b. 测定

进样2 μL标准系列中各浓度标准使用液于气相色谱仪中，可测得不同浓度苯甲酸的峰高，以浓度为横坐标，相应的峰高值为纵坐标，绘制标准曲线；同时进样2 μL样品溶液，测得峰高与标准曲线比较定量。

⑤ 结果计算

$$w = \frac{m_1 \times 1\,000}{m_2 \times \frac{5}{25} \times \frac{V_2}{V_1} \times 1\,000} \times 100\% \tag{2-24}$$

式中，w——样品中苯甲酸的质量分数；
m_1——测定用样品液中苯甲酸的质量，μg；
V_1——加入石油醚-乙醚（3:1）混合溶剂的体积，mL；
V_2——测定时进样的体积，μL；
m_2——样品的质量，g；
5——测定时乙醚提取液的体积，mL；
25——样品乙醚提取液的总体积，mL。

若测定苯甲酸钠的含量，将上述苯甲酸的含量乘以 1.18 即可。

2.3.3 护色剂的测定

1. 测定意义

护色剂又称呈色剂或发色剂，是食品加工中为使肉或肉制品呈现良好的色泽而适当加入的化学物质。最常使用的护色剂是硝酸盐和亚硝酸盐。硝酸盐在亚硝基化菌的作用下还原成亚硝酸盐，并在肌肉中乳酸的作用下生成亚硝酸，亚硝酸不稳定，分解产生亚硝基，并与肌红蛋白反应生成亮红色的亚硝基红蛋白，使肉制品呈现良好的色泽。

亚硝酸钠除了发色外，还是很好的防腐剂，尤其是对肉毒梭状芽孢杆菌在 pH=6 时有显著的抑制作用。

亚硝酸盐毒性较强，摄入量大可使血红蛋白（二价铁）变成高铁血红蛋白（三价铁），失去输氧能力，引起肠还原性青紫症，甚至可以与胺类物质生成强致癌物亚硝胺。权衡利弊，各国都在保证安全和产品质量的前提下严格控制其使用。我国目前批准使用的护色剂有硝酸钠（钾）和亚硝酸钠（钾）。常用于香肠、火腿、午餐肉罐头等。我国卫生标准规定：肉制品中硝酸钠和亚硝酸钠的最大使用量为 0.5 g/kg；残留量以亚硝酸钠计，肉类罐头不超过 0.05 g/kg，肉制品不超过 0.03 g/kg。

2. 亚硝酸盐的测定——盐酸萘乙二胺法（格里斯试剂比色法）

（1）原理

样品经沉淀蛋白质、除去脂肪后，在弱酸条件下亚硝酸盐与对氨基苯磺酸重氮化，再与 N-1-萘基乙二胺偶合形成紫红色染料，与标准比较定量。

（2）试剂

① 亚铁氰化钾溶液：称取 106.0 g 亚铁氰化钾（$K_4Fe(CN)_6 \cdot 3H_2O$），用水溶解，并稀释至 1 000 mL；

② 乙酸锌溶液：称取 220.0 g 乙酸锌（$Zn(CH_3COO)_2 \cdot 2H_2O$），加 30 mL 冰乙酸溶于水，并稀释至 1 000 mL；

③ 饱和硼砂溶液：称取 5.0 g 硼酸钠（$Na_2B_4O_7 \cdot 10H_2O$），溶于 100 mL 热

水中,冷却后备用;

④ 对氨基苯磺酸溶液(4 g/L):称取 0.4 g 对氨基苯磺酸,溶于 100 mL 20% 盐酸中,置棕色瓶中混匀,避光保存;

⑤ 盐酸萘乙二胺溶液(2 g/L):称取 0.2 g 盐酸萘乙二胺,溶解于 100 mL 水中,混匀后,置棕色瓶中,避光保存;

⑥ 亚硝酸钠标准溶液:准确称取 0.100 0 g 于硅胶干燥器中干燥 24 h 的亚硝酸钠,加水溶解移入 500 mL 容量瓶中,加水稀释至刻度,混匀,此溶液每毫升相当于 200 μg 的亚硝酸钠;

⑦ 亚硝酸钠标准使用液:临用前,吸取亚硝酸钠标准溶液 5.00 mL,置于 200 mL 容量瓶中,加水稀释至刻度,此溶液每毫升相当于 5.0 μg 的亚硝酸钠。

(3) 仪器

小型绞肉机,分光光度计。

(4) 操作步骤

① 样品处理

称取 5.0 g 经绞碎混匀的样品,置于 50 mL 烧杯中,加 12.5 mL 饱和硼砂溶液,搅拌均匀,以约 300 mL 70 ℃ 左右的水将试样洗入 500 mL 容量瓶中,于沸水浴中加热 15 min,取出后冷却至室温,然后一面转动,一面加入 5 mL 亚铁氰化钾溶液,摇匀,再加入 5 mL 乙酸锌溶液,以沉淀蛋白质。加水至刻度,摇匀,放置 0.5 h,除去上层脂肪,清液用滤纸过滤,弃去初滤液 30 mL,滤液备用。

② 测定

吸取 40.0 mL 上述滤液于 50 mL 带塞比色管中,另吸取 0.00 mL、0.20 mL、0.40 mL、0.60 mL、0.80 mL、1.00 mL、1.50 mL、2.00 mL、2.50 mL 亚硝酸钠标准使用液(相当于 0 μg、1 μg、2 μg、3 μg、4 μg、5 μg、7.5 μg、10 μg、12.5 μg 亚硝酸钠),分别置于 50 mL 带塞比色管中,于标准管与试样管中分别加入 2 mL 对氨基苯磺酸溶液(4 g/L),混匀,静置 3~5 min 后各加入 1 mL 盐酸萘乙二胺溶液(2 g/L),加水至刻度,混匀,静置 15 min,用 2 cm 比色杯,以零管调节零点,于波长 538 nm 处测吸光度,绘制标准曲线比较,同时做试剂空白试验。

(5) 结果计算

$$w = \frac{m' \times 1\,000}{m \times \dfrac{V_2}{V_1} \times 1\,000} \times 100\% \qquad (2-25)$$

式中,w——样品中亚硝酸盐的质量分数;

m——样品的质量,g;

m'——测定用样液中亚硝酸盐的质量,μg;

V_1——样品处理液的总体积,mL;

V_2——测定用样液的体积，mL。

2.3.4 漂白剂的测定

1. 概述

在食品生产加工过程中，为使食品保持其特有的色泽，常加入漂白剂。漂白剂是破坏或抑制食品的发色因素使食品褪色或使免于褐变的物质。食品中常用的漂白剂大都属于亚硫酸及其盐类，通过其所产生的二氧化硫的还原作用使之褪色，同时还有抑菌及抗氧化等作用。

根据食品添加剂的使用标准，漂白剂的使用不应对食品的品质、营养价值及保存期产生不良影响。二氧化硫和亚硫酸盐本身无营养价值，也不是食品的必需成分，而且还有一定的腐蚀性，少量摄取时，经体内代谢成硫酸盐，以尿排出体外，但一天摄取 4~6 g 可损害肠胃，造成激烈腹泻。因此对其使用量有严格的限制，如国家标准规定：残留量以 SO_2 计，竹笋、蘑菇残留量不得超过 25 mg/kg；饼干、食糖、罐头不得超过 50 mg/kg；赤砂糖及其他不得超过 100 mg/kg。

2. 硫酸盐（二氧化硫）的测定

测定二氧化硫和亚硫酸盐的方法有：盐酸副玫瑰苯胺光度法、中和滴定法、蒸馏法、高效液相色谱法、极谱法等。本节主要介绍盐酸副玫瑰苯胺光度法。

（1）原理

亚硫酸盐与四氯汞钠反应生成稳定的络合物，再与甲醛及盐酸副玫瑰苯胺作用生成紫红色络合物，与标准系列比较定量。

（2）试剂

① 四氯汞钠吸收液：称取 13.6 g 氯化高汞及 6.0 g 氯化钠，溶于水中并稀释至 1 000 mL，放置过夜，过滤后备用；

② 氨基磺酸铵溶液（12 g/L）：称取 1.2 g 氨基磺酸铵于 50 mL 烧杯中，用水转入 100 mL 容量瓶中，定容；

③ 甲醛溶液（2 g/L）：吸取 0.55 mL 无聚合沉淀的甲醛（36%），加水定容至 100 mL，混匀；

④ 淀粉指示液：称取 1 g 可溶性淀粉，用少许水调成糊状，缓缓倾入 100 mL 沸水中，随加随搅拌，煮沸，放冷备用（该指示液临时现配）；

⑤ 亚铁氰化钾溶液：称取 10.6 g 亚铁氰化钾（$K_4Fe(CN)_6 \cdot 3H_2O$），加水溶解并稀释至 100 mL；

⑥ 乙酸锌溶液：称取 22 g 乙酸锌（$Zn(CH_3COO)_2 \cdot 2H_2O$）溶于少量水中，加入 3 mL 冰乙酸，加水稀释至 100 mL；

⑦ 盐酸副玫瑰苯胺溶液：称取 0.1 g 盐酸副玫瑰苯胺（$C_{19}H_{18}N_2Cl \cdot 4H_2O$）于研钵中，加少量水研磨使溶解并稀释至 100 mL，取出 20 mL，置于 100 mL 容

量瓶中，加盐酸（1:1），充分摇匀后使溶液由红变黄，如不变黄再滴加少量盐酸至出现黄色，再加水稀释至刻度，混匀备用（如无盐酸副玫瑰苯胺可用盐酸品红代替）；

盐酸副玫瑰苯胺的精制方法：称取 20 g 盐酸副玫瑰苯胺于 400 mL 水中，用 50 mL 盐酸（1:5）酸化，缓慢搅拌，加 4~5 g 活性炭，加热煮沸 2 min，将混合物倒入大漏斗中，过滤（用保温漏斗趁热过滤），滤液放置过夜，出现结晶，然后再用布氏漏斗抽滤，将结晶再悬浮于 1 000 mL 乙醚 - 乙醇（10:1）的混合液中，振摇 3~5 min，以布氏漏斗抽滤，再用乙醚反复洗涤至醚层不带色为止，于硫酸干燥器中干燥，研细后贮于棕色瓶中保存；

⑧ 碘溶液 $c\left(\frac{1}{2}I_2\right) = 0.100$ mol/L：称取 12.7 g 碘用水定容至 100 mL，混匀；

⑨ 硫代硫酸钠标准溶液 0.100 0 mol/L；

⑩ 二氧化硫标准溶液：

配制：称取 0.5 g 亚硫酸氢钠，溶于 200 mL 四氯汞钠吸收液中，放置过夜，上清液用定量滤纸过滤备用。

标定：吸取 10.0 mL 亚硫酸氢钠 - 四氯汞钠溶液于 250 mL 碘量瓶中，加 100 mL 水，准确加入 20.00 mL 碘溶液（0.05 mol/L）、5 mL 冰乙酸，摇匀，放置于暗处两分钟后迅速以 0.1 000 mol/L 硫代硫酸钠标准溶液滴定至淡黄色，加 0.5 mL 淀粉指示液，继续滴定至无色；另取 100 mL 水，准确加入 0.05 mol/L 碘溶液 20.0 mL、5 mL 冰乙酸，按同一方法做试剂空白试验。按下式计算二氧化硫标准溶液浓度：

$$\rho = \frac{(V_2 - V_1) \times c \times 32.03}{10} \tag{2-26}$$

式中，ρ——二氧化硫标准溶液的浓度，mg/mL；

V_1——测定用亚硫酸氢钠 - 四氯汞钠溶液消耗硫代硫酸钠标准溶液的体积，mL；

V_2——试剂空白试验消耗硫代硫酸钠标准溶液的体积，mL；

c——硫代硫酸钠标准溶液的摩尔浓度，mol/L；

32.03——与每毫升硫代硫酸钠（0.100 0 mol/L）标准溶液相当的二氧化硫的质量，mg。

⑪ 二氧化硫使用液：临用前将二氧化硫标准溶液以四氯汞钠吸收液稀释成每毫升相当于 2 μg 二氧化硫的溶液；

⑫ 氢氧化钠溶液（20 g/L）；

⑬ 硫酸（1:71）。

（3）仪器

分光光度计。

(4) 操作步骤

① 样品处理

a. 水溶性固体样品。如白砂糖等可称取约 10.00 g 均匀样品（样品量可视二氧化硫含量而定），以少量水溶解，置于 100 mL 容量瓶中，加入 4 mL 氢氧化钠溶液（20 g/L），5 min 后加入 4 mL 硫酸（1:71），然后加入 20 mL 四氯汞钠吸收液，以水稀释至刻度。

b. 其他固体样品。如饼干、粉丝等可称取 5.0~10.0 g 研磨均匀的样品，以少量水湿润并移入 100 mL 容量瓶中，然后加入 20 mL 四氯汞钠吸收液浸泡 4 h 以上，若上层溶液不澄清可加入亚铁氰化钾溶液及乙酸锌溶液各 2.5 mL，最后用水稀释至 100 mL 刻度，过滤后备用。

c. 液体样品。如葡萄酒等可直接吸取 5.0~10.0 mL 样品，置于 100 mL 容量瓶中，以少量水稀释，加 20 mL 四氯汞钠吸收液摇匀，最后加水至刻度混匀，必要时过滤备用。

② 测定

吸取 0.5~5.0 mL 上述样品处理液于 25 mL 带塞比色管中，另吸取 0.00 mL、0.20 mL、0.40 mL、0.60 mL、0.80 mL、1.00 mL、1.50 mL、2.00 mL 二氧化硫标准使用液（相当于 0.0 μg、0.4 μg、0.8 μg、1.2 μg、1.6 μg、2.0 μg、3.0 μg、4.0 μg 二氧化硫）分别置于 25 mL 带塞比色管中，于样品及标准管中各加入四氯汞钠吸收液至 10 mL，然后再加入 1 mL 氨基磺酸铵溶液（12 g/L）、1 mL 甲醛溶液（2 g/L）及 1 mL 盐酸副玫瑰苯胺溶液摇匀，放置 20 min。用 1 cm 比色杯，以零管调节零点，于波长 550 nm 处测吸光度，绘制标准曲线比较。

(5) 结果计算

$$w = \frac{A_1 \times 1\,000}{m_1 \times \frac{V}{100} \times 1\,000 \times 1\,000} \times 100\% \qquad (2-27)$$

式中，w——样品中二氧化硫的质量分数；

A_1——测定用样液中二氧化硫的含量，μg；

m_1——样品质量的，g；

V——测定用样液的体积，mL。

(6) 说明及注意事项

在重复性条件下获得的两次独立测定结果的绝对差值不得超过算术平均值的 10%。

2.3.5 着色剂的测定

1. 概述

着色剂是使食品着色和改善食品色泽的物质，或称食用色素，按其来源可分为食用天然色素和食用合成色素两大类。

（1）食用天然色素

食用天然色素是从有色的动、植物体内提取，经进一步分离精制而成。但其有效成分含量低，且因原料来源困难，故价格很高。目前，国内外使用的食用色素绝大多数都是食用合成色素。

（2）食用合成色素

合成色素因其着色力强、易于调色、在食品加工过程中稳定性能好、价格低廉等优点，在食用色素中占主要地位。合成色素多以煤焦油为起始原料，且在合成过程中可能受铅、砷等有害物质所污染，因此在使用的安全性上，其争论要比其他类的食品添加剂更为突出和尖锐。各国对合成色素的研究、开发和使用都极为谨慎。我国许可使用的合成色素有9种：苋菜红、胭脂红、诱惑红、新红、柠檬黄、日落黄、靛蓝、亮蓝、赤藓红，前6种为偶氮类化合物，使用中占绝大多数。表2-4列举了几种常用的食品着色剂。

表2-4 常用食品着色剂的使用卫生标准

名称	使用范围	最大使用量/（g·kg^{-1}）
苋菜红	果汁（味）饮料类、碳酸饮料、配制酒、糖果、糕点上彩装、青梅、山楂制品、渍制小菜	0.05
胭脂红	豆奶饮料 红肠肠衣 虾（味）片 糖果包衣 冰激凌	0.025 0.025 0.05 0.10 0.025
赤藓红	调味酱	0.05
新红	果汁（味）饮料类、碳酸饮料、配制酒、糖果、糕点上彩装、青梅	0.05
柠檬黄	果汁（味）饮料类、碳酸饮料、配制酒、糖果、糕点上彩装、西瓜酱罐头、青梅、虾（味）片、渍制小菜、红绿丝	0.10
日落黄	果汁（味）饮料类、碳酸饮料、配制酒、糖果、糕点上彩装、西瓜酱罐头、青梅、乳酸菌饮料、植物蛋白饮料、虾（味）片	0.10
亮蓝	果汁（味）饮料类、碳酸饮料、配制酒、糖果、糕点上彩装、染色樱桃罐头（系装饰用）、青梅、虾（味）片、冰激凌	0.025
靛蓝	渍制小菜	0.01
红花黄	果汁（味）饮料类、碳酸饮料、配制酒、糖果、糕点上彩装、红绿丝、罐头、青梅、冰激凌、冰棍、果冻、蜜饯	0.20

续表

名称	使用范围	最大使用量/($g \cdot kg^{-1}$)
紫胶红（虫胶红）	果蔬汁饮料类、碳酸饮料、配制酒、糖果、果酱、调味酱	0.50
中绿素铜钠盐	配制酒、糖果、青豌豆罐头、果冻、冰棍、冰激凌、糕点上彩装、雪糕、饼干	0.50
越橘红	果汁（味）饮料类、冰激凌	正常生产需要

2.4 任务

任务1 食品中苯甲酸含量的测定（蜜饯中山梨酸含量的测定）

（1）目的
① 学习及了解高效液相色谱仪的工作原理及操作要点；
② 掌握高效液相色谱法测定山梨酸的原理及方法；
③ 了解高效液相色谱仪工作条件的选择方法；
④ 学会使用高效液相色谱仪，学会识别色谱图。

（2）原理
样品加温除去二氧化碳和乙醇，调 pH 至中性，经微孔滤膜过滤后直接注入高效液相色谱仪，经反向色谱分离后，根据保留时间和峰面积进行定性和定量分析。

（3）仪器和试剂
① 仪器
高效液相色谱仪，紫外检测器（230 nm），超声波清洗器。
② 试剂
a. 甲醇：优级纯；

b. CH_3COONH_4 溶液（0.02 mol/L）：称取 1.54 g 乙酸铵，加水溶解至 1 000 mL，经滤膜（0.45 μm）过滤；

c. 苯甲酸标准贮备溶液（1 mg/mL）：称取 0.100 0 g 苯甲酸，放入 100 mL 容量瓶中，加 20 g/L 碳酸氢钠溶液 5 mL，加热搅拌使溶解，加水定容至 100 mL；

d. 山梨酸标准贮备溶液（1 mg/mL）：称取 0.100 0 g 山梨酸，放 100 mL 容量瓶中加 20 g/L 碳酸氢钠 5 mL，加热搅拌使溶解，加水定容至 100 mL；

e. 糖精钠标准贮备溶液（1 mg/mL）：称取 0.085 1 g 经 120 ℃烘 4 h 后的无水糖精钠，用水溶解后逐次转入 100 mL 容量瓶中，加水定容至 100 mL；

f. 苯甲酸、山梨酸、糖精钠混合标准溶液：吸取苯甲酸、山梨酸、糖精钠标准贮备溶液各 10.0 mL，放入 100 mL 容量瓶中，加水至 100 mL，此溶液含苯甲酸、山梨酸、糖精钠各 0.1 mg/mL，经滤膜（0.45 μm）过滤。

（4）操作步骤

① 样品预处理

将蜜饯去核粉碎后取 5.0~10.0 g，用氨水（1:1）调 pH 至中性，加水定容至 10~20 mL，离心沉淀，上清液经滤膜（0.45 μm）过滤，滤液用作 HPLC 分析。

② 高效液相色谱条件

色谱柱：RADIAL PAK NBONDAPAK C18 8 mm×10 cm 粒径 10 μm 或国产 YWG-C18 4.6 mm×250 mm 10 μm 不锈钢柱；

流动相：甲醇与 0.02 mol/L 乙酸铵混合溶液（5:95）；

流速：1.0~1.2 mL/min；

进样量：10 μL；

检测器：紫外检测器，230 nm 波长；

灵敏度：0.2AUFS。

根据保留时间定性，外标峰面积法定量。

（5）结果处理

① 数据记录

项目	苯甲酸	山梨酸	糖精钠	测定波长/nm
标准溶液浓度/（μg·L^{-1}）	0.1	0.1	0.1	230
保留时间				
峰面积				

② 结果计算

$$w = \frac{m_1 \times 1\,000}{m \times \frac{5}{25} \times \frac{V_1}{V_2} \times 1\,000}$$

式中，w——样品中苯甲酸（山梨酸、糖精钠）的质量分数；

m_1——进样体积中苯甲酸（山梨酸、糖精钠）的质量，mg；

V_2——进样体积，mL；

V_1——样品稀释液的体积，mL；

m——样品质量，g。

任务2　食品中总脂肪含量的测定
（午餐肉中脂肪含量的测定）

（1）目的

① 学习并掌握酸水解法测定脂肪含量的方法；

② 学会根据食品中脂肪存在状态及食品组成，正确选择脂肪的测定方法；
③ 掌握用有机溶剂萃取脂肪及溶剂回收的基本操作技能。
（2）原理

利用强酸在加热条件下将试样水解后，使结合或包裹在组织内的脂肪游离出来，再用乙醚提取，回收除去溶剂并干燥后，称量提取物质量即得游离及结合脂肪总量。

（3）仪器和试剂
① 仪器

100 mL 具塞刻度量筒，恒温水浴（50 ℃~80 ℃）。

② 试剂

盐酸，95% 乙醇，乙醚，石油醚（沸程 30 ℃~60 ℃）。

（4）操作步骤
① 样品处理

固体样品：精确称取午餐肉约 2.00 g，置于 50 mL 大试管内，加 8 mL 水，混匀后再加 10 mL 盐酸。

② 消化

将试管放入 70 ℃~80 ℃ 水浴中，每隔 5~10 min 用玻棒搅拌一次，至样品消化完全为止，约 40~50 min。

③ 脂肪含量的测定

取出试管，加入 10 mL 乙醇，混合。冷却后将混合物移入 100 mL 具塞量筒中，以 20 mL 乙醚分次洗试管，一并倒入量筒中，待乙醚全部倒入量筒后，加塞振摇 1 min，小心开塞，放出气体，再塞好，静置 12 min，小心开塞，并用石油醚 - 乙醚等量混合液冲洗塞及筒口附着的脂肪。静置 10~20 min，待上部液体清晰，吸出上清液于已恒量的锥形瓶内，再加 5 mL 乙醚于具塞量筒内，振摇，静置后，仍将上层乙醚吸出，放入原锥形瓶内，将锥形瓶置于水浴上蒸干，置 100 ℃±5 ℃ 烘箱中干燥 2 h，取出，放入干燥器内冷却 0.5 h 后称量，并重复以上操作至恒量。

（5）结果处理
① 数据记录

脂肪瓶质量/g	脂肪加瓶质量/g	午餐肉中脂肪量/g

② 结果计算

$$w = \frac{m_1 - m_0}{m_2} \times 100\%$$

式中，w——样品中脂肪的质量分数；

m_1——接受瓶和脂肪的质量，g；
m_0——接受瓶的质量，g；
m_2——样品的质量（测定水分后的样品质量），g。

(6) 说明及注意事项

① 本法适用于各类食品中的脂肪的测定，特别是对于易吸湿、不能使用索氏提取法的样品，本法效果较好；

② 样品加热、加酸水解，可使结合脂肪游离，故本法测定食品中的总脂肪，包括结合脂肪和游离脂肪；

③ 水解时，注意防止水分大量损失，以免酸度过高。

任务3　食品中亚硝酸盐含量的测定 （咸肉中亚硝酸盐含量的测定）

(1) 目的

① 熟练掌握样品制备、提取的基本操作技能；
② 进一步学习并熟练地掌握分光光度计的使用方法和技能；
③ 学习 N-1-萘基乙二胺比色法测定亚硝酸盐的原理及操作要点。

(2) 原理

样品经沉淀蛋白质、除去脂肪后，在弱酸条件下，亚硝酸盐与对氨基苯磺酸重氮化后，再与 N-1-萘基乙二胺偶合形成紫红色染料，在550 nm处有最大吸收，测定吸光度以定量（或与标准比较定量）。

(3) 仪器和试剂

① 仪器

分光光度计，小型绞碎机。

② 试剂

a. 氯化铵缓冲液（pH = 9.6 ~ 9.7）：1 L 容量瓶中加入 500 mL 水，准确加入 20.0 mL 盐酸，振摇混匀，准确加入 50 mL 氨水，用水稀释至刻度（必要时用稀盐酸和稀氨水调试 pH 至所需范围）；

b. 硫酸锌溶液（$c(1/2\ ZnSO_4) = 0.42$ mol/L）：称取 120 g 硫酸锌（$ZnSO_4 \cdot 7H_2O$），用水溶解并稀释至 1 L；

c. NaOH 溶液（20 g/L）：称取 20 g 氢氧化钠，用水溶解，稀释至 1 L；

d. 对氨基苯磺酸溶液：称取 10 g 对氨基苯磺酸，溶于 700 mL 水和 300 mL 冰乙酸混合溶液中，置棕色试剂瓶中混匀，室温贮存；

e. 盐酸萘乙二胺溶液（别名 N-1-萘基乙二胺）（1 g/L）：称取 0.1 g 盐酸萘乙二胺，加 100 mL 60% 乙酸溶解混匀后，置棕色试剂瓶中，冰箱贮存，1 周内稳定；

f. 显色剂：临用前将 1 g/L 盐酸苯乙二胺和对氨基苯磺酸溶液等体积混合

(临用现配,仅供一次使用);

g. 亚硝酸钠标准贮备溶液:精确称取 250.0 mg 于硅胶干燥器干燥 24 h 的亚硝酸钠,加水溶解移入 500 mL 的容量瓶中,加 100 mL 氯化铵缓冲溶液,加水稀释至刻度,混匀,在 4 ℃ 避光贮存。此溶液每毫升相当于 500 μg 的亚硝酸钠;

h. 亚硝酸钠标准使用液:准确吸取亚硝酸钠标准贮备溶液 1.0 mL,置 100 mL 容量瓶中,加水稀释至刻度,混匀。此溶液每毫升相当于 5 μg 亚硝酸钠(临用现配)。

(4) 操作步骤

① 样品处理

准确称取 10.0 g 经绞碎混匀的咸肉样品,置打碎机中,加 70 mL 水和 12 mL 20 g/L 氢氧化钠溶液,混匀,测试样品溶液的 pH。如样品液呈酸性,用 20 g/L 氢氧化钠调至 pH = 8 呈碱性,定量转移至 200 mL 容量瓶中,加 10 mL 硫酸锌溶液,混匀;如不产生白色沉淀,再补加 2~5 mL 20 g/L 氢氧化钠溶液,混匀,在 60 ℃ 水浴中加热 10 min,取出,冷至室温,稀释至刻度,混匀。用滤纸过滤,弃去初始滤液 20 mL,收集滤液待测。

② 亚硝酸盐标准曲线的绘制

亚硝酸盐标准曲线的绘制:吸取 5 μg/mL 亚硝酸钠标准使用液 0.0 mL、0.5 mL、1.0 mL、2.0 mL、3.0 mL、4.0 mL、5.0 mL(相当于 0 μg、2.5 μg、5 μg、10 μg、15 μg、20 μg、25 μg 亚硝酸钠),分别置于 25 mL 带塞比色管中,于标准管中分别加入 4.5 mL 氯化铵缓冲液,加 2.5 mL 60% 乙酸后立即加入 5.0 mL 显色剂,用水稀释至刻度,混匀,在暗处放置 25 min。用 1 cm 比色杯,以零管调节零点,于波长 550 nm 处测吸光度,绘制标准曲线。

③ 样品测定

吸取 10.0 mL 样品滤液于 25 mL 带塞比色管中,按 ② "于标准管中分别加入 4.5 mL 氯化铵缓冲液" 起依步骤操作。

(5) 结果处理

① 数据记录

比色管号	亚硝酸标准液量/mL	亚硝酸钠含量 /[μg·(50 mL)$^{-1}$]	吸光度		
			1	2	平均
0	0.00	0			
1	0.40	2			
2	0.80	4			
3	1.20	6			
4	1.60	8			
5	2.00	10			
样液					

② 绘制标准曲线

以吸光度为纵坐标，亚硝酸钠含量为横坐标绘制标准曲线。

③ 结果计算

$$w = \frac{m_1}{m \times 10^6} \times 100\%$$

式中，w——样品中亚硝酸盐的质量分数；

m——样品的质量，g；

m_1——测定用样液中亚硝酸盐的质量，μg。

习　题

一、填空题

1. 测定食品灰分含量要将样品放入高温炉中灼烧至_____并达到恒量为止。

2. 测定灰分含量使用的灰化容器，主要有_____，_____。

3. 测定灰分含量的一般操作步骤分为_____，_____，_____，_____。

4. 水溶性灰分是指_____；水不溶性灰分是指_____；酸不溶性灰分是指_____。

5. 食品的总酸度是指_____，它的大小可用_____来测定；有效酸度是指_____，其大小可用_____来测定；挥发酸是指_____，其大小可用_____来测定；牛乳总酸度是指_____，其大小可用_____来测定。

6. 牛乳酸度为 16.52oT 表示_____。

7. 在测定样品的酸度时，所使用的蒸馏水不能含有 CO_2，因为_____。

8. 用水蒸气蒸馏测定挥发酸含量时在样品瓶中加入少许磷酸，其目的是_____。

9. 用酸度计测定溶液的 pH 值可准确到_____。

10. 常用的酸度计 pH 值校正液有_____、_____、_____ 和_____。

11. 新电极或很久未用的干燥电极，在使用前必须用_____浸泡_____小时以上。

12. 索氏提取法提取脂肪主要是依据脂类_____特性。用该法检验样品的脂肪含量前一定要对样品进行_____处理，才能得到较好的结果。

13. 用索氏提取法测定脂肪含量时，如果有水或醇存在，会使测定结果偏_____（高或低或不变），这是因为_____。

14. 索氏提取器主要由_____、_____和_____三部分构成。

15. 索氏提取法恒量抽提物时，将抽提物和接受瓶置于 100 ℃ 温度下干燥 2 h 后，取出冷却至室温称量为 45.245 8 g，再置于 100 ℃ 温度下干燥 2 h 后，取出冷却至室温称量为 45.234 2 g，同样进行第三次干燥后称量为 45.238 7 g，则用于计算的恒量值为_____。

16. 索氏提取法使用的提取仪器是_____，罗紫-哥特里法使用的抽提仪器是_____，巴布科克法使用的抽提仪器是_____，盖勃法使用的抽提仪器是_____。

17. 粗脂肪是_____。

18. 用直接滴定法测定食品还原糖含量时，所用的斐林标准溶液由两种溶液组成，A（甲）液是_____，B（乙）液是_____；一般用_____标准溶液对其进行标定。滴定时所用的指示剂是_____，掩蔽 Cu_2O 的试剂是_____，滴定终点为_____。

19. 测定还原糖含量的样品液制备中，加入中性醋酸铅溶液的目的是_____。

20. 还原糖的测定是一般糖类定量的基础，这是因为_____。

21. 在直接滴定法测定食品还原糖含量时，影响测定结果的主要操作因素有_____、_____、_____、_____。

22. 凯氏定氮法是通过对样品总氮量的测定换算出蛋白质的含量，这是因为_____。

23. 测定果胶物质的方法有_____、_____、果胶酸钙滴定法、蒸馏滴定法等，较常用的为前两种。

二、选择题

1. 测定水分最为专一，也是最为准确的化学方法是（   ）
   A. 直接干燥法   B. 蒸馏法
   C. 卡尔·费休法   D. 减压蒸馏法

2. 在 95 ℃~105 ℃ 范围不含其他挥发成分及对热稳定的食品其水分测定适宜的方法是（   ）
   A. 直接干燥法   B. 蒸馏法
   C. 卡尔·费休法   D. 减压蒸馏法

3. 常压干燥法一般使用的温度是（   ）
   A. 95 ℃~105 ℃   B. 120 ℃~130 ℃
   C. 500 ℃~600 ℃   D. 300 ℃~400 ℃

4. 确定常压干燥法的时间的方法是（   ）
   A. 干燥到恒量   B. 规定干燥一定时间
   C. 95 ℃~105 ℃ 下干燥 3~4 h   D. 95 ℃~105 ℃ 下干燥约 1 h

5. 水分测定中干燥到恒量的标准是（   ）

A. 1~3 mg　　　B. 1~3 g　　　C. 1~3 μg　　　D. 两次质量相等

6. 测定蜂蜜中水分含量的恰当方法是（　　）

A. 常压干燥　　B. 减压干燥　　C. 二者均不合适　D. 二者均可

7. 下列哪种样品应该用蒸馏法测定水分（　　）

A. 面粉　　　B. 味精　　　C. 麦乳精　　　D. 香料

8. 样品烘干后，正确的操作是（　　）

A. 从烘箱内取出，放在室内冷却后称量
B. 在烘箱内自然冷却后称量
C. 从烘箱内取出，放在干燥器内冷却后称量
D. 迅速从烘箱中取出称量

9. 蒸馏法测定水分时常用的有机溶剂是（　　）

A. 甲苯、二甲苯　　　　　B. 乙醚、石油醚
C. 氯仿、乙醇　　　　　　D. 四氯化碳、乙醚

10. 可直接将样品放入烘箱中进行常压干燥的样品是（　　）

A. 乳粉　　　B. 果汁　　　C. 糖浆　　　D. 酱油

11. 对食品灰分叙述正确的是（　　）

A. 灰分中无机物含量与原样品无机物含量相同
B. 灰分是指样品经高温灼烧后的残留物
C. 灰分是指食品中含有的无机成分
D. 灰分是指样品经高温灼烧完全后的残留物

12. 正确判断灰化完全的方法是（　　）

A. 一定要灰化至白色或浅灰色
B. 一定要高温炉温度达到500 ℃~600 ℃时持续5 h
C. 应根据样品的组成、性状观察残灰的颜色
D. 加入助灰剂使其达到白灰色为止

13. 标定 NaOH 标准溶液所用的基准物是（　　），标定 HCl 标准溶液所用的基准物是（　　）

A. 草酸　　　　　　　　B. 邻苯二甲酸氢钾
C. 碳酸钠　　　　　　　D. NaCl

14. 有效酸度是指（　　）

A. 用酸度计测出的 pH 值
B. 被测溶液中氢离子总浓度
C. 挥发酸和不挥发酸的总和
D. 样品中未离解的酸和已离解的酸的总和

15. 测定葡萄的总酸度，其测定结果一般以（　　）表示。

A. 柠檬酸　　　B. 苹果酸　　　C. 乙酸　　　D. 酒石酸

16. 索氏提取法常用的溶剂有（   ）
   A. 乙醚   B. 石油醚
   C. 无水乙醚或石油醚   D. 氯仿-甲醇
17. 测定牛奶中脂肪含量的常规方法是（   ）
   A. 索氏提取法   B. 酸性乙醚提取法
   C. 碱性乙醚提取法   D. 巴布科克法
18. （   ）测定是糖类定量的基础。
   A. 还原糖   B. 非还原糖   C. 葡萄糖   D. 淀粉
19. 直接滴定法在测定还原糖含量时用（   ）作指示剂。
   A. 亚铁氰化钾   B. Cu^{2+} 的颜色   C. 硼酸   D. 次甲基蓝
20. 凯氏定氮法碱化蒸馏后，用（   ）作吸收液。
   A. 硼酸溶液   B. NaOH 液   C. 萘氏试纸   D. 蒸馏水
21. 下列哪种样品应该用蒸馏法测定水分（   ）
   A. 面粉   B. 味精   C. 麦乳精   D. 八角和茴香
22. 需要单纯测定食品中蔗糖量，可分别测定样品水解前的还原糖量以及水解后的还原糖量，两者之差再乘以校正系数（   ），即为蔗糖量
   A. 1.0   B. 6.25   C. 0.95   D. 0.14
23. 可直接将样品放入烘箱中进行常压干燥的样品是（   ）
   A. 乳粉   B. 蜂蜜   C. 糖浆   D. 酱油
24. 对食品灰分叙述不正确的是（   ）
   A. 灰分中无机物含量与原样品无机物含量相同
   B. 灰分是指样品经高温灼烧完全后的残留物
   C. 灰分是指食品中含有的无机成分
   D. A 和 C
25. 关于凯氏定氮法描述不正确的是（   ）
   A. 不会用到蛋白质系数
   B. 样品中的有机氮转化为氨与硫酸结合成硫酸铵
   C. 加碱蒸馏，使氨蒸出
   D. 硼酸作为吸收剂
26. 以下属于蛋白质快速测定方法的是（   ）
   A. 染料结合法   B. 紫外分光光度法
   C. 凯氏定氮法   D. A、B 均对
27. 灰化一般使用的温度是（   ）
   A. 500 ℃~600 ℃   B. 120 ℃~130 ℃
   C. 95 ℃~105 ℃   D. 300 ℃~400 ℃
28. 在恒量操作中如果干燥后反而增重了这时一般将（   ）作为最后恒量

A. 增重前一次称量的结果 　　　　B. 必须重新实验
C. 前一次和此次的平均值　　　　D. 随便选择一次

三、问答题

1. 在食品灰分测定操作中应注意哪些问题？
2. 简要叙述索氏提取法的操作步骤。
3. 简要叙述索氏提取法应注意的问题。
4. 直接滴定法测定食品还原糖含量时，为什么要对葡萄糖标准溶液进行标定？
5. 水分测定有哪几种主要方法？各有什么特点？
6. 说出碳水化合物分析为何重要的三个原因。
7. 当选择蛋白质测定方法时，哪些因素是必须考虑的？
8. 为什么凯氏定氮法测定出的食品中蛋白质含量为粗蛋白含量？

四、计算题

1. 称取 120 g 固体 NaOH（AR），100 mL 水溶解冷却后置于聚乙烯塑料瓶中，密封数日澄清后，取上层清液 5.60 mL，用煮沸过并冷却的蒸馏水定容至 1 000 mL。然后称取 0.300 0 g 邻苯二甲酸氢钾放入锥形瓶中，用 50 mL 水溶解后，加入酚酞指示剂后用上述氢氧化钠溶液滴定至终点耗去 16.00 mL，空白对照消耗 1.00 mL。现用此氢氧化钠标准液测定健力宝饮料的总酸度。先将饮料中的色素用活性炭脱色后，再加热除去 CO_2，取饮料 10.00 mL，用稀释 10 倍标准碱液滴定至终点耗去 12.25 mL，问健力宝饮料的总酸度（以柠檬酸计 K = 0.070）为多少？

2. 某检验员对花生仁样品中的粗脂肪含量进行检测，操作如下：（1）准确称取已干燥恒量的接受瓶质量为 45.385 7 g；（2）称取粉碎均匀的花生仁 3.265 6 g，用滤纸严密包裹好后，放入抽提筒内；（3）在已干燥恒量的接受瓶中注入 2/3 的无水乙醚，并安装好装置，在 45 ℃~50 ℃左右的水浴中抽提 5 h，检查证明抽提完全；（4）冷却后，将接受瓶取下，并与蒸馏装置连接，水浴蒸馏回收至无乙醚滴出后，取下接收瓶充分挥干乙醚，置于 105 ℃烘箱内干燥 2 h，取出冷却至室温称量为 46.758 8 g，第二次同样干燥后称量为 46.702 0 g，第三次同样干燥后称量为 46.701 0 g，第四次同样干燥后称量为 46.701 8 g。请根据该检验员的数据计算被检花生仁的粗脂肪含量。

3. 称取硬糖的质量为 1.885 2 g，用适量水溶解后定容 100 mL，现要用改良快速直接滴定法测定该硬糖中还原糖含量。吸取上述样品液 5.00 mL，加入斐林试液 A、B 液各 5.00 mL，加入 10 mL 水，在电炉上加热沸腾后，用 0.1% 的葡萄糖标准溶液滴定耗去 3.48 mL。已知空白滴定耗去 0.1% 的葡萄糖标准溶液 10.56 mL，问硬糖中的还原糖含量为多少？

4. 用直接滴定法测定某厂生产的硬糖的还原糖含量，称取 2.000 g 样品，用适量水溶解后,定容于 100 mL。吸取碱性酒石酸铜甲、乙液各 5.00 mL 于锥形瓶中,加入 10.00 mL 水,加热沸腾后用上述硬糖溶液滴定至终点耗去 9.65 mL。已知标定斐林氏液 10.00 mL 耗去 0.1% 葡萄糖液 10.15 mL,问该硬糖中还原糖含量为多少?

5. 某分析检验员称取经搅碎混匀的火腿 1.0 g 于 100 mL 凯氏烧瓶中。(1) 请写出此后的样品处理步骤;(2) 将消化液冷却后,转入 100 mL 容量瓶中定容,移取消化稀释液 10 mL 于微量凯氏定氮蒸馏装置的反应管中,用水蒸气蒸馏,2% 硼酸吸收后,馏出液用 0.099 8 mol/L 盐酸滴定至终点,消耗盐酸 5.12 mL。空白对照消耗盐酸标准液 0.10 mL,计算该火腿肠中粗蛋白含量。

6. 称取某品牌硬质干酪的质量为 4.906 3 g(记为 m_1)、5.017 1 g(m_4),放入已知恒量的称量皿 A(19.874 6 g 记为 m_2)、B(21.874 6 g 记为 m_5),放入减压干燥箱中烘至恒量,测得 A 的质量为 22.806 1 g(记为 m_3)、B 的质量为 24.861 8 g(记为 m_6)。根据国家标准 GB 5420—2003,要求硬质干酪的含水量不大于 42%,问此品牌的硬质干酪含水量是否合格?

7. 某检验员要测定某种面粉的水分含量,用干燥恒量为 24.360 8 g 的称量瓶称取样品 2.872 0 g,置于 100 ℃ 的恒温箱中干燥 3 h 后,置于干燥器内冷却称量为 27.032 8 g;重新置于 100 ℃ 的恒温箱中干燥 2 h,完毕后取出置于干燥器冷却后称量为 26.943 0 g;再置于 100 ℃ 的恒温箱中干燥 2 h,完毕后取出置于干燥器冷却后称量为 26.942 2 g。问被测定的面粉水分含量为多少?

阅读材料

随着科学技术的迅猛发展,各种食品分析检验的方法不断得到完善、更新,在保证分析检验结果准确度的前提下,食品分析检验正向着微量、快速、自动化的方向发展。许多高灵敏度、高分辨率的分析仪器越来越多地应用于食品分析检验中,为食品的开发与研究、食品的安全与卫生检验提供了强有力的手段。例如色层分析、核磁共振和免疫分析等一些分析新技术也在食品分析检验中得以应用;另外食品快速检测技术正在迅猛发展,例如,农药残留试纸法、硝酸盐试粉试纸法及兽药残留检测用的酶联免疫吸收试剂盒法等。

目前,对转基因产品的检测是一热门话题。国内外转基因检测方法有三种:第一种是以核酸为基础的 PCR 检测方法,包括定性 PCR、实时荧光定量 PCR、PCR - ELISA 半定量和基因芯片等方法;第二种是检测外源基因的表达产物——蛋白质检测方法,分为试纸条、ELISA 和蛋白芯片三种方法;第三种是利用红外检测转基因产品化学及空间结构。

第 3 章

硅酸盐分析

任务引领

任务 1　硅酸盐中 SiO_2 含量的测定
任务 2　硅酸盐中 Fe_2O_3 含量的测定
任务 3　硅酸盐中 TiO_2 含量的测定

任务拓展

任务 4　硅酸盐中 Al_2O_3 含量的测定
任务 5　硅酸盐中 CaO 含量的测定

任务目标

▶ 知识目标

1. 了解硅酸盐的组成、分类、性质、用途等基础知识，能正确表示硅酸盐的组成；
2. 了解分析系统的基本概念，熟悉硅酸盐系统分析的方法类型和全分析方法流程；
3. 初步掌握硅酸盐岩石的经典分析系统和快速分析系统的方法、特点和发展趋势；
4. 掌握硅酸盐水分、烧失量测定的方法原理。

▶ 能力目标

1. 正确选择分解方法进行硅酸盐试样的分解；
2. 能够选择正确的方法测定硅酸盐中二氧化硅、氧化铁、氧化铝、氧化钛、氧化钙、氧化镁物质的含量；
3. 熟练掌握化学分析、仪器分析的操作方法，正确进行硅酸盐中各主要成分的分析测定。

3.1 概述

3.1.1 基础知识

SiO_2 是硅酸的酸酐,可构成多种硅酸,组成随形成条件而变,最简单的是偏硅酸 H_2SiO_3($SiO_2 \cdot H_2O$),其他还有二硅酸 $H_6Si_2O_7$($2SiO_2 \cdot 3H_2O$)、三硅酸 $H_4Si_3O_8$($3SiO_2 \cdot 2H_2O$)、二偏硅酸 $H_2Si_2O_5$($2SiO_2 \cdot H_2O$)、正硅酸 H_4SiO_4($SiO_2 \cdot 2H_2O$)。

硅酸盐是硅酸($xSiO_2 \cdot yH_2O$)中的氢被铁、铝、钙、镁、钾、钠或其他金属离子取代而生成的盐。硅酸盐分布极广,种类繁多,约占矿物总类的1/4,构成地壳总质量的3/4。因为 x、y 的比例不同,所以可以形成元素种类不同、含量也有很大差异的多种硅酸盐,大致分为自然硅酸盐(长石、石英、云母、石棉、滑石、黏土、高岭土等)和人造硅酸盐(水泥、玻璃、陶瓷、耐火材料、砖瓦、搪瓷等)两类。

硅酸盐组成非常复杂,为方便,常看作硅酐和金属氧化物相结合的化合物,化学式可写作:

钾长石　$K_2O \cdot Al_2O_3 \cdot 6SiO_2$　　　　或 $K_2Al_2Si_6O_{16}$
高岭土　$Al_2O_3 \cdot 2SiO_2 \cdot 2H_2O$　　　或 $Al_2H_4Si_2O_9$
白云母　$K_2O \cdot Al_2O_3 \cdot 6SiO_2 \cdot 2H_2O$　或 $K_2H_4Al_2(SiO_3)_6$
石棉　　$CaO \cdot 3MgO \cdot 4SiO_2$　　　　或 $CaMg_3(SiO_3)_4$
沸石　　$Na_2O \cdot Al_2O_3 \cdot 2SiO_2 \cdot nH_2O$　或 $Na_2Al_2(SiO_4)_2 \cdot nH_2O$
滑石　　$3MgO \cdot 4SiO_2 \cdot H_2O$　　　　或 $Mg_3H_2(SiO_3)_4$

其中,高岭土是黏土的基本成分,纯高岭土为制造瓷器的原料,钾长石、云母和石英是构成花岗岩的主要成分,花岗岩和黏土都是主要的建筑材料;石棉耐酸、耐热,可用来包扎蒸气管道和过滤酸液,也可制成耐火布;云母透明、耐热,可作炉窗和绝缘材料;沸石可作硬水的软化剂,也是天然的分子筛。

以硅酸盐矿物为主要原料,经高温处理,可生产出硅酸盐制品。如:

$$\left. \begin{array}{l} \text{石灰石}(CaCO_3) \\ \text{黏土}(Al_2O_3 \cdot 2SiO_2 \cdot 2H_2O) \\ \text{铁矿石}(Fe_2O_3) \end{array} \right\} \xrightarrow{\text{高温}} \text{水泥} \left\{ \begin{array}{l} C_3S\ (CaO \cdot SiO_2) \\ C_2S\ (2CaO \cdot SiO_2) \\ C_3A\ (3CaO \cdot Al_2O_3) \\ C_4FA\ (4CaO \cdot Fe_2O_3 \cdot Al_2O_3) \end{array} \right.$$

$$\left. \begin{array}{l} \text{砂子}(SiO_2) \\ \text{石灰石}(CaCO_3) \\ \text{碱金属}(Na_2CO_3) \end{array} \right\} \xrightarrow{\text{高温}} \text{玻璃} \left\{ \begin{array}{l} Na_2O \cdot SiO_2 \\ CaO \cdot SiO_2 \end{array} \right.$$

常见的硅酸盐水泥成分为 $w(SiO_2)$ 20%～24%，$w(Al_2O_3)$ 2%～7%，$w(Fe_2O_3)$ 2%～4%，$w(CaO)$ 64%～68%，$w(MgO)$ 0%～4%，$w(SO_3)$ 0%～2%，酸不溶物 1.5%～3%；常见的中性玻璃成分为 $w(SiO_2)$ 72.5%，$w(Al_2O_3)$ 和 $w(Fe_2O_3)$ 各 4.0%，$w(CaO)$ 7%，$w(Na_2O)$ 10%，$w(B_2O_3)$ 6.0%，$w(MgO)$ 及 $w(K_2O)$ 少量。

所有硅酸盐中，仅有碱金属硅酸盐可溶水，其余金属的硅酸盐都难溶于水，其中贵金属硅酸盐一般具有特征的颜色。硅酸盐溶液呈碱性，在硅酸钠溶液中加入 NH_4Cl，NH_4^+ 与水作用而显酸性，SiO_3^{2-} 与水作用显碱性，相互促进，使其与水作用更完全；析出的 H_2SiO_3 沉淀和放出的氨气可用于鉴定可溶性硅酸盐。

$$SiO_3^{2-} + 2NH_4^+ + 2H_2O = H_2SiO_3\downarrow + 2NH_3 \cdot H_2O$$

在硅酸盐工业中，一般根据工业原料、工业产品的组成、生产过程控制等要求来确定分析项目，主要有水分、烧失量、不溶物、SiO_2、Al_2O_3、Fe_2O_3、CaO、MgO、TiO_2、Na_2O、K_2O 等含量的测定；有时还要测定 Mn、F、Cl、SO_3、硫化物、P_2O_5 等的含量。硅酸盐分析是分析化学及仪器分析在硅酸盐生产中的应用，主要研究硅酸盐生产中的原料、材料、成品、半成品的组成的分析方法，对控制生产过程、提高产品质量、降低成本、改进工艺、发展新产品起着重要作用，是生产中的眼睛，指导生产。

3.1.2 硅酸盐试样的分解方法

1. 熔融分解法

（1）碳酸钠熔融分解法

碳酸钠是大多数硅酸盐及其他矿物分析最常用的熔剂之一。碳酸钠是一种碱性熔剂，无水碳酸钠的熔点为 852 ℃，适用于熔融酸性矿物。

硅酸盐样品与无水碳酸钠在高温下熔融，发生复分解反应，难溶于水和酸的石英及硅酸盐岩石转变为易溶的碱金属硅酸盐混合物，如：

$$SiO_2 + Na_2CO_3 = Na_2SiO_3 + CO_2\uparrow$$
$$KAlSi_3O_8 + 3Na_2CO_3 = 3Na_2SiO_3 + KAlO_2 + 3CO_2\uparrow$$
$$Mg_3Si_4O_{10}(OH)_2 + 4Na_2CO_3 = 4Na_2SiO_3 + 3MgO + 4CO_2\uparrow + H_2O$$

其熔融物用盐酸处理后，得到金属氯化物。

碳酸钠熔剂的用量多少与试样性质有关。对于酸性岩石，熔剂用量约为试样量的 5～6 倍；对于基性岩石，熔剂用量则需 10 倍以上。

熔融前，试样应通过 200 目筛，仔细将试样与熔剂混匀后，再在其表面覆盖一层熔剂；熔融时，在 300 ℃～400 ℃ 温度下，将处理好的试样与熔剂放入高温炉中，逐步升温至混合物熔融，并在 950 ℃～1 000 ℃ 下熔融 30～40 min。熔融器皿为铂坩埚。

无水碳酸钠熔剂的缺点是对某些铬铁矿、锆英石等的硅酸盐岩石分解不完全，熔点高，要用铂坩埚在高温下长时间熔融，操作费时。有时采用碳酸钠与其他试剂组成的混合熔剂。

① 碳酸钾钠混合熔剂：无水碳酸钾和无水碳酸钠组成比为 1:1~5:4，其优点是熔点较低（熔点约为 700 ℃），可在较低温度下进行熔融；缺点是碳酸钾易吸湿，使用前必须先驱水，同时钾盐被沉淀吸附的倾向也比钠盐大，从沉淀中将其洗出也较困难。因此此种混合熔剂未被广泛应用。

② 碳酸钠加适量硼酸或 Na_2O_2、KNO_3、$KClO_3$ 等组成的混合熔剂：这类混合熔剂因酸性熔剂或氧化剂的加入增强了其分解能力，使复杂硅酸盐岩石试样分解完全。

(2) 苛性碱熔融分解法

氢氧化钠、氢氧化钾都是分解硅酸盐的有效熔剂，两种熔剂的熔点均较低（NaOH 为 328 ℃，KOH 为 404 ℃），所以能在较低温度下（600 ℃~650 ℃）分解试样，以减轻对坩埚的侵蚀。熔融分解后转变为可溶性的碱金属硅酸盐。如：

$$CaAl_2Si_6O_{16} + 14NaOH = 6Na_2SiO_3 + 2NaAlO_2 + CaO + 7H_2O$$

苛性碱熔剂对含硅量高的试样（如高岭土、石英石等）比较适宜，既可以单独使用，也可以混合使用。混合苛性碱熔融分解试样，所得熔块易于提取，故可将其与试样混合后，再覆盖一层熔剂，放入 350 ℃~400 ℃ 高温炉中，保温 10 min，再升至 600 ℃~650 ℃，保温 5~8 min 即可。因苛性碱会严重侵蚀铂器皿，所以一般在铁、镍、银、金坩埚中进行熔融。

(3) 过氧化钠熔融分解法

过氧化钠是一种有强氧化性的碱性熔剂，分解能力强，用其他方法分解不完全的试样，用过氧化钠可以迅速且完全地分解。

用过氧化钠熔融分解试样的过程中，能将一些元素从低价化合物氧化为高价化合物，如：

$$2Mg_3Cr_2(SiO_4)_3 + 12Na_2O_2 = 6MgSiO_3 + 4Na_2CrO_4 + 8Na_2O + 3O_2\uparrow$$

用过氧化钠分解试样，一般在铁、镍、银或刚玉坩埚中进行。

由于过氧化钠的强氧化性，熔融时坩埚会受到强烈侵蚀，组成坩埚的物质会大量进入到熔融物中，影响后面的分析，所以只用于某些特别难分解的试样，一般尽量不用。

(4) 锂硼酸盐熔融分解法

锂硼酸盐熔剂具有分解能力强的优点，而且制得的熔融物可固化后直接进行 X 射线荧光分析，或把熔块研成粉末后直接进行发射光谱分析，也可将熔融物溶解制备成溶液，进行包括钠和钾在内的多元素的化学系统分析。

常用的锂硼酸盐熔剂有：偏硼酸锂、四硼酸锂、碳酸锂与氢氧化锂 (2:1)、碳酸锂与氢氧化锂和硼酸 (2:1:1)、碳酸锂与硼酸 [(7~10):1]、碳酸锂与硼酸酐 [(7~10):1] 等。

用锂硼酸盐熔融试样时，试样粒度一般要求过 200 目筛，熔剂与试样比约为

10∶1，熔融温度为 800 ℃ ~ 1 000 ℃，熔融时间为 10 ~ 30 min，熔融器皿为铂、金、石墨坩埚等。

用锂硼酸盐分解试样时，会出现熔块较难脱离坩埚、熔块难溶解或硅酸在酸性溶液中聚合等现象而影响二氧化硅的测定，一般地，可采取以下措施：

① 将碳酸锂与硼酸酐或硼酸的混合比严格控制在 (7 ~ 10)∶1，熔剂用量为试样的 5 ~ 10 倍，于 850 ℃熔融 10 min，则所得熔块易于被盐酸浸取；

② 将石墨坩埚的空坩埚先在 900 ℃灼烧 30 min，小心保护形成的粉状表面，然后将混匀的试样和熔剂用滤纸包好，在有石墨粉的瓷坩埚中熔融，则所得熔块易于取出。

2. 氢氟酸分解法

氢氟酸是分解硅酸盐试样唯一最有效的溶剂。F^-可与硅酸盐中的主要组分硅、铝、铁等形成稳定的易溶于水的配离子。

用氢氟酸或氢氟酸加硝酸分解试样，用于测定 SiO_2；用氢氟酸加硫酸（或高氯酸）分解试样，用于测定钠、钾或除 SiO_2 外的其他项目；用氢氟酸于 120 ℃ ~ 130 ℃温度下增压溶解，所得溶液可进行系统分析测定。

3. 试样分解方法的选择

试样分解方法的选择以 $\dfrac{SiO_2}{碱性金属 Ca，Mg，K，Na 的氧化物}$ 的比值大小为依据，比值小，碱性金属氧化物含量大，易被酸溶，如大理石、石灰石、水泥熟料、碱性矿渣；比值大，碱性金属氧化物含量小，易被碱分解，如水泥生料、黏土、铁矿石。例如石灰石主成分 $w(CaCO_3)$ 为 45% ~ 53%，多数酸溶即可；黏土主成分 $w(Al_2O_3)$ 为 5%，$w(SiO_2)$ 为 65%，$w(Si)$ 含量高，必须用碱熔融法。

3.2 硅酸盐分析系统

3.2.1 分析系统的要求

单项分析：是指在一份试样中测定一至两个项目。

系统分析：是指将一份试样分解后，通过分离或掩蔽的方法消除干扰离子对测定的影响以后，再系统地、连贯地依次对数个项目进行测定。

分析系统：是指在系统分析中，从试样分解、组分分离到依次测定的程序安排。

如果需要对一个样品的多个组分进行测定，建立一个科学的分析系统可以减少试样用量，避免重复工作，加快分析速度，降低成本，提高效率。

分析系统建立的优劣不仅影响分析速度和成本，而且影响到分析结果的可靠性。一个好的分析系统必须具备以下条件：

① 称样次数少。一次称样可测定多个项目，减少完成全分析所需称样次数，这样不仅可减少称样、分解试样的操作，节省时间和试剂，还可以减少由于这些操作所引入的误差。

② 尽可能避免分析过程的介质转换和引入分离方法。这样既可以加快分析速度，又可以避免由此引入的误差。

③ 所选测定方法必须有好的精密度和准确度。这是保证分析结果可靠性的基础，同时方法的选择性尽可能高，以避免分离手续，使操作更快捷。

④ 适用范围广。即一方面分析系统适用的试样类型多；另一方面在分析系统中各测定项目的含量变化范围大时也均可适用。

⑤ 称样、试样分解、分液、测定等操作易与计算机联机，实现自动分析。

3.2.2 分析系统的分类

1. 经典分析系统

硅酸盐经典分析系统基本上是建立在沉淀分离和质量法的基础上，是定性分析化学中元素分组法的定量发展，是有关岩石全分析中出现最早、在一般情况下可获得准确分析结果的多元素分析流程。

在经典分析系统（参见图 3-1）中，一份硅酸盐岩石试样只能测定 SiO_2、Fe_2O_3、Al_2O_3、TiO_2、CaO 和 MgO 等六种成分的含量，而 K_2O、Na_2O、MnO、P_2O_5 则需另取试样进行测定，所以说经典分析系统不是一个完善的全分析系统。

在目前的例行分析中，经典分析系统已几乎完全被一些快速分析系统所替代，只是由于其分析结果比较准确，适用范围较广泛，目前在标准试样的研制、外检试样分析及仲裁分析中仍有应用。在采用经典分析系统时，除 SiO_2 的分析过程仍保持不变外，其余项目常常采用配位滴定法、分光光度法和原子吸收光度法进行测定。

2. 快速分析系统

快速分析系统以分解试样的手段为特征，可分为碱熔、酸溶和锂硼酸盐熔融三类。

(1) 碱熔快速分析系统

以 Na_2CO_3、Na_2O_2 或 NaOH（KOH）等碱性熔剂与试样混合，在高温下熔融分解，熔融物以热水提取后，用盐酸（或硝酸）酸化，不用经过复杂的分离，即可直接分液，分别进行硅、铝、锰、铁、钙、镁、磷的测定。钾和钠则要另外取样测定。

(2) 酸溶快速分析系统

试样在铂坩埚或聚四氟乙烯烧杯中用 HF 或 HF-$HClO_4$、HF-H_2SO_4 分解，

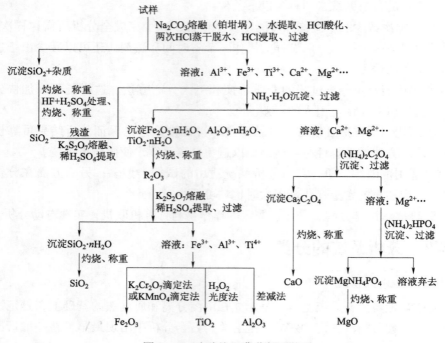

图 3-1 硅酸盐经典分析系统

驱除 HF，制成盐酸、硝酸或盐酸-硼酸溶液，溶液整分后，分别测定铁、铝、钙、镁、钛、磷、锰、钾、钠，方法与碱熔快速分析相类似；硅可用无火焰原子吸收光度法、硅钼蓝光度法、氟硅酸钾滴定法测定；铝可用 EDTA（乙二胺四乙酸二钠）滴定法、无火焰原子吸收光度法、分光光度法测定；铁、钙、镁常用 EDTA 滴定法、原子吸收分光光度法测定；锰多用分光光度法、原子吸收光度法测定；钛和磷多用光度法测定；钠和钾多用火焰光度法、原子吸收光度法测定。

（3）锂硼酸盐熔融快速分析系统

在热解石墨坩埚或用石墨粉作内衬的瓷坩埚中用偏硼酸锂、碳酸锂-硼酸酐（8∶1）或四硼酸锂于 850 ℃ ~ 900 ℃ 熔融分解试样，熔块经盐酸提取后，以 CTMAB（十六烷基三甲基溴化胺）凝聚质量法测定硅；整分滤液，以 EDTA 滴定法测定铝；以二安替比林甲烷光度法和磷钼蓝光度法分别测定钛和磷；以原子吸收光度法测定钛、锰、钙、镁、钾、钠。也有用盐酸溶解熔块后制成盐酸溶液，整分溶液，以光度法测定硅、钛、磷，原子吸收光度法测定铁、锰、钙、镁、钠；另外，还有用硝酸-酒石酸提取熔块后，用笑气-乙炔火焰原子吸收光度法测定硅、铝、钛，用空气-乙炔火焰原子吸收光度法测定铁、钙、镁、钾、钠。

3.3 硅酸盐系统分析

在硅酸盐工业中，应根据工业原料和工业产品的组成、生产过程等要求来确定分析项目。一般测定项目为水分、烧失量、不溶物、SiO_2、Al_2O_3、CaO、MgO、K_2O、Na_2O、Fe_2O_3、TiO_2、MnO 等，Fe、Al、Ca、Mg、Si 为常规分析项目。

硅酸盐全分析报告中，各组分的测定结构应按该组分在物料中的实际存在状态来表示，硅酸盐矿物、岩石可认为是由组成酸根的非金属氧化物和各种金属氧化物构成的，故均用氧化物的形式表示。

将硅酸盐试样用 Na_2CO_3 熔融分解，经分解后，硅的化合物将化为易分解的硅酸钠，金属氧化物转为氢氧化物；熔融物以适当的热水和浓盐酸浸取，则金属氧化物转为氯化物，硅酸钠转化为硅酸，大部分以水凝胶状的 $SiO_2 \cdot nH_2O$ 析出；硅酸具有较强的亲水性，在溶液中带有负电荷，而动物胶是一种富有氨基酸的蛋白质，在水溶液中具有很强的亲水性，在盐酸介质中吸附 H^+ 离子而带正电荷，根据胶体相互聚沉的原理，在浓盐酸介质溶液中加入适当的动物胶，利用它的正电荷与硅酸的负电荷产生的胶聚作用，使硅酸沉淀完全。样品过滤定容至 250 mL，滤液用作之后的系统分析，滤渣做 SiO_2 含量分析。

3.3.1 水分含量的测定

水分一般按其与岩石、矿物的结合状态不同分为吸附水和化合水两类。

1. 吸附水（H_2O^-）

吸附水又称附着水、湿存水等，是存在于矿物岩石的表面或孔隙中的很薄的水膜，其含量与矿物的吸水性、试样加工的粒度、环境的湿度及存放的时间等有关。

(1) 吸附水的测定

称取试样 1.000 0 g（精确至 0.000 2 g）置于经 105 ℃ 干燥过并称至恒量后的称量瓶中，平铺于底部，置于 105 ℃ ~110 ℃ 的烘箱，干燥 2 h 稍冷后放入干燥器中，称量，再放入烘箱中干燥 0.5 h，直至恒量。

(2) 结果计算

按下式计算吸附水的质量分数：

$$w(H_2O^-) = \frac{m_1 - m_2}{m} \times 100\% \tag{3-1}$$

式中，$w(H_2O^-)$——H_2O^- 的质量分数；

m_1——干燥前试样与称量瓶的质量，g；

m_2——干燥后试样与称量瓶的质量，g；

m——试样的质量，g。

(3) 说明及注意事项

由于吸附水并非矿物内的固定组成部分，因此在计算总量时，该水分不参与总量计算。对于易吸湿的试样，则应在同一时间称出各份分析试样，测定吸附水含量并扣除。

2. 化合水（H_2O^+）

化合水包括结晶水和结构水两部分。结晶水是以 H_2O 分子状态存在于矿物晶格中，如石膏 $CaSO_4 \cdot 2H_2O$ 等，通常在较低的温度（低于 300 ℃）下灼烧即可排出，有的甚至在测定吸附水时则可能部分逸出；结构水是以化合状态的氢或氢氧根存在于矿物的晶格中，需加热到 300 ℃~1 300 ℃才能分解而放出水分。

(1) 化合水的测定

先把洗净、烘干、放冷的双球管称量，将 0.5~1.0 g 的试样通过干燥的长颈漏斗置于双球管末端的圆球内，再称量，第二次质量减去第一次质量即为所取试样的质量。

在双球管开口端塞上有毛细管的橡皮塞，在高温下灼烧，将末端圆球烧熔拉掉，逸出的水分凝聚于中部的圆球中称量，105 ℃~110 ℃烘干 2~3 h 后再称量，其质量差即为化合水的含量。

(2) 结果计算

按下式计算化合水的质量分数：

$$w(H_2O^+) = \frac{m_1 - m_2}{m_3 - m_4} \times 100\% \qquad (3-2)$$

式中，$w(H_2O^+)$ ——H_2O^+ 的质量分数；

m_1——单球管与水的质量，g；

m_2——除去水分后单球管的质量，g；

m_3——双球管与试样的质量，g；

m_4——双球管的空管质量，g。

(3) 说明及注意事项

① 用浸过冷水的湿布缠绕中间的空球，把双球管放在水平位置，使开口端稍微向下倾斜；

② 用喷灯从低温到高温灼烧装有试样的玻璃球，不时转动使受热均匀，以防玻璃管过热软化下垂，并不时向湿布滴冷水使逸出水分充分冷却；

③ 湿布及橡皮塞取下，用干净布轻轻擦干管子外壁，称量。

3.3.2 烧失量的测定

1. 烧失量

烧失量又称为灼烧减量，是试样在1 000 ℃灼烧后所失去的质量。烧失量主要包括化合水、二氧化碳和少量的硫、氟、氯、有机质等的质量，一般主要指化合水和二氧化碳的质量。

在硅酸盐全分析中，当亚铁、二氧化碳、硫、氟、氯、有机质含量很低时，可以用烧失量代替化合水等易挥发组分参加总量计算，使平衡达到100%，该近似可以满足地质工作的一般要求。

在碳酸盐的简项或全分析中，以灼烧减量代表其中以二氧化碳为主的易挥发性组分的含量。

当试样的组成复杂或上述组分中某些组分的含量较高时，高温灼烧过程中的化学反应比较复杂，如有机物、硫化物、低价化合物被氧化，碳酸盐、硫酸盐分解，碱金属化合物挥发，吸附水、化合水、二氧化碳被排除等，有的反应使试样的质量增加，有的反应却使试样的质量减少，例如，当试样中有碳酸盐与黄铁矿共存时，将同时发生质量减少和质量增加的化学反应。

2. 烧失量的测定

将称准至0.000 2 g的样品，放入1 000 ℃灼烧至恒量的瓷坩埚内摊平，置入高温电炉内自100 ℃缓缓升高到1 000 ℃，灼烧40 min至恒量。

3. 结果计算

灼烧减量按下式计算：

$$w = \frac{m_1}{m} \times 100\% \tag{3-3}$$

式中，w——灼烧减量的质量分数；

m_1——样品灼烧后减轻的质量，g；

m——试样的质量，g。

4. 说明及注意事项

① 当试样中亚铁含量高时，在高温灼烧时转变成Fe_2O_3后质量增加，灼烧减量的测定结果即偏低，甚至出现负值；

② 若样品含有机质较多，并且Fe_2O_3或MnO_2亦高时，Fe_2O_3和MnO_2被有机质还原也会引起质量减少，导致灼烧减量的结果偏高；

③ 严格地说，烧失量是试样中各组分在灼烧时的各种化学反应所引起的质量增加和减少的代数和，在样品较为复杂时，测定烧失量就没有意义；

④ 烧失量的大小与灼烧温度有密切关系，应按规定温度进行操作，避免直接在高温下进行灼烧。

3.3.3 SiO$_2$含量的测定

1. 质量法

(1) 盐酸脱水质量法

① 操作步骤

试样与碳酸钠或苛性钠熔融分解后，试样中的硅酸盐全部转变为硅酸钠。熔融物用水提取，用盐酸酸化，但相当量的硅酸以水溶胶状态存在于溶液中，继续加入盐酸时，一部分硅酸水溶胶转变为水凝胶析出，为使其全部析出，将溶液在105 ℃ ~110 ℃下烘干1.5 ~2 h，蒸干破坏胶体水化外壳而使其脱水形成硅酸干渣，再用盐酸润湿，并放置5 ~10 min，使蒸发过程中形成的铁、铝、钛等的碱式盐和氢氧化物与盐酸反应，转变为可溶性盐类而全部溶解。过滤，洗涤，将所得硅酸沉淀连同滤纸一起放入铂坩埚，置于高温炉内，逐渐升温至1 000 ℃灼烧1 h，取出冷却，称量，后者减去前者即得少量杂质和SiO$_2$的质量之和。上述过程涉及的反应如下：

熔融： $SiO_2 \cdot Al_2O_3 \cdot 2H_2O + 2Na_2CO_3 =\!=\!= Na_2SiO_3 + 2NaAlO_2 + 2CO_2 \uparrow + 2H_2O$

$MSiO_3 + Na_2CO_3 =\!=\!= MCO_3 + Na_2SiO_3 \,(M = Ca、Mg\cdots)$

$SiO_2 + Na_2CO_3 =\!=\!= Na_2SiO_3 + CO_2 \uparrow$

酸溶： $Na_2SiO_3 + 2HCl =\!=\!= H_2SiO_3 + 2NaCl$

$NaAlO_2 + 4HCl =\!=\!= AlCl_3 + NaCl + 2H_2O$

灼烧： $SiO_2 \cdot nH_2O =\!=\!= SiO_2 + nH_2O$

由于蒸干脱水的硅酸沉淀会夹杂某些杂质，沉淀需用HF和H_2SO_4加热处理，使二氧化硅呈四氟化硅挥发逸出，即向恒量的坩埚中加入0.5 mL H_2SO_4（1:1）和5 ~7 mL HF，加热至冒SO_3白烟，用水冲洗坩埚壁，再加热至白烟冒尽，取下，在高温炉中于1 000 ℃ ~ 1 100 ℃下灼烧15 min，取出，在干燥器中冷却20 min，称量其质量。反复灼烧及称量，直至恒量。减去空白坩埚质量可得杂质质量。

② 结果计算

SiO$_2$的质量分数按下式计算：

$$w(SiO_2) = \frac{m_1 - m_2}{m} \times 100\% \tag{3-4}$$

式中，$w(SiO_2)$——SiO$_2$的质量分数；

m_1——坩埚与沉淀的质量，g；

m_2——坩埚与残渣的质量，g；

m——试样的质量，g。

③ 说明及注意事项

a. 沉淀及滤纸放入铂坩埚灼烧时，应先低温灰化，再逐渐升高温度使滤纸全部灰化,目的是防止滤纸尚湿时如果升温过快,将使滤纸部分炭化并渗入沉淀当中,经高温处理亦难以氧化,到后面加 HF 处理后灼烧时才可除去,这样会导致 SiO_2 含量偏高;

b. 一次脱水硅酸的回收,依操作条件不同回收率可达 97% ~99%。高准确度要求时,必须对残留在滤液中的硅酸解聚,并应用硅酸与钼酸盐形成硅钼酸的颜色反应光度法测量残余 SiO_2 的质量,再将此质量加到式(3-4)的结果中;

c. 若样品含有重金属,则先称样品于 250 mL 烧杯中,加 15 mL HCl,加热 10 min,再加入 5 mL HNO_3,继续加热并蒸发至干,再加 5 mL HCl 蒸干,重复 2 次以除尽 NOCl,加 5 mL HCl 及 50 mL 水,加热使盐类溶解,中速滤纸过滤,残渣全部移入滤纸内,热水洗残渣及滤纸数次,将滤纸及残渣放入铂坩埚,低温至高温将滤纸完全灰化,再加入无水碳酸钠适量熔融;

d. 若样品中 $w(F^-) > 0.3\%$,在脱水过程中 F^- 会与硅酸形成 SiF_4 挥发,使硅的测定结果偏低。可加 0.5 g 固体硼酸使与氟结合成为 HBF_4,在以后蒸发溶液时,氟以 BF_3 形式逸去,但过剩的硼在硅酸脱水时以硼酸状态混入硅酸沉淀中,灼烧成 B_2O_3,当用氢氟酸、硫酸处理时,三氧化二硼与氟生成 BF_3 而逸出,使二氧化硅结果偏高。故需在沉淀灼烧后用甲醇处理,使硼全部以硼甲醚 $B(OCH_3)_3$ 形式挥发除去。

(2) 氯化铵质量法

在水溶液中绝大部分硅酸以溶胶状态存在。当以浓盐酸处理时,只能使其中一部分硅酸以水合二氧化硅($SiO_2 \cdot nH_2O$)的形式沉降出来,其余仍留在溶液中。为了使溶解的硅酸能全部析出,必须将溶液蒸发至干,使其脱水,但费时较长。为加快脱水过程,使用盐酸加 NH_4Cl,既安全,效果也最好。将试样以无水碳酸钠烧结,盐酸溶解,加固体 NH_4Cl 后于水浴上加热蒸发,使硅酸凝聚;滤出的沉淀灼烧后,得到含有铁、铝等杂质的二氧化硅,沉淀用氢氟酸处理后,失去的质量即为纯二氧化硅的量。加上从滤液中比色回收的二氧化硅量,即为二氧化硅的总量。

由于水泥试样中会含有不溶物,如用盐酸直接溶解样品,不溶物将混入二氧化硅沉淀中,从而导致分析结果偏高。在国家标准中规定,水泥试样一律用碳酸钠烧结后再用盐酸溶解,若需准确测定,应以氢氟酸处理。

以碳酸钠烧结法分解试样,应预先将固体碳酸钠用玛瑙研钵研细,而且碳酸钠的加入量要相对准确(一般用分析天平称量 0.30 g 左右),若加入量不足,试样烧结不完全,测定结果不稳定;若加入量过多,烧结块不易脱埚。加入碳酸钠后,要用细玻璃棒仔细混匀,否则试样烧结不完全。用盐酸浸出烧结块后,应控制溶液体积,若溶液太多,则蒸干耗时太长,通常加 5 mL 浓盐酸溶解烧结块,再用约 5 mL 盐酸(1:1)和少量的水洗净坩埚。

2. 氟硅酸钾酸碱滴定法

强酸介质中,在氟化钾、氯化钾的存在下,可溶性硅酸与 F^- 作用,能定量地析出氟硅酸钾沉淀,该沉淀在沸水中水解析出氢氟酸,可用氢氧化钠标准滴定溶液进行滴定,以溴百里酚蓝 – 酚红混合指示剂指示滴定终点(黄色变为蓝紫色),从而间接计算出样品中二氧化硅的含量。具体反应如下:

$$SiO_3^{2-} + 6F^- + 6H^+ \Longleftrightarrow SiF_6^{2-} + 3H_2O$$

$$SiF_6^{2-} + 2K^+ \Longleftrightarrow K_2SiF_6 \downarrow$$

$$K_2SiF_6 + 3H_2O \Longleftrightarrow 2KF + 4HF + H_2SiO_3 \downarrow$$

$$2HF + 2NaOH \Longleftrightarrow 2NaF + 2H_2O$$

当 $w(SiO_2) < 20\%$ 时,采用直接滴定法,即将锥瓶中溶液加热煮沸 1 min,立即用 NaOH 标准滴定溶液滴定释放出的 HF,至溶液由黄色变为蓝紫色为终点,记录消耗的 NaOH 标准滴定溶液的体积。

当 $w(SiO_2) > 20\%$ 时,中性煮沸水解不够完全,会使结果偏低,此时采用返滴定法,即于锥形瓶中的溶液里加过量 NaOH 标准滴定溶液(每 20 mg SiO_2 约需加 10 mL 0.250 0 mol/L NaOH),加热煮沸,立即以 HCl 标准滴定溶液滴定过量的 NaOH,至蓝紫色转为黄色为终点,记录消耗的 HCl 标准滴定溶液的体积。过量碱可以迅速中和水解释出的 HF,可确保大量硅氟酸钾水解,结果准确。

试样溶解时用塑料烧杯,过滤沉淀时用涂蜡漏斗或塑料漏斗,而不用玻璃仪器,是为了防止氢氟酸腐蚀玻璃而导致空白值偏大。

3. 硅钼杂多酸光度法

在一定的酸度下,硅酸与钼酸生成黄色硅钼杂多酸(硅钼黄)$H_8[Si(Mo_2O_7)_6]$,在波长 350 nm 处测量其吸光度,在工作曲线上求得硅含量;若用还原剂进一步将其还原成蓝色硅钼杂多酸(硅钼蓝),也可以在 650 nm 处测量其吸光度,在工作曲线上求得硅含量。后者为硅钼蓝光度法,该法更稳定、更灵敏。

正硅酸与钼酸铵生成的黄色硅钼杂多酸有两种形态,即 α – 硅钼酸和 β – 硅钼酸。α – 硅钼酸被还原后产物呈绿蓝色,$\lambda_{max} = 742$ nm,不稳定而很少用;β – 硅钼酸被还原后产物呈深蓝色,$\lambda_{max} = 810$ nm,颜色可稳定 8 h 以上,分析上广泛应用。酸度对其形态影响最大,若用硅钼黄光度法测定硅,宜控制生成硅钼黄酸度在 3.0 ~ 3.8;若用硅钼蓝光度法测定硅,宜控制生成硅钼蓝酸度在 1.3 ~ 1.5。

硅酸在酸性溶液中能逐渐地聚合,形成多种聚合状态,其中仅单分子正硅酸能与钼酸盐生成黄色硅钼杂多酸。因此,正硅酸的获得是光度法测定二氧化硅含量的关键。硅酸的浓度愈高、溶液的酸度愈大、加热煮沸和放置的时间愈长,则硅酸的聚合程度愈严重。但若测定过程中控制硅酸浓度在 0.7 mg/mL 以下、溶液酸度在 0.7 mol/L 以下,则放置 8 d 也无聚合现象。可采用返酸化法和氟化物解聚法防止硅酸的聚合。

3.3.4 Fe$_2$O$_3$含量的测定

1. 重铬酸钾氧化还原滴定法

应用铁离子的氧化-还原特性，在酸性溶液中用 Sn^{2+} 将 Fe^{3+} 还原为 Fe^{2+}，过量的 Sn^{2+} 用 $HgCl_2$ 氧化消除，以二苯胺磺酸钠为指示剂；用 $K_2Cr_2O_7$ 标准滴定溶液滴定 Fe^{2+}，至溶液出现蓝紫色为终点，可根据消耗 $K_2Cr_2O_7$ 标准滴定溶液的体积计算 Fe$_2$O$_3$ 的质量分数。

为了迅速地使 Fe^{3+} 还原完全，常将制备溶液控制在约 50 mL，并趁热滴加 $SnCl_2$ 溶液至黄色褪去。浓缩至小体积，一方面是提高酸度，防止 $SnCl_2$ 的水解；另一方面是提高反应物的浓度，有利于 Fe^{3+} 的还原和还原完全时对溶液颜色变化的观察。而趁热滴加 $SnCl_2$ 溶液，是因为 Sn^{2+} 还原 Fe^{3+} 的反应在室温下进行得缓慢，加热至近沸，可大大加快反应速度。

在加入 $HgCl_2$ 除去过量的 $SnCl_2$ 时，必须在冷溶液中进行，而且此时应有银白色丝状沉淀出现。这是因为，在热溶液中加入 $HgCl_2$，$HgCl_2$ 可以氧化 Fe^{2+}，使测定结果不准确；出现的不是银白色丝状沉淀而是黑色，表示 $SnCl_2$ 过量太多，实验失败，应弃去重做。

在空白试验中加入 2 滴 $SnCl_2$ 溶液后，需加入几滴 0.005 000 mol/L 硫酸亚铁铵溶液，再按试样溶液步骤进行滴定。

2. EDTA 配位滴定法

在 pH = 1.8 ~ 2.0 的酸性介质中，60 ℃ ~ 70 ℃ 的条件下，以磺基水杨酸（Sal）为指示剂，用 EDTA 标准滴定溶液直接滴定溶液中的 Fe^{3+} 以溶液颜色由紫红色变为亮黄色为终点，根据 EDTA 标准滴定溶液的体积计算试样中全铁含量。具体反应如下：

$$Fe^{3+} + Sal^{2-} \Longrightarrow FeSal^+ （紫红色）$$

$$Fe^{3+} + H_2Y^{2-} \Longrightarrow FeY^- （黄色） + 2H^+$$

$$FeSal^+ + H_2Y^{2-} \Longrightarrow FeY^- + Sal^{2-} + 2H^+$$

将溶液的 pH 控制在 1.8 ~ 2.0 是本实验的关键。若 pH < 1，EDTA 不能与 Fe^{3+} 定量配位，同时，磺基水杨酸钠与 Fe^{3+} 生成的配合物也很不稳定，致使滴定终点提前，滴定结果偏低；若 pH > 2.5，则 Fe^{3+} 易水解，使 Fe^{3+} 与 EDTA 的配位能力减弱甚至完全消失。由于在 pH = 1.8 ~ 2.0 时，Fe^{2+} 不能与 EDTA 定量配位，所以在测定总铁含量时，应先将溶液中的 Fe^{2+} 氧化成 Fe^{3+}。

控制溶液的温度在 60 ℃ ~ 70 ℃。在 pH = 1.8 ~ 2.0 时，Fe^{3+} 与 EDTA 的配位反应速率较慢，所以需将溶液加热，但温度也不能过高，否则溶液中共存的 Al^{3+} 会与 EDTA 配位，而使测定结果偏高。一般在滴定时，溶液的起始温度以

70 ℃为宜，在滴定结束时，溶液的温度不宜低于 60 ℃，在滴定过程中，溶液的温度如低于 60 ℃，可暂停滴定，将溶液加热后再继续滴定。

3. 光度法

（1）磺基水杨酸光度法

在不同的 pH 值时，Fe^{3+} 可与磺基水杨酸形成不同组成和颜色的几种配合物。在 pH = 1.8 ~ 2.5 的溶液中，形成红紫色的 $[Fe(Sal)]^+$；在 pH = 4 ~ 8 时，形成褐色的 $[Fe(Sal)_2]^-$；在 pH = 8 ~ 11.5 的氨性溶液中，形成黄色的 $[Fe(Sal)_3]^{3-}$。光度法测定铁含量时，Fe^{3+} 与磺基水杨酸在 pH = 8 ~ 11 的氨性溶液中生成稳定的黄色配合物，在波长 420 nm 处测量其吸光度，在工作曲线上求得全铁含量。

铝、钙、镁能与磺基水杨酸形成可溶性的无色配合物，消耗显色剂，可增加磺基水杨酸的用量来消除其影响；铜、钴、镍能与磺基水杨酸形成有色配合物，导致测定结果偏高，可用氨水分离消除干扰；锰易被空气中的氧所氧化，形成棕红色沉淀影响铁的测定，可在氨水中和前加入盐酸羟胺还原锰，消除干扰。

（2）邻二氮杂菲光度法

若硅酸盐试样中氧化铁的含量很低，则普遍采用邻二氮杂菲光度法进行测定。操作步骤：用盐酸羟胺还原 Fe^{3+} 为 Fe^{2+}，在 pH = 2 ~ 9 的条件下，Fe^{2+} 与邻二氮杂菲生成橙红色配合物，在波长 510 nm 处测量其吸光度，在工作曲线上求得全铁含量。

邻二氮杂菲只与 Fe^{2+} 起反应，在显色体系中加入盐酸羟胺，可将试液中的 Fe^{3+} 还原为 Fe^{2+}。因此，邻二氮杂菲光度法不仅可以测定亚铁含量，而且可以连续测定试液中的亚铁和高铁含量，或者测定总铁含量。

盐酸羟胺还原剂及邻二氮杂菲显色剂不稳定，所以测定时要使用新配制的溶液。

溶液的 pH 值对显色反应的速率影响较大。当 pH 值较高时，Fe^{2+} 易水解，显示反应速率较快；当 pH 值较低时，Fe^{2+} 不易水解，显色反应速率较慢。所以常加入乙酸铵或柠檬酸钠缓冲溶液。

4. 原子吸收分光光度法

原子吸收分光光度法测定铁含量，简单快捷，干扰少，GB/T 176—1996 水泥化学分析法中将该方法列为代用法，在生产中应用很广。操作步骤：试样经氢氟酸和高氯酸分解后，分取一定量的溶液，以锶盐消除硅、铝、钛等对铁的干扰，在空气 - 乙炔火焰中，于波长 248.3 nm 处测吸光度，从而测得铁含量。

酸性介质的选择及酸度的控制：宜选用盐酸或过氯酸作酸性介质，且酸度在 10% 以下。若酸度过大或选用磷酸或硫酸作介质且浓度大于 3% 时，将引起铁的测定结果偏低。

仪器测定时要选用较高的灯电流。由于铁是高熔点、低溅射的金属，应选用较高的灯电流，使铁空心阴极灯具有适当的发射强度。

铁是多谱线元素，在吸收线附近存在单色器不能分离的邻近线，使测定的灵敏度降低，工作曲线发生弯曲，因此宜采用较小的光谱通带。

因铁的化合物较稳定，在低温火焰中原子化效率低，需要采用温度较高的空气－乙炔、空气－氢气等富燃火焰，以提高测定的灵敏度。

3.3.5 TiO_2 含量的测定

1. 分光光度法

（1）过氧化氢光度法

在硫酸介质中，钛与过氧化氢生成 $[TiO(H_2O_2)]^{2+}$ 黄色配合物，该配合物的颜色深度与钛含量成正比，在波长 400 nm 处测量其吸光度，在工作曲线上求得二氧化钛含量。

显色反应可以在硫酸、硝酸、过氯酸或盐酸介质中进行，一般采用硫酸溶液。酸度要适当，酸度过低，则 TiO^{2+} 易水解；酸度过高，则过氧化氢易分解。

加入一定量的磷酸的目的，是为了防止 Fe^{3+} 离子的黄色所产生的干扰。但由于 PO_4^{3-} 与 Ti^{4+} 也能生成配离子，从而减弱 $[TiO(H_2O_2)]^{2+}$ 配离子的颜色，因此必须控制磷酸用量，并且在标准系列中也加入等量的磷酸，以抵消其影响。

F^- 与钛形成配离子会产生负误差，可加入一定量铝，使铝与 F^- 形成稳定的 AlF_6^{3-}，从而消除 F^- 干扰。

显色反应的速率和配合物的稳定性受温度的影响，通常在 20 ℃ ~ 25 ℃ 显色，3 min 即可显色完全，稳定时间可达 24 h。

（2）二安替比林甲烷光度法

在酸性溶液中，TiO_2 与二安替比林甲烷（$C_{23}H_{24}N_4O_2$，简写为 DAPM）生成黄色配合物，在波长 420 nm 处测量其吸光度，在工作曲线上求得二氧化钛含量。此方法在国家标准 GB/T 176—1996 中被列为基准法。

反应介质选用盐酸，因硫酸会降低配合物的吸光度。显色反应的速率随酸度的提高和显色剂浓度的降低而减慢，最适宜的酸度范围是 0.5 ~ 1 mol/L，显色剂浓度为 0.03 mol/L，该条件下，显色反应 1 h 可显色完全，并稳定 24 h 以上。

Fe^{3+} 能与二安替比林甲烷形成棕色配合物，使测定结果产生显著的误差，可加入抗坏血酸，使 Fe^{3+} 还原以消除干扰。

（3）钛铁试剂光度法

钛铁试剂的化学名称为 1，2－二羟基苯－3，5－二磺酸钠，也称为邻苯二酚－3，5－二磺酸钠，又称试钛灵。在试样溶液中加入该显色剂，30 ~ 40 min 即可显色完全，并稳定 4 h 以上。

在 pH = 4.7 ~ 4.9 时，钛与钛铁试剂形成黄色配合物，在 410 nm 处测量其吸光度，在工作曲线上求得二氧化钛含量。

Fe^{3+}与钛铁试剂能形成蓝紫色配合物,对钛的测定将产生影响。可加入还原剂抗坏血酸或亚硫酸钠还原Fe^{3+},以消除对钛的干扰。

2. 配位滴定法

(1) 苦杏仁酸置换——铜盐返滴定法

在pH=4时,过量的EDTA可定量配位铝和钛,用铜盐溶液返滴定剩余的EDTA,然后加苦杏仁酸,将EDTA-Ti配合物中的钛取代配位,再以PAN为指示剂,用铜盐溶液滴定释放出的EDTA,从而求得二氧化钛含量。

用苦杏仁酸置换$TiOY^{2-}$配合物中的Y^{4-}时,适宜的pH为3.5~5。如果pH值太低,则置换反应进行不完全;如果pH值太高,则TiO^{2+}水解倾向增强,配合物$TiOY^{2-}$的稳定性随之降低。

测定某些成分比较复杂的试样时,如某些黏土、页岩等,若溶液温度高于80 ℃,则终点时褪色较快。此时,可在滴定前将溶液冷却至50 ℃左右,再加入乙醇,以增大PAN及Cu-PAN的溶解度。

以铜盐溶液返滴定释放出的EDTA时,终点颜色与EDTA及指示剂的量有关。EDTA过量10~15 mL为宜,以最后突变为亮紫色作为终点到达的标志。

(2) 过氧化氢配位——铋盐返滴定法

在滴定完Fe^{3+}的溶液中,加入适量过氧化氢溶液,使之与TiO^{2+}生成$[TiO(H_2O_2)]^{2+}$黄色配合物,然后再加入过量EDTA,使之生成更稳定的三元配合物$[TiO(H_2O_2)Y]^{2-}$,剩余的EDTA以半二甲酚橙(SXO)为指示剂,用铋盐溶液返滴定,从而求得二氧化钛含量。

试样溶液的pH值一般控制在1~1.5左右。若pH<1,不利于配合物$[TiO(H_2O_2)Y]^{2-}$的形成;若pH>2,则TiO^{2+}的水解倾向增强,$[TiO(H_2O_2)Y]^{2-}$的稳定性降低。

过氧化氢的加入量一般为5滴30%的H_2O_2。过多的H_2O_2在其后测定铝时,在煮沸条件下将对EDTA产生一定的破坏作用,影响铝的测定结果。

溶液温度不宜超过20 ℃,以防止Al^{3+}的干扰,如温度超过35 ℃,测定结果明显偏高。可以用硝酸(1:1)调整溶液pH值至1.5,消除Al^{3+}有可能产生的干扰。

EDTA过量不宜太多。如果测定高钛样品时,由于铝的含量较低,EDTA可以过量多一些。

3.3.6 Al_2O_3含量的测定

1. 配位滴定法

(1) EDTA直接滴定法

在测定铁后的试液中,调节溶液的pH=3,煮沸溶液,用EDTA-Cu和PAN

为指示剂，用 EDTA 标准滴定溶液直接滴定至溶液出现稳定的黄色，由 EDTA 标准滴定溶液的消耗量计算氧化铝含量。其反应过程如下：

$$Al^{3+} + CuY^{2-} =\!=\!= AlY^- + Cu^{2+}$$
$$Cu^{2+} + PAN =\!=\!= Cu-PAN(红色)$$
$$H_2Y^{2-} + Al^{3+} =\!=\!= AlY^- + 2H^+$$
$$Cu-PAN(红色) + H_2Y^{2-} =\!=\!= CuY^{2-} + PAN(黄色) + 2H^+$$

该法溶液最适宜的 pH 范围为 2.5~3.5。当 pH<2.5 时，Al^{3+} 与 EDTA 配位能力降低；当 pH>3.5 时，Al^{3+} 水解作用增强，均会引起铝的测定结果偏低。

当第一次滴定到溶液呈稳定的黄色时，约有 90% 以上的 Al^{3+} 被滴定。为继续滴定剩余的 Al^{3+}，需再将溶液煮沸，于是溶液又由黄变红，当第二次以 EDTA 滴定至呈溶液稳定的黄色后，被滴定的 Al^{3+} 总量可达 99% 左右。

(2) 氟化物置换滴定法

分离二氧化硅后的滤液中，加入过量的 EDTA，使与铁、铝、钛等配位，调溶液的 pH=6，以二甲酚橙为指示剂，用锌盐溶液滴定过量的 EDTA，然后加入氟化钾置换与铝、钛配位的 EDTA，再用锌盐标准溶液滴定释放出来的 EDTA，此为铝、钛含量，从中减去钛量即得氧化铝含量。

此法中氟化钾的加入量不宜过多，因为大量的氟化物可与 Fe^{3+}-EDTA 中的 Fe^{3+} 反应而造成误差。在一般分析中，100 mg 以内的 Al_2O_3，加 1 g 氟化钾（或 10 mL 200 g/L 的 KF 溶液）即可完全满足置换反应的需要。

(3) 铜盐返滴定法

测定铁后的试液中，加入过量的 EDTA，使与铝、钛配位，调 pH=3.8~4.0，以 PAN 为指示剂，用硫酸铜标准滴定溶液返滴定过量的 EDTA，减去钛的含量后即为氧化铝的含量。

在用 EDTA 滴定完 Fe^{3+} 的溶液中加入过量的 EDTA 之后，应将溶液加热到 70 ℃~80 ℃、调整 pH=3.0~3.5 后，再加入 pH=4.3 的缓冲溶液。这样可以使溶液中的少量 TiO^{2+} 和大部分 Al^{3+} 与 EDTA 配位完全，并防止其水解。

EDTA（0.015 mol/L）的加入量一般控制在与 TiO^{2+} 和 Al^{3+} 配位后，剩余 10~15 mL（可通过预返滴定或将其余主要成分测定后估算）。一方面可以使 TiO^{2+} 和 Al^{3+} 与 EDTA 配位完全；另一方面，由于滴定终点的颜色与 EDTA 过剩的量和所加 PAN 指示剂的量有关，所以应控制终点颜色一致，以免使滴定终点难以掌握。

2. 光度法

铬天青 S-溴化十六烷基三甲铵光度法原理：分离二氧化硅后的滤液中，将溶液 pH 值调为 5.9，在溴化十六烷基三甲铵存在下，铝与铬天青 S（简写为 CAS）生成 1:2 的蓝色三元配合物，于波长 610 nm 处测量其吸光度，在工作曲线上求得三氧化二铝含量。

铬天青 S – 溴化十六烷基三甲铵混合显色液现用现配,不宜放置时间过长,必要时过滤后使用。

Fe^{3+} 的存在会产生干扰,可用抗坏血酸 – 邻菲啰啉消除;但抗坏血酸的用量不能过多,以加入 10 g/L 抗坏血酸溶液 3 mL 为宜,否则会破坏 Al – CAS 配合物。

铝与铬天青 S 显色反应迅速,可稳定约 1 h。

3. 酸碱滴定法

在弱酸性介质中,Al^{3+} 与酒石酸钾钠形成配合物,再调溶液为中性,加入氟化钾溶液,使其与配合物反应,铝形成氟铝配合物,同时释放出与铝等物质的量的游离碱;用盐酸标准溶液滴定游离碱,由此求出三氧化二铝的含量。

SiO_3^{2-}、CO_3^{2-} 和铵盐对中和反应起缓冲作用,应避免引入;F^- 严重影响铝与酒石酸形成配合物的效力,对测定有干扰,并且凡是能与酒石酸及氟形成稳定配合物的离子对测定均有干扰,都应该避免引入。

3.3.7　CaO、MgO 含量的测定

钙和镁在硅酸盐试样中常常一起出现,常需同时测定。在经典分析系统中是将它们分开后,再分别以称量法或滴定法测定;而在快速分析系统中,则常常在一份溶液中控制不同条件分别测定。

硅酸盐试样中 Ca、Mg 含量较高,普遍采用配位滴定法和原子吸收分光光度法进行测定。

配位滴定法:在一定的条件下,Ca^{2+}、Mg^{2+} 与 EDTA 形成稳定的 1∶1 的配合物,选择适宜的酸度条件和适当的指示剂,可用 EDTA 标准滴定溶液滴定钙、镁,由 EDTA 标准滴定溶液的消耗量计算氧化钙、氧化镁的含量。在实际操作中,常控制在 pH = 10 时滴定 Ca^{2+} 和 Mg^{2+} 的含量,再于 pH > 12.5 单独滴定 Ca^{2+} 的含量。

分别滴定:一份试液中,以氨 – 氯化铵缓冲溶液控制溶液的 pH = 10,用 EDTA 标准滴定溶液滴定钙和镁的含量;然后,在另一份试液中,以 KOH 溶液调节 pH = 12.5 ~ 13,在氢氧化镁沉淀的情况下,用 EDTA 标准滴定溶液滴定钙,再以差减法确定镁的含量。

连续滴定:一份试液中,用 KOH 溶液先调至 pH = 12.5 ~ 13,用 EDTA 标准滴定溶液滴定钙;然后将溶液酸化,调节 pH = 10,继续用 EDTA 标准滴定溶液滴定镁。

1. 氧化钙含量的测定——EDTA 配位滴定法

在 pH > 13 的强碱性溶液中,以三乙醇胺(TEA)为掩蔽剂、钙黄绿素 – 甲

基百里香酚蓝－酚酞（CMP）为混合指示剂，用 EDTA 标准滴定溶液滴定，根据 EDTA 标准滴定溶液的消耗量计算氧化钙含量。

该法在国家标准 GB/T 176—1996 中列为基准法。在代用法中，则预先向酸溶液中加入适量氟化钾，以抑制硅酸的干扰。

在不分离硅的试液中测定钙时，钙在强碱性溶液中易生成硅酸钙，使钙的测定结果偏低。可在试液调为酸性后，加入一定量的氟化钾溶液，并搅拌与放置 2 min 以上，使硅酸生成氟硅酸，其反应方程式如下：

$$H_2SiO_3 + 6H^+ + 6F^- \rightleftharpoons H_2SiF_6 + 3H_2O$$

再用氢氧化钾将上述溶液碱化，发生下列反应：

$$H_2SiF_6 + 6OH^- \rightleftharpoons H_2SiO_3 + 6F^- + 3H_2O$$

该反应速度较慢，新释出的硅酸为非聚合状态的硅酸，在 30 min 内不会生成硅酸钙沉淀。碱化后应立即滴定，即可避免硅酸的干扰。

铁、铝、钛的干扰可用三乙醇胺掩蔽，少量锰与三乙醇胺也能生成绿色配合物而掩蔽，但锰含量太高则生成的绿色背景太深，影响终点的观察。镁的干扰是在 pH>12 的条件使之生成氢氧化镁沉淀而消除。加入三乙醇胺的量一般为 5 mL，但当测定高铁或高锰类样时应增加至 10 mL，并充分搅拌，加入后溶液应呈酸性，如变浑浊应立即以盐酸调整酸性并放置几分钟。

使用银坩埚熔样时，会引入一定量的银离子，并且在滴定钙时若采用甲基百里酚蓝（MTB）作指示剂，终点变化不够敏锐，对 pH 的控制也较严格（pH=12），并且加入 MTB 的量也要适宜，过多，底色加深影响终点观察；过少，终点时颜色变化不明显。采用 CMP 作指示剂有以下几点优点：① 即使有 1~5 mg 银存在，对钙的滴定仍无干扰；② 共存镁量高时，终点也无返色现象，可用于菱镁矿、镁砂等高镁样品中钙的测定；③ 对 pH 的要求较宽（pH>12.5）。要求是加入 CMP 的量不宜过多，否则终点呈深红色，变化不敏锐。

滴定至近终点时应充分搅拌，使被氢氧化镁沉淀吸附的钙离子能与 EDTA 充分反应。在使用 CMP 作指示剂时，不能在光线直接照射下观察终点，应使光线从上向下照射。终点时应观察整个液层，至烧杯底部绿色荧光消失呈现红色时即可。

测定高铁试样中 Ca^{2+} 含量时，应在加入三乙醇胺后充分搅拌，先加入 200 g/L 氢氧化钾至溶液黄色变浅，再加入少许 CMP 指示剂，在搅拌下继续加入氢氧化钾溶液 5~7 mL；测定高镁类试样中低含量钙时，可用 CMP 作指示剂，氢氧化钾应过量至 15 mL，使 Mg^{2+} 生成氢氧化镁沉淀。

如试样中含有磷，由于有磷酸钙生成，滴定近终点时应放慢速度并加强搅拌。

测定铝酸盐水泥、矾土等高铝试样中的氧化钙时，通常采用硼砂－碳酸钾（1∶1）于铂坩埚中熔样。由于引入的硼与部分氟离子形成 BF_6^{3-}，氟化钾的加入量应为 15 mL；另外，由于氟离子与硅酸的反应需在一定的酸度下进行，所以在加入氟化钾溶液前，注意先加 5 mL 盐酸（1:1）。

2. 氧化镁含量的测定——原子吸收分光光度法

以氢氟酸-高氯酸分解试样或用硼酸锂熔融试样，根据盐酸溶解试样的方法制备溶液；分取一定量的溶液，用锶盐消除硅、铝、钛等的干扰，在空气-乙炔火焰中，于波长 285.2 nm 处测氧化镁吸光度。（测定钙常采用波长为 422.7 nm 的谱线，一般是用较大的通带和较小的灯电流，也是同上采用空气-乙炔火焰。）

现中国建材院水泥所已经研制出了水泥专用的原子吸收光谱仪，可直接进行水泥原材料、半成品及成品中氧化镁的测定，且价格能为一般企业所接受。

3. 氧化镁含量的测定——配位滴定差减法

在 pH = 10 的溶液中，以三乙醇胺、酒石酸钾钠为掩蔽剂、酸性铬蓝 K-萘酚绿 B 为混合指示剂（简称 KB），用 EDTA 标准滴定溶液滴定，测得钙、镁含量，然后减去氧化钙的含量，即得氧化镁含量。

在 pH = 10 时，反应如下：

$$Ca^{2+}（或 Mg^{2+}）+ KB（纯蓝色）\rightarrow Ca-KB（或 Mg-KB）（红色）$$

$$Ca^{2+}（或 Mg^{2+}）+ H_2Y^{2-} \rightarrow CaY^{2-}（或 MgY^{2-}）+ 2H^+$$

化学计量点时：

$$Ca-KB（红色）+ H_2Y^{2-} \rightarrow CaY^{2-} + KB（纯蓝色）+ 2H^+$$

$$Mg-KB（红色）+ H_2Y^{2-} \rightarrow MgY^{2-} + KB（纯蓝色）+ 2H^+$$

当溶液中锰含量在 0.5% 以下时对镁的干扰不显著，但超过 0.5% 时则有明显的干扰，可加入盐酸羟胺，使锰呈 Mn^{2+}，并与 Mg^{2+}、Ca^{2+} 一起被定量配位滴定，再减去氧化钙、氧化锰的含量，即得氧化镁含量。

用酒石酸钾钠与三乙醇胺联合掩蔽铁、铝、钛的干扰，但必须在酸性溶液中先加酒石酸钾钠，然后再加三乙醇胺。

滴定近终点时，一定要充分搅拌并缓慢滴定至溶液由蓝紫色变为纯蓝色。若滴定速度过快，将使结果偏高，因为滴定近终点时，由于加入的 EDTA 夺取镁-酸性铬蓝 K 中的 Mg^{2+}，而使指示剂游离出来，此反应速率较慢。

在测定硅含量较高的试样中的 Mg^{2+} 时，也可在酸性溶液中先加入一定量的氟化钾来防止硅酸的干扰，使终点易于观察。不加氟化钾时会在滴定过程中或滴定后的溶液中出现硅酸沉淀，但对结果影响不大。

在测定高铁或高铝类样品时，需加入酒石酸钾钠溶液、三乙醇胺（1:2），充分搅拌后滴加氨水（1:1）至黄色变浅，再用水稀释，加入 pH = 10 的缓冲溶液后滴定，掩蔽效果好。

如试样中含有磷，同样应使用 EDTA 返滴定法测定。

3.3.8 K_2O、Na_2O 含量的测定

1. 火焰光度法

试样通常用氢氟酸-硫酸分解,以除去二氧化硅,然后用碳酸铵和氨水分离除去大部分钙和铁、铝等,再用火焰光度法测定钾、钠的含量。

钾、钠原子被火焰的热能激发,发出具有固定波长的辐射线,钾的火焰为紫色,波长为 766 nm,钠的火焰为黄色,波长为 589 nm。

火焰光度法测定钾、钠的主要干扰元素是钙,所以试样中钙的含量大时,应先分离,微量的钙可加磷酸掩蔽。其他共存的元素,如铝、铁、镁等,只要含量不太大,对钾、钠的测定均无影响。

由于自吸现象,钾、钠对相互间的测定有一定的影响,当钾、钠的含量相差不大时,其相互间的影响不大;相差较大时,则应按试样中钾、钠的量的比例配制相应的标准溶液,以抵消相互影响。

当盐酸、硫酸的浓度高时,会使测定结果偏低,所以在制备分析试液时,应注意盐酸和硫酸的用量。过氯酸使火焰不稳定,也会影响测定,而在硝酸溶液中进行测定,分析结果的重现性较好,所以用火焰光度法测钾、钠一般是在硝酸溶液中进行。

2. 原子吸收分光光度法

用原子吸收分光光度法测定钾、钠含量,其干扰因素少,钙及钾、钠间的相互影响都可以消除,尽管其灵敏度低于火焰光度法,但由于能满足一般分析要求,且精密度较火焰光度法好,所以也被人们采用。

原子吸收分光光度法测定钾、钠时,一般选用钾的次灵敏线 ($\lambda = 404.4$ nm) 和钠的次灵敏线 ($\lambda = 330.2$ nm) 进行测定。

由于灵敏度较低,当钾、钠的含量低时,需改变试样量,利于测定。

为了获得硅酸盐全分析的可靠数据,必须严格检查和合理处理分析数据。除内外检查和控制单项测定的误差外,常用计算全分析中各组分百分含量总和的方法来检查各组分的分析质量;同时,借此检查是否存在"漏测"组分,检查一些组分的结果表示形式是否符合其在矿物中的实际存在状态。例如,根据硅酸盐岩石的组成,其全分析的测定项目和总量计算方法为:

总量 = $w(SiO_2) + w(Al_2O_3) + w(Fe_2O_3) + w(TiO_2) + w(FeO) + w(MnO) + w(CaO) + w(MgO) + w(Na_2O) + w(K_2O) + w(P_2O_5)$ + 烧失量

如果需要测定 H_2O^+、CO_2、有机碳的含量,则不测烧失量,而将此 3 种组分的含量计入总量。

3.4 任务

任务1 硅酸盐中 SiO_2 含量的测定（动物胶凝聚质量法）

（1）原理

试样以碱性熔剂熔融分解，盐酸浸取熔块，蒸发至湿盐状，在 8 mol/L HCl 酸度下，于 70 ℃条件下加入动物胶，硅酸凝聚析出，沉淀经过滤、灼烧后称量。反应如下：

熔融：
$$SiO_2 \cdot Al_2O_3 \cdot 2H_2O + 2Na_2CO_3 = Na_2SiO_3 + 2NaAlO_2 + 2CO_2 \uparrow + 2H_2O$$
$$MSiO_3 + Na_2CO_3 = MCO_3 + Na_2SiO_3 (M = Ca, Mg, \cdots)$$
$$SiO_2 + Na_2CO_3 = Na_2SiO_3 + CO_2 \uparrow$$

酸溶：
$$Na_2SiO_3 + 2HCl = H_2SiO_3 + 2NaCl$$
$$NaAlO_2 + 4HCl = AlCl_3 + NaCl + 2H_2O$$

灼烧：
$$SiO_2 \cdot nH_2O = SiO_2 + nH_2O$$

（2）试剂

① 无水 Na_2CO_3（分析纯）；

② 8 mol/L HCl 溶液：取 100 mL 浓 HCl（12 mol/L），然后加蒸馏水稀释至 150 mL；

③ 2% HCl 溶液：取 10 mL 浓 HCl（12 mol/L），然后加蒸馏水稀释至 180 mL；

④ 1% $AgNO_3$ 溶液：称取固体 $AgNO_3$ 1 g，用不含 Cl^- 的蒸馏水溶解并稀释到 100 mL；

⑤ 1% 动物胶溶液：1 g 动物胶溶于 100 mL 70 ℃～80 ℃热水中，煮至透明，应在使用前配制。

（3）步骤

① 熔样

在 30 mL 的瓷坩埚内放入 6～7 g 光谱纯的石墨粉，置于 900 ℃～950 ℃的高温电炉中灼烧 10 min，取出冷却，然后将中间压成一光滑的凹穴。用过的坩埚再次使用时，需补加少量石墨粉重新压实。称取 0.500 0 g 试样，置于预先盛有 5 g 研细的无水 Na_2CO_3 的高型称量瓶中，用细玻璃棒混合均匀后，仔细地倒入上述坩埚凹穴内，再以少量无水 Na_2CO_3 擦拭瓶内壁及玻璃棒，并将其覆盖于试样表面。然后将坩埚放入 900 ℃～950 ℃高温电炉内熔融 30 min，取出坩埚，冷却后用镊子夹出熔块,以软毛刷刷掉粘附的石墨粉。

② 样品测定

熔块冷却后,加沸水 60~70 mL 浸出熔块,移入有柄蒸发皿,盖上表面皿,自表面皿下加入 8 mol/L HCl 20 mL,待反应完毕后,移至水浴上加热蒸发至湿盐状。然后再加 8 mol/L HCl 25~30 mL,调整溶液温度至 70 ℃ 左右,加 10 mL 1% 动物胶溶液,搅拌 3~4 min,在 70 ℃ 水浴上保温 10 min。

加入 50~60 mL 70 ℃ 的热水,搅拌使盐类溶解。稍冷后,以中速定量滤纸过滤,滤液收集于 250 mL 容量瓶中。用热的 2% 盐酸溶液洗涤蒸发皿及沉淀 2~4 次,再用 70 ℃ 左右热水洗至无氯离子为止（用 1% 硝酸银溶液检验）。滤液稀释至刻度,供测定铁、铝、钛、钙、镁之用。

沉淀连同滤纸移入已恒量的瓷坩埚中,灰化后于 950 ℃~1 000 ℃ 高温电炉中灼烧 30~40 min,直至恒量。

(4) 结果计算

$$w(SiO_2) = \frac{m_1}{m} \times 100\%$$

式中,m_1——灼烧后沉淀的质量,g;

m——试样的质量,g。

(5) 注意事项

熔块加热蒸发时不能太干,否则三价金属的碱式盐可能析出,容易污染硅酸沉淀。如果蒸发太干,可以加少许浓盐酸,再煮沸 10 min。

任务 2　硅酸盐中 Fe_2O_3 含量的测定

Fe_2O_3 含量的测定方法有 EDTA 滴定法、重铬酸钾滴定法、磺基水杨酸法、原子吸收分光光度法、邻菲罗啉分光光度法等。

1. 磺基水杨酸光度法

(1) 原理

三价铁离子与磺基水杨酸在 pH = 1.8~2.5 生成褐红配位阳离子,在 pH = 4~8 生成褐色配合物,在 pH = 8~11.5 生成稳定的黄色配合物。三价铁离子与磺基水杨酸在氨性溶液中形成黄色配合物,利用光度法可测定三价铁离子浓度。

(2) 试剂

① 25% 磺基水杨酸溶液：称取 25 g 磺基水杨酸（分析纯）,用蒸馏水溶解并稀释到 100 mL;

② 比重 0.90 的氨水溶液（25% 的氨水溶液）;

③ 铁标准溶液（$\rho(Fe_2O_3)$ = 100 μg/mL）：精确称取 0.491 0 g 硫酸亚铁铵（分析纯,$Fe(NH_4)(SO_4)_2 \cdot H_2O$）于 250 mL 水中,加入 10 mL H_2SO_4（1:1）、50 mL 水。加热溶解后,放冷至室温,移入 1 000 mL 容量瓶中,以水稀释至

刻度。

(3) 步骤

① 绘制工作曲线

分别取铁标准溶液（$\rho(Fe_2O_3) = 100\ \mu g/mL$）0.0 mL、0.5 mL、1.0 mL、1.5 mL、2.0 mL、2.5 mL、3.0 mL、3.5 mL、4.0 mL 于 50 mL 比色管中，加水 10 mL 和 25% 磺基水杨酸溶液 3 mL，用氨水（1:1）中和到溶液呈黄色并过量 2 mL，水定容，摇匀。在波长 425 nm 处测定吸光度值，然后利用所得数据绘制工作曲线。

② 测定

吸取待测溶液 2~5 mL 放入 50 mL 比色管中，加水 10 mL 和 25% 磺基水杨酸溶液 5 mL，用氨水（1:1）中和到溶液呈黄色并过量 2 mL，用水定容，摇匀。在波长 425 nm 处测定吸光度值，在工作曲线上求出其浓度值。

(4) 注意事项

如果锰含量高时，溶液呈棕色，可在未加氨水前加盐酸羟胺还原，但应及时比色。

2. EDTA 直接滴定法（国家标准 GB/T 176—1996）

(1) 原理

在 pH = 1.8~2.0 及 60 ℃~70 ℃ 的溶液中，以磺基水杨酸为指示剂，用 EDTA 标准滴定溶液直接滴定溶液中的三价铁。此法适于 Fe_2O_3 含量小于 10% 的试样，如水泥、生料、熟料、黏土、石灰石等。

用 EDTA 直接滴定 Fe^{3+}，一般以磺基水杨酸或其钠盐作指示剂。在溶液 pH 为 1.8~2.5 时，磺基水杨酸钠能与 Fe^{3+} 生成紫红色配合物，能被 EDTA 所取代。反应过程如下：

$$Fe^{3+} + Sal^{2-}（磺基水杨酸根）\Longrightarrow FeSal^{+}（紫红色）$$

$$Fe^{3+} + H_2Y^{2-} \Longrightarrow FeY^{-}（黄色）+ 2H^{+}$$

$$FeSal^{+} + H_2Y^{2-} \Longrightarrow FeY^{-}（黄色）+ Sal^{2-}（无色）+ 2H^{+}$$

因此，终点时溶液颜色由紫红色变为亮黄色。试样中铁含量越高，则黄色越深；铁含量低时为浅黄色，甚至近于无色。若溶液中含有大量 Cl^{-} 时，FeY^{-} 与 Cl^{-} 生成黄色更深的配合物，所以，在盐酸介质中滴定比在硝酸介质中滴定可以得到更明显的终点。

(2) 试剂

① 氨水溶液（1:1）；

② 盐酸溶液（1:1）；

③ 200 g/L KOH 溶液：称取 200 g 氢氧化钾溶于水中，加水稀释至 1 L，贮于塑料瓶中；

④ 100 g/L 磺基水杨酸钠指示剂溶液：将 10 g 磺基水杨酸钠溶于水中，加水

稀释至 100 mL;

⑤ CMP 混合指示液:称取 1.000 g 钙黄绿素、1.000 g 甲基百里香酚蓝、0.200 g 酚酞与 50 g 已在 105 ℃ 烘干过的硝酸钾混合,研细,保存在磨口瓶中;

⑥ 碳酸钙标准溶液(c($CaCO_3$) = 0.02 mol/L):称取 0.6 g(精确至 0.000 1 g)已于 105 ℃ ~ 110 ℃ 烘过 2 h 的 $CaCO_3$,置于 400 mL 烧杯中,加入约 100 mL 水,盖上表面皿,沿杯口滴加盐酸(1:1)至 $CaCO_3$ 全部溶解,加热煮沸数分钟。将溶液冷至室温,移入 250 mL 容量瓶中,用水稀释至标线,摇匀;

⑦ EDTA 标准滴定溶液(c(EDTA) = 0.015 mol/L):称取约 5.6 g EDTA(乙二胺四乙酸二钠盐)置于烧杯中,加约 200 mL 水,加热溶解,过滤,用水稀释至 1 L。

(3) 步骤

① 标定 EDTA 标准溶液

用移液管吸取 25.00 mL $CaCO_3$ 标准溶液(0.02 mol/L)于 400 mL 锥形瓶中,加水稀释至约 200 mL,加入适量的 CMP 混合指示液,在搅拌下加入 200 g/L KOH 溶液至出现绿色荧光后再过量 2 ~ 3 mL,以 EDTA 标准滴定溶液滴定至绿色荧光消失并呈现红色即为终点。EDTA 标准滴定溶液浓度按下式计算:

$$c(\text{EDTA}) = \frac{m \times 25.00 \times 1\,000}{250 \times V_{\text{EDTA}} \times 100.09}$$

式中,c(EDTA)——EDTA 标准滴定溶液的浓度,mol/L;

V_{EDTA}——滴定时消耗 EDTA 标准滴定溶液的体积,mL;

m——配制碳酸钙标准溶液的碳酸钙的质量,g;

100.09——$CaCO_3$ 的摩尔质量,g/mol。

EDTA 标准滴定溶液对各氧化物的滴定度按下式计算:

$$T_{\text{Fe}_2\text{O}_3} = c(\text{EDTA}) \times 79.84$$

$$T_{\text{Al}_2\text{O}_3} = c(\text{EDTA}) \times 50.98$$

② 三价铁离子的测定

从待测溶液中吸取 25.00 mL 放入 300 mL 锥形瓶中,加水稀释至约 100 mL,用氨水(1:1)和盐酸(1:1)调节溶液 pH 在 1.8 ~ 2.0 之间(用精密 pH 试纸检验)。将溶液加热至 70 ℃,加 10 滴磺基水杨酸钠指示剂溶液(100 g/L),用 c(EDTA) = 0.02 mol/L 的 EDTA 标准滴定溶液缓慢地滴定至亮黄色(终点时溶液温度应不低于 60 ℃)。保留此溶液供测定 Al_2O_3 用。

(4) 结果计算

$$w(\text{Fe}_2\text{O}_3) = \frac{T_{\text{Fe}_2\text{O}_3} \times V_{\text{EDTA}}}{m \times 1\,000} \times 100\%$$

式中,$T_{\text{Fe}_2\text{O}_3}$——每毫升 EDTA 标准滴定溶液相当于 Fe_2O_3 的质量,mg/mL;

V_{EDTA}——滴定时消耗 EDTA 标准滴定溶液的体积,mL;

m——试料的质量,g。

任务 3 硅酸盐中 TiO_2 含量的测定
（二安替比林甲烷分光光度法）

（1）原理

在盐酸介质中，DAMP（二安替比林甲烷）与 TiO^{2+} 生成稳定的 1∶3 的黄色配合物，在波长 420 nm 处测定吸光度。

$$TiO^{2+} + 3DAMP + 2H^+ = [Ti(DAMP)_3]^{4+} + H_2O$$

（2）试剂

① 1% DAMP 溶液：称取 1 g DAMP 溶解于 100 mL 2 mol/L 的 HCl 溶液中；

② TiO_2 标准溶液的配制：称取 0.100 0 g 高纯 TiO_2，置于铂坩埚中，加入 2 g 焦硫酸钾，在 500 ℃~600 ℃下熔融至透明，熔块用硫酸溶液（1∶9）浸取，加热使熔块完全溶解，冷却后移入 1 000 mL 容量瓶中，用上述硫酸稀释至刻度，该 TiO_2 溶液浓度为 0.100 0 mg/mL。

（3）步骤

① 工作曲线的绘制

吸取 0.100 0 mg/mL TiO_2 溶液 0.0 mL、0.5 mL、1.0 mL、2.0 mL、3.0 mL、4.0 mL、5.0 mL 分别放入 50 mL 容量瓶中，各加 5 mL 20 g/L 抗坏血酸溶液，摇匀，放置数分钟。加 20 mL 10 g/L DAMP 溶液，用水稀释至刻度。放置 50 min，以水为参比，于波长 430 nm 处测定吸光度，绘制工作曲线。

② 样品测定

从待测液中吸取 5~10 mL 放入 50 mL 容量瓶中，按照与绘制工作曲线相同的处理方法测定吸光度，求出 TiO_2 的含量。

任务 4 硅酸盐中 Al_2O_3 含量的测定

铝含量的测定方法有质量法、滴定法、分光光度法、等离子发射光谱法。硅酸盐中的铝多用滴定分析法测定，如铝含量很低，可用铬天青 S 光度法测定。

1. EDTA 直接滴定法（国家标准 GB/T 176—1996）

（1）原理

于滴定铁后的溶液中，调整 pH=3，在煮沸下用 EDTA-铜和 PAN 为指示剂，用 EDTA 标准滴定溶液滴定。

用 EDTA 直接滴定 Al^{3+}，因所用指示剂和测定时溶液 pH 的不同，而有多种不同的方法。目前，大多在 pH=3 的煮沸的溶液中，用 PAN 和等物质的量配制的 EDTA-Cu 为指示剂，以 EDTA 标准滴定溶液直接进行滴定。其反应过程如下：

$$Al^{3+} + CuY^{2-} = AlY^- + Cu^{2+}$$

$$Cu^{2+} + PAN \rightleftharpoons Cu-PAN(红色)$$
$$H_2Y^{2-} + Al^{3+} \rightleftharpoons AlY^- + 2H^+$$
$$Cu-PAN(红色) + H_2Y^{2-} \rightleftharpoons CuY^{2-} + PAN(黄色) + 2H^+$$

当第一次滴定到指示剂呈稳定的黄色时,约有 90% 以上的 Al^{3+} 被滴定。为继续滴定剩余的 Al^{3+},需再将溶液煮沸,于是溶液又由黄变红;当第二次以 EDTA 滴定至呈稳定的黄色后,被配位的 Al^{3+} 总量可达 99% 左右。因此,对于普通硅酸盐水泥一类的样品分析,滴定 2~3 次所得结果的准确度已能满足生产要求。

(2) 试剂

① 氨水溶液 (1:2);

② 盐酸溶液 (1:2);

③ pH = 3 的乙酸 - 乙酸钠缓冲溶液:将 3.2 g 无水乙酸钠溶于水中,加 120 mL 冰乙酸,用水稀释至 1 L,摇匀;

④ PAN 指示剂溶液:将 0.2 g 1 - (2 - 吡啶偶氮) - 2 - 萘酚溶于 100 mL 95% (体积分数) 乙醇中;

⑤ EDTA - 铜溶液:用浓度各为 0.015 mol/L 的 EDTA 标准滴定溶液和硫酸铜标准滴定溶液等体积混合而成;

⑥ 溴酚蓝指示液:将 0.2 g 溴酚蓝溶于 100 mL 乙醇溶液 (1:4) 中;

⑦ EDTA 标准滴定溶液:c(EDTA) = 0.02 mol/L。

(3) 测定步骤

将测定完铁的溶液用水稀释至约 200 mL,加 1~2 滴溴酚蓝指示剂溶液 (2 g/L),滴加氨水 (1:2) 至溶液出现蓝紫色,再滴加盐酸 (1:2) 至黄色,加入 15 mL pH = 3 的缓冲溶液,加热至微沸并保持 1 min,加入 10 滴 EDTA—铜溶液及 2~3 滴 PAN 指示剂溶液 (2 g/L),用 c(EDTA) = 0.015 mol/L 的 EDTA 标准滴定溶液滴定至红色消失,继续煮沸,滴定,直至溶液经煮沸后红色不再出现并呈稳定的黄色为止。

(4) 结果计算

$$w(Al_2O_3) = \frac{T_{Al_2O_3} \times V_{EDTA}}{m \times 1\ 000} \times 100\%$$

式中,$T_{Al_2O_3}$——每毫升 EDTA 标准滴定溶液相当于氧化铝的质量,mg/mL;

V_{EDTA}——滴定时消耗 EDTA 标准滴定溶液的体积,mL;

m——试料的质量,g。

2. KF 取代——锌盐回滴法

(1) 原理

在溶液中加过量的 EDTA,使铝、铁、钛等全部配合,在 pH = 6 时,用二甲酚橙作指示剂，用醋酸锌标准溶液滴定过剩的 EDTA。加 KF 取代与铝钛配合的 EDTA，再用醋酸锌标准溶液滴定释放出来的 EDTA，结果为铝钛含量，从中减去钛含量即得氧化铝含量。

（2）试剂

① PH=6 的乙酸-乙酸钠缓冲溶液：称取 204 g 结晶乙酸钠溶于少量水，加 9 毫升冰乙酸，水稀释至 1 000 mL；

② 0.2% 二甲酚橙指示剂；

③ 0.02 mol/L EDTA 标准溶液：称取 7.5 g EDTA 溶于 1 000 mL，用 0.020 00 mol/L 的基准氧化锌标准溶液标定；

吸取 25.00 mL 的 0.020 00 mol/L 的基准氧化锌标准溶液于 250 mL 的烧杯中滴加氨水产生沉淀，再滴加氨水至沉淀溶解，加铬黑 T 指示剂 1 滴，用配制的 EDTA 溶液滴定到蓝色为终点。EDTA 标准滴定溶液按下式计算：

$$c(\text{EDTA}) = \frac{c(\text{ZnO}) \times V(\text{ZnO})}{V(\text{EDTA})}$$

④ 0.020 00 mol/L 氧化锌标准溶液：称取经 600 ℃ 灼烧的基准氧化锌 3.255 2 g 于烧杯中加盐酸 10 mL，移入 2 000 mL 的容量瓶，稀释至刻度，摇匀；

⑤ 0.02 mol/L 醋酸锌标准溶液：称取 4.4 g 结晶乙酸锌用水溶解，加 2 滴醋酸，稀释至 1 000 mL；

用 EDTA 标准溶液标定，吸取 25 mL EDTA 标准溶液于 250 mL 的烧杯中，加 1 滴二甲酚橙指示剂，用 20% 的氨水调到紫色，再用 2% 的盐酸调到黄色，加 pH=6 醋酸-醋酸钠缓冲溶液 10 mL，用醋酸锌溶液滴定至紫红色为终点。醋酸锌标准滴定溶液按下式计算：

$$c(\text{Zn}(\text{Ac})_2) = \frac{c(\text{EDTA}) \times V(\text{EDTA})}{V(\text{Zn}(\text{Ac})_2)}$$

⑥ 20% KF 溶液。

（3）测定步骤

吸取 25 mL 滤液于 250 mL 的烧杯中，加 0.04 mol/L 的 EDTA 20 mL（根据铝含量而定，EDTA 是过量的），加 2 滴二甲酚橙指示剂，用 1:1 的氨水调溶液由黄色刚变紫色，再用 1:1 的盐酸溶液滴至溶液呈黄色过量 1~2 滴，加 pH=6 的缓冲溶液 10 mL，盖好表面皿，电热板煮沸 15 min，取下放冷，加 1 滴二甲酚橙指示剂，用 0.02 mol/L 的醋酸锌标准溶液滴定至红色（不计体积），加 20% KF 10 mL，煮沸放冷，加 1 滴二甲酚橙指示剂，用醋酸锌标准溶液滴定，溶液由黄色变红色为终点。

（4）结果计算

$$w(\text{Al}_2\text{O}_3) = \frac{c(\text{Zn}(\text{Ac})_2) \times V(\text{Zn}(\text{Ac})_2) \times 50.98}{m \times 1\,000} - w((\text{TiO})_2) \times 0.638\,1$$

式中，$c(\text{Zn}(\text{Ac})_2)$——醋酸锌标准滴定溶液的浓度，mol/L；

$V(\text{Zn}(\text{Ac})_2)$——滴定时消耗醋酸锌标准滴定溶液的体积，mL；

m——试料的质量，g。

（5）注意事项

① 如果 EDTA 的量不够，调酸度时，加二甲酚橙即显紫色，补加适量的 EDTA；

② 两次锌盐滴定的终点保持一致。

任务 5　硅酸盐中 CaO 含量的测定（EDTA 滴定法）

（1）原理

在 pH＞13 的强碱性溶液中，以三乙醇胺为掩蔽剂，用钙黄绿素－酚酞配合指示剂，用 EDTA 标液滴定。

（2）试剂

① 三乙醇胺溶液（1:4）；

② 30% 氢氧化钾；

③ 0.02 mol/L EDTA 标准溶液；

④ 钙黄绿素－酚酞配位指示剂－氯化钾（0.5:0.1:50）。

（3）测定步骤

从待测液中吸取 25.00 mL 放入锥形瓶中，用水稀释至约 150 mL，在不断搅拌下加 10 mL 三乙醇胺、15 mL KOH，加少许指示剂，用 EDTA 标液滴定至溶液绿色荧光消失出现红色为终点。

（4）结果计算

$$w(\text{CaO}) = \frac{c(\text{EDTA}) \times V(\text{EDTA}) \times 56.08}{m \times 1\,000}$$

式中，$c(\text{EDTA})$——EDTA 标准滴定溶液的浓度，mol/L；

$V(\text{EDTA})$——EDTA 标准滴定溶液的体积，mL；

m——试料的质量，g。

习　　题

一、填空题

1. 硅酸盐是硅酸中的氢被＿＿＿＿、＿＿＿＿、＿＿＿＿、＿＿＿＿、＿＿＿＿、＿＿＿＿及其他金属离子取代而生成的盐。

2. 硅酸盐分析主要是对其中的＿＿＿＿和＿＿＿＿的分析。

3. 硅酸盐试样的系统分析可以粗略地分为＿＿＿＿和＿＿＿＿两大类。

4. 将试样和＿＿＿＿混合，置于适当的容器中，在高温下进行分解，生成易溶于水的产物，称为熔融分解法。

5. 常用的碱性熔剂有_____、K_2CO_3、_____等。在硅酸盐系统分析中，常采用_____，而不是 K_2CO_3。在用_____熔融时，应采用铂坩埚。

6. 硅酸盐中二氧化硅的测定方法较多，通常采用_____法和_____法。对硅含量低的试样，可采用_____法和_____法。

二、问答题

1. 组成硅酸盐岩石矿物的主要元素是哪些？硅酸盐全分析通常测定哪些项目？

2. 在硅酸盐试样的分解中，酸分解法、熔融法中常用的溶（熔）剂的使用条件是什么？各有何特点？

3. 烧结法与熔融法有何区别？各自优点是什么？

4. 何谓系统分析和分析系统？一个好的分析系统必须具备哪些条件？硅酸盐分析的主要分析系统有哪些？硅酸盐经典分析系统和快速分析系统各有什么特点？

5. 硅酸盐中二氧化硅的测定方法有哪些？测定原理各是什么？各有何特点？

6. 质量法测定二氧化硅的方法有哪些？各有什么优缺点？

7. 动物胶凝聚质量去测定二氧化硅的原理是什么？加入动物胶溶液之前将试液蒸至湿盐状的作用是什么？

8. 氟硅酸钾容量法常用的分解试样的溶剂是什么？为什么？应如何控制硅酸钾沉淀和水解滴定的条件？

9. 硅酸盐中铁的测定方法有哪些？

10. 简述 EDTA 配位滴定法测定硅酸盐系统分析溶液中铁、铝、钙、镁的主要反应条件。

11. 在钛的测定中，H_2O_2 光度法和二安替比林甲烷光度法的显色介质是什么？为什么？两种方法各有何特点？

12. 在钙镁离子共存时，用 EDTA 配位滴定法测定其含量，如何克服相互之间的干扰？当大量镁存在时，如何进行钙的测定？

三、计算题

1. 称取某硅酸盐试样 1.200 g，以氟硅酸钾容量法测定硅的含量，滴定时消耗 0.150 0 mol/L NaOH 标准溶液 7.50 mL，试求该样式中二氧化硅的含量。

2. 称取 $CaCO_3$ 0.100 5 g，溶解后转入 100 mL 容量瓶中定容。吸取 25.00 mL，pH>12 时，以钙指示剂指示终点，用 EDTA 标准滴定溶液滴定，用去 20.90 mL。试计算：（1）EDTA 标准滴定溶液的浓度；（2）EDTA 溶液对 Fe_2O_3、Al_2O_3、CaO、MgO 的滴定度。

3. 称取石灰石试样 0.250 3 g，用盐酸分解，将溶液转入 100 mL 的容量瓶中定容。移取 25.00 mL 试验溶液，调整溶液 pH=12，以 K-B 指示剂指示终点，用 0.025 00 mol/L 的 EDTA 标准滴定溶液滴定，消耗 24.00 mL，计算试样中的含钙量，结果分别以 CaO 和 $CaCO_3$ 形式表示。

4. 称取白云石试样 0.500 0 g，用酸分解后转入 250 mL 容量瓶中定容。准确移取 25.00 mL 试验溶液，加入掩蔽剂掩蔽干扰离子，调整溶液 pH = 10，以 K-B 为指示剂，用 0.020 10 mol/L 的 EDTA 标准滴定溶液滴定，消耗了 24.10 mL；另取一份 25.00 mL 试验溶液，加掩蔽剂后在 pH > 12 时，以 CMP 三混指示剂指示，用同浓度的 EDTA 标准滴定溶液滴定，消耗了 16.50 mL。试计算试样中 $CaCO_3$ 和 $MgCO_3$ 的质量分数。

阅读材料

硅酸盐水泥熟料，简称水泥熟料，是一种由主要含 CaO、SiO_2、Al_2O_3、Fe_2O_3 并按适当比例配合磨成细粉（生料），烧至部分熔融，以硅酸钙为主要成分的水硬性胶凝物质。其矿物组成是硅酸三钙（$3CaO \cdot SiO_2$）、硅酸二钙（$2CaO \cdot SiO_2$）、铝酸三钙（$3CaO \cdot Al_2O_3$）和铁铝酸四钙（$4CaO \cdot Al_2O_3 \cdot Fe_2O_3$）。前两者的含量占熟料矿物组成的大部分，上述四种矿物都是水硬性矿物，具有遇水能水化、硬化的性能。水泥熟料是各种硅酸盐水泥的主要组分，在硅酸盐水泥生产中属于半成品。

凡以硅酸盐水泥熟料（硅酸钙为主要成分）、5% 以下的石灰石或粒化高炉矿渣、适量石膏磨细制成的水硬性胶凝材料，统称为硅酸盐水泥。硅酸盐水泥加入适量水后可成塑性浆体，既能在空气中硬化又能在水中硬化，并能将砂、石、钢筋等材料胶结在一起，是建筑工业三大基本材料之一。硅酸盐水泥的强度等级分为 42.5、42.5R、52.5、52.5R、62.5、62.5R 共六个。强度等级又称水泥标号，是按水泥强度高低分等级的一种称呼。水泥标号仅是等级划分，没有单位。

水泥浆有很好的可塑性，可制成各种形状和尺寸的混凝土构件；适应性强，可用于海上、地下、深水或干热、严寒地区，适于建设高层建筑、大型桥梁、巨型水坝、高速公路以及耐侵蚀、防辐射等特殊要求的工程；水泥混凝土既没有钢材的生锈问题，也没木材的腐朽等缺点，更没有塑料制品的老化、污染等问题。水泥不但大量应用于工业与建筑领域，还广泛应用于交通、水利、农林、宇航工业、核工业以及其他新型工业和工程建设领域。

硅酸盐水泥按其用途和性能可分为：通用水泥、专用水泥和特性水泥三大类。按其所含的主要水硬性矿物，水泥又可分为硅酸盐水泥、铝酸盐水泥、硫铝酸盐水泥、铁铝酸盐水泥、氟铝酸盐水泥以及以工业废渣和火山灰等活性材料为主要组分的水泥。水泥的生产过程通常分为三个阶段：生料制备、熟料煅烧、水泥制成及出厂。

(1) 生料制备：是指石灰质原料、黏土质原料与少量校正原料经破碎后，按一定比例配合、磨细并调配为成分合适、质量均匀的生料。

（2）熟料煅烧：生料在水泥窑内煅烧至部分熔融，所得以硅酸钙为主要成分的硅酸盐水泥熟料，称为熟料煅烧。

（3）水泥制成及出厂：熟料加适量石膏、混合材料共同磨细成粉状的水泥，并包装或散装出厂，称为水泥制成及出厂。

硅酸盐水泥生产技术要求即品质指标，是衡量水泥品质及保证水泥质量的重要依据。水泥质量可以通过化学指标和物理指标进行控制和评定。水泥的化学指标主要是控制水泥中有害物质的化学成分不超过一定限量，若超过了最大允许限量，即意味着对水泥性能和质量可能产生有害的或潜在有害的影响；水泥的物理指标主要是保证水泥具有一定的物理力学性能，满足水泥使用要求，保证工程质量。硅酸盐水泥的化学和物理指标如下：

（1）不溶物：结晶 SiO_2，其次是 Al_2O_3、Fe_2O_3，是水泥中非活性组分。

（2）烧失量：水泥烧失量是指水泥在 950 ℃ ~ 1 000 ℃ 高温下煅烧失去的质量百分数。

（3）细度：细度即水泥的粗细程度，通常以比表面积或筛余量表示。水泥需有足够的细度，使用中才能具有良好的和易性、不泌水等施工性能，并具有一定的早期强度。水泥的粉磨细度直接影响水泥的能耗、质量、产量和成本。水泥的细度通过粉磨工艺过程的控制来实现。

（4）凝结时间：水泥凝结时间是水泥从和水接触开始到失去流动性，即从可塑性状态发展到固体状态所需要的时间，分为初凝时间和终凝时间。初凝时间是指水泥加水拌和起到标准稠度净浆开始失去塑性的时间；终凝时间是指水泥加水拌和起到稠度净浆完全失去塑性的时间。水泥使用时要求有一定的初凝时间，又要求水泥有不太长的终凝时间。凝结时间的调节可以通过加入适量的石膏来实现，使其达到标准的要求。

（5）安定性：水泥硬化后体积变化的均匀性称为水泥体积安定性，简称安定性。安定性是水泥质量指标中最终要的指标之一，它直接反映水泥质量的优劣。引起水泥安定性的原因有三种：熟料中游离氧化钙、方镁石含量过高及水泥中石膏掺加量过多。因此确保水泥安定性合格的有效途径就是控制熟料中游离氧化钙、方镁石含量及水泥中石膏掺加量。

（6）氧化镁含量：水泥中氧化镁含量过高时，由于其缓慢的水化和体积膨胀效应可使水泥硬化体结构破坏。

（7）三氧化硫含量：硅酸盐水泥中三氧化硫含量超过 3.5% 后，强度下降，膨胀率上升，硬化后水泥的体积膨胀，甚至结构破坏。

（8）碱含量：标准中规定水泥中碱含量按钠碱含量（$Na_2O + 0.658K_2O$）来表示。水泥混凝土中的碱骨料（或称碱集料）反应与混凝土中拌和物的总碱量、骨料的活性程度及混凝土的使用环境有关。

硅酸盐分析常用熔剂、坩埚、试剂用量及适用对象

熔剂		用量/倍	适用坩埚							熔剂性质及适用对象
			铂	铁	镍	银	瓷	刚玉	石英	
碱性熔剂	无水 Na_2CO_3（K_2CO_3）	6~8	+	+	+	—	—	+	—	分解硅酸盐、难溶性硫酸盐、酸性矿渣、耐火材料等
	$NaHCO_3$	12~14	+	+	+	—	—	+	—	同上
	NaOH（KOH）	8~10	—	+	+	+	—	—	—	分解黏土、粉煤灰、玻璃、水泥及原料等硅酸盐样品
	$Na_2CO_3:K_2CO_3$（1:1）	6~8	+	+	+	—	—	+	—	分解不溶性矿渣、黏土、耐火材料、难溶性硫酸盐
	$Na_2CO_3:KNO_3$（6+:0.5）	8~10	+	+	+	—	—	+	—	测定矿石中全 S、As、Cr、V、分离钒、铬矿物中 Ti
	$Na_2CO_3:Na_3BO_3$（3:2）	10~12	+	—	—	—	+	+	+	用于分解铬铁矿、钛铁矿
	$Na_2CO_3:MgO$（2:1）	10~14	+	+	+	—	+	+	+	聚附剂，分解铁合金、铬铁矿（测定 Cr、Mn）
	$Na_2CO_3:MgO$（1:2）	4~10	+	+	+	—	+	+	+	聚附剂，测定煤中 S，分解铁合金
	$Na_2CO_3:ZnO$（2:1）	8~10	+	+	+	—	+	+	+	碱性氧化熔剂（聚附剂），测定矿石中 S
	$Na_2CO_3:S$（1:1）	8~12	—	—	—	—	+	+	+	碱性硫化熔剂，分解有色金属矿石焙烧后产品，有 Pb、Cu 和 Ag 中分离 Mo、Sb、As、Sn 以及 Ti 和 V 的分离
	$KNaCO_3$:酒石酸钾（4:1）	8~10	+	—	—	—	+	—	+	碱性还原熔剂，分离 Cr 与 V_2O_5
	Na_2O_2	6~8	—	+	+	—	—	+	—	用于测定矿石和铁合金中 S、Cr、V、Mn、Si、P、W、Mo 等
	$Na_2O_2:Na_2CO_3$（5:1）	6~8	—	+	+	+	—	+	—	同上
	$NaOH:NaNO_3$（6:0.5）	4~6	—	+	+	+	—	—	—	碱性氧化熔剂，用来代替 Na_2O_2
	$Na_2CO_3:Na_2B_4O_7$（2:1）	5~10	+	—	—	—	+	+	—	分解耐火材料及原料如黏土、Al_2O_3、铝土矿、高铝质半硅质耐火材料、锆刚玉、铬矿渣、灼烧氧化物、高铝质瓷及釉料等试样
	$KNaCO_3:Na_2B_4O_7$（3:2）	10~12	+	—	—	—	+	+	+	碱性氧化熔剂，用于分解铬铁矿、钛铁矿等

续表

熔剂		用量/倍	适用坩埚							熔剂性质及适用对象
			铂	铁	镍	银	瓷	刚玉	石英	
碱性熔剂	Na₂CO₃	0.6~1	+	—	—	—	—	—	—	半熔法一般是在铂坩埚中，用于石灰石、白垩土、水泥生料的系统分析
	Na₂CO₃:粉末结晶硫黄（1:1）	8~12	—	—	—	—	+	+	+	碱性硫化熔剂，用于分解有色金属矿石焙烧后产品，分离钛和钒；由铅、铜和银中分离钼、锑、砷、锡
酸性熔剂	KHSO₄	12~14	+	—	—	—	+	—	+	熔融 Ti、Al、Fe、Cu 的氧化物，分解硅酸盐以测定 SiO₂，分解钨矿石以分离 W 和 Si
	K₂S₂O₇	8~12	+	—	—	—	+	—	+	分解铬铁矿、刚玉、磁铁矿、红宝石、钛的氧化物、中性或碱性的耐火材料等
	B₂O₃	5~8	+	—	—	—	—	—	—	分解硅酸盐以测定碱金属
	LiBO₂	3~5	+	—	—	—	—	—	—	可以分解多种硅酸盐矿物（包括许多难熔矿物），如：氧化铝、铬铁矿、钛铁矿等。
	KHF₂:K₂S₂O₇（1+:10）	8~10	+	—	—	—	—	—	—	分解锆矿石

第 4 章

钢铁分析

任务引领

任务 1　钢铁中碳硫含量的测定
任务 2　钢铁中锰含量的测定

任务拓展

任务 3　钢铁中硅含量的测定

任务目标

▶ 知识目标

1. 了解钢铁的分类、牌号表示方法及钢铁试样的采取、制备和分解方法；
2. 了解钢铁五元素在钢铁中的存在形式及其对钢铁性质的影响；
3. 理解钢铁中碳、硫、磷、锰、硅的分析方法类型和测定原理；
4. 掌握钢铁中碳、硫、磷、锰、硅的分析方法和测定原理。

▶ 能力目标

1. 能够使用正确的方法测定钢铁中碳硫含量；
2. 能够使用正确的方法测定钢铁中锰含量；
3. 能够使用正确的方法测定钢铁中硅含量。

4.1　概述

4.1.1　基础知识

金属材料通常分为黑色金属和有色金属两大类。黑色金属材料是指铁、铬、锰及它们的合金，通常称为钢铁材料。各类钢铁是由铁矿石及其他辅助原料在高炉、转炉、电炉等各种冶金炉中冶炼而成的。

1. 钢铁材料的分类

(1) 钢的分类

钢是指含碳量低于2%的铁碳合金，其成分除铁碳外，还有少量硅、锰、硫、磷等杂质元素，合金钢还含有其他合金元素。一般工业用钢含碳量不超过1.4%。常用分类方法有以下几种。

① 按化学成分分类　钢铁材料可分为碳素钢和合金钢两种。

碳素钢：工业纯铁（$w(C) \leq 0.04\%$）
　　　　低碳钢（$w(C) \leq 0.25\%$）
　　　　中碳钢（$w(C) = 0.25\% \sim 0.60\%$）
　　　　高碳钢（$w(C) > 0.60\%$）

合金钢：低合金钢（$w_{合金元素} \leq 5\%$）
　　　　中合金钢（$w_{合金元素} = 5\% \sim 10\%$）
　　　　高合金钢（$w_{合金元素} > 10\%$）

② 按品质分类　钢铁材料可分为普通钢（$w(P) \leq 0.045\%$，$w(S) \leq 0.055\%$）、优质钢（$w(P) \leq 0.040\%$，$w(S) \leq 0.040\%$）和高级优质钢（$w(P) \leq 0.035\%$，$w(S) \leq 0.030\%$）。

③ 按冶炼方法分类　按炉别分类，钢铁材料可分为：平炉钢、转炉钢、电炉钢等。

④ 按脱氧程度分类　钢铁材料可分为：沸腾钢、镇静钢、半镇静钢。

⑤ 按用途分类　钢铁材料可分为：结构钢（建筑及工程用钢、机械制造用钢）、工具钢（刃具、量具、模具等用钢）、特殊性能钢（耐酸、低温、耐热、电工、超高强钢等）。

(2) 生铁的分类

生铁是含碳量高于2%的铁碳合金，通常按用途分为炼钢生铁和铸造生铁两类。

炼钢生铁是指用于炼钢的生铁，一般含硅量较低（<1.75%），含硫量较高（<0.07%）。高炉中生产出来的生铁主要用作炼钢生铁，约占生铁产量的80%~90%，质硬而脆，断口成白色，也叫白口铁。

铸造生铁是指用于铸造各种生铁、铸铁件的生铁，一般含硅量较高（>3.75%），含硫量稍低（<0.06%），因其断口呈灰色，所以也叫灰口铁。

(3) 铁合金的分类

铁合金是含有炼钢时所需的各种合金元素的特种生铁，用作炼钢时的脱氧剂或合金元素添加剂。铁合金主要是以所含的合金元素来分，如硅铁、锰铁、铬铁、钼铁、钨铁、铌铁、钍铁、硅锰合金、稀土合金等，用量最大的是硅铁、锰铁、铬铁。

(4) 铸铁的分类

铸铁也是一种含碳量高于 2% 的铁碳合金,是用铸造生铁原料经重熔调配成分再浇注而成的机件,一般称为铸铁件。

铸铁分类方法较多,按断口颜色可分为灰口铸铁、白口铸铁和麻口铸铁三类;按化学成分不同,可分为普通铸铁和合金铸铁两类;按组织、性能不同,可分为普通灰口铁、孕育铸铁、可锻铸铁、球墨铸铁、蠕墨铸铁和特殊性能铸铁(耐热、耐蚀、耐磨铸铁等)六类。

2. 钢铁中主要元素的存在形式及影响

碳、硫、磷、硅、锰是生铁及碳素钢中的主要元素,俗称为"五大元素"。

(1) 碳

碳在钢铁中主要以固溶体状态存在,有的生成碳化物(Fe_2C、Mn_3C、Cr_5C_2、WC、MOC 等)。碳是决定钢铁性能的主要元素之一,一般含碳量高,硬度增强,延性及冲击韧性降低,熔点较低;含碳量低,则硬度较弱,延性及韧性增强,熔点较高。正是由于碳的存在,才能用热处理的方法来调节和改善钢铁的机械性能。

(2) 硫

硫在钢铁中主要以 FeS、MnS 状态存在,其中 FeS 的熔点低,最后凝固,夹杂于钢铁的晶格之间,当加热压制时,FeS 熔融,钢铁的晶粒失去连接作用而碎裂。硫的存在所引起的这种"热脆性"严重影响钢铁的性能。国家标准规定碳素钢中含硫量不得超过 0.05%,优质钢中含硫量不超过 0.02%。

(3) 磷

磷在钢铁中以 Fe_2P 或 Fe_3P 状态存在,其中磷化铁硬度较强,以致钢铁难于加工,并使钢铁产生"冷脆性",也是有害杂质之一,应控制其含量不得超过 0.06%。当钢铁中磷含量稍高时,能使材料流动性增强而易于铸造,并可避免在轧钢时轧辊与轧件黏合,所以在特殊情况下又常有意加入一定量的磷。

(4) 硅

硅在钢铁中主要以 FeSi、MnSi、FeMnSi 等状态存在,有的也以固溶体或非金属夹杂物状态存在,如 $2FeO \cdot SiO_2$、$2MnO \cdot SiO_2$、硅酸盐,在高碳硅钢中有一部分以 SiC 状态存在。硅可以增强钢的硬度、弹性及强度,并可以提高钢的抗氧化力及耐酸性;另外,硅还可以促使碳游离为石墨状态,使钢铁富于流动性,易于铸造。生铁中一般含硅 0.5%～3%,当含硅高于 2% 而锰低于 2% 时,则其中的碳主要以游离的石墨状态存在,熔点较高,约为 1 200 ℃,且因为含硅量较高,钢铁流动性较好,而且质软,易于车削加工,多用于铸造;如果含硅量低于 0.5% 而含锰量高于 4%,则锰阻止碳以石墨状态析出而主要以碳化物状态存在,熔点较低,约为 1 100 ℃,易于炼钢;含硅 12%～14% 的铁合金称为硅铁;含硅 12%、锰 20% 的铁合金称为硅锰铁,主要用作炼钢的脱氧剂。

(5) 锰

锰在钢铁中主要以 MnC、MnS、FeMnSi 或固溶体状态存在。生铁中一般含锰 0.5%~6%，普通碳素钢中锰含量较低，含锰 0.8%~14% 的为高锰钢，含锰 12%~20% 的铁合金称为镜铁，含锰 60%~80% 的铁合金称为锰铁。锰能增强钢的硬度，减弱展性，因此高锰钢具有良好的弹性及耐磨性，常用于制造弹簧、齿轮、磨机的钢球、钢棒等。

3. 钢铁产品牌号表示方法

目前，我国钢铁产品牌号表示方法是依据国家标准 GB/T 221—2008 规定的。标准规定采用汉语拼音字母、化学元素符号及阿拉伯数字相结合的方法表示，其中汉语拼音字母表示产品名称、用途、特性和工艺方法，元素符号表示钢的化学成分，阿拉伯数字表示成分含量或作其他代号。元素含量的表示方法是：含碳量一般在牌号头部，对不同种类的钢，其单位取值也不同，如碳素结构钢、低合金钢类以万分之一（0.01%）含碳量为单位，不锈钢、高速工具钢等以千分之一（0.1%）为单位，如 20A 钢平均含碳量为 0.20%，2CrB 平均含碳量也为 0.20%；合金钢元素的含碳量写在元素符号后面，一般以百分之一为单位，低于 1.5% 的不标含量。生铁牌号由产品名称代号与平均含硅量（以 0.1% 为单位）组成，铁合金牌号用主元素名称和平均含量百分数表示，铸铁牌号中还含有该材料的重要物理性能参数。

(1) 钢

① 普通碳素结构钢　钢类名称（A、B、C），冶炼方法（Y、J），顺序号（1~7），脱氧程度（F、b）。

A—甲类钢，按机械性能供应的钢。

B—乙类钢，按化学成分供应的钢。

C—特类钢，既按机械性能又按化学成分供应的钢。

例如，A3F 表示甲类平炉 3 号沸腾钢，BY3 表示乙类氧气转炉 3 号镇静钢。

② 优质碳素结构钢　含碳量（0.01%），含锰量（>0.7%），脱氧程度或专门用途。

例如，05F 表示平均含碳量为 0.05% 沸腾钢，45 号表示平均含碳量 0.45% 的镇静钢，40Mn 表示平均含碳量为 0.40%、锰含量大于 0.7% 的镇静钢。

③ 碳素工具钢　钢类名称（T），含碳量（0.1%），含锰量（>0.4%），钢品质（A、E、C）。

例如，T8MnA 表示平均含碳量 0.8% 高锰高级（含硫、磷较低）优质工具钢。

④ 合金结构钢　含碳量（0.01%），合金元素（元素符号），合金元素含量（11%），品质说明（A）。

例如，40CrVA 表示平均含碳量 0.40%，含 Cr、V 但含量均小于 1.5% 的高级优质合金结构钢。

⑤ 滚动轴承钢　G、Cr、Cr 含量（0.1%），其他合金元素含量（11%）。

例如，GCr15SiMn 表示平均含铬量 1.5%、含硅锰不超过 1.5% 的滚动轴承钢。

⑥ 合金工具钢　含碳量以 0.1% 为单位，$w(C) \geq 1.0\%$ 不标，其余同合金结构钢。

例如，9Mn2V 表示平均含碳 0.9%、含 Mn 2%、含 V 不超过 1.5% 的合金工具钢。

⑦ 高速工具钢　不标含碳量，其余同合金结构钢，如 W18Cr4V。

⑧ 不锈钢　与合金结构钢基本相同，但含碳量以 0.1% 为单位，且当 $w(C) \leq 0.08\%$ 以 "0" 表示，$w(C) \leq 0.03\%$ 以 "00" 表示，如 0Cr13、00Cr18Ni10。

（2）生铁

产品名称符号，含硅量（0.1%）。

例如，Z30 表示平均含硅量 3% 的铸造生铁，P10 表示平均含硅量 1.0% 平炉炼钢生铁。

（3）铁合金

主元素名称符号，主元素含量（1%）或顺序号（铬铁、锰铁）。

例如，Si9O、Si45、MnSi23、Cr1、Cr4、Mn1、Mn3 等。

4.1.2　钢铁试样的采取和制备

钢或生铁的铸锭、铁水、钢水在取样时，均需按一定的步骤采取，才能得到平均试样。

GB/T 222—2006 规定了钢的化学成分熔炼分析和成品分析用试样的取样操作步骤，该标准还规定了成品化学成分允许偏差。

1. 术语

（1）熔炼分析

熔炼分析是指在钢液浇注过程中采样取锭，然后进一步测定试样，并以其进行的化学分析结果表示同一炉或同一罐钢液的平均化学成分的化学分析。

（2）成品分析

成品分析是指在加工过的成品钢材上采取试样，然后对其进行的化学分析。成品分析主要用于验证化学成分，又称验证分析。由于钢液在结晶过程中产生元素不均匀分布（偏析），成品分析的值有时与熔炼分析的值不同。

（3）成品化学成分允许偏差

成品化学成分允许偏差是指熔炼分析的值虽在标准规定的范围内，但由于钢中元素偏析，成品分析的值可能超出标准规定的成分范围，对超出的范围规定一个允许的数值。

2. 试样的采取规则

（1）用于钢的化学成分熔炼分析和成品分析的试样，必须在钢液或钢材具有代表性的部位采取，试样应均匀一致，能充分代表每一熔炼号或每批钢材的化学成分，并有足够的数量，以满足全分析的要求；

（2）收到试样和送检单时，认真检查分析项目、试样状态，如有问题应及时向送检人员提出，明确后才能收样登记，及时取样妥善保管，防止试样搞混；

（3）制样前检查加工现场、工具及设备是否干燥清洁，有无油污及其他杂物，以确保试样的纯净；

（4）若金属表面有油污，取样前应以汽油、乙醚等有机溶剂洗净，风干；若有锈垢及其他附着物，应将表面除去；若遇到特殊涂层，如渗层或复合层（如材料表面有喷涂漆层、电镀或化学镀层，渗C渗N磁化层等复合层）时，必须予以处理，要避免这些成分混入基体试样中，同时还要将试样表面可能存在的包砂氧化油污等不洁净物除掉，可以用砂纸砂轮或钢丝刷清理直到露出金属光泽，清理后的试样以磁铁反复吸取干净后放入试样袋中；

（5）如遇钢铁试样有缩孔或气泡（这种试样往往有严重的成分偏析）应重新取样；

（6）制样过程中，不能接触水、油、润滑剂等，钻取的试样速度不宜过快，防止金属氧化；若发现试样是蓝黑色则重新取样，制取的试样应为细铁屑，不能制成大块的薄片或长卷试样；有的金属不适合钻取，应采取刨或车等方法，如球墨铸铁，测C的试样，不能采取钻取，否则石墨会从其基体上脱落飞散，使结果严重偏低；

（7）当采用钻头采样时，对熔炼分析和小断面钢材分析，钻头直径不小于6 cm；大断面钢材成品分析，钻头直径不小于12 cm。

3. 试样的采取和制备

（1）熔炼分析

测定钢的熔炼化学成分时，从每一罐钢液采取两个制取试样的钢锭，第二个样锭供复验用。样锭是在钢液浇注中期采取。

① 常用的取样工具有钢制长柄取样勺（容积约为200 mL）、铸模（尺寸为70 mm×40 mm×30 mm）砂模或钢制模，等；

② 在出铁口取样是用长柄勺舀取铁水，预热取样勺后重新舀取铁水，浇入砂模内，此铸件作为送检样；

③ 在高炉容积较大的情况下可将一次出铁划分为初、中、末三期，在每一阶段的中间各取一次作为送检样；

④ 在铁水包或混铁车中取样时应在铁水装至1/2时取一个样，或更严格一点，在装入铁水的初、中、末期各阶段的中点各取一个样；

⑤ 当用铸铁机生产商品铸铁时考虑到从炉前到铸铁厂的过程中铁水成分的变化，应选择在从铁水包倒入铸铁机的中间时刻取样；

⑥ 从炼钢炉内的钢水中取样一般是用取样勺从炉内舀出钢水，清除表面的渣子之后浇入金属铸模中，凝固后作为送检样；为了防止钢水和空气接触时，钢中易氧化元素发生变化，有时采用浸入式铸模或取样枪在炉内取送检样；

⑦ 一般采用钻取厚度不超过 1 mm 的试样屑。

（2）成品分析

① 试样的抽检

从冷的生铁块中取送检样时，一般是随机地从一批铁块中取 3 个以上的铁块作为送检样。当一批的总量超过 30 t 时，每超过 10 t 增加一个铁块，每批的送检样由 3~7 个铁块组成。钢坯一般不取送检样，其化学成分由钢水包中取样分析决定，因为钢锭中会带有各种缺陷（沉淀、偏析、非金属夹杂物及裂痕）。

轧钢厂用钢坯，要进行原材料分析时，可以从原料钢锭 1/5 高度的位置沿垂直于轧制的方向切取钢坯整个断面的钢材。

钢材制品，一般不分析，要取样可用切割的方法取样，但应多取一些，以便制取分析试样。

② 试样的制备

试样的制取方法有钻取法、刨取法、车取法、捣碎法、压延法、锯取法、抢取法、锉取法等。

a. 生铁试样的制备

白口铁：由于白口铁硬度大，只能用大锤打下，砂轮机磨光表面，再用冲击钵碎至过 100 目筛。

灰口铸造铁：由于灰口铁中 C 主要以碳化物存在，要防止在制样过程中发生高温氧化。清除送检样表面的杂质后，用 ϕ（20~50）mm 的钻头在送检样中央垂直钻孔（80~150 r/min），表面层的钻屑弃去，继续钻进 25 mm 深，制成 50~100 g 试样；选取 5 g 粗大的钻屑用于定碳，其余钢研钵碎磨至过 20 目筛（0.84 mm），供分析其他元素用。

b. 钢样的制备

大断面的初轧坯、方坯、扁坯、圆钢、方钢、锻钢件等，样屑应从钢材的整个横断面或半个横断面上刨取，或从钢材横断面中心至边缘的中间部位（或对角线 1/4 处）平行于轴线钻取，或从钢材侧面垂直于轴中心线钻取，此时钻孔深度应达钢材或钢坯轴心处。

大断面的中空锻件或管件，应从壁厚内外表面的中间部位钻取，或在端头整个断面上刨取。

小断面钢材等，样屑从钢材的整个断面上刨取（焊接钢管应避开焊缝），或从断面上沿轧制方向钻取（孔应对称均匀分布），或从钢材外侧面的中间部位垂直于轧制方向用钻通的方法钻取。

如钢带、钢丝,应从弯折叠合或捆扎成束的样块横断面上刨取,或从不同根钢带、钢丝上截取。

纵轧钢板:钢板宽度小于 1 m 时,沿钢板宽度剪切一条宽 50 mm 的试料;钢板宽度大于或等于 1 m 时,沿钢板宽度自边缘至中心剪切一条宽 50 mm 的试料。将试料两端对齐,折叠 1~2 次或多次,并压紧弯折处,然后在其长度的中间,沿剪切的内边刨取,或自表面电钻通的方法钻取。

横轧钢板:自钢板端部与中央之间,沿板边剪切一条宽 50 mm、长 500 mm 的试料,将两端对齐,折叠 1~2 次或多次,并压紧弯折处,然后在其长度的中间,沿剪切的内边刨取,或自表面用钻通的方法钻取。

厚钢板不能折叠时,则按上述的纵轧或横轧钢板所述相应折叠的位置钻取或刨取,然后将等量样屑混合均匀。

钢铁试样主要采用酸分解法,常用的有盐酸、硫酸和硝酸。三种酸可单独或混合使用,分解钢铁样品时,若单独使用一种酸时,往往分解不够彻底,混合使用时,可以取长补短,且能产生新的溶解能力。有时针对某些试样,还需加过氧化氢、氢氟酸或磷酸等。

一般均采用稀酸溶解试样,而不用浓酸,防止溶解反应过于激烈。对于某些难溶的试样,则可采用碱熔分解法。

4.1.3 钢铁试样的分解

1. 元素在不同的钢种中,酸的选择也不一样

(1) Si 的分解

一般钢种、普通碳钢、低合金钢 ($w(Si) < 1.0\%$) 采用稀硝酸 (1:4 或 1:3) 溶解,但 Si 含量较高 (1.0%~4.5%) 的弹簧钢、硅钢用稀 HNO_3 溶解易生成硅酸脱水而沉淀,应改为稀 H_2SO_4 溶解;不锈钢、高速钢一般用 $HCl-H_2O_2$ 或硝酸混合酸溶解;含 Ni、Cr、Mo、W 等不锈钢、耐热钢,单以 HNO_3、HCl 难溶解,以 $HCl-H_2O_2$ (30%) 溶解能力很强,且 $w(Si) < 2\%$ 的钢样加热过程中硅酸不会析出,但温度不宜过高,特别是在分解 H_2O_2 时,否则硅酸会在高温下脱水析出。

(2) Mn 的分解

一般碳素钢、低合金钢、生铁试样常以 HNO_3 (1:3) 或硫磷混酸溶解;难溶的高合金钢以王水溶解,加 $HClO_4$ 或 H_2SO_4 冒烟溶解。溶解试样的酸主要有 H_2SO_4、HCl、HNO_3,且 H_2SO_4-HCl 可使 MnS 分解。HNO_3 分解碳化物 (Mn_3C) 生成 CO_2 逸出,加磷酸可使 Fe^{3+} 配合成无色溶液而消除 Fe^{3+} 的干扰,同时因为磷酸的存在,防止了 MnO_2 沉淀的生成和 $HMnO_4$ 的分解。加 HNO_3 破坏碳化物后,必须将氮氧化物 NO 除尽，否则会使 Mn^{7+} 还原，使结果偏低。

(3) P 的分解

大多数钢种的磷较易用酸溶解。普碳钢、低合金钢、合金钢都采用稀 HNO_3 (1:3) 溶解，$KMnO_4$ 氧化或 $(NH_4^+)_2S_2O_8$ 氧化或 $HClO_4$ 冒烟；硅钢、矾钢、不锈钢、高速钢，一般采用王水溶解，$HClO_4$ 冒烟。

溶解试样如果测磷时，一般用氧化性酸，不能采用还原性酸，如单独用 HCl，易生成 PH_3 气体逸出，使磷损失。

(4) Cr 的分解

一般情况下，普碳钢、低合金钢、高速钢采用硫磷混酸溶解，HNO_3 分解氧化；高铬钢、高铬镍钢等采用王水溶解，$HClO_4$ 氧化或 $HCl-H_2O_2$ 溶解；高碳铬铁采用 Na_2O_2 熔融，H_2SO_4 酸化；镍铬合金钢采用 $HClO_4$ 分解氧化；铝合金采用碱熔融再酸化；其他有色金属合金（如铬青铜）采用 $HCl-H_2O_2$ 分解，$HClO_4$ 氧化。同样浓的 HNO_3 易使 Cr 金属及其合金钝化。

(5) Ni 的分解

溶解含 Ni 的钢种，当 Ni 含量较低时，如普通碳素钢、低合金钢、合金钢，一般采用 HNO_3 (1:3) 或 HCl (1:1)，生铁则采用硫磷混酸；含 Ni 量高时，如高镍铬钢、不锈钢，采用王水或混酸（HNO_3 : HCl = 1:1）或 $HClO_4$；铬镍钼钢采用 H_2O_2 : HF : HCl = 20 : 10 : 5 在常温下溶解。镍与 HCl 或 H_2SO_4 反应较慢，与浓 H_2SO_4 共沸时生成硫酸镍，并析出 SO_3 气体，冒白烟。浓 HNO_3 使镍钝化。

(6) Mo 的分解

大多数普碳钢、低合金钢，可采用 $HCl-HNO_3$ 混酸、硫磷混酸滴加 HNO_3 或 $HCl+HNO_3+H_3PO_4$ 混合溶解，加 H_2SO_4 蒸发冒烟驱 HNO_3；高合金钢采用王水或逆王水溶解，加硫磷混酸蒸发冒 SO_3 白烟或加 $HClO_4$ 冒烟。含 Cr 的钢直接加 $HClO_4$ 冒烟（溶解），含 W 的钢应补加磷酸配合钨。

(7) Ti 的分解

一般含 Ti 的钢样溶于 HCl、浓 H_2SO_4、王水和 HF 中，存在的形式不同，溶样酸不同，以金属状态固溶体存在于钢中的以 HCl (1:1) 可溶解，以 TiC、TiN 形式存在于钢中的必须有氧化性酸如 HNO_3、$HClO_4$ 才能溶解。当以 TiO_2 形式难溶时，可用焦硫酸钾熔融生成 $Ti(SO_4)_2$，而迅速溶解于稀酸中。

(8) V 的分解

金属 V 不易溶于 HCl 中，但能迅速溶解于 HNO_3 中，常以稀 HNO_3 溶解，也可溶于 $HNO_3 + HCl$ 中。V 的碳化物很稳定，用 H_2SO_4 和 HCl 处理时几乎完全不溶解，只有 HNO_3（或 H_2O_2）氧化并经 H_2SO_4 冒烟处理才能溶解。

一般含钒的钢样常以热的 H_2SO_4 或硫磷混合酸溶解，加 HNO_3 破坏碳化物，或以王水溶解以 H_2SO_4 冒烟；如果还有碳化物不溶，这时滴数滴 HNO_3，并继续冒烟 1~2 min，但时间不能太长，否则生成难溶的硫酸盐析出，结果偏低。

(9) Cu 的分解

铜不易溶于稀 HCl、冷 H_2SO_4 中，但溶于 HNO_3、热的 H_2SO_4、王水或 HCl + H_2O_2 中。为了把分析方法和试样溶解结合考虑，通常用 HNO_3 或 HCl + H_2O_2 来分解试样，采用 HCl + H_2O_2 比较多。

(10) Al 的分解

Al 在钢铁中主要以金属固熔体状态存在。在化学分析中所讲的酸溶性铝为金属铝和铝盐，酸不溶性铝为氧化铝，但都是相对的。氧化铝不是绝对不溶于酸，而铝盐也不是全部溶于酸。全铝指的是酸溶性铝和酸不溶性铝之和。

铝易溶于稀 HCl 和稀 H_2SO_4 中，铝及铝合金试样通常用 NaOH 溶解，到不反应时，再用 HNO_3 分解。

在 HCl 介质中，过热状态 $AlCl_3$ 易逸出。铝与铁、铬、钛等元素常伴随，又因铝具有两性，因此分离测铝时至今仍有一定困难。

2. 对于不同类型钢铁试样有不同的分解方法，现简略介绍如下：

（1）对于生铁和碳素钢，常用稀硝酸（(1:1) ~ (1:5)）分解，也有用稀盐酸（1:1）加氧化剂分解的。

（2）合金钢和铁合金，针对不同对象需用不同的分解方法。

① 硅钢、含镍钢、钒铁、钼铁、钨铁、硅铁、硼铁、硅钙合金、稀土硅铁、硅锰铁合金：可以在塑料器皿中，先用浓硝酸分解，待剧烈反应停止后再加氢氟酸继续分解，或用过氧化钠（或过氧化钠和碳酸钠的混合熔剂）于高温炉中熔融分解，然后以酸提取；

② 铬铁、高铬钢、耐热钢、不锈钢：为了防止生成氧化膜而钝化，不宜用硝酸分解，而应在塑料器皿中用浓盐酸加过氧化氢分解；

③ 高碳铬铁、含钨铸铁：由于所含游离碳较高，且不为酸所溶解，因此试样应于塑料器皿中用硝酸加氢氟酸分解，并用脱脂过滤除去游离碳；

④ 钛铁：宜用硫酸（1:1）溶解，并冒白烟 1 min，冷却后盐酸（1:1）溶解盐类；

⑤ 高碳铬铁：宜用 Na_2O_2 熔融分解，酸提取。

（3）燃烧法。于高温炉中用燃烧法将钢铁试样中的碳和硫转化为 CO_2 和 SO_2，该法是钢铁中碳和硫含量测定的常用分解法。

4.1.4 钢铁分析常用的仪器

目前常用的仪器分析法一般有碳硫联合红外光谱测定法、光电发射光谱分析法和电感耦合等离子体发射光谱分析（ICP）法等。仪器分析法的特点是：

① 测定的灵敏度高。由于钢铁分析中的许多组分都是低含量的物质，用化学分析方法的测定误差较大，而仪器分析法可解决此问题。

② 选择性好。用化学分析法测钢铁试样时会有许多干扰，而仪器有较高的

分辨能力，有利于提高分析测定的选择性。

③ 方法简便快速。许多仪器都配有自动化装置，分析效率高，有利于钢铁生产的控制分析。

1. 红外碳硫分析仪

当红外光照射到样品时，其辐射能量不能引起分子中电子能极的跃迁，而只能被样品分子吸收引起分子振动能级和转动能级的跃迁。由分子振动和转动能级跃迁产生的连续吸收光谱称为红外吸收光谱。

原理：基于高频感应原理，保证充足的氧气并在助熔剂的存在下，将样品进行充分燃烧，样品中含有的碳元素和硫元素转换成 CO_2 和 SO_2，然后再借助 CO_2 和 SO_2 吸收特定波长的红外光能量的原理，将 CO_2 和 SO_2 的含量浓度信号转换成电压信号，最后借助于计算机软件对得到的电压信号进行分析，得到 CO_2 和 SO_2 的含量，从而对应得到碳元素和硫元素的含量。

红外碳硫分析仪是分析金属材料中 C、S 这两个组分的专用仪器。

2. 光电直读光谱仪

原理：原子核外的电子在一般情况下处于最低能量状态（称为基态），当获得足够能量后会使外层电子从低能级跃迁至高能级，这种状态称为激发态，是一种不稳定的状态，寿命小于 10^{-8} s，当从激发态回到基态时就要释放出多余的能量，若以光的形式出现就得到发射光谱。

不同元素能够产生不同的特征光谱，而特征光谱的强度又与发光物质的含量存在着定量关系。根据所测得的光谱中各元素的特征谱线是否出现及所呈现的强度就可以进行该元素的定性和定量分析。

光谱分析仪器通常有三部分组成：光源、分光仪、检测器（目视法、摄谱法、光电法）。

光电直读光谱仪是测定金属材料最方便、最快捷、最通用的分析仪器，理论上讲，它可以分析固体金属材料中几乎所有的组分。

3. 原子吸收光谱仪

原理：原子吸收光谱法是以测量气态基态原子外层电子对共振线的吸收为基础的分析方法，它根据从光源辐射出来的待测元素的特征光谱通过试样蒸气时，被蒸气中特征元素的基态原子所吸收，由特征光谱（通常是共振线）被减弱的程度来测定试样中待测元素的含量。

原子吸收光谱仪由四部分组成：光源、原子化器、单色器、检测器。

原子吸收光谱仪具有检出限低、准确度高、选择性好（即干扰少）、分析速度快等优点。主要适用样品中微量及痕量组分分析。

4.2 钢铁定性分析

1. 试样溶液的制备

用 50 mL 水溶解盐类,有沉淀过滤。当 Si 高时,则会有白色沉淀,且有胶状颗粒,常附于杯壁或悬于溶液中;如果溶液无色透明,说明是碳钢。

2. Cr、W 的鉴别

称样约 0.5 g 于 250 mL 锥形瓶中,加 HCl (1:4) 10 mL,再滴加适量 30% H_2O_2,使之溶解呈绿色,则说明含有 Cr;若溶液黑浊,说明可能含有 C、Cr、W、Mo 等。接着加 10 mL $HClO_4$,发烟 3~5 min,取下,冷却,如果含有 Cr,则此时出现橙黄色结晶,色越深,$w(Cr)$越高;如果出现极浅的樱桃红,则 $w(Cr) < 0.05\%$,无 Cr 时则无色;若有 W 时出现黄色 W 酸沉淀,且不溶于水。

3. Ni 的鉴别

取 1 mL 试液,加过硫酸铵、酒石酸钾钠、丁二酮肟碱性液,看是否有红色丁二肟 - Ni 生成。$w(Cu)$高时呈棕色,可用硫代硫酸钠还原褪色;$w(Co)$高时应多加丁二肟。

4. V 的鉴别

分取 2 mL 于试管中,加 1 mL 乙醚,10 滴 H_2O_2 (1.5%) 振荡,放置片刻,水相中有红褐色,说明 $w(V) > 0.02\%$,Cr^{6+} 在乙醚中呈蓝色,不久消失。

5. Mo 的鉴别

取 1 mL 试液加 Vc 少许,振荡并使黄色褪去,加 30% NH_4CNS 1 mL,摇匀。如有棕黄色配合物出现,则说明 $w(Mo)$大于 0.01%。

6. Co 的鉴别

取 1 mL 试液于试管中,加 5% 柠檬酸钠 2 mL,1% 亚硝基 R 盐 2 mL,H_2SO_4 (1:1) 2~3 mL 摇动,如有红色,则含有 Co。

7. Mn 的鉴别

取 5 mL 试液与 100 mL 锥形瓶中,加 1:1 HNO_3 100 mL,4% $NaIO_4$ 5 mL,煮沸 1~2 min,如有紫红,说明 $w(Mn) > 0.05\%$。

8. Al 的鉴别

取几滴试液于试管中,加 5% Vc 1 mL,0.05% CAS(铬天青 S)1 mL,六次甲基四胺缓冲溶液 3~5 mL,与试剂空白比较,有紫红色再加几滴 HF (1:5),红色褪去,说明含 Al。

9. Ti 的鉴别

取 1 mL 试液于 100 mL 锥形瓶中，加 1∶1 H_2SO_4 2 mL，发烟，取下冷却，加 10 mL 水，5% Vc 5 mL，4% DAM（二胺替吡啉甲烷）3~5 mL，放 20 min 出现黄色则含 Ti。或直接取 1~2 mL 试液，加 Vc 还原 Fe^{3+}、Cr^{6+}，6% 变色酸 3 mL，有橙红色则有 Ti^{4+}。

10. Cu 的鉴别

取 1 mL 试液于试管中，加 50% 柠檬酸铵 1 mL，氨水（1∶1）3 mL，使 pH 在 6.5~8.5，再加入 10 mL BCO（0.1% 乙醇液），观察有蓝色时，则说明含 Cu，颜色越深含量越大。

4.3 钢铁定量分析

4.3.1 碳的测定

1. 碳的存在形式

碳是钢铁中的重要元素，它是区分钢铁的主要标志之一。在决定钢号时，往往注意碳的含量。碳对钢铁的性能起决定性的作用。由于碳的存在，才能将钢进行热处理，才能调节和改变其机械性能。当碳含量在一定范围内时，随着碳含量的增加，钢的硬度和强度得到提高，其塑性和韧性下降；反之，则硬度和强度下降，而塑性和韧性提高。由于碳含量在钢铁中的重要作用，所以快速、准确地测定钢铁中的碳含量也就具有相当重要的意义。

碳在钢铁中主要以两种形式存在。一种是游离碳，如铁碳固溶体、无定形碳、褪火碳、石墨碳等，可直接用"C"表示；另一种就是化合碳，即铁或合金元素的碳化物，如 Fe_3C、Mn_3C、Cr_5C_2、VC、MoC、TiC 等，可用"MC"表示。前者一般不与酸作用，即使是发烟高氯酸也无济于事，后者一般能溶解于酸而被破坏，这正是将两者分离与测定的依据。在钢中碳一般是以化合碳为主，游离碳只存于铁及经退火处理的高碳钢中。

在钢铁成分分析中，一般钢样只测定总碳量，生铁试样除测定总碳量外，常分别测定游离碳和化合碳的含量。化合碳的含量是总碳量和游离碳量之差求得的，因为游离碳不与稀硝酸反应，可以用稀硝酸分解试样，将试样中的不溶物（包含游离碳）与化合碳分离后，再用测定总碳的方法测不溶物中的碳即为游离碳含量。

2. 测定方法

总碳量的测定方法有很多，但通常都是将试样置于高温氧气流中燃烧，使之转化为二氧化碳再用适当方法测定。归纳起来可分为三大类：物理法、化学法、物理化学法，如电导法、电量法、滴定法、燃烧-气体容量法等。

（1）燃烧-气体容量法

燃烧-气体容量法是目前国内外广泛采用的标准方法。该法成本低，有较高的准确度，测得结果是总碳量的绝对值。其缺点是要求有较熟练的操作技巧，分析时间较长，对低碳试样测定误差较大。

① 方法原理

试样在1 150 ℃ ~1 300 ℃的氧气流中燃烧，使碳全部转化为二氧化碳析出，然后被氢氧化钾或碱石棉等吸收后，根据容积差求得含碳量。

同时燃烧生成的二氧化硫干扰碳的测定，一般每0.04%的硫相当于0.01%的碳。可以用活性二氧化锰或钒酸银等吸收除去，消除干扰。

其基本原理可用反应方程式表示如下：

燃烧：$\qquad C + O_2 =\!=\!= CO_2 \uparrow$

$\qquad\qquad MC + O_2 =\!=\!= M_xO_y + CO_2 \uparrow$

$\qquad\qquad MS + O_2 =\!=\!= M_xO_y + SO_2 \uparrow$

除硫：$\qquad SO_2 + MnO_2 =\!=\!= MnSO_4$

或：$\qquad 2AgVO_3 + 3SO_2 + O_2 =\!=\!= Ag_2SO_4 + 2VO(SO_4)$

吸收：$\qquad CO_2 + 2KOH =\!=\!= K_2CO_3 + H_2O$

式中，MC，MS——化合碳，化合硫（或金属碳化物及金属硫化物）；

$\qquad M_xO_y$——金属氧化物。

该方法适用于钢、铁、金属、非金属、铁合金等各种材料中总碳量的测定（$w(C) \geqslant 0.05\%$）。

② 主要试剂及仪器

a. 硫酸（0.5%）；

b. 高锰酸钾溶液（4%）；

c. 氢氧化钾溶液（40%）；

d. 甲基红指示剂（0.2%）；

e. 除硫剂：活性二氧化锰（粒状）或钒酸银；

钒酸银制备方法：称钒酸铵（或偏钒酸铵）12 g溶解于400 mL水中，称取硝酸银17 g溶解于另外200 mL水中，然后将二者混合，用玻璃坩埚过滤，用水稍加洗净，然后在烘箱中（110 ℃）烘干，取20 ~40目，保存在干燥器中备用。

活性氧化锰制备方法：硫酸锰20 g溶解于500 mL水中，加入浓氨水10 mL，摇匀，加90 mL过硫酸铵溶液（25%），边加边搅拌，煮沸10 min，再加1 ~2滴氨水，静置至澄清（如果不清则再加过硫酸铵适量）。抽滤，用氨水（5:95）洗10次，热水洗2 ~3次，再用硫酸（5:95）洗12次，最后用热水洗至无硫酸反应，于110 ℃烘干3 ~4 h，取20 ~40目，在干燥器中保存。

f. 酸性水溶液：稀硫酸溶液（5∶95）加几滴甲基橙或甲基红，使之呈稳定的浅红色（或按各仪器说明书配制）；

g. 助熔剂：锡粒、铜、氧化铜、纯铁、五氧化二钒、FVCS（铁钒试剂）等；

h. 气压计一台；

i. 小真空泵；

j. 磁管 225 mm × 20 mm × 600 mm，磁舟 88 mm；

k. 定碳仪 Sb-3、Sb-4（沈阳玻璃仪器厂）或苏式定碳仪；

l. 立式炉，卧式炉，温度控制器等。

③ 操作步骤

a. 立式炉快速法（Sb-3、Sb-4 型）

仪器装置见图 4-1。

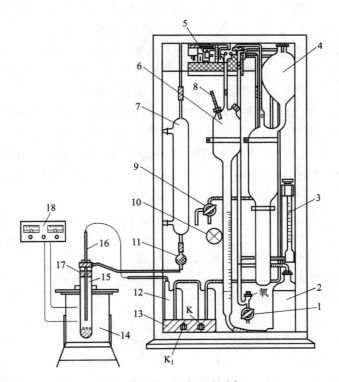

图 4-1　Sb-4 自动定碳仪

1—调节阀（动力气体）；2—水准瓶（酸性水，稀硫酸5%）；3—转子流量计；4—吸收器；5—微电机；6—量气管；7—冷凝器；8—温度计；9—洗炉栓；10—指示灯（读数）；11—除硫管；12—洗气瓶（H_2SO_4）；13—电源开关盒（K_1，K）；14—立式炉；15—瓷管（$\phi25 \times \phi19 \times 350$）；16—通管（$\phi9 \times \phi6 \times 550$）；17—玻璃接头；18—控制器

仪器安装调试运转正常（图4-2），调节动力气体压力恰当和周期（即灯亮的位置）良好。

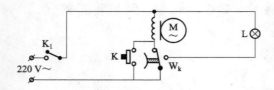

图4-2　控制电路图

K，K_1—开关；W_k—微动开关；L—10W灯；M—微电机

升温至1 100 ℃ ~ 1 300 ℃时，空运转至空白值合格（夏天小于等于0.005%的C），并按下述试样分析法，用标样校正仪器是否正常，尤其应检查是否漏气。仪器正常后，可做试样分析。

称样1 g于小撮子中，加入适当量的助熔剂（如果是粉末状试样，如生铁、铸铁、矿石、铁合金、炉渣等，用锡箔或纯铝箔包好）。先跑一次空白，正常后，立即进行试样分析。揿下开关K至指示灯熄灭（用Sb-3时，打开开关K_1），自动排气时，立即将试样投入炉内（参考附注9），待酸性水打到顶后（用Sb-3时，转动活塞9通氧），自动通氧燃烧并收集CO_2等气体于量气管中（用Sb-3时，待酸性水液面将降到0时，关闭活塞9），自动平衡零点（此时关闭活塞9），然后自动吸收，并自动回复，待吸收瓶的上端浮子卡住时，看是否有气泡，如果有，则立即用手捏动胶管，使之排出，待酸性水液面平稳，且指示灯亮时，读出分析结果$w(C)_读$（Sb-3关闭开关K_1）。按下式计算出含碳的质量分数：

$$w(C) = \frac{w(C)_读 \times K}{m} \qquad (4-1)$$

式中，$w(C)_读$——仪器直接读出碳的质量分数；

m——称样量，g；

K——温度、压力校正系数。

b. 立式炉成品法

操作方法参考立式炉快速法。仪器装置见图4-3。

c. 卧式炉经典法

仪器装置见图4-4。

将炉温升至1 200 ℃ ~ 1 350 ℃，检查管路及活塞是否漏气，装置是否正常，燃烧标准样品，检查仪器及操作。

称取适量试样（可按照表4-1确定称样量）置于瓷舟中，将适量助熔剂覆盖于试样上面，打开玻璃磨口塞，将瓷舟放入瓷管内，用长钩推至高温处，立即塞紧磨口塞。预热1 min，按照定碳仪操作规程操作，测定其读数（体积或含

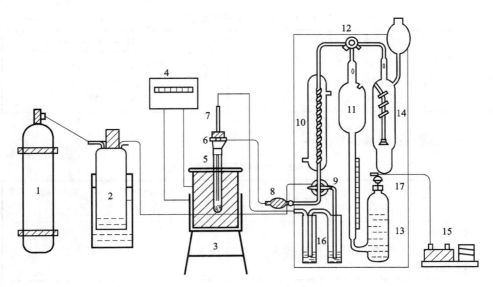

图 4-3 立式炉定碳装置图

1—氧气；2—贮气桶；3—立式炉；4—控制器；5—外管（φ25×φ19×350）；6—玻璃接头；
7—通管（φ9×φ6×550）；8—除硫管；9—通氧栓；10—冷凝管；11—量气管；12—三通塞；
13—水准瓶（酸性水）；14—吸收器；15—小真空泵；16—洗气瓶；17—三通活塞

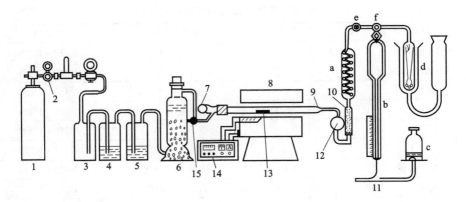

图 4-4 卧式炉定碳装置图

1—氧气瓶；2—氧气表；3—缓冲瓶；4，5—洗气瓶；6—干燥塔；7—玻璃磨口塞；8—管式炉；
9—燃烧管；10—除硫管；11—容量定碳仪（包括：a. 冷凝管，b. 量气管，c. 水准瓶，d. 吸收瓶，
e. 小旋塞，f. 三通旋塞）；12—球形干燥管；13—瓷舟；14—温度自动控制器；15—供氧旋塞

量）。打开磨口塞，用长钩将瓷舟拉出，即可进行下一试样分析。按公式
(4-1) 计算结果。

④ 说明及注意事项

a. 不同含量时称样量参考表 4-1，表 4-3。

表 4-1 不同含量称样量参考表

碳质量百分数 $w(C)$	称样量 M/g
0.05~0.3	2
0.31~1.00	0.5
1.01~5.0	0.5~0.2

b. 助熔剂及用量参考表 4-2，表 4-3。

表 4-2 助熔剂及用量参考表   g

	锡	铜或氧化铜	Sn+Fe (1:1)	CuO+Fe (1:1)	V_2O_5+Fe (1:1)
生铁、碳钢、中低合金钢、高合金钢	0.25~0.5	0.25~0.5	0.25~0.5	0.25~0.5	0.25~0.5

目前国内又提出以下助熔剂：

（1）硅铝粉 + 锡粒；

（2）钨粒，主要在高频炉上应用（尤其对硫测定有利）。

表 4-3 样品称量和助熔剂参考详表

试样	$w(C)$	称样 m/g	助熔剂及量	炉温/℃
硅钢、低碳钢	<0.1	1~2	Sn 3~4 粒	1 150~1 250
碳钢、低合金钢	<1.0	1	Sn 3~4 粒	1 150~1 250
铁样	>1.0	0.25~0.5	Sn 3~4 粒	1 150~1 250
不锈钢	<0.4	1	Sn 3~4 粒或 CuO 1g	1 200~1 250
高温合金	<0.1	1	Cu 或 Fe 0.2~0.5 g	1 250~1 300
铸铁锰铁	<1	0.5	Cu 0.2~0.4 g	1 150~1 250
铸铁、锰铁	>1	0.1~0.2	Cu 0.1~0.2 g	1 150~1 250
硅铁		1	Cu, Sn, PbO	1 150~1 250
硅锰合金	<1	0.5	Cu, Sn, PbO	1 150~1 250
硅锰合金	>1	0.2	Cu, Sn, PbO	1 150~1 250
钨铁		1	Cu, Sn, PbO	1 150~1 250
钼铁		1	Cu, Sn, PbO	1 150~1 250
钛铁		1	Cu, Sn, PbO	1 150~1 250
钒铁		1	Cu, Sn, PbO	1 150~1 250
铬铁	<0.25	1	Cu, Sn, Fe	1 250~1 300
铬铁	0.25~1	0.5	Cu, Sn, Fe	1 250~1 300
铬铁	>1	0.1~0.2	Cu, Sn, Fe	1 250~1 300
金属铁		0.1	CuO+Fe (1:1) 0.5 g	1 250~1 300

c. Sb-3、Sb-4 定碳仪上的标尺都是不等压（不等比）标尺，出厂时已刻好；但是苏式定碳仪出厂时仍用等压标尺，这样可以自动平衡零点，但要拿起瓶子使液面与量气管内液面在同一水平读数，很麻烦。因此可以改换新的量气管和标尺，也可以自行重新刻度；

d. 仪器应安置在一个稳定的台子上，并且避免阳光直射，距高温炉也应有 300～500 mm，并且要经常保持清洁，量气管内壁不得有油脂和其他污物，以不挂水珠为准，否则应当用洗液洗净；

e. 瓷舟应预先在马弗炉中 1 000 ℃～1 200 ℃下灼烧 2 h，完全冷却前就取出，放在不涂油的干燥器中保存，并检查其空白值，碳含量应小于 0.005%；

f. 炉子升降温时应开始慢，逐步加速，以延长硅碳棒使用寿命；

g. 凡是新更换了氢氧化钾吸收液或酸性水后，均应先燃烧测定几个高碳钢样，再正式测定试样，并经常用标样检查是否正常，及时更换；

h. 当洗气瓶中硫酸体积明显增加及二氧化锰变白色时，说明硫酸已失效，应及时更换；

i. 氧气的流速十分关键，对立式炉来说，燃烧时一定要大氧，但是卧式炉则要恰当，过大或过小都会使燃烧不完全；

j. 仪器放置时间较长或分析样间隙时间长（大于 2 h），或室温变化大时都要在分析前空转 1～3 次，以免因系统的温度不均而造成误差；自动定碳仪的玻璃控制栓是一个关键部件，要注意并学会涂油（20 航空油）和调整周期，并经常注意与电机齿轮的咬合状况，以免烧毁电机和漏气；

k. 立式炉分析时的投样时间和炉温要控制好，一般说来，高温合金、铁合金等难熔样，要使温度稍高且先投样，再启动电机排气，而低碳（低合金钢）可在排气同时进行，中高碳合金钢则应在排气中、末期投样（注意不要使样品悬于空中或落在接头部）；

l. 水银气压计的刻度是按在 0 ℃、45°纬度的海平面上刻度的，而实际压力 P 与指示压力 P'、温度 t、纬度 ϕ 及海拔高度 H 的关系是：$P = P' (1 - 0.001\,163t - 0.002\,6\cos2\phi - 0.000\,000\,2H) \times 0.133\,32$ (kPa)。但是通常纬度 ϕ 与高度 H 影响较小可忽略，故可只做温度修正。修正值通常取 5 ℃～12 ℃：-0.133，13 ℃～20 ℃：-0.267，21 ℃～28 ℃：-0.40，29 ℃～35 ℃：-0.533，35 ℃以上：-0.67；

m. 校正系数 K、气体容量法定碳是根据二氧化碳体积测定的。根据气态方程式，体积随温度、压力而变化。定碳仪的标尺是在 16 ℃、101.325 kPa 刻度的，每 1 mL CO_2 相当 0.05% 的碳（1 g 样）。因此当温度、压力改变后，就应乘上一个系数，使之回复到刻制状态，即真正含碳量，这个系数就是校正系数 K。可见 K 实际是刻度状态下二氧化碳体积 V_1 与新状态下体积 V_2 之比值，即 $K = \dfrac{V_1}{V_2}$。因此 K 很容易由气态方程式求出：

$$K = \frac{T_1}{P_1} \times \frac{P_2}{T_2} = \frac{(273.16+16)}{(101.325-1.813)} \times \frac{(P-b_t)}{(273.16+t)} = 2.91 \times \frac{(P-b_t)}{(273.16+t)} \tag{4-2}$$

式中，P——t℃时大气压（修正后），kPa；

b_t——t℃时饱和水蒸气压，kPa；

t——量气管上温度，℃。

(2) 燃烧-非水滴定法

① 方法原理

根据酸碱质子理论，酸碱的强度不再取决于本身解离常数的大小，而与下列因素有关：物质释放或接受质子倾向的大小，即与该物质的本质有关；反应物的性质和酸碱强度；反应所处的环境介质（溶剂）。其中以环境的影响为最显著，所以要想使弱酸得到强化，可通过变换溶剂来实现。非水滴定正是利用了这一原理。

当二氧化碳进入甲醇或乙醇介质后，由于甲醇、乙醇的质子自递常数均比水小，接受质子的能力比水大，故二氧化碳进入醇中后酸性得到增强；同样，醇钾（甲醇钾、乙醇钾）在醇中的碱性较氢氧化钾在水中的碱性强。这两种增强，使醇钾滴定二氧化碳时的突跃比在水中大，因而这就有可能选择适当的指示剂来指示滴定终点。

甲醇和乙醇的极性均比水小，根据"相似相溶"原理，二氧化碳在醇中的溶解度比在水中大，这也有利于二氧化碳的直接滴定；丙酮是一种惰性溶剂，介电常数更小，几乎不具极性，对二氧化碳有更大的溶解能力。所以在甲醇体系中，加入等体积的丙酮，对改善滴定终点有明显的效果。

主要反应：　　　$KOH + C_2H_5OH \Longrightarrow C_2H_5OK + H_2O$

$RNH_2 + CO_2 \Longrightarrow RNHCOOH$

$C_2H_5OK + RNHCOOH \Longrightarrow C_2H_5OCOOK + RNH_2$

本方法碳含量的测定范围为 0.02%~5.00%。实验装置如图 4-5 所示。

② 结果计算

按下述公式计算碳的质量分数：

$$w(C) = \frac{TV}{m} \tag{4-3}$$

式中，T——标准滴定溶液的滴定度，即每毫升标准溶液相当于碳的质量，g/mL；

V——滴定消耗标准溶液的体积，mL；

m——样品的质量，g。

③ 说明及注意事项

a. 分析含铬 2% 以上的试样，应把锡粒与铝硅热剂加于试样的底部，否则因锡粒有延缓铬氧化的趋势而使燃烧速度降低，测定结果显著偏低；

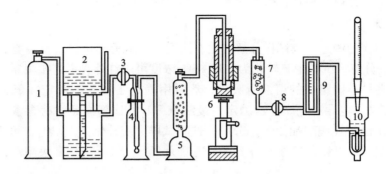

图 4-5　电弧炉非水滴定法定碳装置
1—氧气瓶；2—贮气筒；3—第一道活塞；4—洗气瓶；5—干燥塔；6—电弧炉；
7—除尘除硫管；8—第二道活塞；9—流量计；10—吸收杯

b. 间隔测定时，如间隔时间较长，吸收液有返黄现象，测定之前需重新调至蓝紫色；

c. 当氢氧化钾试剂瓶密封不严时，会吸收空气中的二氧化碳生成碳酸钾，对测定结果有一定的影响；

d. 有机胺在溶液中具有一定的缓冲能力，使滴定终点的敏锐性有所降低，所以用量必须适当，一般为 2% ~ 3%，不超过 5%；

e. 为了避免滴定过程中发生的沉淀现象，常采用加入稳定剂的方法，由于体系的极性增强，终点敏锐程度急剧下降，通常以加入 2% ~ 3% 为宜；

f. 为了改善滴定终点的敏锐程度，常采用混合指示剂，比较典型的有百里酚酞 - 百里酚蓝、酚酞 - 溴甲酚绿 - 甲基红混合指示剂等。

4.3.2　硫的测定

1. 硫的存在形式

硫在钢铁中是有害元素之一。当硫含量超过规定范围时，在生产中要降低硫的含量称为"脱硫"。硫在钢中固溶量极小，但硫在钢铁中能形成多种硫化物，如 FeS、MnS、VS、TiS、NbS、CrS，以及复杂硫化物 $Zr(CN)_2S_2$、$Ti(CN)_2S_2$ 等。钢中有大量锰存在时，主要以 MnS 存在，当锰含量不足时，则以 FeS 存在。硫在钢铁中易产生偏析现象，对钢铁性能的影响是产生"热脆"，即在热变形时工件产生裂纹；硫还能降低钢的力学性能，还会造成焊接困难和耐腐蚀性下降等不良影响。

由于硫在钢铁中易产生偏析现象，因此取样时必须保证试样对母体材料的代表性。钢铁中的硫化物一般易溶于酸中，在非氧化性酸中生成硫化氢逸出，在氧化性酸中转化成硫酸盐。硫化物在高温下（1 250 ℃ ~ 1 350 ℃）通氧气燃烧大部分生成二氧化硫，但转化得不完全，操作时应严格控制条件。

2. 测定方法

钢铁中硫的测定，其试样分解方法有两类：一类为燃烧法；另一类为酸分解法。燃烧法分解后试样中硫转化为 SO_2，SO_2 浓度可用红外光谱直接测定，也可使它被水或多种不同组成的溶液所吸收，然后用滴定法（酸碱滴定或氧化还原滴定）、光度法、电导法、库仑法测定，最终依 SO_2 量计算样品中硫含量。酸分解法可用氧化性酸（硝酸加盐酸）分解，这时试样中硫转化为 H_2SO_4，可用 $BaSO_4$ 质量法测定，也可以用还原剂将 H_2SO_4 还原为 H_2S，然后用光度法测定；若用非氧化性酸（盐酸加磷酸）分解，硫则转变为 H_2S，可直接用光度法测定。在多种分析方法中，燃烧–碘酸钾滴定法是一种经典的分析方法，被列为标准方法。

（1）燃烧–碘酸钾滴定法

① 原理

试样在高温氧气流中燃烧，使硫全部转化为二氧化硫析出，然后被弱性的淀粉溶液所吸收，生成的亚硫酸被碘标准溶液（或碘酸钾标准溶液）滴定，用淀粉为指示剂，测得硫量。主要反应为：

燃烧：$MS + O_2 \xrightarrow{1250℃ \sim 1300℃} M_xO_y + SO_2 \uparrow$

吸收：$SO_2 + H_2O =\!=\!= H_2SO_3$

滴定：$H_2SO_3 + I_2 + H_2O =\!=\!= 2HI + H_2SO_4$（碘滴定）

$3H_2SO_3 + 3KI + KIO_3 + 4HCl =\!=\!= 4HI + 3H_2SO_4 + 4KCl$（碘酸钾滴定）

本法适用于钢铁、铁合金、精密合金、有色金属、矿石、炉渣及其他非金属样品中硫的测定（0.003% ~ 0.2%）。

② 主要试剂及仪器

a. 淀粉溶液（甲）（1%）：称取 5 g 可溶性淀粉于 1 000 mL 烧杯中，加少量水调成糊状，然后冲入沸水 500 mL 搅拌，滴加 2 ~ 3 滴盐酸，必要时稍加煮沸至透明，取 20 mL 加 500 mL 水混匀使用；

淀粉溶液（乙）：称取 10 g 可溶性淀粉用少量水调成糊状，加入 500 mL 沸水搅拌，取下冷却后加入 3 g 碘化钾、500 mL 水及 2 ~ 3 滴浓盐酸，搅匀，使用时，取 25 mL 上层清液，加 5 mL 盐酸用水稀至 1 000 mL（碘酸钾法用）；

b. 碘标准溶液（$c(1/2I_2) = 0.003$ mol/L）；

c. 碘酸钾标准溶液（$c(1/6KIO_3) = 0.01$ mol/L）：0.356 7 g 碘酸钾（基准物质）溶解于水，加 1 mL 氢氧化钾溶液（10%），水稀至 1 000 mL；

取淀粉溶液（甲）100 mL，加 1 g 碘化钾溶解后用水稀至 1 000 mL（0.001 mol/L），供 0.01% ~ 0.2% 硫的测定；

取（乙）原液 25 mL，按淀粉溶液（甲）稀至 1 000 mL（0.000 25 mol/L），供 0.003% ~ 0.01% 硫的测定；

d. 助熔剂：锡粒、氧化铜、还原铁粉、碳粉、五氧化二钒、硅钼粉等。

仪器装置如图4-6。

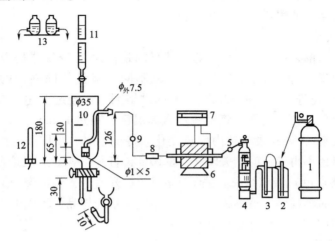

图4-6 滴定法定硫装置图

1—氧气瓶；2—缓冲液；3—洗气瓶（H_2SO_4）；4—干燥塔（$CaCl_2$+碱石灰）；5、9—活塞；
6—高温炉（卧式、立式、高频炉、电弧炉皆可）；7—控制器；8—除尘管；10—吸收杯；
11—滴定管（25 mL）；12—荧光灯（3~6 W）；13—滴定液及淀粉溶液瓶

③ 操作步骤

a. 装置的气密性检查

吸收杯中放入一定量的淀粉吸收液（甲或乙），打开氧气阀调节流量为一定量（或冲入贮氧气桶中），关闭活塞5，看洗气瓶3中是否有气泡出现，如果有气泡出现，说明干燥塔部分有漏气处，应检查排除；然后开5，闭活塞9，观察洗气瓶中是否有气泡，如果有，则说明瓷管、活塞或除尘管部分有漏气，检查排除。

打开活塞9，此时氧气流经吸收液，并用活塞9调节氧气流量（称为通氧速度），使吸收杯内的液体液面上升3~4 mm（称为通氧）。

b. 空白试验

将炉温升至1 250 ℃~1 300 ℃，然后将所要用的吸收液和滴定液装好，碘滴定法选用淀粉溶液甲及碘标准溶液，碘酸钾法则用淀粉及KIO_3溶液。用一个废钢样约0.5 g，置于瓷舟中，放于炉管的高温处，立即塞紧塞子。待1 min（预热）后，依次打开活塞5和9，通氧燃烧。当吸收液开始褪色时，立即滴定（不可过量太多），直至稳定的浅蓝色不褪为止，然后关闭9，待约15 s再打开，通氧（二次通氧），看蓝色是否褪去，如果褪去，再继续滴至浅蓝色（即终点色或滴定终点），这个过程也叫调终点色。然后做空白试验，即打开活塞取出瓷舟，然后再塞紧塞子通氧1 min，看蓝色是否变化，如果蓝色变浅或褪去，应再补加滴定液，这个过程称为正空白，这可能是由于瓷管质量欠佳或胶塞受酸腐蚀或老化所致。此外，还应对所用瓷舟、助熔剂等进行像分析试样那样做其空白试验。只有降低所有空白或恒定时，才能分析。

c. 标准试验

在试样分析前，应进行标样试验，其目的是：ⓐ 检查仪器是否正常；ⓑ 确定滴定液的选择与滴定度。方法是，称取不同含硫量的同钢种的标样若干个（0.5~1 g）于瓷舟中，分别加入适当量的助熔剂。在经过上述检查，一切正常后，调好终点色。打开塞子，将瓷舟送入高温区，预热 1 min。开 5 通氧，并打开 9（控制流速），观察吸收杯内颜色变化。待褪色时，立即滴定，保持蓝色不得褪尽，终点色不再变色时，关闭 9，待 10 s 再打开，看终点色是否变化，滴至不变（保持终点色）滴定结束。关闭 9 和 5，打开塞子，钩出瓷舟放入下一个样品。读取滴定时消耗碘溶液体积。这样，不同流量的样品，不同的滴定体积就可以绘成曲线或用相近标样计算出滴定度。

d. 测定试样

称试样 0.2~1 g（视硫量而定），加适当助熔剂，同标样试验分析测定。试样的含硫的质量百分数用式（4-4）计算得到或从工作曲线上查出。

④ 结果计算

试样中硫的质量分数可按下式计算得到：

$$w(S) = \frac{w(S)_{标} \times V_X}{V_{标}} \times \frac{m_{标}}{m_2} \tag{4-4}$$

式中，$w(S)_{标}$——试样含硫质量分数；

V_X，$V_{标}$——分别为滴定时试样和标样消耗标准溶液的体积，mL；

m_2，$m_{标}$——分别为称取试样与标样的质量，g。

⑤ 说明及注意事项

a. 碘只能溶解在含 KI 的溶液中生成 KI_3，因此应加入 KI。碘标准溶液的浓度易改变，但是碘酸钾标准溶液则稳定得多，其灵敏度也较好，尤其适用于低硫的测定。实际上碘酸钾也是与碘化钾作用产生碘来参与反应的，并且应有盐酸参与反应（酸性），反应方程式为：$KIO_3 + 5KI + 6HCl = 3I_2 + 6KCl + 3H_2O$，但是有时放置也变黄（$I_2$ 析出），这对终点不利。因此应控制 KI 加入量为 0.1%，且宜用前加 KI；把盐酸配在淀粉溶液中，效果好；滴定剂应放在茶色瓶中，宜在阴凉处存放，并且注意使用时不能与胶管接触，否则由于 I_2 的氧化使胶管变质，溶液更加不稳。

b. 目前，一般都用市售可溶性淀粉。据介绍用红薯粉或葛粉，终点纯蓝，没有泛红现象，灵敏度好。最近有人提出淀粉溶液中加适量硼酸或对羟基苯甲酸乙酯或碘化汞皆可防腐，如含 0.03% 硼酸者可用一年。

c. 由于二氧化硫的转化率非 100%，又常因管路中氧化铁的催化作用，有可能生成三氧化硫，不能被此法测定。因此，要注意不断清理氧化铁粉，或瓷舟中加盖（瓷舟两头打掉为盖），不能用碘标准溶液直接计算结果，而应当用同钢种的含量接近的标样换算求出。

最近有人提出，用硫酸钠标准溶液和改变助熔剂的办法，能解决标样换算问题，可直接采用基准物标定滴定度。如：分取硫酸钠标准溶液 0.5 mL（含硫 0.05~0.5 mg）于瓷舟中，在 110 ℃ 烘干，加 0.2~1.0 g 铁粉，或 0.2~1.0 g 混合熔剂（$m(V_2O_5):m(Fe):m(C) = 6:2:1$）在 1 280 ℃~1 300 ℃ 预热 0.5~2.5 min，用 2 L/min 的通氧速度和碘酸钾标准溶液（0.001 mol/L）滴定，扣除空白，测得的滴定度与在同样条件下燃烧生铁、普钢、不锈钢及高温合金等加铁粉 0.4 g，再加助熔剂而得到的滴定度一致。

d. 吸收液最好是每做一个样更换一次（尤其高硫试样）。特别注意不应使溶液倒吸，因此，注意活塞 9 的紧密。低硫试样是可少放些吸收液，终点要滴成浅蓝色；高硫试样时应多放些吸收液，且终点色可深些，并可以预置滴定液以防滴定不及时 SO_2 逸。

e. 连续分析时应将标样插入试样中间测定。

f. 硫的测定中二氧化硫的转化率十分关键，研究表明：① 提高炉温有利于二氧化硫转化率，据说 1 500 ℃ 可达 98%，因此预热和高温对测定有利；② 通氧速度也有一定影响；③ 助熔剂和用量影响最甚，普遍认为炉气气氛十分关键，应当造成一个酸性气氛，以减少对 SO_2（酸性）的吸附，因此，一般认为锡不好，而用硅钼粉和五氧化二钒最佳，或混合助熔剂 Fe-C、V_2O_5-Fe-C 等，最近已有市售碳硫专用助熔剂（叫铁钒试剂），如 FVC-S 等；④ 钢中其他元素的影响也是不容忽视的，如钼的存在使结果偏高，铜使结果偏低等，这些都因改变炉气气氛之故，因此应当用同类标样标定；⑤ 除尘管中的棉花更换后最好先做一次废样分析，以减少吸附。

（2）燃烧-酸碱滴定法

① 原理

经燃烧生成的二氧化硫，以含有少量过氧化氢的水溶液吸收，使生成的亚硫酸立即被氧化为硫酸，然后生成的硫酸用氢氧化钠标准滴定溶液滴定，这样使硫的测定变为典型的酸碱滴定。由于采用甲基红-溴甲酚绿混合指示剂，终点由红变绿变化较明显。不存在亚硫酸分解而造成二氧化硫逸逃的问题，适合于碳、硫联合测定，若燃烧过程中有三氧化硫生成，也能被滴定。主要的反应方程有：

$$3MnS + 5O_2 \xequal Mn_3O_4 + 3SO_2 \uparrow$$
$$3FeS + 5O_2 \xequal Fe_3O_4 + 3SO_2 \uparrow$$
$$SO_2 + H_2O \xequal H_2SO_3$$
$$H_2SO_3 + H_2O_2 \xequal H_2SO_4 + H_2O$$
$$H_2SO_4 + 2NaOH \xequal Na_2SO_4 + 2H_2O$$

② 说明及注意事项

a. 氢氧化钠标准滴定溶液易吸收空气中的二氧化碳，需加保护装置，配制时也应采用经煮沸数分钟并冷却后的蒸馏水，以除去水中的二氧化碳；

b. 吸收液必须在冷至室温后，再加入过氧化氢，以免过氧化氢受热分解；含碳量较高的试样，不宜立即滴定，应在变色30 s后进行，否则会使二氧化碳被滴定，造成测定结果的误差。

(3) 碳硫快速分析联合测定

① 测定

将钢铁试样置于1 150 ℃ ~1 250 ℃高温炉中加热，并通氧气燃烧，使钢铁中的碳和硫被定量氧化成CO_2和SO_2，以氢氧化钾乙醇溶液吸收其中的CO_2，SO_2以KIO_3氧化定硫。

② 结果计算

$$w(C) = T_C \times V_C \times 100\%, \quad w(S) = T_S \times V_S \times 100\% \tag{4-5}$$

式中，$w(C)$——试样中碳的质量分数；

$w(S)$——试样中硫的质量分数；

T_C——每毫升滴定剂相当于碳的质量浓度；

T_S——每毫升滴定剂相当于硫的质量浓度；

V_C——测定碳时消耗的定碳滴定剂的体积，mL；

V_S——测定硫时消耗的定硫滴定剂的体积，mL。

③ 说明及注意事项

a. 称样量根据钢铁中含碳多少而定，还根据非水碱液中碱的浓度的大小而定；

b. 本法乙醇胺为3%为宜，若$w(C) < 0.05\%$，可采用1%；若$w(C) = 0.06\% \sim 0.3\%$，可采用2%；乙醇胺量不可过多，否者反应迟缓，终点不好判断；

c. 非水定碳不需预置，等到溶液泛黄时开始滴，其吸收率近100%，滴定度在$w(C) = 0.07\% \sim 1.2\%$钢样范围内基本不变；

d. 滴定硫要预滴，其吸收率最好时也不会达到100%，在70%左右，故不能按照理论值计算，需标样换算，且分析样品的操作要控制一致；

e. 选95%的乙醇液比无水乙醇更合适，5%的水可起稳定剂作用，使终点更清楚。

4.3.3 磷的测定

1. 磷的存在形式

磷为钢铁中普通元素之一，通常由冶炼原料带入，也有为达到某些特殊性能而由人工加入的。

磷在钢铁中主要以固溶体、FeP、Fe_2P、Fe_3P及其他合金元素的磷化物和少量磷酸盐夹杂物的形式存在，常呈析离状态。

磷通常为钢铁中的有害元素，如 Fe_3P 质硬，影响塑性和韧性，易发生"冷脆"现象；磷在凝结过程中易产生偏析现象，降低力学性能，在铸造工艺上，可加大铸件缩孔、缩松的不利影响。因此取样时必须保证试样对母体材料的代表性。在某些情况下，磷的加入亦有有利的方面，如提高钢铁的拉伸强度，尤其是与锰、硫联合作用时，能改善钢材的切削性能；磷能提高钢材的抗腐蚀性，磷和铜联合作用时，效果更加显著；利用磷的脆性，可冶炼炮弹钢，提高爆炸威力。

钢中绝大部分磷化物是能溶于酸的，用非氧化性酸溶解时会以 PH_3 形态逸出，而在氧化性酸中，大部分生成正磷酸，也有一部分生成偏磷酸或次磷酸。故分析磷时，除了一定要采用氧化性酸溶解试样外，并要用强氧化剂氧化，使之全部转化为正磷酸，才能进行测定。

2. 测定方法

（1）二安替比林甲烷－磷钼酸质量法（GB 223.3—1988）

① 方法原理

试样加溶解酸，加热溶解及一系列处理后，在 0.24～0.60 mol/L 盐酸溶液中，加二安替比林甲烷－钼酸钠混合沉淀剂，形成二安替比林甲烷磷钼酸沉淀——$(C_{23}H_{24}N_4O_2)_3 \cdot H_3PO_4 \cdot 12MoO_3 \cdot 2H_2O$。过滤洗涤后烘至恒量，用丙酮－氨水溶解沉淀，再烘至恒量，由失重求得磷量。

② 结果计算

按下述公式计算磷的质量分数：

$$w(P) = \frac{[(m_1 - m_2) - (m_3 - m_4)] \times 0.01023}{m_5} \times 100\% \qquad (4-6)$$

式中，m_1——沉淀加坩埚的质量，g；

m_2——残渣加坩埚的质量，g；

m_3——空白试验沉淀加坩埚的质量，g；

m_4——空白试验残渣加坩埚的质量，g；

m_5——试样的质量，g。

③ 说明及注意事项

a. 铬及大量的铁、钒存在时，可在 EDTA 存在下用硫酸铍作载体，氨水沉淀将磷载出，含钨试样以草酸配合物析出，并用上述方法分离两次；

b. 含锰大于 2% 的试样，高氯酸应增加，除硅、砷后蒸发至冒高氯酸烟，并维持烧杯内部透明 20～30 min；

c. 试液含钛在 5 mg 以上时，加氨水沉淀之前，需滴加过氧化氢溶液（1:1），加氨水煮沸后，稍冷，再补加过氧化氢溶液（1:1），放置 10 min 后再冷却 30 min 以上过滤。

d. 含铌及钛量大于 5 mg 时，用硫酸铍作载体，氨水分离后所得沉淀转入原烧杯中，加硫酸（1∶1）、高氯酸、硫酸铵、硝酸，蒸发至冒硫酸烟，冷却，以少量水洗涤杯壁，加氢氟酸（1∶2），用水稀释至约 100 mL，滴加铜铁试剂至沉淀不再增多并过量，放置 50~60 min，过滤。以稀盐酸（4∶96）洗涤，于滤液中加硝酸，蒸发至冒硫酸烟。以水洗涤杯壁，重复冒烟，加草酸，以水溶解盐类，用水稀释至约 80 mL，以氨水中和至 pH = 3~4，煮沸，加氨水，煮沸，冷却，过滤。

（2）磷钼蓝光度法

① 方法原理

试样以稀硝酸分解，使磷转化为正磷酸，与钼酸铵反应生成磷钼黄，以氟化钠消除铁的影响，用氯化亚锡将磷钼黄还原为磷钼蓝，以光度法测定。

② 主要试剂

a. 硝酸（1∶5）；

b. 高锰酸钾溶液（4%）；

c. 亚硝酸钠溶液（2.5%）；

d. 钼酸铵溶液（20%）：（过滤后使用）；

e. 酒石酸钾钠溶液（20%）；

f. 钼酸铵－酒石酸钾钠溶液：将上述钼酸铵溶液与酒石酸钾钠溶液以 1∶1 混合（当日使用）；

g. 钼酸铵－酒石酸钾钠－尿素溶液：将 20% 的钼酸铵溶液与 20% 的酒石酸钾钠溶液各 50 mL 混匀后加入 2 g 尿素；

h. 氟化钠－氯化亚锡溶液：0.2 g 氯化亚锡溶于 100 mL 2.4% 的氟化钠溶液中过滤备用（当日使用）。

③ 操作步骤

a. 快速法

称取试样 0.05 g 于 200 mL 锥形瓶中，加硝酸（1∶5）15 mL，加热溶解。从沸腾起计时 15 s，滴加 4% 高锰酸钾溶液 3~4 滴，继续加热 20 s（此时应有二氧化锰出现），滴加 2.5% 亚硝酸钠溶液至溶液澄清并煮沸 20 s，去尽氮氧化物。取下，立即加钼酸铵－酒石酸钾钠混合液 5 mL，摇匀后，加氟化钠－氯化亚锡溶液 20 mL，摇匀，放置 1 min，冷却，以水为空白，红色滤光片，测定消光值。

标准曲线绘制：用不同含磷量的标样，按上述分析步骤测定消光值绘制标准曲线。

附注：

I. 生铁中磷的测定：称取试样 0.04 g，在加氟化钠－氯化亚锡溶液后加水 40 mL 其他步骤同钢中磷的测定；

II. 严格控制溶液温度及时间，防止溶液体积变化，影响酸度；

Ⅲ. 酒石酸钾钠的作用是消除硅的干扰，氟化钠可掩蔽铁离子并抑制硝酸的干扰；

Ⅳ. 溶液中有盐酸存在时使颜色不稳定，因此不宜把氯化亚锡配于盐酸溶液中使用；为了防止氯化亚锡水解，可配入已配好的氟化钠溶液中。

b. 分液法

称取试样 0.25 g 于 150 mL 锥形瓶中，加入硝酸（1:5）30 mL，加热溶解，然后加硝酸 8 mL，煮沸驱尽氮的氧化物，滴加高锰酸钾溶液至有褐色二氧化锰沉淀出现，滴加亚硝酸钠溶液至试液清晰，继续煮沸驱尽氮的氧化物，流水冷却，将溶液移入 50 mL 容量瓶中，用水稀释至刻度，摇匀后干燥过滤。

吸取上述溶液 10.00 mL 于 100 mL 容量瓶中，加热煮沸，迅速加入钼酸铵 - 酒石酸钾钠 - 尿素混合溶液 5 mL，氟化钠 - 氯化亚锡溶液 20 mL，流水冷却，用水稀释至刻度，摇匀，以水为空白，在分光光度计上，660 nm 波长处测定消光值。

标准曲线绘制：用 3 ~ 7 个含磷量不同的标样按上述步骤测定消光值，绘制曲线。

附注：

Ⅰ. 溶样时氧化氮必须驱尽，否则显色溶液的色泽不稳定；

Ⅱ. 钼酸铵 - 酒石酸钾钠 - 尿素及氟化钠 - 氯化亚锡溶液必须依次迅速加入，否则结果再现性差，容易造成误差；

Ⅲ. 氯化亚锡还原后的磷钼蓝颜色稳定性较差，显色后应在三分钟内比色完毕，否则颜色减退；

Ⅳ. 测定磷所用的玻璃仪器必须清洁，防止带入磷干扰。

④ 结果计算

按下述公式计算磷的质量分数：

$$w(P) = \frac{m_1 \times 10^{-6}}{m} \times 100\% \quad\quad (4-7)$$

式中，m_1——由标准曲线上查出的磷量，μg；

m——试样的质量，g。

⑤ 说明及注意事项

a. 酸度是反应的重要条件，因此在室温下反应，硝酸酸度一般在 0.7 ~ 1.6 mol/L 范围；

b. 溶解钢铁样品时，不可单独使用盐酸或硫酸，否则磷会生成气态磷化氢而挥发损失，而且加热温度不宜过高，时间不宜过长，以免溶液蒸发过多而影响酸度；

c. 加入高锰酸钾溶液后，试样的煮沸时间和其他操作应与标样的测定保持一致性，以免影响测定结果；

d. 该方法虽然控制较高的酸度可避免硅钼酸的形成，但当硅含量高时，仍有可能形成少量的硅钼酸，并被还原为硅钼蓝，可加入酒石酸钾钠，使其生成较稳定的配合物而不致生成硅钼杂多酸，从而消除干扰；

e. 铁对测定有干扰，一是含铁与不含铁所形成的吸收曲线不同，二是铁的存在要消耗氯化亚锡。加入氟化钠可使铁形成稳定的配合物，即抑制铁与氯化亚锡反应，氟离子又可与反应生成的四价锡配合，增加氯化亚锡的还原能力。

(3) 抗坏血酸-铋磷钼蓝光度法

① 方法原理

样品用硝酸溶解后，用高锰酸钾或过硫酸铵将磷氧化成正磷酸，在 1 mol/L 的硫酸介质中和硝酸铋的存在下，用抗坏血酸还原为磷钼蓝，在水中直接比色。

此方法用于不含砷的中合金钢，镍、铬离子颜色的影响用试液参比抵消。测定范围为磷含量 0.005% ~ 0.05%。

② 主要试剂

a. 硝酸 (1:3)；

b. 高锰酸钾溶液 (4%)；

c. 亚硝酸钠溶液 (10%)；

d. 定磷混合液：在 1 650 mL 水中加浓硫酸 30 mL，加硝酸铋 1 g，溶解后加 5% 钼酸铵 100 mL，用时每 175 mL 加抗坏血酸 1 g；

e. 磷标准溶液 (20 μg/mL)。

③ 操作步骤

a. 试样测定

称取样 0.500 0 g，加硝酸 25 mL，加热溶解后，滴加高锰酸钾氧化，至有二氧化锰沉淀生成，煮沸 1 min，滴加亚硝酸钠至二氧化锰沉淀溶解，煮沸驱尽氮氧化物，冷却，稀至 100 毫升，摇匀。

取试液 10.00 mL 于 50 mL 容量瓶中，加定磷混合液 35 mL，以水稀至刻度，放置 15 min 后，以水为参比，用 2 cm 比色皿，于波长 680 nm 处测量吸光度。

b. 标准曲线绘制

称取纯铁 0.5 g（磷含量小于 0.001%）数份，分别加入 5 ~ 40 μg 磷标准溶液，或用标钢操作，绘制标准曲线。

④ 结果计算

从工作曲线上直接查出磷的质量分数，或按公式计算磷的质量分数：

$$w(P) = \frac{w(P)_{标}}{A_1 - A_0} \times (A_2 - A_0) \qquad (4-8)$$

式中，A_1——标准样品吸光度；

A_0——试剂空白吸光度；

A_2——待测试样吸光度。

⑤ 说明及注意事项

a. 用抗坏血酸还原优点是还原能力弱,显色稳定性好,在 0.7 mol/L 硫酸介质中,可稳定 1 h 以上,缺点是显色易受砷定量干扰,适合于不含砷的中、低合金钢大批试样的分析;

b. 用 1∶3 硝酸溶解,30% 左右的磷以亚磷酸状态存在,不与钼酸铵作用,必须加高锰酸钾或过硫酸铵煮沸,使亚磷酸氧化,若分析高锰钢必须加过硫酸铵才能使磷氧化完全,否则结果偏低;

c. 室温影响显色速度,室温在 25 ℃ 以上放置 10 min,在 15 ℃ ~ 25 ℃ 放置 20 min 以上;

d. 显色酸度应为 0.7 mol/L 的硫酸介质,酸度过大显色过慢,酸度过小稳定性较差;

e. 抗坏血酸必须在使用前加入,其用量按磷量而定,含磷量大于 0.05% 时,每 175 mL 混合液中加入抗坏血酸 2 g;

f. 含量较高的试样应做试样空白,含钨高的试样结果不稳;

g. 溶解试样时溶液体积保持在 30 ~ 40 mL 较好。

(4) 磷钒钼黄光度法(碳素钢、低合金钢中磷快速分析,测高磷时常用)

① 方法原理

试样经酸分解及高氯酸发烟,以氧化磷和破坏碳化物。在 $c(H^+) = 0.2 \sim 1.6$ mol/L 的酸性介质中,磷酸可与钒酸铵、钼酸铵生成磷钒钼黄杂多酸($P_2O_5 \cdot V_2O_5 \cdot 22MoO_2$),借以光度测定。主要反应是:

$$2H_3PO_4 + 22(NH_4)_2MoO_4 + 2NH_4VO_3 + 46HNO_3 =\!=\!=$$
$$P_2O_5 \cdot V_2O_5 \cdot 22MoO_3 \cdot NH_2O + 46NH_4NO_3 + (26-n)H_2O$$

磷钒钼黄杂多酸生成的最佳酸度是:$c(H^+) = 0.2 \sim 1.6$ mol/L,通常是 1 mol/L,$c(NH_4VO_3) = 0.002$ mol/L,$c[(NH_4)_2MoO_4] = 0.01$ mol/L。

As、Si 也能生成杂多酸,但是灵敏度低,因此 $m(As) \leq 2.5$ mg 不干扰,在测定条下,Al、Ba、Mn、K、Na、Hg、Zn、Zr、W、Mo、V、Ti 等也无干扰,Cu、Cr 等有色离子的干扰,可用参比消除。

Fe^{3+} 因本身的颜色而干扰测定,氯离子对显色也有一定影响。前者可以通过空白消除其影响,后者在高氯酸发烟时驱尽。

本法可适用于钢中较高含量磷的测定(0.1% ~ 1%)。

② 主要试剂

a. 酸(1∶3);

b. 硫酸钠溶液(10%)(当日配);

c. 酸铵溶液(5%);

d. 酸铵溶液(0.25%):称取 0.5 g 偏钒酸铵溶解于 100 mL 水中,加 6 mL

硝酸,用水稀至 200 mL;

　　e. 磷标准溶液(0.1 mg/mL):用磷标准溶液(1 mg/mL)稀释配成。

　③ 操作步骤

　　a. 试样测定

称取 0.1~0.25 g 试样(含磷量测定一般称 0.25 g)于 100~125 mL 锥形瓶中,加酸(一般钢用稀硝酸,高合金钢用盐酸、过氧化氢或王水,必要时可加 1 滴氢氟酸)溶解后,加 5 mL 高氯酸,加热并发烟至稠状,取下,稍冷,加 32 mL 硝酸(1:3)及 10 mL 亚硫酸钠溶液(10%),煮沸片刻,取下冷却至室温,用水稀至 100 mL 摇匀。分取 20.00 mL 试液两份,分别放入 50 mL 容量瓶中。

显色液:加 15 mL 钒酸铵溶液(0.25%)及 10 mL 钼酸铵溶液(5%);

参比液:加 15 mL 水。

二者分别摇匀,放置 5 min,以水稀至刻度,摇匀。于波长 420~430 nm 处,用 1~2 cm 比色皿,测量吸光度,从工作曲线上求得结果。

　　b. 工作曲线的绘制

用标准溶液制作,或低磷同钢种标样按试样操作制得底液,分取 20 mL 数份,分别加入不同量磷标准溶液(0.1 mg/mL)0 mL、0.5 mL、1.0 mL、3.0 mL、5.0 mL,相当称 0.25 g 样时磷含量为 0 mg、0.1 mg、0.2 mg、0.6 mg、1.0 mg,按分析步骤显色与测量,以不加标液的显色溶液为参比,以吸光度对加入量绘制工作曲线。

　④ 说明及注意事项

　　a. 显色酸度:5%~8% 为宜,超过 10% 显色缓慢;

　　b. 显色温度:20 ℃~40 ℃为宜,20 ℃以上 5 min 后颜色可达最深,在室温较低;

　　c. 干扰元素:W^{6+} 存在时,在 8% 的酸度下,WO_3 量小于 15 mg 不干扰,大于 20 mg 以钨酸形式沉淀,干扰测定;当 As^{5+}、Si^{4+}、W^{6+} 同时存在时,$m(As) < 0.5$ mg、$m(Si) < 1$ mg、$m(WO_3) < 1$ mg 时均不干扰,超此量,可在碱性溶液中以 Ca^{2+}、Be^{2+} 作载体进行分离;

　　d. 硅酸的影响与溶液的酸度和放置时间有关:酸度低,温度高或放置时间长会增加硅酸的影响;

　　e. Si^{4+} 与钼酸铵形成黄色配合物干扰测定,干扰随酸度增加而减弱,如 5% HNO_3 条件下允量 10 mg 以下,$w(HNO_3) > 10%$ 时可允许存在 20 mg;若采用 15% HNO_3 溶液显色,可消除大量 Si 干扰;含 Si 高的样,可预先以 HF 除 Si;

　　f. 大量 As^{5+} 存在使发色缓慢,结果偏低,干扰随酸度增加减弱,如溶液中只有 As 存在时,5% HNO_3 条件下可允许 0.5 mg As 存在,酸度 8%~10% 时允许砷量 5 mg;当 As 含量高时,可在 HCl 溶液中加 HBr 加热使 As 挥发除去;

g. Cu^{2+}、Co^{2+}、Ni^{2+}、Cr^{3+}本身有色，干扰测定，可用Fe^{3+}或Be^{2+}作载体，$NH_3 \cdot H_2O$沉淀P^{5+}分离；Cr^{3+}可在H_2SO_4溶液中用过量硫酸铵-Ag盐氧化成Cr^{6+}，再在氨性介质中用Fe^{3+}或Be^{2+}作载体使P^{5+}分离。

h. F^-延缓发色，大于10 mg结果偏低，应在H_2SO_4酸性溶液中加热蒸发除去；Cl^-能使吸光度降低，必须用HNO_3反复蒸干；H_2O_2能将显色剂中V^{4+}氧化，使比色液呈红色，干扰测定，应用高锰酸钾破坏双氧水，过量的高锰酸钾以亚硝酸钠除去，过量的亚硝酸钠加热煮沸分解；

i. 磷钒钼黄光度法适用于各种含量的测定，特别是高磷，微量磷用正丁醇、异戊醇或乙酸乙酯等萃取、磷钒钼黄光度法测定；萃取法适用于测定含有大量Fe和有色离子溶液中的磷。

4.3.4　硅的测定

1. 硅的存在形式

硅是钢铁中常见元素之一，主要以固溶体、FeSi、Fe_2Si、MnSi或FeMnSi的形式存在，有时亦可发现少量的硅酸盐夹杂物及游离SiO_2的形式。除高碳钢外，一般不存在碳化硅（SiC）。硅与氧的亲和力仅次于铝和钛，而强于锰、铬、钒，是炼钢过程中常用的脱氧剂。硅能提高钢的强度和硬度，在常见元素中，硅的这种作用仅次于磷，而较锰、镍、铬、钨、钼、钒等强。硅能显著提高钢的弹性极限、屈服强度、屈服比、疲劳强度和疲劳比。

硅能提高钢的抗氧性、耐蚀性和耐热性，又能增大钢的电阻系数，故钢中含硅量一般不小于0.10%，作为一种合金元素，一般不低于0.40%，如不锈耐酸钢、耐热不起皮钢种便是以硅作为主要的合金元素之一的钢，耐磨石墨钢是制造轴承、模具等的重要材料。但是，硅含量过高，将使钢的塑性、韧性降低，并影响焊接性能。另外，在铸铁中，硅是重要的石墨化元素，承担着维持碳当量的重要任务，并能减少缩孔及白口倾向，增加铁素体数量，细化石墨，提高球状石墨的圆整性。

单质硅只能与氢氟酸作用，与其他无机酸不起作用，但能溶解于强碱溶液中。钢中大多数硅化物只能溶于酸中，当试样中硅含量较高时，在酸性溶液中容易产生硅酸沉淀。在测定其他元素时，为了消除硅酸的影响，一是加氢氟酸生成SiF_4气体逸出，二是脱水后生成SiO_2沉淀滤出。

2. 测定方法

（1）高氯酸脱水质量法

① 方法原理

热的高氯酸既是强氧化剂，亦是脱水剂，溅失现象少，脱水速度快。常见元素中，除钾、铷、铯以及铵盐外，其余的高氯酸盐均易溶于水，故对沉淀的污染很小,是最常用的脱水介质。

钢铁试样用酸分解,或用碱熔后酸化,在高氯酸介质中蒸发冒烟使硅酸脱水,经过滤洗涤后,将沉淀灼烧成二氧化硅,在硫酸存在下加氢氟酸使硅成四氟化硅挥发除去,由氢氟酸处理前后的质量差计算硅含量。

本方法硅含量的测定范围为 0.10% ~ 6.00%。

② 结果计算

按下述公式计算硅的质量分数:

$$w(\text{Si}) = \frac{(m_1 - m_2) \times 0.4762}{m} \times 100\% \qquad (4-9)$$

式中,m_1——氢氟酸处理前坩埚与沉淀的质量,g;

m_2——氢氟酸处理后坩埚与残渣的质量,g;

m——钢铁试样的质量,g。

③ 说明及注意事项

a. 氢氟酸处理之前,必须有适量硫酸存在,以防止四氟化硅水解而形成不挥发的化合物,使结果偏低,并防止铁、钛、铝等呈挥发性氟化物而损失,使结果偏高;

b. 硼存在时,被带入沉淀,当用硫酸-氢氟酸处理时,硼以氟化硼(BF_3)挥发损失,使结果偏高,于脱水前加入甲醇,在酸性溶液中蒸发,则可使硼呈硼酸甲酯挥发除去,然后加硝酸,再加高氯酸,按原方法进行脱水处理;

c. 含钨试样,沉淀应先于 1 000 ℃ ~ 1 050 ℃ 灼烧约 1 h,以挥发除去大部分三氧化钨,然后于 800 ℃ 恒量,氢氟酸处理后的残渣,亦应于 800 ℃ 恒量,以防止在此阶段三氧化钨的挥发损失。

(2) 氟硅酸钾滴定法

① 方法原理

试样以硝酸和氢氟酸(或盐酸、过氧化氢)分解,使硅转化为氟硅酸,加入硝酸钾(或氯化钾)溶液生成氟硅酸钾沉淀。经过滤、洗涤游离酸,以沸水溶解沉淀,使其水解而释放出氢氟酸,用氢氧化钠标准滴定溶液滴定释放出氢氟酸。由消耗氢氧化钠标准滴定溶液的体积计算出硅的含量。

铝和钛对本法测定有干扰,当铝的含量小于 5%、钛的含量小于 0.3% 时无影响;游离碳影响终点的观察,可以先过滤除去。

② 结果计算

按下述公式计算硅的质量分数:

$$w(\text{Si}) = \frac{c \times V \times \dfrac{28.0855}{4}}{m \times 1\,000} \times 100\% \qquad (4-10)$$

式中,c——氢氧化钠标准溶液的浓度,mol/L;

V——滴定氢氧化钠标准溶液的体积，mL；

m——钢铁试样的质量，g。

③ 说明及注意事项

a. 应平行做空白试验，计算时扣除空白值，并应经常带标样校对，溶样温度控制在 60 ℃ ~ 70 ℃；

b. 氟硅酸钾沉淀的酸度以 $c(H^+) = 3 \sim 5$ mol/L 为宜，沉淀温度应在 25 ℃ 以下，正常条件下放置 10 ~ 15 min 沉淀完全；

c. 洗涤是该方法的关键，应采取少量多次的原则，以免造成沉淀溶解损失，使测定结果偏低；滴定过程中溶液温度应保持在 80 ℃ ~ 90 ℃；

d. 消除铝干扰的措施：严格控制氟盐用量，于氯化钙存在下进行沉淀，使过量氟离子呈氟化钙沉淀，用氢氧化钾代替氢氧化钠进行熔样，提高硝酸介质的酸度，在 6 ~ 6.5 mol/L 的酸度下，氟硅酸钾能定量沉淀，但由于氟离子的强质子化作用，不能形成 K_3AlF_6；

e. 钛的干扰可加过氧化氢、草酸铵、草酸或钙盐消除；

f. 消除硼干扰的较好方法，是在确保氟硅酸钾定量沉淀的前提下，用尽可能低的 KCl 浓度（但必须过量 12%）进行沉淀，如在含 12% KCl、1% NaF 溶液中沉淀，并用含 0.1% NaF、12% KCl 溶液洗涤，则可消除高达 160 mg B_2O_3 的干扰；

g. 溴百里酚蓝 – 酚酞以及溴百里酚蓝 – 酚红的混合溶液等，都曾作为此滴定反应的指示剂，但终点均不够敏锐，用硝嗪黄（2, 4 – 二硝基苯偶氮 – 1 – 萘酚 – 3, 6 – 二磺酸钠）作为该滴定的指示剂，终点极其敏锐。

(3) 硅钼蓝光度法（GB/T 223.5—1997）

① 炉前快速法：亚铁还原 – 硅钼蓝光度法

Ⅰ. 方法原理

试样经酸分解后，用高锰酸钾氧化偏硅酸为正硅酸，并破坏碳化物，然后，在适当酸度下，加入钼酸铵与硅酸生成硅钼杂多酸（硅钼黄），用草酸配位使溶液透明并破坏磷、砷等元素与钼酸铵生成的杂多酸，消除其干扰，用硫酸亚铁（铵）还原为硅钼蓝后，以光度法测定。

主要反应：

溶解：$3FeSi + 16HNO_3 =\!=\!= 3Fe(NO_3)_3 + 3H_4SiO_4 + 7NO\uparrow + 2H_2O$

$FeSi + H_2SO_4 + 4H_2O =\!=\!= FeSO_4 + 3H_2\uparrow + H_4SiO_4$

$2FeSi + 6HCl + 7H_2O_2 =\!=\!= 2FeCl_3 + 2H_4SiO_4 + 6H_2O$

氧化：$C + 4KMnO_4 + I_2 + HNO_3 =\!=\!= 5CO_2\uparrow + 4KNO_3 + 4Mn(NO)_3 + 6H_2O$

$2KMnO_4 + 2HNO_3 =\!=\!= 2KNO_3 + 2MnO_2\downarrow + H_2O + 3[O]$

$C + 2[O] =\!=\!= CO_2\uparrow$

还原：$2KMnO_4 + 5NaNO_3 + 6HNO_3 =\!=\!= 2Mn(NO_3)_2 + 5NaNO_3 + 2KNO_3 + 3H_2O$

$$MnO_2 + NaNO_2 + 2HNO_3 =\!\!=\!\!= Mn(NO_3)_2 + H_2O + NaNO_3$$

$$4HNO_2 \xrightarrow{\Delta} 4NO\uparrow + 2H_2O$$

配位：

$$H_4SiO_4 + 12(NH_4)_2MoO_4 + 2HNO_3 + 2HNO_3$$

$$\xrightarrow{c(H^+)=0.1\sim 0.4\ mol/L} H_8[Si(Mo_2O_7)_6] + 24NH_4NO_3 + 10H_2O(硅钼黄)$$

显色： $H_8[Si(Mo_2O_7)_6] + 4FeSO_4 + 2H_2SO_4 \xrightarrow{c(H^+)=1.6\sim 3.2\ mol/L}$

$$H_8[(Mo_2O_5)S(Mo_2O_7)_5] + 2Fe_2(SO_4)_3 + 2H_2O$$

$2Fe^{3+} + 3MoO_4^{2-} =\!\!=\!\!= Fe_2(MoO_4)_3\downarrow\ [Fe_2(MoO_4)_3]\rightarrow[Fe(C_2O_4)_3]_3$（草酸作用下）

酸度对测定的影响较大，一般应控制在 $c(H^+)=0.1\sim 0.6\ mol/L$ 为宜，加热显色时，可适当提高酸度。

Fe、As、P、W 等对测定有干扰。铁量多时会降低一些灵敏度，但是提高了显色的稳定性，因此，保持一定量铁是必要的；由于磷、砷也能发生同硅一样的反应，故产生干扰，但其含量一般不高，草酸的配位隐蔽作用可消除其干扰；钨由于产生钨酸沉淀干扰测定，可用柠檬酸配位隐蔽，消除干扰。另外铬、镍、钴等有色离子的干扰是通过制取参比消除。

由于快速溶样、加热显色及加入混合试剂等，所以该法可以快速测定普碳钢、低合金钢、高合金钢及精密合金等各种钢中 0.01% ~ 2% 的硅，分析时间 3 ~ 5 min/件。

II. 主要试剂

a. 酸（(1:6) ~ (1:4)）；

b. 锰酸钾溶液（4%）；

c. 硝酸钠溶液（2%）；

d. 酸溶液（1.7%、7.5%）；

e. 酸铵溶液（5%、8%）：出现沉淀或浑浊时必须过滤；

f. 酸亚铁（铵）溶液（1%）：每升溶液中加入 10 mL 硫酸（6%）；

g. 性钼酸铵溶液（4.5%）：用碳酸钠溶液（9%）配成；

h. 檬酸铵溶液（10%）；

i. 显色剂：草酸溶液（7.5%）与硫酸亚铁铵溶液（6%）按 2:1 混合（用前临时混合）；

j. 标准溶液（Si 10 μg/mL）：用硅标准溶液（1 mg/mL）稀释配成。

III. 操作步骤

a. 钢、低合金钢及轴承钢等（$w(Si)$ 0.02% ~ 0.8%）

称样 20 ~ 30 mg（$w(Si) < 0.1\%$ 时为 30 mg）置于 100 ~ 125 mL 锥形瓶中（预加 5 mL 稀硝酸（1:6）），在中温并在摇动下加热溶解后，加 5 mL 钼酸铵溶液（5%），加热 8 ~ 10 s 取下，立即加 60 mL 草酸 - 亚铁混合溶液（草酸

(1.7%) 与亚铁（1%）按（1:1）临时混合），摇匀。

于波长 660~700 nm 处，用 1~3 cm 比色皿，以空气或水为参比测量吸光度，从工作曲线上求得分析结果。

工作曲线的绘制：用标样操作，或纯铁中加不同量硅标准溶液，按试样分析方法操作。

为了进一步提高速度，可以按下法操作：称取 20~50 mg 试样于预置 2 mL 盐酸的 100 mL 锥形瓶中，加 2 mL 过氧化氢（样少可少加），加热溶解后，加热水 5 mL，煮沸至冒大气泡，取下，加入 10 mL 沸腾的钼酸铵（8%）（溶样时预热），摇匀，立即加入 30 mL 混合显色剂摇匀，按上述条件测量吸光度。

b. 铬、高铬镍钢（还包括 Cr13、4Cr9Si2、GCr15、CrMnN 等）及高温合金、钨钢、碳钢，低合金钢等；$w(Si) \leqslant 2\%$。

称取 20 mg 试样于 100 mL 钢铁量瓶中（预置 1 mL 盐酸），加过氧化氢 3 mL，加热溶解至反应开始后，立即取下，自然溶解片刻（高合金钢如果还不溶则可再加过氧化氢），反应不激烈时，再加热溶毕。立即如 15 mL 热水，加热至冒大气泡，取下，加 5 mL 钼酸铵溶液（5%），在摇动下加热 8~10 s 后，加 40 mL 草酸溶液（1.7%）及 30 mL 亚铁溶液（1%）（可在用前临时混合后一并加 70 mL），摇匀（当 $w(Si) > 0.5\%$ 时用水稀释至刻度摇匀），测量吸光度。

测量条件同ⓐ，但参比溶液是称一个样同试样操作，但不加钼酸铵溶液（加 5 mL 水）。碳钢，低合金钢可用水作参比。

用标样或硅标准溶液按试样操作，制作工作曲线。

c. 簧钢等高碳、高硅钢（$w(Si) = 1\% \sim 2\%$）

称取 15~20 mg 试样于预置 10 mL 硝酸（1:4）的 100 mL 钢铁量瓶中，加热溶解后，加 2 滴高锰酸钾溶液（4.5%）煮沸 5 s，取下，立即加 10 mL 碱性钼酸铵溶液（4.5%）摇动 10 s，以下操作同 b，用水稀至刻度，摇匀，测量吸光度。

波长同 a，比色杯（皿）0.5 cm，水（或空气）为参比。

用标样制作工作曲线并从工作曲线上求得结果。

d. 钨钢（$w(W) > 5\%$，$w(Si) \leqslant 1\%$）

称取 20 mg 试样于预置 1 mL 柠檬酸铵（10%）及 1 mL 盐酸的 100 mL 钢铁量瓶中，加 2 mL 过氧化氢，加热溶解，并煮沸至大气泡以分解过氧化氢（此时可加 2~3 滴硝酸破坏碳化物煮沸 3 s），加 10 mL 热水，并加热至沸取下，速加 10 mL 钼酸铵（5%），以下操作同 b，水为参比，测其吸光度。从工作曲线上求得分析结果。

工作曲线的绘制：用钨钢标样按试样操作，绘制工作曲线。

Ⅳ. 结果计算

按下述公式计算硅的质量分数：

$$w(\mathrm{Si}) = \frac{m_1 \times V_0}{m_0 \times V_1} \times 100\% \qquad (4-11)$$

式中，V_1——分取试液体积，mL；

V_0——试液总体积，mL；

m_1——从标准曲线上查得的硅的质量，g；

m_0——试样的质量，g。

Ⅴ. 说明及注意事项

a. 酸度对显色影响较大，因此，加入酸量、加热温度、时间要掌握好。一般视加入钼酸铵后加热时不出现或还原前刚出现浑浊为正常。沉淀过多或出现过早则说明酸度过小，结果不太可靠，应重做。

b. 用盐酸-过氧化氢分解样品时，高铬镍等钢加入过氧化氢的量对测定无影响，但是碳钢则不然，多加则灵敏度下降。因此，要少加，并且要一致，如 1 mL 已足够，同时，过氧化氢一定要分解完全。

c. 铁基试样（如 6J20 等）应在显色前加 1 mg 铁标准溶液。

d. 钢，如某些高碳、铬的合金及退火钢，溶后仍有浑浊（按 2 法操作）。除上述的参比外，还可以加高锰酸钾溶液，使显色液褪色，再用亚硝酸钠还原后测其吸光度扣除；或干滤后比色，但钨钢以按操作 4 为好。

e. 钢按 4 操作是有效的，但是高钨（大于 17%）钢溶解时，有时仍出现浑浊，故可多加一点盐酸和柠檬酸，且要用同钢种标样制作曲线。

f. 测定较高硅试样时（大于 1.0%），要特别注意严格操作。

g. 用试剂也可以用成品法，最后加入一定量水即可。

② 成品分析法：亚铁还原-硅钼蓝光度法

Ⅰ. 方法原理

炉前快速法，亚铁还原-硅钼蓝光度法。

本法适用于碳钢、低合金钢中硅（0.005%~0.5%）及生铸铁、高硅钢、高锰钢、高铬、高铬镍不锈钢、高速钢中硅（0.05%~2.5%）的测定。

Ⅱ. 主要试剂

a. 酸（1∶3.5）；

b. 锰酸钾溶液（4%）；

c. 硝酸钠溶液（5%）；

d. 酸溶液（5%）；

e. 王水：65 mL 硝酸加入 735 mL 水中，再加 200 mL 盐酸混匀；

f. 硝硫混酸：942 mL 水中加入 8 mL 硝酸及 50 mL 硫酸；

g. 钼酸铵溶液（5%、1.7%）；

h. 硫酸亚铁（铵）溶液（6%）：每100 mL溶液中加2 mL硫酸；

i. 硅标准溶液（200 μg/mL）、（50 μg/mL）：用1 mg/mL硅标准溶液以水稀释而成。

Ⅲ. 操作步骤

a. 钢、低合金钢中低硅（$w(Si) = 0.005\% \sim 0.14\%$）

称样0.500 0 g于150 mL锥形瓶中（随做一试剂空白），加20 mL硝酸（1:3.5），低温加热溶解后，滴加高锰酸钾溶液至稳定的红色，煮沸至出现二氧化锰沉淀时，加几滴亚硝酸钠溶液（20%），煮沸至溶液清亮，再煮沸2~3 min，以驱除氮氧化物。取下，冷却至室温后，用水稀至50 mL摇匀。

分取10.00 mL试液两份，分置于50 mL容量瓶中。

显色液：加15 mL钼酸铵溶液（1.7%），静置30 min，加20 mL草酸溶液（5%），摇动至透明，立即加入5 mL硫酸亚铁（铵）溶液（6%），用水稀释至刻度，摇匀。

参比液：加20 mL草酸溶液、15 mL钼酸铵、5 mL硫酸亚铁（铵）溶液（各试剂浓度同显色液），用水稀至刻度，摇匀。

于波长650 nm处，适当比色皿，测其吸光度。扣除试剂空白，从工作曲线上求得结果。

工作曲线的绘制：称取纯铁（硅含量应小于0.002%）0.5 g数份，分别加入不同量的硅标准溶液，按试样分析步骤操作，以不加入硅标液的显色液作参比，按上述条件测定。或用硅含量不同的标样按上操作。以吸光度对含量绘制工作曲线。

b. 钢、低合金钢、高锰钢等（$w(Si) = 0.05\% \sim 2.5\%$）

称取试样适量于100 mL钢铁量瓶中，加40 mL硝酸（1:3.5），低温加热溶解（如难溶则应不断补加水）后，稍加煮沸，取下冷却至室温，用水稀至刻度，摇匀。

分取5.00 mL试液两份分置于50 mL容量瓶中；

显色液：加15 mL钼酸铵溶液（1.7%），放置30 min，加10 mL草酸溶液（5%），立即加5 mL硫酸亚铁（铵）溶液（6%），用水稀至刻度，摇匀。

参比液：先加草酸溶液，其余同显色液。

工作曲线的绘制：用相应的标样按②操作，或称取纯铁加不同量硅标准溶液，按②操作，按①条件测量吸光度。扣除不加硅标准溶液者的吸光度，制作工作曲线，求得分析结果。

c. （铸）铁、硅钢（$w(Si) = 0.05\% \sim 2.5\%$）

称样0.2 g（视含量而定）于100 mL钢铁量瓶中，加40 mL硝-硫混合酸溶液，低温加热溶解后，滴加高锰酸钾溶液（4%）至有二氧化锰沉淀，煮沸1 min，滴加2滴亚硝酸钠溶液（20%）至透明，再煮沸1 min，取下冷却至室温，用水稀至刻度，摇匀。

按 b 分取，显色，测量及制作工作曲线，求得分析结果。

d. 不锈钢、高铬钢、高铬铸铁、高温合金（$w(Si) < 2.5\%$）

称样 0.2 g（视含量而定）于 100 mL 钢铁量瓶中，加 40 mL 稀王水，低温加热溶解后稍煮沸，取下冷却至室温，用水稀至刻度，摇匀。

按ⓑ分取，显色与测定。用相应标样制作工作曲线，求得分析结果。

Ⅳ. 说明及注意事项

a. 测定低硅试样时，分析用水、试剂均应含硅极微，因此，应当与试样同步（不称样）做试剂空白扣除；

b. 冬季室温低时（<15 ℃），放置时间加长，最好是在沸水浴中加热 30 s，代替放置；

c. 加入草酸摇至透明后立即加亚铁（30 s 内），但是，对高磷、砷的试样，应摇动 1 min 后再加亚铁，以充分破坏磷、砷的杂多酸，消除干扰；

d. 分取试液前，若有沉淀可干滤或分取上层清液；

e. 在低硅的测定时，也可用硫酸-硝酸溶解并多加钼酸铵显色，具有稳定、灵敏等特点，可以测定 0.05% 的硅。方法简述如下：

称取 0.5 g 试样于塑料杯中，加 30 mL 硫酸（5:95），8 mL 硝酸（1:2），沸水浴上加热溶解，冷却，加 5 mL 尿素溶液（10%），放置片刻，以充分破坏氮氧化物，稀至 50 mL（如浑浊应干滤）。分取 10.00 mL 试液两份于 100 mL 锥形瓶中，加 10 mL 钼酸铵溶液（8.5%）放置 10～20 min，加 15 mL 草酸溶液（10%），摇匀，加 5 mL 硫酸亚铁铵溶液（6%），摇匀。用反加钼酸铵的方法制取参比液。于波长 700 nm 处，3 cm 比色皿，测量吸光度。在曲线上查得分析结果。

工作曲线的绘制：称 2.5 g 纯铁按试样方法溶解稀至 50 mL，分取 10 mL 此液 5 份，分别加入不同量硅标准溶液，按以上显色与测量（以不加标准溶液者为参比），绘制工作曲线。

4.3.5 锰的测定

1. 锰的存在形式

锰为银白色金属，性坚而脆，锰几乎存在于一切钢铁中，是常见的"五大元素"之一，亦是重要的合金元素。锰在钢铁中主要以固溶体及 MnS 形态存在，也可形成 Mn_3C、MnSi、FeMnSi、MnO、$MnO \cdot SiO_2$ 等。

锰对钢的性能具有多方面的影响。锰和氧、硫有较强化合能力，故为良好的脱氧剂和脱硫剂；锰与硫形成熔点较高的 MnS，能降低钢的热脆性，同时还能使钢铁的硬度和强度增加，提高热加工性能；锰能提高钢的淬透性，因而加锰生产的弹簧钢、轴承钢、工具钢等，具有良好的热处理性能。

作为一种合金元素，锰的加入也有不利的一面。锰含量过高时，增加钢的回火脆敏感性，冶炼浇铸和锻轧后冷却不当时，易产生白点；在铸铁生产中，锰过高时，缩孔倾向加大，在强度、硬度、耐磨性提高的同时，塑性、韧性有所降低。

锰溶于稀酸中，生成锰（Ⅱ）。锰化物也很活泼，容易溶解和氧化。在化学反应中，由于条件的不同，金属锰可部分或全部失去外层价电子，而表现出不同的价态，分析上主要有锰（Ⅱ）、锰（Ⅲ）、锰（Ⅳ）、锰（Ⅶ），少数情况下亦有锰（Ⅵ），这就为测定锰提供了有利条件。

2. 测定方法

（1）过硫酸铵氧化滴定法

① 方法原理

过硫酸铵氧化滴定法（亚砷酸钠－亚硝酸钠法）试样经过混酸（硝酸、硫酸、磷酸）溶解，锰呈现锰（Ⅱ）状态，在氧化性酸溶液中，以硝酸银作催化剂，用过硫酸铵氧化为锰（Ⅶ），然后用亚砷酸钠－亚硝酸钠标准滴定溶液滴定。主要反应有：

$$3\,MnS + 14\,HNO_3 = 3\,Mn(NO_3)_2 + 3\,H_2SO_4 + 8\,NO\uparrow + 4\,H_2O$$

$$MnS + H_2SO_4 = MnSO_4 + H_2S\uparrow$$

$$3\,Mn_3C + 28\,HNO_3 = 9\,Mn(NO_3)_2 + 10\,NO\uparrow + 3\,CO_2\uparrow + 14\,H_2O$$

在催化剂 $AgNO_3$ 作用下，$(NH_4)_2S_2O_8$ 对 Mn^{2+} 的催化氧化过程为：

$$Ag^+ + S_2O_8^{2-} + 2H_2O = Ag_2O_2 + 2\,H_2SO_4$$

$$5\,Ag_2O_2 + 2\,Mn^{2+} + 4\,H^+ = 10\,Ag^+ + 2\,MnO_4^- + 2\,H_2O$$

所产生的 MnO_4^- 用还原剂亚砷酸钠－亚硝酸钠标准滴定溶液滴定高锰酸至红色消失为终点，发生的定量反应为：

$$5\,AsO_3^- + 2\,MnO_4^- + 6\,H^+ = 5\,AsO_4^{3-} + 2\,Mn^{2+} + 3\,H_2O$$

$$5\,NO_2^- + 2\,MnO_4^- + 6\,H^+ = 5\,NO_3^- + 2\,Mn^{2+} + 3\,H_2O$$

此法的缺点是不能用理论值计算结果，必须以标样换算，不适用于高锰（$w(Mn) > 2\%$）的分析。

本方法锰量的测定范围为 0.10% ~ 2.00%。

② 结果计算

以与试样含锰量相近的标准钢样按试样的测定方法进行标定，按下式计算其滴定度：

$$T = \frac{w(Mn)_{标} \times m}{V} \tag{4-12}$$

式中，T——标准滴定溶液对锰的滴定度，g/mL；

V——标准滴定溶液的体积，mL；

$w(Mn)_{标}$——标准钢样中锰的质量分数；

m——标准钢样的质量，g。

锰的质量分数按下式计算：

$$w(Mn) = \frac{T \times V}{m} \times 100\% \qquad (4-13)$$

式中，V——试样消耗标准滴定溶液的体积，mL；

T——标准滴定溶液对锰的滴定度，g/mL；

m——试样的质量，g。

③ 说明及注意事项

a. 混酸中的磷酸可以增加高锰酸的稳定性，防止二氧化锰的生成，并且磷酸与三价铁生成无色配合物，终点易于控制，另外当试样中含钨量高时，磷酸还可与钨配合生成易溶性磷钨酸，避免生成黄色的钨酸沉淀影响观察终点；混酸中心硝酸可使碳化物氧化生成二氧化碳而逸出。

b. 该方法关键在于使锰（Ⅱ）完全氧化为锰（Ⅶ），并且生成的高锰酸切勿分解。其中，酸度的影响比较大，酸度过高氧化不完全，过低则硝酸银失去催化活性，易形成锰（Ⅳ）沉淀。通过煮沸及放置可以保证氧化完全，还可使过剩的过硫酸铵分解。

c. 反应完毕后，加入氯化钠以除去硝酸银时，加入氯化钠稍过量即可。若加入过多，会使高锰酸还原，如加入的量过少，银会在滴定残余的过硫酸铵时影响观察终点。滴定前还应加入硫酸以增强酸度，可加快高锰酸与亚砷酸钠的反应。

d. 使用亚砷酸钠-亚硝酸钠标准滴定溶液，是因为单独使用任何一种，都不能达到滴定目的。使用亚砷酸钠，反应速率较缓慢，接近终点时，溶液呈黄绿色，终点不便观察，反应结束时，锰的平均氧化数为+3.3；亚硝酸钠对于高锰酸的还原，虽是定量进行但作用很缓慢，且本身不稳定，无单独应用价值。两者混合使用，可取长补短，但仍不能定量将锰全部还原，因此不能按理论值计算，必须用含量相近的标准钢样在相同的条件下测定，求得滴定度，再进行试样中锰含量的计算。

e. 试样中若铬的含量在2%以上，终点为橙黄色而影响观察，需加氧化锌使其水解生成氢氧化铬，过滤分离；若存在大量铬，可在氨性溶液中，用过硫酸铵使锰氧化生成二氧化锰沉淀，进行分离处理。

(2) 硝酸铵氧化滴定法（GB 223.4—1988）

① 方法原理

试样经酸溶解后，在磷酸微冒烟的状态下，用硝酸铵将锰（Ⅱ）定量氧化至锰（Ⅲ），生成稳定的 $Mn(PO_4)_2^{3-}$ 或 $Mn(H_2P_2O_7)_3^{3-}$ 配阴离子，以 N-苯代邻氨基苯甲酸为指示剂，用硫酸亚铁铵标准滴定溶液滴定至亮绿色为终点。钒、铈有干扰必须予以校正。

本标准适用于碳钢、合金钢、高温合金及精密合金中锰量的测定。本方法锰量的测定范围为 2.00% ~ 30.00%。

② 结果计算

将滴定重铬酸钾标准滴定溶液所消耗硫酸亚铁铵标准滴定溶液的体积进行 N-苯代邻氨基苯甲酸指示剂校正后再计算。硫酸亚铁铵标准滴定溶液的浓度按下式计算：

$$c = \frac{(0.015\ 00 \times 25.00)_{\frac{1}{6}K_2CrO_7}}{V} \quad (4-14)$$

式中，c——硫酸亚铁铵标准溶液的物质的量浓度，mol/L；

V——标定所消耗硫酸亚铁铵标准溶液经校正的平均体积，mL。

按下式计算锰的质量分数：

$$w(\mathrm{Mn}) = \frac{c \times V_1 \times 0.054\ 94}{m} \times 100\% \quad (4-15)$$

式中，c——硫酸亚铁铵标准溶液的物质的量浓度，mol/L；

V_1——滴定试样所消耗硫酸亚铁铵标准溶液经校正的体积，mL；

m——试样的质量，g。

③ 说明及注意事项

a. 测定结果中，钒含量 1% 相当于锰的 1.08%，铈含量 1% 相当于锰的 0.040%，必须进行扣除；

b. 难溶试样可先加王水，溶解后加磷酸冒烟；高硅试样溶解时滴加几滴氢氟酸后，加磷酸冒烟，锰含量大于 5.00%，可酌减称样量；

c. 控制加入硝酸铵氧化时的最佳温度（220 ℃）是关键，一般控制磷酸蒸发至冒烟时温度约 250 ℃。如果加入硝酸铵时的温度太高，则冒烟时间过长，易析出焦磷酸盐，如果加入硝酸铵时的温度太低，则锰的氧化会不完全。视室温高低冷却 20 ~ 30 s 后，温度约为 220 ℃，同时必须将黄烟吹尽，否则都会造成测定结果偏低。

d. 锰（Ⅲ）的配合物用水稀释时，会逐渐发生水解，应采用稀硫酸来进行稀释，冷却至室温后要立即进行滴定，否则会造成测定结果偏低。

(3) 高碘酸钠（钾）氧化光度法（GB 223.63—1988）

① 方法原理

试样经酸溶解后，在硫酸、磷酸介质中，用高碘酸钠（钾）将锰（Ⅱ）氧化至锰（Ⅶ），以高锰酸特有的紫红色进行光度测定。高锰酸的 $\varepsilon_{528} = 2.4 \times 10^3$，在波长 548 nm 处有一稍低吸收峰，$\varepsilon_{548} = 2.3 \times 10^3$。此法灵敏度虽不高，但选择性甚佳，操作手续简便，一直是测定锰的主要光度法。

本法适用于生铁、铁粉、碳钢、合金钢和精密合金中锰含量的测定。本方法锰量的测定范围为 0.01% ~2.00% 。

② 结果计算

按下式计算锰的质量分数：

$$w(\text{Mn}) = \frac{m_1}{m} \times 10^{-6} \times 100\% \tag{4-16}$$

式中，m_1——由工作曲线上查得的锰量，μg；

m——试样的质量，g。

③ 说明及注意事项

a. 测定时的称样量、锰标准溶液加入量及选用的比色皿参照表 4-4。

表 4-4　称样量、锰标准溶液加入量及选用的比色皿参照表

含量范围/%	0.01~0.1	0.1~0.5	0.5~1.0	1.0~2.0
称样量/g	0.500 0	0.200 0	0.200 0	0.100 0
锰标准溶液浓度/（g·mL^{-1}）	100	100	500	500
移取锰标准溶液体积/mL	0.50	2.00	2.00	2.00
	2.00	4.00	2.50	2.50
	3.00	6.00	3.00	3.00
	4.00	8.00	3.50	3.50
	5.00	10.00	4.00	4.00
比色皿	3	2	1	1

b. 高硅试样滴加 3~4 滴氢氟酸，生铁试样用硝酸（1:4）溶解时滴加 3~4 滴氢氟酸，试样溶解后，取下冷却，用快速滤纸过滤于另一 150 mL 锥形瓶中，用热硝酸（2:98）洗涤原锥形瓶和滤纸 4 次，再向滤液中加 10 mL 磷酸-高氯酸混合酸后，按步骤进行测定。

c. 高钨（钨含量在 5% 以上）试样或难溶试样，可加 15 mL 磷酸-高氯酸混合酸，低温加热溶解，并加热蒸发至冒高氯酸烟。

d. 含钴试样用亚硝酸钠溶液褪色时，钴的微红色不褪，可按下述方法处理：不断摇动容量瓶，慢慢滴加 1% 的亚硝酸钠溶液，若试样微红色无变化时，将试液置于比色皿中，测其吸光度，向剩余试液中再加 1 滴 1% 的亚硝酸钠溶液，再次测其吸光度，直至两次吸光度无变化，即可以此溶液作为参比液进行测量。

e. 利用高碘酸盐的优点：即使溶液中有稍过量的高碘酸盐也不影响测定，尤其是高钴试样更方便，无需分离进行比色，试样中含 Cu、Co、Ni、V 有色离子，加亚硝酸钠或 EDTA 褪色参比。

f. 氧化反应以在硝酸或硫酸中进行快，但碘酸铁在硝酸中很难溶解，因此试液加些磷酸较好，也便于三价铁配合，除去三价铁干扰，并可阻止碘酸锰和高碘

酸锰的沉淀生成；由于剩余的氧化剂不宜分解，但不影响测定，不用破坏残余的氧化剂，并且得到的高锰酸很稳定；

g. 凡硝酸溶样时要不断摇动，驱尽氮氧化物，否则高锰酸有被破坏的可能，结果不稳定；凡溶样有盐酸还原参与时，一定发烟除尽 Cl^-，否则发色慢且不完全；

h. 本法对高 Cr 钢，消除 Cr 干扰有效，这是因为 Cr^{3+} 不被 KIO_4 氧化为 Cr^{6+}（至少不明显），Cr^{3+} 呈绿色，在波长 530 nm 处吸收很少；

i. 一般不采用发烟 $HClO_4$，这是因为它可以完全将 Cr^{3+} 氧化为 Cr^{6+}，再测 Mn 时 Cr^{6+} 干扰，但若对高 C、高 Cr 试样，为了破坏碳化物，加发烟 $HClO_4$；

j. 在加 KIO_4 前，应将 Cr^{6+} 还原至 Cr^{3+}，再氧化发色；

k. 测量的允许差见表 4-5。

表 4-5 锰量的允许差

含锰量/%	允许差/%	含锰量/%	允许差/%
0.010 0 ~ 0.025 0	0.002 0	0.201 ~ 0.500	0.020
0.025 1 ~ 0.050	0.002 5	0.501 ~ 1.000	0.025
0.051 ~ 0.100	0.010	1.001 ~ 2.000	0.030
0.101 ~ 0.200	0.015		

(4) 过硫酸铵氧化光度法

① 方法原理

试样经过硝酸、磷酸混合酸溶解，锰呈现锰（Ⅱ）状态，在氧化性酸溶液中，以硝酸银作催化剂，用过硫酸铵锰将（Ⅱ）氧化为锰（Ⅶ），然后进行吸光度的测定。高锰酸的 $\varepsilon_{528} = 2.4 \times 10^3$，在波长 530 nm 处测量其吸光度。

本法适用于碳钢和低合金钢中锰含量的测定。本方法中锰含量的测定范围为 0.10% ~ 1.00%。

② 结果计算

从工作曲线上直接查出锰的质量分数，或按下述公式计算（不含铬普通钢）锰的质量分数：

$$w(Mn) = \frac{w(Mn)_{标}}{A_0} \times A \qquad (4-17)$$

式中，$w(Mn)_{标}$——标准样中锰的质量分数；

A_0——标准样的吸光度；

A_1——测试样的吸光度。

③ 说明及注意事项

a. 如果不用 Mn、Cr 连续测定，可直接在 0.4 ~ 0.8 mol/mL 的硝酸介质中，在室温下显色；

b. 锰的氧化酸度在加热显色时应小于 4 mol/mL 硝酸介质中，超过此范围酸度太大，氧化不完全，甚至不能氧化，或氧化后又褪色，酸度过低会产生二氧化锰水合物；

c. 磷酸的存在可与铁生成无色配离子 $[Fe(PO_4)_2]^{3-}$，使工作曲线通过原点，但由于磷酸的存在使体系中铁的氧化还原电极电位降低，室温下氧化困难，故室温氧化时只在硝酸介质中进行，但工作曲线不通过零点，计算时必须扣除空白，可将比色剩余溶液中滴加 EDTA 溶液褪色为参比，同时还可定量消除铬、钴的干扰；

d. 测定时如锰含量过高，可减少吸取量或称样量，过低时（小于0.1%）多称样或选择比色皿的规格，务必控制吸光度在 0.2~0.7 A 范围内。

(5) 磷酸-三价锰容量法

① 方法原理

在大量磷酸存在下，在 160 ℃~250 ℃ 内，固体硝酸铵能定量将 Mn^{2+} 氧化为 Mn^{3+}，使反应中亚硝酸盐完全分解。

过量的硝酸铵及硝酸对结果无妨碍，但加入时，温度要加以控制，不能太高，也不能太低，否则结果不稳定，且结果偏低，生成的亚硝酸及亚硝酸铵加热时完全分解。以 $HClO_4$ 代替硝酸铵，结果也同样，但氧化完全后必须除尽 $HClO_4$，否则生成 Cr^{6+} 对 Mn 测定有影响。

在 $HClO_4$ 除尽后，在大量磷酸存在下，Cr 仍是 3 价状态，所以加磷酸一般要过量，一般加 10~20 mL 磷酸。

以上两种氧化剂，氧化的都是 Mn，V 的含量必须校正，1% V 相当于 1.08% Mn。

② 说明及注意事项

a. 磷酸冒烟是关键，时间长有焦磷酸盐析出，不易溶解，结果偏低，但加 NH_4NO_3 时温度不能太低，太低氮氧化物除不尽，锰测定结果同样偏低；

b. 氧化完毕后要将溶液冷却至 50 ℃~60 ℃，再稀释，否则结果偏低；

c. Mn^{3+} 的配合物加 H_2O 稀释会逐渐分解，故用稀硫酸稀释；

d. 锰铁溶样时，20 mL 磷酸滴加 1 mL 硝酸；

e. 本法适合高锰钢（$w(Mn)>2\%$，$w(V)<1.5\%$）、硅锰合金、锰铁、不锈钢等 Mn 的定量分析。

(6) 火焰原子吸收光谱法（GB 223.64—1988）

① 方法原理

试样以盐酸和过氧化氢分解后，用水稀释至一定体积，喷入空气-乙炔火焰中，用锰空心阴极灯作光源，于原子吸收光谱仪波长 279.5 nm 处，用水调零，测量其吸光度。将试样溶液的吸光度和随同试样空白实验的吸光度进行比较，从校准曲线上查出锰的浓度。

为消除基体影响,绘制校准曲线时,应加入与试样溶液相近的铁量。校准曲线系列每一溶液的吸光度减去零浓度的吸光度,为锰校准曲线系列溶液的净吸光度,以锰浓度为横坐标,净吸光度为纵坐标,绘制校准曲线。

本标准适用于生铁、碳素钢及低合金钢中锰量的测定,测定范围为 0.1%~2.0%。

② 结果计算

按下式计算锰的质量分数:

$$w(\mathrm{Mn}) = \frac{(c_2 - c_1) \times f \times V}{m_0 \times 10^6} \times 100\% \qquad (4-18)$$

式中,c_1——自校准曲线上查得的随同试样空白溶液中锰的浓度,$\mu g/mL$;

c_2——自校准曲线上查得的试样溶液中锰的浓度,$\mu g/mL$;

f——稀释倍数;

V——最终测量试样溶液的体积,mL;

m_0——试样的质量,g。

③ 操作步骤

a. 仪器校准

原子吸收光谱仪精密度的最低要求:用最高浓度的标准溶液,测量10次吸光度,并计算其吸光度平均值和标准偏差,该标准偏差不超过该吸光度平均值的1.0%;用最低浓度的标准溶液(不是零校准溶液),测量10次吸光度,计算其标准偏差,该标准偏差不应超过最高浓度校准溶液平均吸光度的0.5%。

b. 样品制备

用盐酸易分解的试样:将试样置于烧杯中,加入盐酸加热完全溶解后,加入过氧化氢使铁氧化(在试样未完全溶解时,不要加过氧化氢,否则会停止试样的分解),加热煮沸片刻,分解过剩的过氧化氢,取下冷却,过滤,用温盐酸洗涤,滤液和洗液移入容量瓶中(如试液中碳化物、硅酸等沉淀物很少,不妨碍喷雾器的正常工作时,可免去过滤)。

用盐酸分解有困难的试样:将试样置于烧杯中,盖上表皿,加入王水,加热分解蒸发至干,冷却,加入盐酸溶解可溶性盐类,过滤,用温盐酸洗涤滤纸,将滤液和洗液移入容量瓶中。

生铁等试样:将试样置于烧杯中,盖上表皿,加入硝酸加热分解,然后加入高氯酸,加热至冒白烟,冷却后加少量水溶解盐类,移入容量瓶中。

c. 试样测定

当锰浓度超出直线范围时,酌情稀释后测定,校准曲线的溶液与试样溶液同样稀释。另外,还可以通过旋转燃烧器、选用次灵敏线等方法降低灵敏度:

$$w(\mathrm{Mn}) = V \times T \times 100\% \qquad (4-19)$$

式中，V——滴定后试样消耗硫酸亚铁铵溶液的体积，mL；

　　　T——用标准样品测出的滴定度（标准样品的百分含量/标准溶液的毫升数）。

④ 说明及注意事项

a. 本法适于高锰钢中锰的测定，其中铬、钴无干扰，铈、钒则被定量地氧化至高价状态与锰一起被滴定。当钒、铈共存时，可采用校正系数（1% 钒相当于 1.08% 的锰，1% 铈相当于 0.39% 的锰）进行校正；

b. 氧化锰时温度控制是本法的关键，在 200 ℃ ~ 250 ℃ 区域内均能定量氧化，但是温度过低，氮氧化物驱不尽，结果偏低，温度过高，冒烟时间太长，成焦磷酸盐后不再溶解，结果也偏低，一般控制在液面刚出现微烟（约 220 ℃）最佳，此时不会生成四价或七价锰；

c. 氮氧化物必须驱除干净，可用洗耳球驱除或加尿素 0.5 ~ 1 g 摇匀；

d. 高合金钢、耐热钢等可先用王水溶解试样，然后加入 15 ~ 20 mL 浓磷酸，以下按分析方法进行；

e. 三价锰络合物，在浓磷酸中很稳定，当用水稀释时，会逐渐分解，所以宜用稀硫酸稀释，并在冷却后迅速滴定；

f. 指示剂具有还原性，精确分析中要校正，校正方法参考铬的硫酸亚铁容量法。

4.4　任务

任务 1　钢铁中碳硫含量的测定

（1）目的

① 掌握钢铁中碳硫联合测定原理及方法；

② 掌握本法碳硫联合测定的条件。

（2）原理

碳硫联合测定是综合了碳、硫单测的方法。首先使燃烧产生的二氧化碳、二氧化硫及所通过的氧气等混合气体经定硫杯，二氧化硫被酸性淀粉溶液吸收后，用碘酸钾标准滴定溶液滴定至浅蓝色为终点（或用过氧化氢吸收液吸收二氧化硫，使其转化为硫酸，用氢氧化钠标准滴定溶液滴定）。滴定硫以后的混合气体收集于量气管中，然后以氢氧化钾溶液吸收其中的二氧化碳，吸收前后体积之差即为二氧化碳体积，由此计算碳含量（或直接读取含量）。

此法能缩短分析时间，节省能源、材料和人员。但由于同时满足两种元素的要求条件，操作条件较为紧张，难以控制，因此适合炉前快速控制分析。

(3) 气体容量法与燃烧-碱液滴定法
① 试剂：
　　a. 过氧化氢溶液；
　　b. 甲基红-次甲基蓝指示剂；
　　c. 氢氧化钠标准滴定溶液（$c(NaOH) = 0.005$ mol/L）：将 0.18 g 氢氧化钠溶于 1 L 水中待标；
　　d. 氯化钠酸性溶液（150 g/L）；
　　e. 氢氧化钾溶液（400 g/L）；
　　f. 助熔剂：纯锡粉。
② 仪器：
CS71 型钢铁碳硫联合测定仪（图 4-7）或其他联合测定仪。

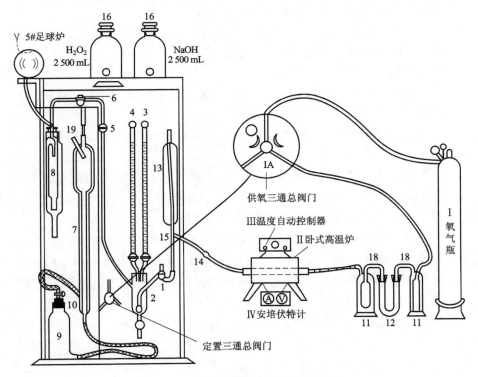

图 4-7　CS71 型钢铁碳硫联合测定仪

1—三通总阀门；2—定硫吸收杯；3，4—自动滴定管 5 mL、10 mL；5—CO_2 导气管（具四通阀门）；6—定碳三通活塞；7—定碳量气管；8—定碳吸收瓶；9—水准瓶；10—加压四通阀门；11—洗气瓶；12—"U"形管；13—冷凝管；14—球形干燥管；15—直形玻璃管；16—具下口贮液瓶；17—"Y"形连接管（背面）；18—玻璃弯管；19—水银温度计

主要部件如下：
　　a. 氧气瓶　内装氧气，附有流量计及减压阀的氧气吸入器；

b. 洗气瓶　内盛氢氧化钾溶液（400 g/L），容积占全瓶的1/4，用于初步除去氧气中可能存在的酸性杂质；

内盛浓硫酸，容积占全瓶的1/4，用于初步除去氧气中的水分及碱性杂质；

c. U形管　内盛玻璃棉或碱石棉，用于进一步干燥氧气及除去氧气中的酸性杂质；

d. 管式炉　附有热电偶、高温计、调压器，采用硅碳棒加热；

e. 冷凝管　蛇形冷凝管，用以冷却燃烧生成的混合气体；

f. 定硫吸收杯　右上方由带吹嘴的玻管引入混合气体，经过氧化氢将二氧化硫、三氧化硫完全变成硫酸；

g. 碳量气管　细长圆柱形双层玻璃管，用以测量气体体积；

h. 定碳吸收器　内盛400 g/L的氢氧化钾溶液，作为碳的吸收剂；

i. 水准瓶　内盛含甲基橙的酸性氯化钠溶液；

j. 具下口储液瓶　2 500 mL瓶2个，分别盛过氧化氢及氢氧化钠溶液；

k. 缓冲瓶　内装水，起缓冲氧气流速的作用；

l. 球形干燥管　内装干燥脱脂棉；

m. 自动滴定管　5 mL和10 mL，最小分度值分别为0.02 mL和0.05 mL。

③ 操作步骤

a. 检查并调整各部件，使无漏气现象；调整量气管及水准瓶内液面升至顶端。

b. 将炉温升至1 200 ℃～1 350 ℃，于定硫吸收杯中加入过氧化氢吸收液60 mL，以600～1 500 mL/min的流速通氧，滴加氢氧化钠标准滴定溶液，使之恰好呈绿色，此色作为滴定后的终点颜色，关闭氧气。

c. 称取试样（含碳量1.5%以下称0.5～2 g，1.5%以上称0.25～0.5 g，精确至0.000 1 g）置于瓷舟中，加入0.2 g助熔剂（合金钢加0.5～1 g），轻微振动，使样品和助熔剂混合均匀并分散平铺于瓷舟底部。将瓷舟推至高温处，预热0.5～1.5 min后，通氧燃烧。

d. 使活塞6的月牙向右，竖起活塞5，将供氧开关1打开，即开始通氧（控制氧速为600～1 500 mL/min）。燃烧后的混合气体经定硫杯进入量气管中，二氧化硫使过氧化氢吸收液变紫，立即用氢氧化钠标准溶液滴定至绿色。待量气管内之液面下降至接近零点（约在零点以上1～2 cm），使活塞6的月牙向下，横过活塞5，使量气管与大气相通。

e. 间歇通气后，用氢氧化钠标准滴定溶液继续滴定至绿色半分钟不变即为终点，读取滴定所消耗的氢氧化钠标准滴定溶液的毫升数。关闭活塞1，断氧，取出瓷舟。

f. 记录量气管初始读数，旋转活塞6，使月牙向左，量气管与吸收器接通。提高水准瓶，将混合气体压入吸收器中，吸收2～3次，关闭活塞6，此时吸收液应充满吸收器。记录量气管最终读数。

④ 结果计算

a. 氢氧化钠标准滴定溶液的标定：

$$T_{\text{S/NaOH}} = \frac{w(\text{S})_{标样} \times m_1}{V_1}$$

式中，$T_{\text{S/NaOH}}$——每毫升氢氧化钠标准滴定溶液相当于硫的克数，g/mL；

$w(\text{S})_{标样}$——标准试样中硫的质量分数；

V_1——标定时消耗的氢氧化钠标准滴定溶液的体积，mL；

m_1——标准试料的质量，g。

b. 称取适量钢铁标准试样（标准试样含硫量及其他成分含量应与试样中含量接近），精确至 0.000 1 g，按测定步骤进行测定。试样的含硫量按下式计算：

$$w(\text{S}) = \frac{T_{\text{S/NaOH}} \times V_2}{m_2} \times 100\%$$

式中，V_2——测定时消耗的氢氧化钠标准滴定溶液的体积，mL；

m_2——试料的质量，g。

c. 试样含碳量按下式计算：

若在量气管 1/4 g 刻度处读数：

$$w(\text{C}) = \frac{w(\text{C})_{读数} \times f \times B \times 0.250\ 0}{m}$$

若在 1 g 刻度处读数：

$$w(\text{C}) = \frac{w(\text{C})_{读数} \times f \times B}{m}$$

式中，$w(\text{C})_{读数}$——已被吸收的 CO_2 体积在量气管上的 $w(\text{C})$ 的读数（即量气管 1/4 g 或 1 g 刻度上混合气体最终读数与最初读数之差）；

f——温度与压力的校正系数；

B——本仪器校正系数，在含碳量 0.5% 以上时，应乘上一个校正系数（多次标钢试验得出的经验数）1.03～1.05，才能符合正确结果；

m——试料的质量，g。

(4) 气体容量法与燃烧 – 碘酸钾容量法

① 试剂

a. 助熔剂：二氧化锡和还原铁粉（以 3∶4 混匀）、五氧化二钒和还原铁粉（以 3∶1 混匀）、五氧化二钒；

b. 淀粉吸收液：碘酸钾标准溶液（碘酸钾标准溶液的配制方法和标定方法均同硫的燃烧 – 碘酸钾容量法）。

② 仪器

CS71 型钢铁碳硫联合测定仪（图 4 – 7）或其他联合测定仪。

③ 步骤

a. 将炉温升至 1 200 ℃ ~ 1 350 ℃，检查装置是否正常，于定硫吸收杯中加入淀粉吸收液 60 mL，以 600 ~ 1 500 mL/min 的流速通氧，用碘酸钾标准滴定溶液滴定至浅蓝色不褪，作为终点色泽，关闭氧气。

b. 称取试样置于瓷舟中，加入适量助熔剂，将瓷舟推至高温处，预热 0.5 ~ 1.5 min，通氧，控制氧速为 600 ~ 1 500 mL/min，燃烧后的混合气体导入吸收杯中，使淀粉吸收液蓝色开始消褪，立即用碘酸钾标准滴定溶液滴定并使液面保持蓝色，当吸收液褪色缓慢时，滴定速度也相应减慢，直至吸收液的色泽与原来的终点色泽相同，间歇通气后，色泽不变即为终点。读取滴定所消耗的碘酸钾标准滴定溶液的毫升数。

c. 被吸收硫后的气体进入定碳仪的量气管，根据定碳仪操作规程操作，测定其读数（体积或含量）。

④ 测定结果计算和读数方法同前。

任务 2　钢铁中锰含量的测定

1. 生铁、铸铁、合金铸铁及球墨铸铁中锰的测定

（1）原理

生铁、铸铁、合金铸铁及球墨铸铁中锰的测定采用高锰酸吸光光度法，在酸性溶液中，以硝酸银为催化剂，用过硫酸铵将二价锰氧化为紫红色七价锰，进行比色测定。

（2）试剂

① 硫磷硝混合酸：称取硝酸银 2 g 溶于水中，加入浓硫酸 25 mL、浓磷酸 30 mL、浓硝酸 30 mL，以水稀至 1 000 mL；

② 过硫酸铵（15%）：当日配制。

（3）操作步骤

① 测定试样吸光度值

分取上述溶液 5 mL 于 50 mL 量瓶中，加混合酸 10 mL、过硫酸铵（15%）5 mL，加热煮沸 2 min，冷却后以水稀至刻度，摇匀。于 722 型分光光度计上，在 530 nm 波长处，以水为参比液，1 cm 比色皿，测定吸光度。

② 工作曲线的绘制

用含量不同的标准钢样 3 ~ 5 个按上述操作步骤操作，根据测得的吸光度与不同标样锰的含量绘制工作曲线。

（4）注意事项

① 煮沸的时间不宜过长，过硫酸铵分解完毕，出现大泡即可，以免高锰酸分解；

② 亦可用含量相近的标样计算锰的含量。

2. 锰铁中锰的测定

(1) 原理

试样用磷酸溶解,加入过硫酸铵、硝酸银,将锰氧化成三价状态,然后以 N-苯基代邻氨基苯甲酸为指示剂,用硫酸亚铁铵标准溶液滴定。

(2) 试剂

① 浓磷酸;

② 硝酸银(2.5%);

③ 过硫酸铵(15%);

④ 硫酸亚铁铵标准溶液(0.184 mol/L):当日配制,称取硫酸亚铁铵 72.2 g 溶于 1 000 mL 硫酸(3:97)中;

⑤ N-苯基代邻氨基苯甲酸指示剂(0.2%)。

(3) 操作步骤

称取试样 0.100 0 g 于 250 mL 锥形瓶中,加浓磷酸 20 mL,加热至试样全部溶解,并继续加热至刚有磷酸烟冒出(此时瓶内溶液平静无气泡),取下,放置 20~30 s 后立即加入过硫酸铵(15%)40 mL,硝酸银(2.5%)10 mL,以水冲洗瓶壁至溶液保持在 150 mL,将所得溶液煮沸 2~3 min,以破坏过剩的过硫酸铵,流水冷却至室温,用硫酸亚铁铵标准溶液滴定至溶液呈微红色,加 N-苯基代邻氨基苯甲酸 5 滴,继续滴定至红色消失。

(4) 结果计算

$$w(\text{Mn}) = \frac{w(\text{Mn})_{标}}{V_1} \times V_0$$

式中,$w(\text{Mn})$——试样中锰的质量分数;

$w(\text{Mn})_{标}$——标样中锰的含量;

V_1——滴定标样时消耗硫酸亚铁铵标准溶液的体积,mL;

V_0——滴定试样时消耗硫酸亚铁铵标准溶液的体积,mL。

(5) 注意事项

① 在未溶解之前要不断摇动,以免试样贴在瓶底难以溶解;

② 煮沸时间不宜过长,否则会使高锰酸分解。

任务 3　钢铁中硅含量的测定(还原型硅钼酸盐光度法)

(1) 目的

① 掌握钢铁中硅的测定原理及方法;

② 明确参比溶液的作用及本方法参比溶液的特点。

(2) 原理

试样用稀酸溶解后,使硅转化为可溶性硅酸。加高锰酸钾氧化碳化物,再加亚硝酸钠还原过量的高锰酸钾,在弱酸性溶液中,加入钼酸,使其与 H_4SiO_4 反应生成氧化型的黄色硅钼杂多酸（硅钼黄），在草酸的作用下，用硫酸亚铁铵将其还原为硅钼蓝，于波长810 nm处测定硅钼蓝的吸光度。本法适用于铁、碳钢、低合金钢中0.030%～1.00%酸溶硅含量的测定。

(3) 仪器与试剂

① 仪器

721等类型的光度计。

② 试剂

a. 纯铁（硅的含量小于0.002%）；

b. 钼酸铵溶液（50 g/L）；

c. 草酸溶液（50 g/L）；

d. 硫酸亚铁铵溶液（60 g/L）；

e. 硅标准溶液（20 g/mL）。

(4) 步骤

① 测定吸光度值

称取试样0.1～0.4 g（控制其含硅量为100～1 000 g），精确至0.000 1 g，置于150 mL锥形瓶中，加入30 mL硫酸（1:17），低温缓慢加热（不要煮沸）至试样完全溶解（不断补充蒸发失去的水分）。煮沸，滴加高锰酸钾溶液（40 g/L）至析出二氧化锰水合物沉淀，再煮沸约1 min，滴加亚硝酸钠溶液（100 g/L）至试验溶液清亮，继续煮沸1～2 min（如有沉淀或不溶残渣，趁热用中速滤纸过滤，用热水洗涤）。冷却至室温，将试验溶液移入100 mL容量瓶中，用水稀释至刻度，混匀。

移取10.00 mL上述试验溶液二份，分别置于50 mL容量瓶中，一份作显色溶液用，一份作参比溶液用。

显色溶液：小心加入5.0 mL钼酸铵溶液，混匀，放置15 min或沸水浴中加热30 s，加入10 mL的草酸溶液，混匀，待沉淀溶解后30 s内，加入5.0 mL的硫酸亚铁铵溶液，用水稀释至刻度，混匀。

参比溶液：加入10.0 mL草酸溶液、5.0 mL钼酸铵溶液、5.0 mL硫酸亚铁铵溶液，用水稀释至刻度，混匀。

将显色溶液移入1～3 cm吸收皿中，以参比溶液为参比，于分光光度计波长810 nm处测量溶液的吸光度值。对没有此波长范围的光度计，可于波长680 nm处测量。

② 工作曲线绘制

移取数份与已知其硅含量的纯铁或低硅标样作低样。移取0 mL、0.50 mL、1.00 mL、2.00 mL、3.00 mL、4.00 mL、5.00 mL、6.00 mL硅标准溶液（20 g/mL），分别置于上述数份试样中，以下按分析步骤进行。用硅标准溶液中硅量和纯铁中硅量之和为横坐标，测得的吸光度值为纵坐标，绘制工作曲线。

(5) 结果计算

按下述公式计算硅的质量分数：

$$w(\mathrm{Si}) = \frac{m_1 \times V_0}{m_o \times V_1} \times 100\%$$

式中，$w(\mathrm{Si})$——试样中硅的质量分数；

V_1——分取试液体积，mL；

V_0——试液总体积，mL；

m_1——从标准曲线上查得的硅的质量，g；

m_0——试样的质量，g。

习　题

1. 简述钢和生铁的主要区别。如何按冶炼方法或化学成分及用途进行分类？
2. 生铁试样和钢样应如何正确采样和制备？在采样时应注意哪些问题？
3. 简述钢铁试样中各组分存在的形式及性能。
4. 钢铁试样应如何选用合适的分解方法？
5. 指出 45、T_{12}、CrWMn、$W_{18}Cr_4V$、$2Cr_{13}$ 和 $1Cr_{18}Ni_9Ti$ 钢的含碳量及合金元素含量各是多少？
6. 气体容积法测定钢中碳的原理是什么？应注意哪些关键性问题？
7. 定碳仪的标尺刻度刻制的原理是什么？校正系数如何计算？
8. 非水滴定法测定钢铁中碳时应如何消除硫的干扰？
9. 乙醇 – 乙醇胺非水溶液滴定法测定钢中碳的原理是什么？在操作中应注意哪些问题？
10. 燃烧 – 碘酸钾容量法测定硫的原理是什么？其结果为什么不能按标准溶液的理论浓度进行计算？
11. 测定硫的装置如何？各部件分别起什么作用？为什么氧气必须经过洗涤和干燥？
12. 在燃烧法测定硫时，如何提高硫的生成率？
13. 简述 SO_2 损失掉的几种形式。
14. 简述 $NH_4F – SnCl_2$ 直接光度法测定钢中磷的原理。
15. 磷钼杂多酸的组成如何？形成磷钼杂多酸时应具备哪些条件？
16. 影响磷钼杂多酸还原的因素有哪些？
17. 如何消除钢中硅、砷对杂多酸法测定磷的干扰？
18. 试述 $H_2C_2O_4 – (NH_4)_2Fe(SO_4)_2$ 硅钼蓝光度法测定钢中硅的原理。
19. 简述硅钼杂多酸的生成条件。
20. 磷、砷对硅钼蓝法测定硅是如何干扰的？应如何消除？

第 5 章

水 质 分 析

任 务 引 领

任务1　工业用水中溶解氧含量的测定
任务2　工业污水中六价铬含量的测定
任务3　工业污水中铜、锌、铅、镉含量的测定

任 务 拓 展

任务4　工业污水中氨氮含量的测定
任务5　工业污水中化学耗氧量的测定

任 务 目 标

▷ 知识目标

1. 了解采样的基础知识、采样容器和采样器、水样的运输和保存；
2. 掌握水质分析方法、水样的采取方法以及水样中的被测组分预处理方法；
3. 掌握工业用水中的pH值、硬度、溶解氧、硫酸盐、氯、总铁等的分析方法、注意事项、干扰的消除等；
4. 掌握工业污水中的铅、铬、化学耗氧量、生化需氧量、挥发酚、氰化物、氨氮、矿物油等的分析方法。

▷ 能力目标

1. 能够正确测定工业用水中溶解氧含量；
2. 能够正确测定工业污水中六价铬含量；
3. 能够正确测定工业污水中铜、锌、铅、镉含量；
4. 能够正确测定工业污水中氨氮含量；
5. 能够正确测定工业污水中化学耗氧量。

5.1 概述

地球上总水量为 1.37×10^9 km^3，其中海洋占 97.3%，淡水占 2.7%，可利用的淡水仅占 1% 还不到。水质的优劣既关系到人类的健康，也关系到整个生态平衡。水质分析是工业分析、环境监测的主要内容。

1. 水的用途

水是生物生长和生活所必需的资源，人类生活离不开水。在工业生产中，也需要用到大量的水，主要用作溶剂、洗涤剂、冷却剂、辅助材料等。水的质量的好坏，对于人们的生活以及工业生产等都有直接的影响，必须经过分析检验。

2. 水的分类

（1）天（自）然水

自然界的水称为天然水。天然水有雨水、地面水（江、河、湖水）、地下水（井水、泉水）等，因为在自然界中存在，都或多或少地含有一些杂质，如气体、尘埃、可溶性无机盐等，如矿泉水中含有多种微量元素。

（2）生活用水

人们日常生活中所使用的水称为生活用水，主要是自来水，也有少量直接使用天然水的。对生活用水的要求，主要是不能影响人类的身体健康，因此应检验分析一些有害元素的含量，对其含量都有标准规定，不能超标。比如，F$^-$ 的含量，正常情况下应为 0.5~1.0 mg/L，如果 ρ（F$^-$）>1.0~1.5 mg/L，人长期饮用易得黄斑病，如果 ρ（F$^-$）>4.0 mg/L，则易得氟骨病。

（3）工业用水

指工业生产所使用的水，要求为不影响产品质量，不损害设备、容器及管道，使用时也要经过分析检验，不合格的水要先经处理后才能使用。工业用水的水质应该满足生产用途的需求，保证产品的质量。不同的用途对水质有不同的要求。

① 原料用水

水作为工业产品的原料或原料的一部分，其质量直接影响到产品的质量，这类用水主要是饮料、食品制造工业的原料。饮料、食品制造工业用水的水质要求基本上与生活用水相同，但酿酒工业用水还要考虑对微生物发酵过程的影响。例如，钙、镁作为营养料应有一定含量，但不能过高；氯促进糖化作用，应在 50 mg/L 左右；铁、锰最好在 0.05~0.1 mg/L 以下，以免影响酒色和味等。

② 生产工艺用水

在生产过程中，水和产品的关系极为密切，或是调制原料，或是浸泡制品，水本身虽不一定作为最终产物，但其所含成分可能进入产品，影响产品质量。例如，制糖用水要求含有机物、含氮化合物、细菌等尽量少，以防发酵腐败，影响糖分提取和洁白度；造纸用水对不同级别的纸有不同的水质要求，混浊度、色度、铁锰以及钙镁等都会影响产品的光洁度和颜色，氯化物和含盐量影响纸的吸湿性；纺织染色工业用水对硬度及含铁量要求较高，它们生成沉积物会减弱纤维强度，对染料可分解变质，使色彩鲜明度降低。

③ 生产过程用水

在生产过程中使用的水并不直接进入产品，而只是一般接触或清洗表面，大多对产品质量影响不大。但某些特殊产品，也可能对水质要求十分严格，例如，电子工业元件的清洗要求纯水或超纯水，电镀金属表面的清洗对水质有一定的要求。有时，水只是作为一种介质，传送动力、压力，水质要求就比较低，有时，水用来冲洗输送废料、灰渣，几乎完全没有水质要求，可利用生产废水进行。

④ 锅炉动力用水

锅炉把水作为原料，在高温高压下产生蒸汽，成为输送热力或动力的介质，按其用途和对水质的要求可分为两个方面：一是锅炉用水，多为低压或中压，对水质的要求稍低；另一是电站锅炉，多为高压或超高压，对水质要求十分严格。锅炉用水首先对水中钙、镁含量提出严格要求，因为高温高压条件下水垢生成是重要问题；其次是溶解氧，会造成设备腐蚀；三是油脂，会产生泡沫或促进沉淀产生。至于游离二氧化碳、pH值以及炉内水质要求的含盐量、碱度、氯化物、二氧化硅等等，也多是与结垢、腐蚀、泡沫三种不良影响有关而提出的。

另外还有废水，特别是工业废水，污染环境，必须符合一定的标准才允许排放。

3. 水质标准

（1）水质指标

水质：水与其中所含杂质共同表现出的综合特性。

水质指标：用以衡量水的各种特性的尺度。

水质指标分类如下：

① 物理指标：温度、颜色、嗅味、浑浊度、固体含量与导电性等；

② 化学指标：无机物的含量、有机物的含量、酸碱度、硬度等（决定水的性质与应用）；

③ 微生物学指标：细菌总数、大肠菌群。

（2）水质标准

水质标准：表示生活用水、农业用水、工业用水、工业污水等各种用途的水中所含污染物质的最高浓度或限量阈值的具体限制和要求。如地表面水水质标准、农业灌溉用水水质标准、工业锅炉用水水质标准、渔业用水水质标准、饮用水水质标准及各种污水排放标准等。参见相应的水质国家标准。

(3) 水质分析方法

① 水质分析方法分类

仪器分析方法由于灵敏度高，操作简便，易实现分析自动化，在水质分析中占有重要的地位。如，原子吸收光谱法多用于金属离子的分析；火焰光度法多用于碱金属元素分析；电位分析法测定 pH 值、溶解氧等；离子选择性电极法测定 F^-、CN^-、Br^-、I^-、NH_3-N 等；气相色谱法测定气体组分和有机化合物。

滴定分析法和分光光度法因其操作简便、快速，不需要特殊仪器设备，适用于批量分析，在水质分析中最为常用。

在选择水质分析方法时，依据分析方法的灵敏度满足定量要求，所选方法应经过科学论证，成熟、准确，操作简便，易于推广普及，选择性好。

我国规定了相应的国家标准分析方法、统一分析方法以及与其灵敏度和准确度具有可比性的等效方法。在分析中采用国家标准分析方法，并不断修订和改进。

② 水质分析项目

水质分析项目繁多，主要有以下几类：

a. 物理性质：主要包括水温、外观、颜色、臭、浊度、透明度、pH 值、残渣、矿化度、电导率等；

b. 金属化合物：主要包括总硬度、钾、钠、钙、镁、铁、铜、锌、镍、锰、汞、铅、铬、铬、砷、硒等；

c. 非金属化合物：主要包括酸度、碱度、二氧化碳、溶解氧、氮（氨氮、硝酸盐氮、亚硝酸盐氮、总氮）、磷、氯化物、氟化物、碘化物、氰化物、硫化物、硫酸盐、硼、可溶性二氧化硅等；

d. 有机化合物：主要包括化学需氧量、生化需氧量、总有机碳、矿化油、挥发性酚类、苯系物、多环芳烃、有机磷、苯胺类、硝基苯类、阴离子洗涤剂、各类农药等。

不同用途的水，对水质的要求各不相同，因此其分析检测项目也有区别。

4. 水样的采取

水质分析的一般过程包括采集水样、预处理、依次分析、结果计算与整理、分析结果的质量审查。水样采集和保存的主要原则是：水样必须具有足够的代表性；水样必须不受任何意外的污染。

(1) 水样容器

水样：为了进行分析（或试验）而采取的水称为水样。

水样容器：用来存放水样的容器称水样容器（水样瓶）。

水样容器主要有以下三类：

① 硬质玻璃磨口瓶；

② 聚乙烯瓶；

③ 特定水样容器。

（2）采样器

用来采集水样的装置称为采样器。采取水样时，根据分析目的、水样性质、周围条件，选用合适的采样器。采样器通常有水桶、单层采水器、急流采水器、金属筒、水泵、连续自动定时采水器等。

① 采集天然水的采样器：将负重的采样器放入水中，在预定的深度处打开瓶塞待水样充满瓶子后提取出来。常用的有单层采样器、急流采样器、双层采样器、泵式采样器，如图5-1~图5-4所示。

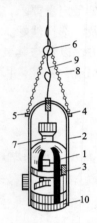

图5-1 单层采样器
1—采样瓶；2，3—采样瓶架；4，5—平衡控制挂钩；
6—固定采样瓶的挂钩；7—瓶塞；8—采样瓶绳；
9—打开瓶塞的软绳；10—铅锤

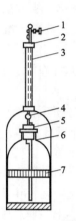

图5-2 急流采样器
1—夹子；2—橡皮管；3—钢管；4—短玻璃管；
5—橡胶塞；6—采样瓶；7—铁框

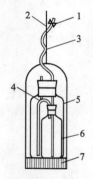

图5-3 双层采样器
1—夹子；2—绳子；3—橡皮管；4—弯管；
5—大瓶；6—小瓶；7—带重锤的铁框

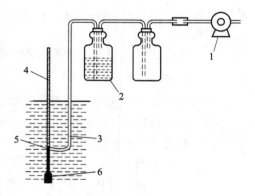

图5-4 泵式采样器
1—泵；2—采样瓶；3—采样管；4—细绳；
5—采样头；6—重锤

② 采集管道或工业设备中水样的采样器：从管道或工业设备中采样时，采样器都安装在管道或设备中（图5-5），如锅炉用水分析的采样。

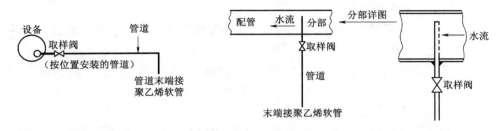

图5-5　工业设备或管道中采样的采样器的安装结构示意图

(3) 采样方法
① 天然水的采样方法
a. 采集江、河、湖和泉水等地表水样或普通井水水样时，应将采样瓶浸入水下面50 cm处取样，并在不同地点采样混合成供分析用的水样；
b. 采集不同深度的水样时，应使用不同深度采样器，对不同部位的水样分别采集；
c. 在管道或流动部位采集生水水样时，应充分地冲洗采样管道后再采样。
江、河、湖和泉水等地表水样，受季节、气候条件影响较大，采集水样时应注明这些条件。
② 从管道或水处理装置中采样的方法
应选择有代表性的取样部位，安装取样器。
③ 从高温、高压装置或管道中采样的方法
必须加装减压装置和良好的冷却器，水样温度不得高于40 ℃。
④ 含有不稳定成分的水样采集方法
通常应在现场取样，随取随测。
采样量：供全分析用的水样不得少于5 L，若水样浑浊时应装两瓶；供单项分析用的水样不得少于0.3 L。
采集水样时的记载事项：采集供全分析用的水样，应粘贴标签，注明水样名称、取样方法、取样地点、取样人姓名、时间、温度以及其他注意事项。

(4) 水样的运输
对采集的每一个水样，都应做好记录，并在采样瓶上贴好标签，运送到实验室。在运输过程中，应注意以下几点：
① 要塞紧采样容器器口塞子，必要时用封口胶、石蜡封口（测油类的水样不能用石蜡封口）；
② 将样瓶装箱，并用泡沫塑料或纸条挤紧；
③ 需冷藏的样品，应配备专门的隔热容器，放入制冷剂，将样品瓶置于

其中；

④ 冬季应采取保温措施，以免冻裂样品瓶。

（5）水样容器的选择

① 容器不能引起新的玷污：一般的玻璃能溶出钠、钙、镁等元素，测这些元素时应避免使用玻璃容器，防止新的污染；

② 器壁不吸附或吸收某些待测组分：一般玻璃容器吸附金属，聚乙烯等塑料容器吸附有机质、磷酸盐和油类，应尽量避免。

（6）水样的保存措施

① 将水样充满容器至溢流并密封：为避免样品在运输途中震荡及空气中的氧气、二氧化碳对容器内样品组分和待测项目的干扰，如酸碱度、BOD、DO，容器应充满密封，但对准备冷冻保存的样品不能充满，否则冷冻之后膨胀致使容器壁破裂；

② 冷藏：冷藏的温度应低于采样时水样的温度，采样后应立即放在冰箱或冰水浴中，置暗处保存，一般为 2 ℃ ~ 50 ℃，抑制微生物活动，但不适合长期保存；

③ 冷冻：延长储存期，但需要掌握熔融和冻结技术，使样品在熔融时能迅速均匀地恢复到其原始状态，应选塑料容器；

④ 加保护剂：a. 加入生物抑制剂；b. 调节 pH 值；c. 加入氧化剂或还原剂。

5. 水样的预处理

环境样品中污染物种类多，成分复杂，存在大量干扰物质，而且多数待测组分浓度低，存在形态各异。水样的预处理的目的是去除共存的干扰组分，并把含量低、形态各异的组分处理到适合于分析的含量及形态。样品预处理技术是保证分析数据有效、准确以及环境影响评价结论正确和可靠的重要基础。预处理方法主要有消解和富集与分离两种。

（1）消解

在测定金属等无机物的含量时，如果水样中含有有机物时，需先经消解处理。消解的目的是破坏有机物、溶解悬浮物，将各种形态（价态）的金属氧化成单一的高价态，以便测定。消解后的水样应清澈、透明、无沉淀。消解的方法有酸式、碱式等，但多采用酸式消解法，如硝酸-硫酸法，硝酸-磷酸-硫酸法，硝酸-高氯酸法，硫酸-高锰酸钾法等。

① 硝酸-高氯酸法

此法多用于含悬浮物和有机质较多的地面水。取 100 mL 水样加入 5 mL 浓硝酸，加热消解至体积约 10 mL 左右，冷却，再加入 5 mL 浓硝酸和 2 mL 高氯酸（少量逐次加入），继续加热消解，蒸至近干，冷却后用 0.2% 硝酸溶解残渣。此法消解彻底，一般清澈、透明、无沉淀，若有少量白色沉淀则是二氧化硅，用快速定量滤纸过滤即可，滤液用 0.2% 硝酸定容。如测镉、锌等金属含量时，水样的预处理也可选用此法。

② 硫酸－高锰酸钾法

高锰酸钾是一种很强的氧化剂,在中性、碱性和酸性条件下都可以分解有机物,有机物降解的最终产物多为草酸根,若在酸性介质中草酸根可继续被氧化,所以高锰酸钾对有机物的氧化作用比较复杂。一般常用此法进行测汞水样的预处理。取水样加入适量的硫酸和5%的高锰酸钾溶液,混匀,加热煮沸10 min,冷却,过量的高锰酸钾用盐酸羟胺进行还原,至粉红色刚消失为止。所得溶液可进行汞的测定。

③ 碱分解法

该法适用于待测组分在酸性条件下易于蒸发挥发的水样。在水样中加入氢氧化钠和过氧化氢水溶液(30%),或者加入氨水和过氧化氨水溶液,加热至近于即可。碱的加入量不宜过多,100 mL水样中加入氢氧化钠1~3 g或氨水5~10 mL即可。

(2) 富集与分离

富集:从大量试样中搜集欲测定的少量物质至一较小体积中,从而提高其浓度至其测定下限之上。

分离:分离是将欲测组分从试样中单独析出,或将几个组分一个一个地分开,或者根据各组分的共同性质分成若干组,以防其他组分对欲测组分的干扰。

水样富集与分离方法的方法有以下几种:

① 顶空:常用于挥发性有机物水样的预处理,先在密闭的容器中装入水样,容器上部留存一定空间,再将容器置于恒温水浴中,经一定时间,容器内的气液两相达到平衡的方法,例如挥发酚和氯化物蒸馏过程(见图5-6);

② 萃取:基于物质在互不相溶的两种溶剂中分配系数不同的原理,进行组分的分离和富集的方法;

③ 吸附:利用多孔性的固体吸附剂将水样中一种或数种组分吸附于表面,再用适宜溶剂、加热或吹气等方法将欲测组分解吸,达到分离和富集的目的的方法;

④ 离子交换:利用离子交换剂与溶液中的离子发生交换反应进行分离的方法;

⑤ 共沉淀:溶液中一种难溶化合物在形成沉淀(载体)过程中,将共存的某些恒量组分一起载带沉淀出来的方法;

⑥ 气提:把惰性气体通入调制好的水样中,将欲测组分吹出,直接送入仪器测定,或导入吸

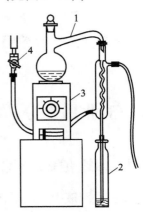

图5-6 挥发酚和氰化物
蒸馏装置示意图
1—蒸馏瓶;2—接收瓶;
3—电炉;4—水龙头

收液吸收富集后再测定的方法，例如硫化物的分离过程（图5-7）；

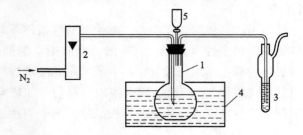

图 5-7 测定硫化物的吹气分离装置示意图
1—反应瓶（装待测水样）；2—流量计；3—吸收管；
4—水浴槽；5—加酸漏斗

⑦ 蒸馏：利用水样中各污染组分具有不同的沸点而使其彼此分离的方法，例如氟化物水蒸气蒸馏过程（图5-8）。

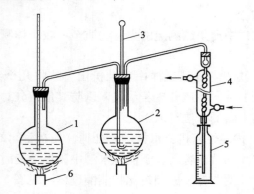

图 5-8 氟化物水蒸气蒸馏装置示意图
1—水蒸气发生瓶；2—烧瓶（内装水样）；3—温度计；
4—冷凝器；5—接收瓶；6—热源

5.2 工业用水分析

5.2.1 pH 值的测定

pH 值是溶液中氢离子浓度的负对数，即 $pH = -\lg c(H^+)$，随水温的变化而变化。pH 值的测定方法有比色法和电位法。

1. 比色法

酸碱指示剂在其特定 pH 值范围的水溶液中产生不同的颜色，向系列已知 pH 值的标准缓冲溶液中加入适当指示剂，生成的颜色制成标准比色管或封装在小安瓶瓶内，测定时取与缓冲溶液同量的水样加入同一种指示剂，进行目视比色，可测出水样的 pH 值。水样有色、浑浊、或含较高游离氯、氧化剂、还原剂时干扰测定。

2. 电位法

以玻璃电极为指示电极，饱和甘汞电极为参比电极组成原电池，用已知 pH 值的标准溶液定位、校准，用 pH 计直接测出水样的 pH 值。该方法测定准确、快速，受水体色度、浊度、胶体物质、氧化剂、还原剂以及高含量盐的干扰少。

常用的 pH 值标准缓冲溶液有邻苯二甲酸氢钾、磷酸二氢钾、磷酸氢二钠和四硼酸钠溶液，其准确度决定测定结果。把电极插入水体中可直接测定。注意温度补偿器的调节，玻璃电极在使用前浸泡 24 h 激活。实验装置如图 5-9 所示。

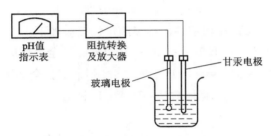

图 5-9 电位法测定 pH 值装置

5.2.2 碱度的测定

水的碱度指在规定条件下，与中和 100 g 试样中的碱性物质所消耗的酸性物质相当的氢氧离子的量（mmol/L）。例如 OH^-、CO_3^{2-} 等，都是水中常见的碱性物质，它们都能与酸进行反应，因此可以用适宜的酸标准溶液对它们进行滴定。

1. 原理

碱度分为酚酞碱度和全（总）碱度。酚酞碱度是以酚酞作指示剂时所测得的碱性物质的量，其终点 pH 值约为 8.3；全碱度是以甲基橙作指示剂时测得的碱性物质的量，终点的 pH 值约 4.2。

（1）酚酞碱度

用盐酸滴定，酚酞为指示剂时所计算出来的碱度。以酚酞作指示剂，发生的反应为：

$$H^+ + OH^- =\!\!=\!\!= H_2O \quad （全部反应）$$

$$H^+ + CO_3^{2-} =\!\!=\!\!= HCO_3^- \quad （全部反应）pH = 8.32$$

$$H^+ + PO_4^{2-} = HPO_4^{2-} \quad （超滴7.4\%） \quad pH=9.68$$

结果计算如下：

$$(JD)_{酚酞} = \frac{c(H^+)V_{H_2SO_4} \times 1\,000}{V} \tag{5-1}$$

式中，$(JD)_{酚酞}$——酚酞碱度，mmol/L；

$c(H^+)$——硫酸标准滴定溶液的氢离子浓度，mol/L；

$V_{H_2SO_4}$——硫酸标准滴冷溶液消耗的体积，L；

V——所取水样的体积，mL。

（2）全碱度（双指示剂法）

天燃水和未污染地面水的碱度基本上是由 OH^-、CO_3^{2-}、HCO_3^- 引起的，以酚酞作指示剂（pH=8.3），发生的反应为：

$$OH^- + H^+ = H_2O$$

$$CO_3^{2-} + H = HCO_3^-$$

再以甲基橙（pH=4.2）作指示剂，继续滴定，反应如下：

$$HCO^- + H^+ = CO + H_2O \quad （全部反应）$$

$$HPO_4^{2-} + H^+ = H_2PO_4^- \quad （剩余部分全部被滴定）$$

$$腐植酸盐 + H^+ \to 腐植酸$$

结果计算如下：

$$(JD)_{总} = \frac{c(H^+)V_{H_2SO_4} \times 1\,000}{V} \tag{5-2}$$

式中，$(JD)_{总}$——总碱度，mmol/L；

$c(H^+)$——硫酸标准滴定溶液的氢离子浓度，mol/L；

$V_{H_2SO_4}$——硫酸标准滴冷溶液消耗的体积，L；

V——所取水样的体积，mL。

2. 说明及注意事项

a. 若水样碱度较大，会发生过多 CO_2 影响终点观察，在临近终点时，煮沸 1~2 min，冷后再滴；

b. 高矿化度的水样，测酚酞碱度时，终点不明显；

c. 有色离子如 Fe^{3+}、Al^{3+} 等水解离子可采用返滴定法。

5.2.3 酸度的测定

（1）酸度：用强碱标液（NaOH）滴定水样时所消耗碱的物质的量或指水样释放出质子的物质的量。

（2）测定方法：以酚酞作指示剂，用 NaOH 标液滴定。

5.2.4 硬度的测定

1. 基本概念

工业上将含有较多钙、镁离子等盐类的水称为硬水。水的硬度最初是指水中钙、镁离子沉淀肥皂水化液的能力。水的总硬度指水中钙、镁离子的总浓度，其中包括碳酸盐硬度和非碳酸盐硬度。碳酸盐硬度主要是由钙、镁的碳酸氢盐[$Ca(HCO_3)_2$、$Mg(HCO_3)_2$]所形成的硬度，还有少量的碳酸盐硬度，碳酸氢盐硬度经加热之后分解成沉淀物从水中除去，故亦称为暂时硬度；非碳酸盐硬度主要是由钙镁的硫酸盐、氯化物和硝酸盐等盐类所形成的硬度，这类硬度不能用加热分解的方法除去，故也称为永久硬度，如 $CaSO_4$、$MgSO_4$、$CaCl_2$、$MgCl_2$、$Ca(NO_3)_2$、$Mg(NO_3)_2$ 等。

硬度的表示方法尚未统一，我国使用较多的表示方法有两种：一种是将所测得的钙、镁折算成 CaO 的质量，即每升水中含 CaO 的毫克数表示，单位为 $mg \cdot L^{-1}$；另一种以度计，1 硬度单位表示 10 万份水中含 1 份 CaO（即每升水中含 10 mgCaO），$1° = 10 \times 10^{-6}$ CaO，这种硬度的表示方法称作德国度。

碳酸盐硬度和非碳酸盐硬度之和称为总硬度；水中 Ca^{2+} 的含量称为钙硬度；水中 Mg^{2+} 的含量称为镁硬度；当水的总硬度小于总碱度时，它们之差，称为负硬度。

2. 测定方法

(1) EDTA 法

用 EDTA 进行水的总硬度及 Ca^{2+}、Mg^{2+} 含量的测定时可先测定 Ca^{2+}、Mg^{2+} 的总量，再测定 Ca^{2+} 量，由总量与 Ca^{2+} 量的差求得 Mg^{2+} 的含量，并由 Ca^{2+}、Mg^{2+} 总量求总硬度。

Ca^{2+}、Mg^{2+} 总量的测定：用 $NH_3 - NH_4Cl$ 缓冲溶液调节溶液的 pH = 10，在此条件下，Ca^{2+}、Mg^{2+} 均可被 EDTA 准确滴定，加入铬黑 T 指示剂，用 EDTA 标准溶液滴定。在滴定的过程中，将有四种配合物生成，即 CaY、MgY、MgIn、CaIn，它们的稳定性次序为：CaY > MgY > MgIn > CaIn（略去电荷），由此可见，当加入铬黑 T 后，它首先与 Mg^{2+} 结合，生成红色的配合物 MgIn，当滴入 EDTA 时，首先与之结合的是 Ca^{2+}，其次是游离态的 Mg^{2+}，最后，EDTA 夺取与铬黑 T 结合的 Mg^{2+}，使指示剂游离出来，溶液的颜色由红色变为蓝色，到达指示终点。设消耗 EDTA 的体积为 V_1。

Ca^{2+} 含量的测定：用氢氧化钠溶液调节待测水样的 pH = 12，将 Mg^{2+} 转化为 $Mg(OH)_2$ 沉淀，使其不干扰 Ca^{2+} 的测定，滴加少量的钙指示剂，溶液中的部分 Ca^{2+} 立即与之反应生成红色配合物，使溶液呈红色，当滴定开始后，随着 EDTA 的不断加入，溶液中的 Ca^{2+} 逐渐被滴定，接近计量点时，游离的 Ca^{2+} 被滴定完后，EDTA 则夺取与指示剂结合的 Ca^{2+} 使指示剂游离出来，溶液的颜色由红色变为蓝色，到达指示终点。设滴定中消耗 EDTA 的体积为 V_2。

滴定时，Fe^{3+}、Al^{3+} 等干扰离子，用三乙醇胺掩蔽；Cu^{2+}、Pb^{2+}、Zn^{2+} 等重金属离子则可用 KCN、Na_2S 或硫基乙酸等掩蔽。

计算公式如下：

$$\rho(Ca) = \frac{c(EDTA) \times V_2 \times M(Ca) \times 1\,000}{50.00} \quad (5-3)$$

$$\rho(Mg) = \frac{c(EDTA) \times (V_1 - V_2) \times M(Mg) \times 1\,000}{50.00} \quad (5-4)$$

$$总硬度° = \frac{c(EDTA) \times V_1 \times M(CaO) \times 1\,000}{50.00 \times 10} \quad (5-5)$$

式中，$c(EDTA)$——EDTA 标准溶液的浓度，mol/L；

V_1——铬黑 T 终点 EDTA 的用量，mL；

V_2——钙指示剂终点 EDTA 的用量，mL；

$M(Ca)$——Ca 的摩尔质量，g/mol；

$M(Mg)$——Mg 的摩尔质量，g/mol；

$M(CaO)$——CaO 的摩尔质量，g/mol；

$\rho(Ca)$——试样中 Ca^{2+} 的含量，mg/L；

$\rho(Mg)$——试样中 Mg^{2+} 的含量，mg/L。

(2) 原子吸收分光光度法

① 钙硬度的测定

取一定量的水样，经雾化喷入火焰，钙离子被热解原子化为基态钙原子，以钙共振线 422.7 nm 为分析线，以空气-乙炔火焰测定钙原子的吸光度，用标准曲线法进行定量，求出水中钙离子含量即钙硬度。

② 镁硬度的测定

取一定量的水样，经雾化喷入火焰，镁离子被热解原子化为基态镁离子，以镁的共振线 285.2 nm 为分析线，以空气-乙炔火焰测定镁原子的吸光度，用标准曲线进行定量，求出水中镁离子含量即镁硬度。

原子吸收分光光度法测定时水处理药剂和水中各种共存元素干扰测定，加入氯化锶或氧化镧可抑制干扰。

5.2.5 溶解氧的测定

溶解在水中的分子态氧称为溶解氧，用 DO 表示。溶解氧与大气中氧的平衡、温度、气压、盐分有关。清洁地表水溶解氧一般接近饱和，有藻类生长的水体，溶解氧可能过饱和。

水体受有机、无机还原性物质（如硫化物、亚硝酸根、亚铁离子等）污染后，溶解氧下降，可趋近于零。因此，水体中溶解氧的变化情况，在一定程度上反映了水体受污染的程度。

1. 碘量法

① 原理

采用碘量法（即 Winkler）测定水中的溶氧量时，往水中加入 $MnSO_4$ 溶液和 KI-NaOH 溶液，水样中的溶氧即被定量地转化为三价锰化合物的褐色沉淀。反应方程式如下：

$$Mn^{2+} + 2OH^- = Mn(OH)_2$$

$$Mn(OH)_2 + O_2 = 2MnO(OH)_2$$

$$2MnO(OH)_2 + 2I^- + 6H^+ = 2Mn^{2+} + I_2 + 6H_2O$$

$$2Na_2S_2O_3 + I_2 = Na_2S_4O_6 + 2NaI$$

以淀粉作指示剂，用 $Na_2S_2O_3$ 标准滴定上述反应生成的 I_2，并由此计算出水中的溶氧量。

② 结果计算

溶解氧的计算公式如下：

$$\rho(O_2) = \frac{\frac{1}{2} \times c(Na_2S_2O_3) \times V \times 16 \times 1\,000}{100} \quad (5-6)$$

式中，$c(Na_2S_2O_3)$——硫代硫酸钠标准溶液浓度，mol/L；

V——硫代硫酸钠标准溶液用量，mL；

100——量取水样体积，mL；

16——$\frac{1}{2}O_2$ 的摩尔质量，g/mol。

③ 说明及注意事项

a. 溶解氧测定瓶

溶解氧的测定，切勿使样品过多接触空气，以防溶解氧损失或增加，导致含量改变，因此最好使用专用的"溶解氧测定瓶"取样，如果没有测定瓶，也可用 250 mL 玻璃磨口瓶代替。

b. 自来水取样

应该先放开水龙头流一段时间，水样稳定后再取样，可将一橡皮管插入瓶底，另一端接水龙头，使水溢出几分钟，注意流速要慢，以免产生气泡，迅速盖紧瓶塞。

c. 塘水、井水、蓄水池中取样

水中取样，不能直接在水面取样而是应在一定深度取样，可用二阶式取样瓶。

d. 试剂问题

硫代硫酸钠用新煮沸并冷却的蒸馏水配制好放置暗处 7 天后应先标定。

e. 氧化性物质

氧化性物质干扰如 Fe^{3+}、Cl_2 等，与 I^- 作用时结果偏高。将硫酸改为磷酸，起到两个作用，一是酸化，二是掩蔽 Fe^{3+}；预先加入硫代硫酸钠消除 Cl_2 干扰。也可以另行测定，从总量中扣除 Fe^{3+}、Cl_2。

f. 还原性物质

还原性物质可能会与 I_2 作用，使结果偏低，如水被还原性杂质污染，在测定时要消耗一部分 I_2 而使测定结果偏低，因此要增加处理杂质的过程（可在未加 $MnSO_4$ 溶液前，先加适量硫酸使水样酸化，加入 $KMnO_4$ 溶液使其氧化还原性杂质，再加适量草酸钾溶液还原过量的 $KMnO_4$，从而消除杂质影响）。

g. 体积校正（修正）问题

工业分析中，由于加入试剂，样品会由瓶中溢出，但由于损失量很小，而且在只吸取一部分溶液滴定的情况下，影响很小，在一般工业分析中，可不必进行样品体积的校正，计算中可忽略此影响。

h. 测定水中溶解氧时，关键在于勿使水中含氧量有所变更。要求取样时，切勿与空气接触，最好在现场加入 $MnSO_4$ 及碱性 KI 溶液，使溶解氧固定在水中，其余步骤可送至实验室后进行。

2. 电极法

氧电极按其工作原理分为极谱型和原电池型两种。极谱型氧电极由黄金阴极、银－氯化银阳极、聚四氟乙烯薄膜、壳体等部分组成。

电极腔内充有氯化钾溶液，聚四氟乙烯薄膜将电解液和被测水样隔开，只允许溶解氧透过，水和可溶性物质不能透过。

当两电极间加上 0.5~0.8 V 固定极化电压时，则水样中的溶解氧透过薄膜在阴极上还原，产生了该温度下与氧浓度成正比的还原电流，故在一定条件下只要测得还原电流就可以求出水样中溶解氧的浓度。

3. 溶解氧测定仪

各种溶解氧测定仪就是根据氧电极工作原理制成的，溶解氧电极、溶解氧测定仪的装置结构如图 5-10 所示。

测定时，首先用无氧水样校正零点，再用化学法测得水样的溶解氧浓度的校准仪器刻度值，最后测定水样，便可直接显示其溶解氧浓度。仪器设有手动或自动温度补偿装置，补偿温度变化造成的测量误差，适用溶解氧大于 0.1 mg/L 的水样，以及有色、含有可与碘反应的有机物的水样，常用于现场自动连续测量。

水样中含有氯、二氧化硫、碘、溴的气体或蒸气，可能干扰测定；水样中含有藻类、硫化物、碳酸盐、油等物质时，长期与电极接触会使薄膜堵塞或损坏，需经常更换薄膜或校准电极。更换电解质和膜后，或膜干燥时，要使膜湿润、待

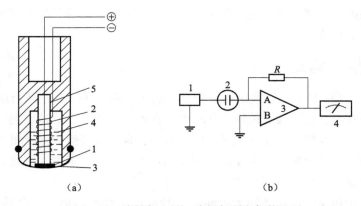

图 5-10 溶解氧电极、溶解氧测定仪装置图
(a) 溶解氧电极
1—黄金阴极；2—银丝阳极；3—薄膜；4—KCl 溶液；5—壳体
(b) 溶解氧测定仪
1—极化电压源；2—溶解氧电极测量池；3—放大器；4—记录表

读数稳定后再进行校准。

5.2.6 硫酸盐的测定

硫酸根是组成各种盐类的阴离子，水中有硫酸盐存在时，污染产品，形成永久硬水，是工业用水控制指标之一。测定方法有称量法、铬酸钡分光光度法、电位滴定法、EDTA 法、硫酸钡比浊法等。

1. 称量法

称量法即硫酸钡沉淀称量法。在酸性条件下，用氯化钡溶液使水中的硫酸盐以硫酸钡的形式沉淀，经过滤、洗涤、灼烧至质量恒定，用称量法求水样中硫酸盐的含量。该方法准确度高，但操作繁琐，费时。

2. 铬酸钡光度法

铬酸钡光度法用过量的铬酸钡酸性悬浊液与水样中硫酸根离子作用生成硫酸钡沉淀，过滤后用分光光度法测定由硫酸根定量置换出的黄色铬酸根离子，从而间接求出硫酸根离子的含量。加 $BaCrO_4$ 试剂，发生反应：

$$BaCrO_4 + SO_4^{2-} = BaSO_4 + CrO_4^{2-} （黄色）$$

在分光光度计上波长 420 nm 处测吸光度。

3. 电位滴定法

电位滴定法是以铅电极为指示电极，在 pH=4 条件下，以高氯酸铅标准滴定溶液滴定 75% 乙醇体系中硫酸根离子，此时能定量的生成硫酸根沉淀，过量的铅离子使电位产生突跃，从而求出滴定终点。水中的重金属、钙、镁等离子可事先用氢型强酸性阳离子交换树脂除去，磷酸盐和聚磷酸盐的干扰可用稀释法或二氧化锰共沉淀法来消除。

5.2.7 氯的测定

氯化物（Cl^-）是水和废水中一种常见的无机阴离子，几乎所有的天然水中都有氯离子存在，它的含量范围变化很大。在河流、湖泊、沼泽地区，氯离子含量一般较低，而在海水、盐湖及某些地下水中，含量可高达数十克每升。在人类的生存活动中，氯化物有很重要的生理作用及工业用途，正因为如此，在生活污水和工业废水中，均含有相当数量的氯离子。

若饮水中氯离子含量达到 250 mg/L，相应的阳离子为钠时，会感觉到咸味；水中氯化物含量高时，会损害金属管道和构筑物，并妨碍植物的生长。

1. 方法的选择

有四种通用的方法可供选择：① 硝酸银滴定法；② 硝酸汞滴定法；③ 电位滴定法；④ 离子色谱法。

①法和②法所需仪器设备简单，在许多方面类似，可以任意选用，适用于较清洁的水，②法的终点比较易于判断；③法适用于有颜色或浑浊的水样；④法能同时快速灵敏地测定包括氯化物在内的多种阴离子，具备仪器条件时可以选用。

2. 样品保存

要采集代表性水样，放在干净而化学性质稳定的玻璃瓶或聚乙烯瓶内，存放时不必加入特别的保存剂。

3. 硝酸银滴定法

（1）方法原理

在中性或弱碱性溶液中，以铬酸钾为指示剂，用硝酸银滴定氯化物，由于氯化银的溶解度小于铬酸银的溶解度，氯离子首先被完全沉淀后，铬酸银才以铬酸银形式沉淀出来，产生砖红色，指示氯离子滴定的终点。沉淀滴定反应如下：

$$Ag^+ + Cl^- = AgCl \downarrow$$
$$2Ag^+ + CrO_4^{2-} = Ag_2CrO_4 \downarrow$$

铬酸根离子的浓度，与沉淀形成的迟早有关，必须加入足量的指示剂，且由于有稍过量的硝酸银与铬酸钾形成铬酸银沉淀的终点较难判断，所以需要以蒸馏水做空白滴定，以作对照判断（使终点色调一致）。

（2）干扰及消除

饮用水中含有的各种物质在通常的数量下不发生干扰，如溴化物、碘化物和氰化物均能与氯化物发生相同的反应。

硫化物、硫代硫酸盐和亚硫酸盐干扰测定，可用过氧化氢处理予以消除；正磷酸盐含量超过 25 mg/L 时发生干扰；铁含量超过 10 mg/L 时使终点模糊，可用对苯二酚还原成亚铁消除干扰；少量有机物的干扰可用高锰酸钾处理消除。

废水中有机物含量高或色度大，难以辨别滴定终点时，用 600 ℃ 灼烧灰化法预处理废水样，效果最好，但操作步骤烦琐，一般情况下尽量采用加入氢氧化铝进行沉降过滤去除干扰。

（3）适用范围

本法适用于天然水中氯化物测定，也适用于经过适当稀释的高矿化废水（咸水、海水等）及经过各种预处理的生活污水和工业废水。

本法适用的浓度范围为 10～500 mg/L，高于此范围的样品，经稀释后可以扩大其适用范围；低于 10 mg/L 的样品，滴定终点不易掌握，建议采用硝酸汞滴定法。

选取有代表性江、河、湖、库水样检验本法对地表水的适用性。13 个样品测定结果统计表明，氯离子浓度范围 2～290 mg/L 时，相对标准偏差为 0%～3.18%；加标回收率为 96.6%～102%。

（4）结果计算

$$\rho(\text{Cl}) = \frac{(V_2 - V_1) \times c(\text{AgNO}_3) \times 35.45 \times 1\,000}{V} \tag{5-7}$$

式中，V_1——蒸馏水消耗硝酸银标准溶液体积，mL；

V_2——水样消耗硝酸银标准溶液体积，mL；

$c(\text{AgNO}_3)$——硝酸银标准溶液浓度，mol/L；

V——水样体积，mL；

35.45——氯离子（Cl^-）摩尔质量，g/mol。

4. 硝酸汞滴定法

（1）方法原理

酸化的样品（pH=3.0～3.5）以硝酸汞进行滴定时，与氯化物生成难离解的氯化汞，滴定至终点时，过量的汞离子与二苯卡巴腙生成蓝紫色的二苯卡巴腙的汞络合物指示终点。

（2）干扰及消除

饮用水中的各种物质在通常的浓度下不发生干扰，像溴化物、碘化物和氯化物一样被滴定；铬酸盐、高铁和亚硫酸盐离子含量超过 10 mg/L 时，对滴定有干扰的；锌、铅、溴、亚铁及三价铬离子的存在，对滴定终点的色度有影响，但它们即使含量高达 100 mg/L 时，也不致影响准确度；铜的允许上限为 50 mg/L；硫化物有干扰；季铵盐达 1～2 mg/L 时有干扰；深的色度形成干扰。

所述重金属离子含量在 100 mg/L 时，对滴定终点颜色的影响，应由操作人员配制相应的标准溶液，通过实验掌握终点颜色变化情况，以消除其影响，还可于指示剂中加入一种背景色的子种绿染料，以改善终点变色的敏锐性。高铁及六价铬离子的干扰用对苯二酚还原消除；硫化物干扰用过氧化氢消除。

(3) 结果计算

$$\rho(Cl^-) = \frac{(V_2 - V_1) \times c[Hg(NO_3)_2] \times 35.45 \times 1\,000}{V} \quad (5-8)$$

式中，V_1——蒸馏水消耗硝酸汞标准溶液体积，mL；

V_2——水样消耗硝酸汞标准溶液体积，mL；

$c[Hg(NO_3)_2]$——硝酸汞标准溶液浓度，mol/L；

V——水样体积，mL；

35.45——氯离子（Cl^-）摩尔质量，g/mol。

5. 电位滴定法

（1）方法原理

电位滴定法测定氯化物，是以氯电极为指示电极，以玻璃电极或双液接参比电极为参比，用硝酸银标准溶液滴定，用伏特计测定两电极之间的电位变化，在恒定地加入小量硝酸银的过程中，电位变化最大时即为滴定终点。

（2）干扰及消除

溴化物、碘化物能与银离子形成溶解度很小的物质，干扰测定；氰化物为电极干扰物质；高铁氰化物会使结果偏高；高铁的含量如果显著地高于氯化物的含量也引起干扰；六价铬应预先还原为三价，或者预先去除；重金属、钙、镁、铝、二价铁、铬、HPO_4^{2-}、SO_4^{2-}等均不干扰测定；硫化物、硫代硫酸盐和亚硫酸盐等的干扰可用过氧化氢处理予以消除；Br^-、I^-的干扰，可用加入定量特制的 Ag 粉末，或者从测得得总卤量中扣除 Br^-、I^-的含量的方法消除。

（3）结果计算

$$\rho(Cl^-) = \frac{(V_2 - V_1) \times c(AgNO_3) \times 35.45 \times 1\,000}{V} \quad (5-9)$$

式中，V_2——滴定样品时消耗硝酸银标准溶液体积，mL；

V_1——空白试验消耗硝酸银标准溶液体积，mL；

$c(AgNO_3)$——硝酸银标准溶液浓度，mol/L；

V——滴定所取水样的体积，mL；

35.45——氯离子（Cl^-）摩尔质量，g/mol。

6. 离子色谱法

（1）方法原理

本法利用离子交换的原理，连续对多种阴离子进行定性和定量分析。水样注入碳酸盐和碳酸氢盐溶液并流经系列的离子交换树脂，基于待测阴离子对低容量强碱性阴离子树脂（分离柱）的相对亲和力不同而彼此分开，被分离的阴离子，在流经强酸性阳离子树脂（抑制柱）时，被转换为高电导的酸型，碳酸盐－碳酸氢盐则转变成弱电导的碳酸（清除背景电导），用电导检测器测量被转变为相应酸型的阴离子,与标准进行比较,根据保留时间定性,峰高或峰面积定量。

(2) 干扰及消除

任何与待测阴离子保留时间相同的物质均干扰测定。待测离子的浓度在同一数量级可准确定量,淋洗位置相近的离子浓度相差太大,不能准确测定,当 Br^- 和 NO_3^- 离子彼此间浓度相差 10 倍以上时不能定量。采用适当稀释或加入标液等方法可以达到定量的目的。

高浓度的有机酸对测定有干扰;水能形成负峰或使峰高降低或倾斜,在 F^- 和 Cl^- 间经常出现,采用淋洗液配制标准和稀释样品可以消除水负峰的干扰。

5.2.8 总铁含量的测定

1. 邻菲罗啉分光光度法

(1) 原理

亚铁离子在 pH 值 3~9 的条件下,与邻菲罗琳反应,生成橘红色络合离子,此络合离子在 pH 值 3~4.5 时最为稳定。水中三价铁离子用盐酸羟胺还原成亚铁离子,即可测定总铁含量。

(2) 结果计算:

水样中总铁离子含量,按下式计算:

$$\rho = \frac{m}{V} \times 1\,000 \tag{5-10}$$

式中,ρ——水样中总铁离子的含量,mg/L;

m——从标准曲线查得的铁离子的含量,mg;

V——水样的体积,mL。

(3) 干扰与消除

Fe^{3+} 与邻菲啰啉生成淡蓝色配合物,在加入显色剂之前用还原剂(盐酸羟胺或抗坏血酸)将三价铁离子还原成二价铁离子;此方法选择性高,相当于铁量 40 倍的 Sn^{2+}、Al^{3+}、Ca^{2+}、Mg^{2+}、Zn^{2+},20 倍的 Cr^{6+}、V^{5+}、P^{5+},5 倍的 Co^{2+}、Ni^{2+}、Cu^{2+} 等不干扰测定;大量的磷酸盐存在对测定产生干扰,可加柠檬酸盐和对苯二酚加以消除;用溶剂萃取法可消除所有金属离子或可能与铁配合的阴离子产生的干扰。

2. 硫氰酸盐分光光度法

在酸性溶液中,Fe^{3+} 离子与硫氰酸盐反应生成红色配合物,反应式为 $Fe^{3+} + nSCN^- =\!=\!= [Fe(SCN)_n]^{3-n}$,其中 $n = 1\sim6$,n 不同时配合物的颜色不同,n 值的大小取决于溶液的酸度和硫氰酸根离子浓度。溶液酸度过大则配合物稳定性降低,配位数减小,配合物颜色不稳定;溶液酸度过小,则会使 Fe^{3+} 离子发生水解反应,不利于测定。通常控制在 pH = 0.5 左右。

硫氰酸根浓度足够大时能抑制配合物的离解，有利于形成稳定的高配位数配合物，因此常加入过量的硫氰酸盐，而且在水样和标准溶液中加入的硫氰酸根离子的浓度一致。用标准曲线法进行定量，求出铁的含量。

水样中的 F^-、PO_4^{3-} 能与 Fe^{3+} 生成稳定的无色配合物，干扰测定，少量时可忽略，大量时通过控制酸度和增加硫氰酸根离子浓度来排除；水中强氧化性或还原性物质能氧化 SCN^- 或还原离子，干扰测定；水中有色物质和悬浮物质干扰测定，加 HNO_3 消化和过滤预先除去；Fe^{2+} 不与 SCN^- 发生显色反应，因此测定总铁含量时加入氧化剂将 Fe^{2+} 氧化成 Fe^{3+}，再进行测定。

当铁含量过低时，显色后用异戊醇或乙醚萃取后定量测定。

5.3 工业污水分析

工业生产所排放的废水，大多含有对人体或对环境有害的成分，需经过分析检验，符合一定的标准之后，才允许排放，不同厂排出的废水含有不同的污染物，需根据污染源确定检测项目。

5.3.1 铅的测定

铅是可在人体及动植物组织内蓄积的有毒元素，含铅废水主要源于蓄电池、冶金、电镀等企业。铅的测定广泛采用双硫腙分光光度法和原子吸收分光光度法，也可以用阳极溶出伏安法和示波极谱法。

1. 双硫腙分光光度法

在 pH = 8.5~9.5 的氨性柠檬酸盐－氰化物的还原介质中，铅与双硫腙反应生成红色螯合物，用三氯甲烷（或四氯化碳）萃取后，在波长 510 nm 处比色测定。

铁、铜、锌等离子的干扰通过加入柠檬酸铵、氰化钾和盐酸羟胺等消除，应注意使用的器皿、试剂、去离子水中不应含有痕量铅；在 pH = 8~9 时，Bi^{3+}、Sn^{2+} 等干扰，一般先在 pH = 2~3 时用双硫腙三氯甲烷萃取除去，同时除去铜、汞、银等离子；水样中的氧化性物质（如 Fe^{3+}）易氧化双硫腙，在氨性介质中加入盐酸羟胺除去；氰化钾可掩蔽铜、锌、镍、钴等离子；柠檬酸盐配位掩蔽钙、镁、铝、铬、铁等，防止氢氧化物沉淀。

2. 原子吸收分光光度法

水样用 HNO_3 和 $HClO_4$ 混合液消解。

直接吸入火焰原子吸收分光光度法测定微量金属是将水样或消解处理好的水样直接吸入火焰中测定，适用于地下水、地表水、污水及受污染的水，适用范围 0.05~1 mg/L。

萃取或离子交换火焰原子吸收分光光度法测定微量金属是将水样或消解处理好的水样，在酸性介质中与吡咯烷二硫代氨基甲酸铵（APDC）配合后，用甲基异丁基甲酮（MIBK）萃取后吸入火焰进行测定，适用于地下水、清洁地表水，适用范围 1~50 μg/L。

石墨炉原子吸收分光光度法测定微量金属是将水样直接注入石墨炉内进行测定，适用于地下水和清洁地表水，适用范围 0.1~2 μg/L。

5.3.2 铬的测定

1. 六价铬的测定

（1）原理

在酸性溶液中，六价铬与二苯碳酰二肼反应生成紫红色化合物，于波长 540 nm 处进行分光光度测定。本方法适用于地面水和工业废水中六价铬的测定。

（2）测定范围

试样体积为 50 mL，使用光程长为 30 mm 的比色皿，本方法的最小检出量为 0.2 μg，六价铬最低检出浓度为 0.004 mg/L；使用光程为 10 mm 的比色皿，测定上限浓度为 10 mg/L。

（3）干扰及其消除

含铁量大于 1 mg/L 的水样显色后呈黄色，六价钼和汞也和显色剂反应生成有色化合物，但在本方法的显色酸度下反应不灵敏，钼和汞的浓度达 200 mg/L 不干扰测定；钒有干扰，其含量高于 4 mg/L 即干扰显色，但钒与显色剂反应后，10 min 可自行褪色。

（5）结果计算

六价铬含量按下式计算

$$\rho = \frac{m}{V} \tag{5-11}$$

式中，ρ——六价铬的含量，mg/L；

m——由校准曲线查得的试样含六价铬量，mg；

V——试样的体积，L。

六价铬含量低于 0.1 mg/L，结果以三位小数表示；六价铬含量高于 0.1 mg/L，结果以三位有效数字表示。

2. 总铬的测定

在酸性溶液中，水样中的三价铬用高锰酸钾氧化成六价铬，六价铬与二苯碳酰二肼（DPC）反应，生成紫红色配合物，于波长 540 nm 处测定吸光度，求出水样中六价铬的含量即为总铬的含量。

过量的高锰酸钾用亚硝酸钠分解，过量的亚硝酸钠用尿素分解；亚硝酸钠可用叠氮化钠代替；水样中若含有大量有机物时，用硝酸-硫酸消解。

5.3.3 化学耗氧量（COD）的测定

化学耗氧量（COD），是指在一定条件下，用强氧化剂处理水样时所消耗氧化剂的量，以氧的量（mg/L）来表示。水中还原性物质包括有机物和亚硝酸盐、亚铁盐、硫化物等。化学耗氧量反映了水中受还原性物质污染的程度。

对于工业废水，我国规定用重铬酸钾法测定，其测得值称为化学需氧量，用 COD_{Cr} 表示。

1. 原理

在强酸性溶液中，用一定量的重铬酸钾氧化水样中还原性物质，过量的重铬酸钾以试亚铁灵作指示剂，用硫酸亚铁铵标准溶液回滴，根据其用量计算水样中还原性物质消耗氧的量。反应式如下：

$$Cr_2O_7^{2-} + 14H^+ + 6e^- \rightleftharpoons 2Cr^{3+} + 7H_2O$$

$$Cr_2O_7^{2-} + 14H^+ + 6Fe^{2+} \rightleftharpoons 6Fe^{3+} + 2Cr^{3+} + 7H_2O$$

2. 干扰及其消除

酸性重铬酸钾氧化性很强，可氧化大部分有机物。加入硫酸银作催化剂时，直链脂肪族化合物可完全被氧化，而芳香族有机物却不易被氧化，吡啶不被氧化，挥发性直链脂肪族化合物、苯等有机物存在于蒸气相，不能与氧化剂液体接触，氧化不明显。

氯离子能被重铬酸盐氧化，并且能与硫酸银作用产生沉淀，影响测定结果，可在回流前（回流装置见图5-11所示）向水样中加入硫酸汞，使成为络合物以消除干扰，氯离子含量高于2 000 mg/L 的样品应先作定量稀释，使含量降低至2 000 mg/L 以下再进行测定。

3. 适用范围

用 0.25 mol/L 浓度的重铬酸钾溶液可测定大于 50 mg/L 的 COD 值，用 0.025 mol/L 浓度的重铬酸钾溶液可测定 5~50 mg/L 的 COD 值，但准确度较差。

4. 结果计算

在水样中加硫酸汞和催化剂硫酸银，加热沸腾后回流 2 h。用 $K_2Cr_2O_7$ 滴定分析法定量。化学需氧量的计算公式如下：

图5-11 回流装置

$$COD_{Cr}(O_2, mg/L) = \frac{(V_0 - V_1) \times c \times M\left(\frac{1}{2}O\right) \times 1\,000}{V} \quad (5-12)$$

式中，c——硫酸亚铁铵标准滴定溶液的浓度，mol/L；

V_0——滴定空白时硫酸亚铁铵标准滴定溶液的用量，mL；

V_1——滴定水样时硫酸亚铁铵标准滴定溶液的用量，mL；

V——水样的体积，mL；

$M\left(\frac{1}{2}O\right)$——氧$\left(\frac{1}{2}O\right)$的摩尔质量，8 g/mol。

5.3.4 挥发酚的测定

根据酚类能否与水蒸气一起蒸出，可将酚类分为挥发酚和不挥发酚。挥发酚通常是指沸点在 230 ℃以下的酚类，通常属一元酚。

酚类为原生质毒，属高毒物质。人体摄入一定量时，可出现急性中毒症状；长期饮用被酚污染的水，可引起头昏、出疹、瘙痒、贫血及各种神经系统症状；水中含低浓度（0.1～0.2 mg/L）酚类时，可使生长鱼的鱼肉有异味，高浓度（大于 5 mg/L）时则造成中毒死亡；含酚浓度高的废水不宜用于农田灌溉，否则，会使农作物枯死或减产。

水中含微量酚类，在加氯消毒时，可产生特异的氯酚臭。酚类主要来自炼油、煤气洗涤、炼焦、造纸、合成氨、木材防腐和化工等废水。

1. 4-氨基氨替比林直接光度法

（1）方法原理

酚类化合物于 pH=10.0 介质中，在铁氰化钾存在下，与 4-氨基氨替比林反应，生成橙红色的吲哚酚氨替比林染料，其水溶液在 510 nm 波长处有最大吸收。

研究指出，酚类化合物中，羟基对位的取代基可阻止反应进行，但卤素、羧基、磺酸基、羟基和甲氧基除外，这些基团多半能被取代下的；邻位硝基阻止反应进行，而间位硝基不完全地阻止反应。因此氨基氨替比林与酚的偶合在对位较邻位多见，当对位被烷基、芳基、酯、硝基、苯酰基、亚硝基或醛基取代，而邻位未被取代时，不呈现颜色反应。

（2）适用范围

用光程长为 20 mm 比色皿测量时，酚的最低检出浓度为 0.1 mg/L。

（3）结果计算

$$挥发酚（以苯酚计，mg/L）=\frac{m}{V}\times 1\,000 \qquad (5-13)$$

式中，m——根据水样的校正吸光度，从校准曲线上查得的苯酚含量，mg；

V——移取馏出液体积，mL。

如水样含挥发酚较高，移取适量水样并加水至 250 mL 进行蒸馏，则在计算时应乘以稀释倍数。

2. 溴化滴定法

（1）方法原理

在过量溴（由溴酸钾和溴化钾产生）的溶液中，使酚与溴生成三溴酚，并进一步生成溴代三溴酚。在剩余的溴与碘化钾作用释放出游离碘的同时，溴代三溴酚与碘化钾反应生成三溴酚和游离碘酒，用硫酸钠溶液滴定释出的游离碘，并根据其消耗量，计算挥发酚含量（以苯酚计）。

（2）适用范围

本法可用于测定含高浓度挥发酚的工业废水。

（3）结果计算

$$挥发酚(以苯酚计, mg/L) = \frac{(V_1 - V_2) \times c(Na_2S_2O_{32}) \times 15.68 \times 1000}{V}$$

(5-14)

式中，V_1——空白试验滴定时硫代硫酸钠标准滴定溶液的用量，mL；

V_2——水样滴定时硫代硫酸钠标准滴定溶液的用量，mL；

$c(Na_2S_2O_3)$——硫代硫酸钠溶液的浓度，mol/L；

V——水样取样体积，mL；

15.68——苯酚$\left(\frac{1}{6}C_6H_5OH\right)$摩尔质量，g/mol。

3. 氯仿萃取法

用蒸馏法使挥发性酚类化合物蒸馏出并与干扰物质分离，由于酚类化合物的挥发速度是随馏出液体积而变化，因此馏出液体积必须与试样体积相等。被蒸馏出的酚类化合物于 pH = 10.0 的介质中，在铁氰化钾存在下与 4 - 氨基氨替比林反应，生成橙红色的安替比林染料，用氯仿可将此染料从水溶液中萃取出并在 460 nm 波长测定吸光度，结果以苯酚（mg/L）表示。

在样品采集现场应检测有无游离氯等氧化剂存在，如有发现应及时加入过量 $FeSO_4$ 除去。采集后样品应及时加 HAc 酸化至 pH = 4.0，并加适量 $CuSO_4$ 以抑制微生物对酚类的生物氧化作用，同时应将样品冷藏，在采集后 24 h 内进行测定。

5.3.5 氰化物的测定

1. 氰化物

氰化物属于剧毒物质，水体中的氰化物的存在形式有简单氰化物、络合氰化物和有机氰化物。简单氰化物毒性大，络合氰化物在一定条件下可分解为简单氰化物。含氰化物的废水主要来源于电镀、选矿、洗印、农药等工业。

2. 氰化物的释放和吸收

总氰化物是指在磷酸和 EDTA 存在下 pH < 2 的介质中，加热蒸馏能形成氰化

氢的氰化物，包括全部简单氰化物和绝大部分络合氰化物，不包括钴氰络合物。

向水样中加入磷酸和 EDTA，在 pH<2 条件下，加热蒸馏，利用金属离子与 EDTA 络合能力比与氰离子络合能力强的特点，使络合氰化物离解出氰离子，并以氰化氢形式被蒸馏出，用氢氧化钠吸收。

采集水样时，必须立即加氢氧化钠固定，使样品的 pH>12；当水样中含有大量硫化物时，应先加碳酸镉（$CdCO_3$）或碳酸铅（$PbCO_3$）除去硫化物，再加氢氧化钠固定，否则，在碱性条件下，氰离子和硫离子作用形成硫氰酸离子而干扰测定。

3. 测定方法

氰化物的测定方法有硝酸银滴定法、异烟酸-吡唑啉酮光度法、吡啶-巴比妥酸光度法和离子选择性电极法等。硝酸银滴定法最低检测浓度为 0.25 mg/L，异烟酸-吡唑啉酮光度法最低检测浓度为 0.004 mg/L，吡啶-巴比妥酸光度法最低检测浓度为 0.002 mg/L，这三种方法均为国家标准分析方法。

（1）硝酸银滴定法

经蒸馏得到的碱性馏出液，用硝酸银标准溶液滴定，氰离子与硝酸银作用生成可溶性的银氰络合离子，过量的银离子与试银灵指示剂（对二甲氨基亚苯基罗丹宁溶于丙酮）反应，溶液由黄色变橙红色。

（2）异烟酸-吡唑啉酮光度法

在中性条件下，样品中的氰化物与氯胺 T 反应生成氯化氰，再与发烟酸作用，经水解后生成戊烯二醛，最后与吡唑啉酮缩合生成蓝色染料（λ_{max} = 638 nm），其颜色与氰化物的含量成正比。

显色条件：酸度用磷酸盐缓冲溶液（pH=7）控制；在 25 ℃~30 ℃ 水浴中放置 40 min。

5.3.6 汞的测定

汞及其化合物属于剧毒物质，可在体内蓄积，水体中的无机汞可转变为有机汞，有机汞的毒性更大。有机汞通过食物链进入人体，引起全身中毒。含汞废水主要来源于仪表、食盐电解、冶金、军工等工业。

汞的测定常用冷原子吸收法或冷原子荧光法，也可用双硫腙光度法。

总汞量测定：水样加 $KMnO_4$ 或 $(NH_4)_2S_2O_8$ 并加热进行消解，使有机汞、无机汞均转化为 Hg^{2+}。

无机汞量测定：直接加还原剂盐酸羟胺。

有机汞量测定：总汞减去无机汞即为有机汞。

1. 双硫腙光度法

试样加强氧化剂加热进行消解，将所有的汞转化为 Hg^{2+}，用还原剂除去剩余的氧化剂，在酸性条件下，Hg^{2+} 与双硫腙反应形成橙色络合物，用氯仿萃取后在波长 485 nm 处测定吸光度。

2. 冷原子吸收

元素汞在室温不加热的条件下就可挥发成汞蒸气，并对波长 253.7 nm 的紫外线具有强烈的吸收作用，在一定的范围内，汞的浓度和吸收值成正比。水样经消解后，再用氯化亚锡将二价汞还原为汞元素，用载气（N_2 或干燥清洁的空气）将汞蒸气带入测汞仪测定吸光度，与汞标准溶液吸光度进行比较定量。

5.4 锅炉用水分析

5.4.1 水样的采集

水样的采集是保证水质分析准确性的第一个重要环节。采样的基本要求是：样品要有代表性；在采出后不被污染；在分析之前不发生变化。

1. 取样装置

对取样装置一般有以下要求：

（1）取样器的安装和取样点的布置应根据锅炉的类型、参数、水质监督的要求（或试验要求）进行设计、制造、安装和布置，以保证采集的水样有充分代表性；

（2）除氧水、给水的取样管，应尽量采用不锈钢的制造；

（3）除氧水、给水、锅炉水和疏水的取样装置，必须安装冷却器取样，冷却器应有足够的冷却面积，并接在连续供给冷却水的水源上，以保证水样流量为 500~700 mL/min，水样温度为 30 ℃~40 ℃；

（4）取样冷却器应定期检修和清除水垢，锅炉大修时，应同时检修取样器和所属阀门；

（5）取样管应定期冲洗（至少每周一次），做系统检查定取样前要冲洗有关取样管道，并适当延长冲洗时间，冲洗后应隔 1~2 h 方可取样，以确保水样有充分的代表性。

2. 水样的采集方法

（1）采集有取样冷却器的水样时，应调节取样阀门，使水样流量控制在 500~700 mL/min，温度在 30 ℃~40 ℃的范围内，且流速稳定；

（2）采集给水、锅炉水样时，原则上是连续流动之水，采集其他水样时，应先将管道中的积水放尽；

（3）盛水样的容器、采样瓶必须是硬质玻璃或塑料制品（测定微量或分析的样品必须使用塑料容器），采样前，应先将采样容器彻底清洗干净，采样时再用水样冲洗三次（方法中另有规定的除外），才能采集水样，采集后应尽快加盖封存；

（4）采样现场监督控制试样的水样，一般应用固定的水瓶，采集供全分析用的水样应粘贴标签，并注明水样名称、采样人姓名、采样地点、采样时间、采样温度。

5.4.2 氯化物的测定（硝酸银容量法）

1. 操作步骤

量取 100 mL 水样于锥形瓶中，加 2~3 滴 1% 酚酞指示剂，若显红色，即用硫酸溶液中和至无色，若不显红色，则用氢氧化钠溶液中和至微红色，然后以硫酸溶液回滴至无色，再加 1.0 mL 10% 铬酸钾指示剂，用硝酸银标准溶液滴定至橙色，记录硝酸银标准溶液的耗量 V_1，同时做空白试验（方法同上）记录硝酸银标准溶液的耗量 V_0。

2. 结果计算

$$\rho(Cl^-) = \frac{(V_1 - V_0) \times 1.0 \times 1000}{V_S} \quad (5-15)$$

式中，V_1——滴定水样消耗硝酸银标准溶液的体积，mL；

V_0——空白实验时硝酸银标准溶液的体积，mL；

1.0——硝酸银标准溶液的滴定度，1 mL 相当于 1 mg Cl^-；

V_S——水样的体积，mL。

3. 说明及注意事项

当水样中 Cl^- 含量大于 100 mg/L 时，需按表 5-1 规定的体积取样，并用蒸馏水稀释至 100 mL 后测定。

表 5-1 取样体积

水样中 Cl^- 含量/(mg·L^{-1})	101~200	201~400	401~1000
取水样的体积/mL	50	25	10

5.4.3 溶解固形物的测定

溶解固形物是指已被分离悬浮固形物后的滤液经蒸发干燥所得的残渣。

1. 操作步骤

取一定量已过滤并充分摇匀的澄清水样（水样的体积应使蒸发残留物的质量在 100 mg 左右），边逐次注入经烘干至恒量的蒸发皿中，边在水浴锅上蒸干（为防止蒸干、烘干过程中落入杂物而影响试验结果时，必须在蒸发皿上放置玻璃三角架并加盖表面皿),将已蒸干的样品连同蒸发皿移入 105 ℃ ~110 ℃ 的烘箱中烘 2 h,取出蒸发皿放在干燥器内冷却至室温,迅速称量,在相同条件下再烘 0.5 h,冷却后称量,如此反复操作直到恒量。

2. 结果计算:

溶解固形物含量 RG 计算公式如下:

$$RG = \frac{G_1 - G_2}{V} \times 1\,000 \qquad (5-16)$$

式中,RG——溶解固形物的含量,mg/L;
G_1——蒸发残留物与蒸发皿的总质量,mg;
G_2——蒸发皿的质量,mg;
V——水样的体积,mL。

5.4.4 硬度的测定(EDTA 滴定法)

水的硬度最初是指钙、镁离子沉淀肥皂的能力。水的总硬度指水中钙、镁离子的总浓度,其中包括碳酸盐硬度(即通过加热能以碳酸盐形式沉淀下来的钙、镁离子,故又叫暂时硬度)和非碳酸盐硬度(即加热后不能沉淀下来的那部分钙、镁离子,又称永久硬度)。

1. 原理

硬度的表示方法尚未统一,目前我国使用较多的表示方法有两种:一种是将所测得的钙、镁折算成 CaO 的质量,即每升水中含有 CaO 的毫克数表示,单位为 mg/L;另一种以度(°)计,1 硬度单位表示 10 万份水中含 1 份 CaO(即每升水中含 10 mgCaO),$1° = 10 \times 10^{-6}$ CaO,这种硬度的表示方法称作德国度。

指示剂指示原理:

(1)铬黑 T

    EBT(蓝色) + Me(Ca^{2+},Mg^{2+})——→Me – EBT(紫红色)

计量点时:Me – EBT(紫红色) + Y ——→MeY + EBT(蓝色)

也可用 K – B(铬蓝 K – 萘酚绿 B 混合指示剂)作指示剂,终点由紫红色变为蓝绿色。铬黑 T 做指示剂滴定总硬度时,Fe^{3+}、Al^{3+} 等会封闭指示剂,加三乙醇胺掩蔽;用 KCN 掩蔽 Cu^{2+}、Co^{2+}、Ni^{2+}。

(2)钙指示剂

钙指示剂:2 – 羟基 – 1(2 – 羟基 – 4 磺酸 – 1 – 萘 – 3 – 萘甲酸),紫黑色粉末(固体试剂和氯化钠粉末混合)。

2. 结果计算

硬度的含量 YD 由下式计算得到:

$$YD = \frac{c(\text{EDTA}) \times V}{V_S} \times 1\,000 \qquad (5-17)$$

式中，c——EDTA 标准溶液的浓度，mol/L；
V——滴定时所耗 EDTA 标准溶液的体积，mL；
V_S——水样的体积，mL。

3. 说明及注意事项

（1）若水样的酸性或碱性较高时，应先用 0.1 mol/L 的 NaOH 或 0.1 mol/L 的 HCl 中和，然后再加缓冲液，水样才能维持 pH=10；

（2）冬季水温较低时，络合反应速度较慢，易造成滴定过量而产生误差，因此，当温度较低时应将水样预先加温至 30 ℃~40 ℃ 后进行测定；

（3）氨-氯化铵缓冲液保存在玻璃瓶中会增加硬度，易保存在塑料瓶中；

（4）如果在滴定过程中发现滴定不到终点或指示剂加入后颜色呈灰紫色，可能是铁、铝、铜或锰等离子的干扰，遇此情况，可在加指示剂前用 2 mL 1% 的 L-半胱氨酸和 2 mL 三乙醇胺（1:4）进行联合掩蔽，或先加入所需 EDTA 标准液 80%~90%（记录在所消耗的体积内），即可消除干扰。

5.4.5　磷酸盐的测定

1. 原理

酸性条件下，利用强氧化剂过硫酸铵，加热分解水样中的有机磷酸盐为正磷酸盐，同时也促使聚磷酸盐水解为正磷酸盐，与钼酸钠生成磷钼杂多酸，被硫酸肼还原成磷钼蓝后进行光度法测定。本方法适用于原水、锅炉水、冷却水中总磷酸盐（包括正磷酸盐、聚磷酸盐和有机磷酸盐）的分析，测定范围为 0~20 mg/L。本方法遵循 GB 6903—86《锅炉用水及冷却水分析方法 通则》的有关规定。

2. 结果计算

（1）水中总磷酸盐的含量 ρ（mg/L）按式（5-18）计算：

$$\rho = \frac{m}{V} \times 1\,000 \qquad (5-18)$$

式中，m——从标准曲线查得的磷酸盐含量（以 PO_4^{3-} 计），mg；
V——吸取水样的体积，mL。

（2）水中有机磷酸盐的含量 ρ_1（mg/L）按式（5-19）~式（5-22）计算：

$$\rho_1（以\ PO_4^{3-}\ 计）= \rho - m \qquad (5-19)$$

$$\rho_1（以\ EDTMPA\ 计）= \rho_1（以\ PO_4^{3-}\ 计）\times 1.15 \qquad (5-20)$$

$$\rho_1（以\ HEDPA\ 计）= \rho_1（以\ PO_4^{3-}\ 计）\times 1.08 \qquad (5-21)$$

$$\rho_1（以\ ATMPA\ 计）= \rho_1（以\ PO_4^{3-}\ 计）\times 1.04 \qquad (5-22)$$

式中，m——总无机磷酸盐含量（以 PO_4^{3-} 计），mg/L；
1.15——正磷酸盐换算为 EDTMPA 的换算因数；
1.08——正磷酸盐换算为 HEDPA 的换算因数；

1.04——正磷酸盐换算为 ATMPA 的换算因数。

以上有机磷酸盐均以酸式表示。

3. 说明及注意事项

(1) 蒸干和加水稀释至 15 mL 的步骤，是本方法成败关键，应小心操作；

(2) 若循环冷却水中有机物质较多，在蒸干冒白烟时有机物可能碳化变黑，这时应在加亚硫酸钠微沸后进行过滤，再用Ⅲ级试剂水洗涤原烧瓶 2~3 次。

5.4.6 锅炉排污量的测定

锅炉排污量的大小常以排污率来表示，排污率就是排污水量占锅炉蒸发量的质量分数，可用下式表示：

$$\omega = \frac{D_P}{D} \times 100\% \qquad (5-23)$$

式中，ω——排污率；

D_p——排污水量，t/h；

D——锅炉蒸发量，t/h。

在实际运行中，由于排污水量难以测定，因此排污率不以上式计算，而是由水质监测分析来计算。对于工业锅炉来讲，一般锅炉水中所含氯离子最为稳定且测定方便，因此工业锅炉通常以测定氯离子含量来计算排污率，并指导锅炉排污。计算公式如下：

$$\rho = \frac{Cl^-_{给水}}{Cl^-_{锅水} - Cl^-_{给水}} \times 100\% \qquad (5-24)$$

式中，$Cl^-_{给水}$——给水中氯离子的含量，mg/L；

$Cl^-_{锅水}$——锅水中氯离子的含量，mg/L。

5.4.7 碱度的测定（碱度中和滴定法）

1. 概念

水的碱度是指水中含有能接受氢离子的物质的量。因此，选用适宜的指示剂以标准溶液对它们进行滴定，便可测出水的碱度。

碱度可分为酚酞碱度和全碱度两种：酚酞碱度是指以酚酞作指示剂所测出的量，其终点的 pH 值为 8.3；全碱度以甲基红 - 亚甲基蓝作指示剂所测出的值，终点 pH 值为 5.0。变色时的主要中反应：

酚酞作指示剂：$H^+ + OH^- \Longrightarrow H_2O$

$$H^+ + CO_3^{2-} \Longrightarrow HCO_3^-$$

甲基红 - 亚甲基蓝作指示剂：$H^+ + HCO_3^- \Longrightarrow CO_2 \uparrow + H_2O$

2. 操作步骤

取 100 mL 水样,加 2~3 滴 1% 酚酞指示剂,若显红色,则用硫酸标准溶液滴定至无色,记录耗酸体积 V_1,然后再加入 2 滴甲基红-亚甲基蓝指示剂,用上述硫酸标准溶液滴定,溶液由绿色变为紫色,记录耗酸 V_2。若加酚酞指示剂不显色,可直接加甲基红-亚甲基蓝指示剂,用硫酸标准溶液滴定,记录耗酸体积 V_2。

3. 结果计算

测定水样的酚酞碱度 $JD_{酚酞}$ 和全碱度 $JD_{全}$ 按下式计算:

$$JD_{酚酞}(\text{mmol/L}) = \frac{cV_1}{V_S} \times 1\,000 \tag{5-25}$$

$$JD_{全}(\text{mmol/L}) = \frac{c(V_1 + V_2)}{V_S} \times 1\,000 \tag{5-26}$$

式中,c——硫酸标准溶液的浓度,mol/L;

V_1、V_2——两次滴定时所耗硫酸标准溶液的体积,mL;

V_S——水样的体积,mL。

5.4.8 常用试剂的配制

1. 0.1 mol/L $\left(\frac{1}{2}H_2SO_4\right)$ 硫酸标准溶液的配制与标定

(1)配制

量取 3 mL 浓硫酸(密度为 1.84 g/cm³)缓缓注入 1 000 mL 蒸馏水(或除盐水)中,冷却摇匀。

(2)标定

方法一:称取 0.2 g 于 270 ℃~300 ℃ 灼烧至恒量(精确到 0.000 2 g)的基准无水碳酸钠,溶于 50 mL 除盐水中,加 2 滴甲基红-亚甲基蓝指示剂,用待标定的 0.1 mol/L $\left(\frac{1}{2}H_2SO_4\right)$ 硫酸标准溶液滴定至溶液由绿色变为紫色,然后煮沸 2~3 min,冷却后继续滴定至紫色。同时应做空白试验。

硫酸标准溶液的浓度按下式计算:

$$c\left(\frac{1}{2}H_2SO_4\right) = \frac{m}{(V_1 - V_2) \times 52.99} \tag{5-27}$$

式中,$c\left(\frac{1}{2}H_2SO_4\right)$——硫酸标准溶液的浓度,mol/L;

m——基准物质的质量,g;

V_1——滴定碳酸钠时消耗硫酸标准溶液的体积,L;

V_2——空白试验消耗硫酸标准溶液的体积,L;

52.99——$\frac{1}{2}Na_2CO_3$ 的摩尔质量，g/mol。

方法二：量取 20.00 mL 待标定的 0.1 mol/L $\left(\frac{1}{2}H_2SO_4\right)$ 硫酸标准溶液，加 60 mL 不含二氧化碳的蒸馏水（或除盐水），加 2 滴 1% 酚酞指示剂，用 0.1 mol/L 氢氧化钠标准溶液滴定，至溶液呈粉红色。

硫酸标准溶液的浓度按下式计算：

$$c\left(\frac{1}{2}H_2SO_4\right) = \frac{c(NaOH)V_1}{V_2} \qquad (5-28)$$

式中，$c\left(\frac{1}{2}H_2SO_4\right)$——硫酸标准溶液的浓度，mol/L；

V_2——硫酸标准溶液的体积，L；

$c(NaOH)$——氢氧化钠标准溶液的浓度，mol/L；

V_1——消耗氢氧化钠标准溶液的体积，L。

2. 0.1 mol/L（NaOH）氢氧化钠标准溶液的配制

取 5 mL 氢氧化钠饱和溶液，注入 1 000 mL 除盐水中，摇匀即可。

3. 乙二胺四乙酸二钠（EDTA）标准溶液的配制与标定

（1）试剂

① 乙二胺四乙酸二钠；

② 氧化锌（基准试剂）；

③ 盐酸溶液（1:1）；

④ 10% 氨水；

⑤ 氨-氯化铵缓冲液；

⑥ 0.5% 铬黑 T 指示剂（以乙醇为溶剂配制）。

（2）配制

0.05 mol/L EDTA 标准溶液：称取 20 g 乙二胺四乙酸二钠溶于 1 000 mL 高纯水中，摇匀。

0.01 mol/L EDTA 标准溶液：称取 4 g 乙二胺四乙酸二钠溶于 1 000 mL 高纯水中，摇匀。

（3）标定

称取 800 ℃ 灼烧至恒量的基准氧化锌 2 g（精确到 0.000 2 g），用少许水湿润，加盐酸溶液（1:1）使氧化锌溶解，移入 500 mL 容量瓶中，稀释至刻度，摇匀。取 20.00 mL，加 80 mL 除盐水，用 10% 氨水中和至 pH 为 7~8，加 5 mL 氨-氯化铵缓冲液（pH=10），加 5 滴 0.5% 铬黑 T 指示剂，用已配制的乙二胺四乙酸二钠溶液滴定至溶液由紫色变为纯蓝色。

乙二胺四乙酸二钠标准溶液的浓度按下式计算：

$$c(\text{EDTA}) = \frac{m \times 1\,000}{V \times 81.379\,4} \times 25/500 \tag{5-29}$$

式中，c（EDTA）——标定的乙二胺四乙酸二钠标准溶液的浓度，mol/L；
$\quad\quad m$——氧化锌的质量，g；
$\quad\quad$ 81.379 4——ZnO 的摩尔质量，g/mol；
$\quad\quad$ 25/500——500 mL 氧化锌溶液中取 25 mL 滴定；
$\quad\quad V$——滴定时所消耗的 EDTA 标准溶液的体积，mL。

4. $AgNO_3$ 标准溶液的配制与标定

（1）配制

称取 5.0 g 硝酸银溶于 1 000 mL 蒸馏水，以氯化钠标准溶液标定。此硝酸银标准溶液 1 mL 相当于 1 mg Cl^-。

氯化钠标准溶液（1 mL 相当于 1 mg Cl^-）配制：取基准试剂氯化钠 3~4 g 置于瓷坩埚内，于高温炉中升温至 500 ℃灼烧 10 min，然后放入干燥器冷却至室温，准确称取 1.648 g，先溶于少量蒸馏水，然后定容至 1 000 mL。

（2）标定

三个锥形瓶中用移液管分别注入 10.00 mL 氯化钠标准溶液，再各加 90 mL 蒸馏水和 1.0 mL 10% 铬酸钾指示剂，均用硝酸银标准溶液滴定至微橙色，分别记录消耗量 $\overline{V}$，以并求平均值（三个平行试验数值间的相对误差应小于 0.25%）。另取 100 mL 蒸馏水做空白试验，方法同上，记录消耗硝酸银量 V_0。

硝酸银溶液浓度（mgCl^-/mLAgNO$_3$）按下式计算：

$$T(\text{mg/mL}) = \frac{10.00 \times 1.00}{(\overline{V} - V_0)} \tag{5-30}$$

式中，V_0——空白消耗硝酸银标准溶液的体积，mL；
$\quad\quad \overline{V}$——氯化消耗硝酸银标准溶液的平均体积，mL；
$\quad\quad$ 10.00——氯化钠标准溶液的体积，mL；
$\quad\quad$ 1.00——氯化钠标准溶液的浓度，mg/mL。

5.5 任务

任务1　工业用水中溶解氧含量的测定（碘量法）

溶解氧（DO）是指溶解在水中的分子态氧。氧在水中有较大的溶解度，例如 20 ℃时，一般低矿化水中可溶解氧为 30 mg/L。氧在水中的溶解度与外界压力、温度和矿化度有关，故地下水与地表水中的溶解氧含量有较大差别。一般清洁的地面水溶解氧接近饱和，如果由于藻类的生长，可达到过饱和，但是，当水体受有机或无机还原性物质污染后，会使溶解氧降低，当大气中的氧来不及补充而出现"一潭死水"时,水溶解的氧可能降低至零,这时就导致水体中厌氧菌繁殖,水质严重恶化。

测定溶解氧,采样是个非常重要的问题。为了不使水样曝气或者有气泡残留在采样瓶中,先用水样冲洗采样瓶,然后使水样沿瓶壁注入并充满采样瓶,或用虹吸管插入采样瓶底部,让水样溢出瓶容积的 1/3~1/2。采样后立即加固定剂($MnSO_4 + KI$),并存放在冷暗处。

对清洁的水样可直接采用碘量法测定,而对受污染的地面水和工业废水则必须采用修正的碘量法或膜电极法测定。

(1) 目的

① 掌握水中溶解氧的测定原理及方法;

② 掌握碘量法测定溶解氧的条件。

(2) 原理

本法的基本原理是利用了氧在碱性介质中的氧化性。向水样加入硫酸锰和碱性碘化钾,首先 $MnSO_4$ 与 NaOH 生成 $Mn(OH)_2$,然后水中的溶解氧把 $Mn(OH)_2$ 氧化成四价的亚锰酸 $MnO(OH)_2$。反应方程式如下:

$$MnSO_4 + 2NaOH = Mn(OH)_2 \downarrow + Na_2SO_4$$

$$2Mn(OH)_2 + O_2 = 2MnO(OH)_2 \downarrow (或 H_2MnO_3)$$

加酸后,四价的亚锰酸溶解并与 KI 反应,释出与溶解氧的量相当的 I_2:

$$MnO(OH)_2 + 2H_2SO_4 = Mn(SO_4)_2 + 3H_2O$$

$$Mn(SO_4)_2 + 2KI = MnSO_4 + K_2SO_4 + I_2$$

以淀粉作指示剂,用 $Na_2S_2O_3$ 标准溶液滴定生成的 I_2:

$$I_2 + 2Na_2S_2O_3 = 2NaI + Na_2S_4O_6$$

(3) 仪器和试剂

① 仪器

250~300 mL 溶解氧瓶。

② 试剂

a. 硫酸锰溶液:称取 480 g 硫酸锰($MnSO_4 \cdot 4H_2O$ 或 364 g $MnSO_4 \cdot H_2O$)溶于水,用水稀释至 1 000 mL。将此溶液加到酸化过的碘化钾溶液中,遇淀粉不得产生蓝色。

b. 碱性碘化钾溶液:称取 500 g 氢氧化钠溶解于 300~400 mL 水中,另取 150 g 碘化钾(或 135 g NaI)溶于 200 mL 水中,待氧氧化钠溶液冷却后,将两溶液合并,混匀,用水稀释至 1 000 mL,如有沉淀,则放置一夜后,倾出上清液贮于棕色瓶中,用橡皮塞塞紧,避光保存。此溶液酸化后,遇淀粉应不呈蓝色。

c. 硫酸溶液(1:5)。

d. 淀粉溶液(10 g/L):称取 1 可溶性淀粉,用少量水调成糊状,再用刚煮沸的水冲稀至 100 mL,冷却后,加入 0.1 g 水杨酸或 0.4 g 氯化锌防腐。

e. 0.004 167 mol/L 重铬酸钾标准溶液：称取经 105 ℃ ~ 110 ℃ 烘干 2 h 并冷却的重铬酸钾 1.225 8 g 溶于水，移入 1 000 mL 容量瓶中，用水定容。

f. 硫代硫酸钠溶液：称取 6.2 g 硫代硫酸钠（$Na_2S_2O_3 \cdot 5H_2O$）溶于煮沸放冷的水中，加入 0.2 g 碳酸钠，用水稀释至 1 000 mL，贮于棕色瓶中。

使用前用 0.004 167 mol/L 重铬酸钾标准溶液标定，方法如下：于 250 mL 碘量瓶中，加入 100 mL 水和 1 g 碘化钾，加入 10.00 mL 0.004 167 mol/L 重铬酸钾标准溶液和 5 mL 硫酸溶液（1∶5），密塞摇匀，于暗处静置 5 min 后，用待标定的硫代硫酸钠溶液滴定至溶液呈淡黄色。加入 1 mL 淀粉溶液，继续滴定至蓝色刚好褪去为止，记录用量。

硫代硫酸钠溶液的浓度可由下式计算得到：

$$c(Na_2S_2O_3) = \frac{10.00 \times 0.004\ 167}{V}$$

式中，$c(Na_2S_2O_3)$——硫代硫酸钠溶液的浓度，mol/L；

V——滴定时消耗硫代硫酸钠溶液的体积，mL。

（4）步骤

① 取样

从自来水管取样，打开水龙头放水约 10 min，将橡皮管一端接水龙头，另一端插入测定瓶底，待水样装满瓶溢出几分钟后，取出橡皮管，迅速塞紧瓶塞。

② 测定

取下瓶塞，用刻度吸量管紧靠瓶口内壁，稍插入液面下 0.5 cm，依次加入 1 mL 硫酸锰溶液及 3 mL 碱性碘化钾溶液。盖好瓶塞，勿使瓶内有气泡，颠倒混合 10 次以上，此时应有沉淀生成。待絮状沉淀下沉至半途时，再颠倒摇匀一次。待沉淀下沉至瓶底时，打开瓶塞，同上法加入 1 mL 硫酸，紧塞瓶塞，反复颠倒摇动，直到沉淀物全部溶解。若溶解不完全，可补加 0.5 mL 硫酸，放置暗处 5 min。

移取 200.0 mL 溶液于 300 mL 锥形瓶中，用硫代硫酸钠溶液滴定至淡黄色，加 1~2 mL 淀粉溶液，继续滴定至蓝色恰好消失，记录用量。

（5）结果计算

$$溶解氧（O，mg/L） = \frac{c \times V_1 \times 0.008 \times 10}{V}$$

式中，c——硫代硫酸钠溶液的浓度，mol/L；

V_1——滴定时消耗硫代硫酸钠溶液的体积，mL；

V——水样的体积，mL；

0.008——与 1.00 mL 硫代硫酸钠溶液（浓度为 1.000 mol/L）相当、以克表示的氧的质量。

任务2 工业污水中六价铬含量的测定（GB/T 7466—1987）

本方法适用于地表水和工业废水中六价铬的测定。当取样体积为 50 mL，使用 30 mm 比色皿，方法的最小检出量为 0.2 μg 铬，方法的最低检出浓度为 0.004 mg/L；使用 10 mm 比色皿，测定上限浓度为 1 mg/L。

（1）目的

① 学会六价铬水样的采集、保存、预处理及测定方法；

② 学会各种标准溶液的配制方法和标定方法。

（2）原理

在酸性溶液中，六价铬离子与二苯碳酰二肼反应，生成紫红色络合物，其最大吸收波长为 540 nm，吸光度与浓度的关系符合比尔定律。反应式如下：

$$O=C\begin{matrix}NH-NH-C_6H_5\\ \\ NH-NH-C_6H_5\end{matrix} + Cr^{6+} \rightarrow O=C\begin{matrix}NH-NH-C_6H_5\\ \\ N=N-C_6H_5\end{matrix} + Cr^{3+}$$

二苯碳酰二肼　　　　　　　　苯肼羟基偶氮苯（紫色络合物）

如果测定总铬，需先用高锰酸钾将水样中的三价铬氧化为六价，再用本法测定。

（3）仪器和试剂

① 仪器

分光光度计；10 mm、30 mm 比色皿。

② 试剂

a. 丙酮。

b. 1∶1 硫酸：将硫酸（$\rho = 1.84$ g/mL）缓缓加入到同体积的水中，混匀。

c. 1∶1 磷酸：将磷酸（$\rho = 1.69$ g/mL）与水等体积混合。

d. 0.2% 氢氧化钠溶液：称取氢氧化钠 1 g，溶于 500 mL 新煮沸放冷的水中。

e. 氢氧化锌共沉淀剂

① 硫酸锌溶液：称取硫酸锌（$ZnSO_4 \cdot 7H_2O$）8 g，溶于水并稀释至 100 mL；

② 2% 氢氧化钠溶液：称取氢氧化钠 2.4 g，溶于新煮沸放冷的水至 120 mL 水中。将①、②两溶液混合。

f. 4% 高锰酸钾溶液：量取高锰酸钾 4 g，在加热和搅拌下溶于水，稀释至 100 mL。

g. 铬标准贮备液：称取于 120 ℃ 干燥 2 h 的重铬酸钾（$K_2Cr_2O_7$，优级纯）0.282 9 g，用水溶解后，移入 1 000 mL 容量瓶中，用水稀释至标线，摇匀。每毫升溶液含 0.100 mg 六价铬。

h. 铬标准溶液（Ⅰ）：量取 5.00 mL 铬标准贮备液，置于 500 mL 容量瓶中，用水稀释至标线，摇匀。每毫升溶液含 1.00 μg 六价铬。使用时当天配制。

i. 铬标准溶液（Ⅱ）：量取 25.00 mL 铬标准贮备液，置于 500 mL 容量瓶中，用水稀释至标线，摇匀。每毫升溶液含 5.00 μg 六价铬。使用当天配制此溶液。

j. 20% 尿素溶液：将尿素（$(NH_2)_2CO$）20g 溶于水并稀释至 100 mL。

l. 2% 亚硝酸钠溶液：将亚硝酸钠 2 g 溶于水并稀释至 100 mL。

m. 显色剂（Ⅰ）：称取二苯碳酰二肼（$C_{13}H_{14}N_4O$）0.2 g，溶于 50 mL 丙酮中，加水稀释至 100 mL，摇匀，贮于棕色瓶置冰箱中保存。色变深后不能使用。

也可按下法配制：称取 4.0 g 苯二甲酸酐（C_6H_4O），加到 80 mL 乙醇中，搅拌溶解（必要时可用水溶微温），加入 0.5 g 二苯碳酰二肼，用乙醇稀释至 100 mL。此溶液于暗处可保存六个月，使用时要注意加入显色剂后立即摇匀，以免六价铬被还原。

n. 显色剂（Ⅱ）：称取二苯碳酰二肼 1 g，溶于 50 mL 丙酮中，加水稀释至 100 mL，摇匀，贮于棕色瓶置冰箱中保存。色变深后不能使用。

（4）步骤

① 样品的预处理

a. 样品中不含悬浮物，是低色度的清洁地面水可直接测定。

b. 色度校正：如水样有色但不太深时，则另取一份试样，在待测水样中加入各种试液进行同样操作，以 2 mL 丙酮代替显色剂，最后以此代替水作为参比来测定待测水样的吸光度。

c. 锌盐沉淀分离法：对混浊、色度较深的样品可用此法预处理。取适量水样（含六价铬少于 100 μg）置 150 mL 烧杯中，加水至 50 mL，滴加 0.2% 氢氧化钠溶液，调节溶液 pH 值为 7~8，在不断搅拌下，滴加氢氧化锌共沉淀剂至溶液 pH 值为 8~9，将此溶液转移至 100 mL 容量瓶中，用水稀释至标线，用慢速滤纸干过滤，弃去 10~20 mL 初滤液，取其中 50.0 mL 滤液供测定。

d. 二价铁、亚硫酸盐、硫代硫酸盐等还原性物质的消除：取适量样品（含六价铬少于 50 μg）置于 50 mL 比色管中，用水稀释至标线，加入 4 mL 显色剂（Ⅱ），混匀，放置 5 min 后，加入 1:1 硫酸溶液 1 mL，摇匀，5~10 min 后，在 540 nm 波长处，用 10 mm 或 30 mm 光程的比色皿，以水作参比，测定吸光度，扣除空白试验吸光度后，从校准曲线查得六价铬含量。用同法作校准曲线。

e. 次氯酸盐等氧化性物质的消除：取适量水样（含六价铬少于 50 μg）置于 50 mL 比色管中，用水稀释至标线，加入 1:1 硫酸溶液 0.5 mL、1:1 磷酸溶液 0.5 mL、尿素溶液 1.0 mL，摇匀，逐滴加入 1 mL 亚硝酸钠溶液，边加边摇，以除去由过量的亚硝酸钠与尿素反应生成的气泡,待气泡除尽后,以下步骤同样品测定。

② 吸光度值的测定

取适量(含六价铬少于 50 μg)无色透明水样或经预处理的水样,置于 50 mL 比色管中,用水稀释至标线,加入 1∶1 硫酸溶液 0.5 mL 和 1∶1 磷酸溶液 0.5 mL,摇匀,加入 2 mL 显色剂(Ⅰ),摇匀,5～10 min 后,于 540 nm 波长处,用 10 mm 或 30 mm 的比色皿,以水作参比,测定吸光度并作空白校正,从校准曲线上查得六价铬含量。

③ 校准曲线的绘制

向一系列 50 mL 比色管中分别加入 0 mL、0.20 mL、0.50 mL、1.00 mL、2.00 mL、4.00 mL、6.00 mL、8.00 mL 和 10.00 mL 铬标准溶液(Ⅰ)(如用锌盐沉淀分离需预加入标准溶液时,则应加倍加入标准溶液),用水稀释至标线,然后按照和水样同样的预处理和测定步骤操作。测得的吸光度经空白校正后,绘制吸光度对六价铬含量的校准曲线。

(5)结果计算

$$六价铬(Cr, mg/L) = \frac{m}{V}$$

式中,m——由校准曲线查得的六价铬量,μg;

V——试样的体积,mL。

任务 3　工业污水中铜、锌、铅、镉含量的测定(伏安法)

本方法适用于测定饮用水、地面水和地下水中的镉、铜、铅、锌,适用范围为 1～1 000 μg/L,在 300 s 的富集时间条件下,检测下限可达 0.5 μg/L。Fe^{3+} 干扰测定,加入盐酸羟胺或抗坏血酸等使其还原为 Fe^{2+},以消除其干扰;氰化物亦干扰测定,可加酸消除,加酸应在通风橱中进行(因氰化物剧毒)。

(1)目的

① 熟悉溶出伏安法的基本原理;

② 掌握汞膜电极的使用方法。

(2)原理

阳极溶出伏安法又称反向溶出伏安法。其基本过程分为两步,即先将待测金属离子在比其峰电位更负一些的恒电位下,在工作电极上预电解一定时间,使之富集,然后将电位由负向正的方向扫描,使富集在电极上的物质氧化溶出,并记录其氧化波,根据溶出峰电位确定被测物质的成分,根据氧化波的高度确定被测物质的含量。电解还原是缓慢的富集,溶出是突然的释放,因而作为信号的法拉第电流大大增加,从而使方法的灵敏度大为提高。采用差分脉冲伏安法可进一步消除干扰电流,提高方法的灵敏度。

(3) 仪器和试剂

① 仪器

极谱分析仪（具有示差导数脉冲或半微分功能）、工作电极、悬汞电极、参比电极（银-氯化银电极或饱和甘汞电极）、对电极、铂辅助电极、电解池聚乙烯杯或硼硅玻璃杯、磁力搅拌器。

② 试剂

a. 实验用水为去离子水，其电阻率应大于 2 106 Ω·cm（25 ℃），最好再经石英蒸馏器蒸馏，试剂最好为优级纯；

b. 镉、铜、铅、锌四种离子的标准贮备溶液：各称取 0.500 0 g 金属（纯度在 99.9% 以上）分别溶于 1∶1 硝酸（优级纯）中，在水浴上蒸至近干后，以少量稀高氯酸（或者盐酸）溶解转移到 500 mL 容量瓶中，用水稀释至标线，摇匀，贮存在聚乙烯瓶或者硼硅玻璃瓶中，此溶液每毫升含 1.00 mg 金属离子；

c. 四种金属离子的标准溶液：由上述各标准贮备溶液适当稀释而成低浓度的标准溶液用前现配；

d. 支持电解质：

Ⅰ. 0.01 mol/L 高氯酸；

Ⅱ. 0.2 mol/L 酒石酸铵缓冲溶液（pH = 9.0）：称取 15 g 酒石酸溶解在 400 mL 水中，加适量的氨水（ρ = 0.90 g/mL）使 pH = 9.0，加水稀释至 500 mL，摇匀，贮存于聚乙烯瓶中；

Ⅲ. 0.2 mol 柠檬酸铵缓冲溶液（pH = 3.0）：称取 21 g 柠檬酸溶解在 400 mL 水中，加适量氨水（ρ = 0.90 g/mL）使 pH 为 3.0，加水稀释至 500 mL 摇匀；

Ⅳ. 0.2 mol/L 醋酸铵醋酸缓冲溶液（pH = 4.5）：量取 6.7 mL 乙酸（36%）于 100 mL 烧杯中，加水 20 mL，滴加 1∶1 的氨水使 pH 为 4.5，再用水稀释至 200 mL 摇匀；

Ⅴ. 1 mol/L 六次甲基四胺盐酸缓冲溶液（pH = 5.4）：称取 5.61 g 六次甲基四胺置于 100 mL 烧杯中，加水溶解后用 1 mol/L 盐酸调至 pH = 5.4，稀释至 200 mL 摇匀；

e. 高纯氮或者高纯氢；

f. 抗坏血酸或者盐酸羟胺。

(4) 步骤

① 试样制备

水样可用硝酸或高氯酸作酸化剂，酸化至 pH = 2（水样如果酸度或者碱度较大时应预先调节至近中性）。比较清洁的水可直接取样分析，含有机质较多的地面水应采用硝酸-高氯酸消解的方法，取 100 mL 已酸化的水样，加入 5 mL 浓硝酸，在电热板上加热消解到约 10 mL，冷却后加入浓硝酸和高氯酸各 10 mL，继续加热消解蒸至近干，冷却用水溶解至 50 mL，煮沸以驱除氯气或氮氧化物，定容摇匀。

② 校准曲线的绘制

分别各取一定体积的标准溶液置于 10 mL 比色管中，加 1 mL 支持电解质，用水稀释至标线，混合均匀倾入电解杯中。将电势扫描范围选择在 -1.30 ~ +0.05 V（通氮除氧在 -1.30 V）。富集 3 min，静置 30 s 后，由负向正方向进行扫描。富集时间可根据浓度水平选择，低浓度宜选择较长的富集时间。记录伏安曲线，对峰高做空白校正后绘制峰高浓度曲线柱。

以选用 0.01 mol/L 高氯酸支持电解质进行四种离子的连测最佳，酒石酸盐、柠檬酸盐体系对有少量铁（III）等干扰离子的水样比较合适，醋酸铵和六次甲基四胺体系有比较大的缓冲容量，加酸保存的水样一般不需要预先中和便可直接取样分析。

可以在硝酸支持电解质中测铜，扫描电位范围是 -0.2 ~ 0.8 V，也可在用硝酸酸化的水样中直接测铜。典型的微分脉冲阳极溶出伏安曲线上，峰的顺序为 Zn、Cd、Pb、Cu。

仪器和电极的准备按使用说明书进行。

③ 样品的测定

取一定体积的水样，加 1 mL 同类支持电解质，用水稀释到 10 mL，其他操作步骤与标准溶液相同。根据经空白校正后的峰电流高度，在校准曲线上查出待测成分的浓度。

当样品成分比较复杂、分析的数量不多时，最好采用标准加入法。其操作如下：准确吸取一定量的水样置于电解池中，加入 1 mL 支持电解质的溶液用水稀释至 10 mL，按测定标准溶液的方法先测出样品的峰高，然后再加入与样品量相近的标准溶液，依相同的方法再次进行峰高测定。

（5）结果计算

$$\rho_x = \frac{h \times C_S \times V_S}{(V + V_S) \times H} - V \times h$$

式中，ρ_x——水样中待测成分的浓度，mol/L；

h——水样峰高；

H——水样加标液后的峰高；

C_S——加入标准溶液的浓度，μg/L；

V_S——加入标准溶液的体积，mL；

V——测定所取水样的体积，mL。

注：可根据需要配制 100 ~ 1 000 μg/L、10 ~ 100 μg/L，或 1 ~ 10 μg/L 的单标或几种金属离子的混合标准溶液。

任务 4 工业污水中氨氮含量的测定

(1) 目的

① 掌握分光光度计的使用、标准曲线的绘制及有关计算方法；

② 熟悉纳氏试剂光度法测定氨氮的原理及过程．

(2) 原理

HgI_2 和 KI 的碱性溶液与氨反应生成淡红棕色胶态化合物，此颜色在较宽的波长范围内具有强烈吸收，通常测量用波长在 410～425 nm 范围。

(3) 仪器和试剂

① 仪器

凯式烧瓶；分光光度计；比色皿。

② 试剂

a. 无氨水：每升蒸馏水中加 0.1 mL 硫酸，在全玻璃蒸馏器中重蒸馏，弃去 50 mL 初馏液，接取其余馏出液于具塞磨口的玻璃瓶中，密塞保存；

b. 纳氏试剂：称取 16 g 氢氧化钠，溶于 50 mL 水中，充分冷却到至室温，另称取 7 g 碘化钾和 10 g 碘化汞（HgI_2）溶于水，然后将此溶液在搅拌下徐徐注入氢氧化钠溶液中，用水稀释至 100 mL，贮于聚乙烯瓶中，密塞保存；

c. 酒石酸钾钠溶液：称取 50 g 酒石酸钾钠（$KNaC_4H_4O_6 \cdot 4H_2O$）溶于 100 mL 水中，加热煮沸以除去氨，放冷，定容至 100 mL；

d. 氨标准贮备溶液：称取 3.819 g 经 100 ℃ 干燥过的氯化铵（NH_4CL）溶于水中，移入 1 000 mL 容量瓶中，稀释至标线，此溶液每毫升含 1.00 mg 氨氮；

e. 氨标准使用溶液：称取 5.00 mL 氨标准贮备液于 500 mL 容量瓶中，用水稀释至标线，此溶液每毫升含 0.010 mg 氨氮；

f. 1 mol/L 盐酸溶液；

g. 1 mol/L 氢氧化钠溶液；

h. 0.01 mol/L 硫酸溶液；

i. 轻质氧化镁（MgO）：将氧化镁在 500 ℃ 下加热，以除去碳酸盐；

j. 吸收液：吸取 20 g 硼酸溶于水，稀释至 1 L；

k. 0.05% 百里酚蓝指示液（pH=6.0～7.6）。

(4) 步骤

① 蒸馏装置的预处理

加 250 mL 水于凯式烧瓶中，加 0.25 g 轻质氧化镁和数粒玻璃珠，加热蒸馏，至馏出液不含氨为止，弃去瓶内残液。

② 滴定

分取 250 mL 水样（如氨氮含量高，可分取适量并加水至 250 mL，使氨氮含量不超过 2.5 mg），移入凯式烧瓶中，加数滴百里酚蓝指示液，用氢氧化钠溶液或盐酸溶液调节至 pH=7 左右。加入 0.25 g 轻质氧化镁和数粒玻璃珠,立即连接氮球和冷凝管,导管下端插入吸收液液面下。加热蒸馏,至馏出液达 200 mL 时,停止蒸馏,定容至 250 mL。

③ 校准曲线的绘制

吸取 0 mL、0.50 mL、1.00 mL、3.00 mL、5.00 mL、7.00 mL 和 10.0 mL 氨标准使用液于 50 mL 比色管中,加水至标线,加 1.0 mL 酒石酸钾钠溶液,混匀,加 1.5 mL 纳氏试剂,混匀,放置 10 min 后,在波长 420 nm 处,用光程 20 mm 比色皿,以水为参比,测量吸光度。

由测得的吸光度,减去零浓度空白管的吸光度后,得到校正吸光度,绘制以氨氮含量(mg)对校正吸光度的标准曲线。

④ 水样的测定

分取适量经蒸馏预处理后的馏出液,加入 50 mL 比色管中,加一定量 1 mol/L 氢氧化钠溶液以中和硼酸,稀释至标线,加 1.5 mL 纳氏试剂,混匀。放置 10 min 后,同校准曲线步骤测量吸光度。

⑤ 空白试验

以无氨水代替水样,做全程序空白测定。

(5) 结果计算

由水样测得的吸光度减去空白试验的吸光度后,从校准曲线上查得氨氮含量(mg):

$$氨氮(N, mg/L) = \frac{m \times 1\,000}{V}$$

式中,m——由校准曲线查得的氨氮量,mg;

V——水样的体积,mL。

(6) 注意事项

纳氏试剂中碘化汞与碘化钾的比例,对显色反应的灵敏度有较大影响。静置后生成的沉淀应除去。滤纸中常含痕量氨盐,使用时注意用无氨水洗涤。

任务 5 工业污水中化学耗氧量的测定

化学需氧量(COD),是在一定条件下用一定量的强氧化剂处理水样时,水中还原性物质所消耗氧化剂的量,以氧的 mg/L 表示。它是指示水体被还原性物质污染程度的主要指标,还原性物质包括各种有机物及还原性无机物,如亚硝酸盐、亚铁盐和硫化物等,但主要是有机物污染。因此,化学需氧量可作为有机物相对含量的指标之一。

化学需氧量的测定,根据所用氧化剂的不同,分为高锰酸钾法和重铬酸钾法。前者操作简便,需时较短,但氧化率较低,适用于轻度污染的水样;后者对有机物的氧化比较完全，适用于各种水样。

(1) 目的

① 了解工业水化学耗氧量的测定方法；

② 掌握重铬酸钾法测定化学耗氧量回流操作的方法。

(2) 原理

在强酸性溶液中，用重铬酸钾将水样中的还原性物质（主要是有机物）氧化，过量的重铬酸钾溶液以试亚铁灵作指示剂，用硫酸亚铁铵溶液回滴。根据所消耗的重铬酸钾量算出水样中的化学需氧量，以 O_2 的 mg/L 表示。

本法的最低检出浓度为 50 mg/L，测定上限为 400 mg/L。

(3) 仪器和试剂

① 仪器

a. 回流装置：24 mm 或 29 mm 标准磨口 500 mL 全玻璃回流装置，球形冷凝管，长度为 30 cm；

b. 加热装置：电热板或电炉；

c. 酸式滴定管。

② 试剂

a. 蒸馏水：所用蒸馏水需加高锰酸钾重蒸馏；

b. 0.041 64 mol/L 重铬酸钾标准溶液：称取 12.25 g 重铬酸钾（预先在 105 ℃ ~ 110 ℃ 烘箱中干燥 2 h，并在干器中冷却至室温）溶于水中，移入 1 000 mL 容量瓶中，用水稀释至标线，摇匀；

c. 试亚铁灵指示剂：称取 1.4 g 邻菲罗啉（$C_{12}H_8N_2 \cdot H_2O$）、0.695 g 硫酸亚铁（$FeSO_4 \cdot 7H_2O$）溶于水中，稀释至 100 mL，贮于棕色试剂瓶中；

d. 0.125 mol/L 硫酸亚铁铵标准溶液：称取 98 g 硫酸亚铁铵（$Fe(NH_4)_2(SO_4)_2 \cdot 6H_2O$）溶于水中，加入 20 mL 浓硫酸，冷却后稀释至 1 000 mL，摇匀，临用前用重铬酸钾标准溶液标定；

标定方法：吸取 25.00 mL 重铬酸钾标准溶液于 500 mL 锥形瓶中，用水稀释至 250 mL，加 20 mL 浓硫酸（相对密度 1.84），冷却后加 2 ~ 3 滴试亚铁灵指示剂，用硫酸亚铁铵标准溶液滴定到溶液由黄色经蓝绿刚变为褐色为止。硫酸亚铁铵溶液的浓度 c 可由下式计算：

$$c = \frac{0.250\ 0 \times 10}{V}$$

式中，c——硫酸亚铁铵标准溶液的浓度，mol/L；

V——消耗的硫酸亚铁铵标准溶液体积，mL。

e. 硫酸银 – 硫酸溶液：于 2 500 mL 浓硫酸中加入 33.3 g 硫酸银，放置 1 ~ 2 天，不时摇动使溶解（每 75 mL 硫酸中含 1 g 硫酸银）；

f. 硫酸汞（结晶状）。

(4) 步骤

① 吸取 50.00 mL 均匀的水样（或吸取适量的水样用水稀释至 50.00 mL，其中 COD 值为 50~400 mg/L），置于 500 mL 磨口锥形瓶中，加入 25.00 mL 重铬酸钾标准溶液，慢慢加入 75 mL 硫酸银-硫酸溶液和数粒玻璃珠（以防爆沸），轻轻摇动锥形瓶使溶液混匀，加热回流 2 h。

② 冷却后，先用少许水冲洗冷凝器壁，然后取下锥形瓶，再用水稀释至 350 mL（溶液体积不应小于 350 mL，否则因酸度太大终点不明显）。

③ 冷却后，加 2~3 滴（约 0.10~0.15 mL）试亚铁灵指示剂，用硫酸亚铁铵标准溶液滴定到溶液由黄色经蓝绿刚变为红褐色为止。记录消耗的硫酸亚铁铵标准溶液的毫升数。

④ 同时以 50.00 mL 水做空白，其操作步骤和水样相同，记录消耗的硫酸亚铁铵标准溶液的毫升数。

(5) 结果计算

试样中 COD_{Cr} 的计算公式如下：

$$COD_{Cr} = \frac{(V_0 - V_1) \times c \times 8 \times 1000}{V_2}$$

式中，c——硫酸亚铁铵标准溶液的浓度，mol/L；

V_1——滴定水样消耗的硫酸亚铁铵标准溶液的体积，mL；

V_0——滴定空白消耗的硫酸亚铁铵标准溶液的体积，mL；

V_2——水样的体积，mL；

8——氧 $\left(\frac{1}{4}O_2\right)$ 的摩尔质量，g/mol。

习　题

1. 水样采集和保存的主要原则是什么？
2. 水样的保存方法有哪些？
3. 水样的预处理方法有哪些？
4. 简述电位法测定 pH 的原理和测定方法。
5. 碱度分为哪几种，测定原理和方法是什么？
6. 水质硬度的表示方法有哪几种？
7. 溶解氧的测定主要有哪几种方法？
8. 硫酸盐的测定主要方法及各自的优缺点有哪些？
9. 分光光度法测定水中铁内含量时加入盐酸羟胺的目的是什么？磷酸盐的存在对测定有无影响？
10. 化学耗氧量（COD）的测定中如何消除干扰及其消除原理是什么？

11. 工业污水中氨氮含量的测定主要步骤是什么？

12. 重铬酸钾 $K_2Cr_2O_7$ 的分子量 $M=294$，欲用 500 ml 容量瓶配置 $c\left(\frac{1}{6}K_2Cr_2O_7\right)=0.2500$ mol/L 的标准溶液，应称取重铬酸钾多少克？

阅读材料

采样只是水质分析监测中的一个步骤，与后继的分析测定步骤相比，采样工具的精确程度远比不上分析仪器的精确程度，采样过程的严密程度也比不上分析过程的严密程度。但是分析过程的误差易随技术进步而进一步降低，而采样技术在很长一段时期内长进不足，因此分析测定最终结果的总误差常常是主要地来自采样过程。正确选择采样方法和容器，执行采样操作规程，改进采样技术，对于提高分析监测质量是极其重要的。反之，如果采样失误，将使后继的分析过程丧失意义，甚至造成巨大浪费。为此，实际采样的同时，进行多种质控样品的采集是必要的，经常采用的质控样有以下四种。

1. 室内空白样

在实验室内，以纯水代替样品，按被测定的项目的要求装入已经洗净的采样器，加入规定的保存剂后，由实验人员做出分析测定。依据结果，能反映出容器的洁净程度及样品保存剂质量等条件引起的空白变化。

2. 现场空白样

在采样现场以纯水作为样品，按被测项目的要求，与实际样品相同条件下装瓶、保存、运输和运送实验室分析。依次对照室内空白样，掌握采样过程中操作步骤和环境条件对实际样品质量的影响情况。

3. 现场平行样

在完全相同的条件下，在采样现场采集平行双样，加密码运送实验室分析。现场平行样结果（双样见偏差）能反映采样过程的精密度变化状况。但也应客观考虑到悬浮颗粒物、油类等污染物在水体中分布的不均匀性。

4. 现场加标样或质控样

现场加标样指取一对现场平行样，其中之一加入实验室配置的标样，另一分不加标，然后按实际样品所需要求处理并分析。所得分析结果与实验室加标样对比，以掌握采样运输过程中的某些因素对于最终分析结果准确度的影响。现场加标样从采集到分析全过程应与实验室室内加标样的操作完全一致，由同一人员施行。

现场质控样指将标准样或含由与样品基体组成相似的标准控制样运送到采样现场，按实际要求处理，运实验室分析，目的与相场加标样相同。采样数量可占样品总量的10%左右，不少于2个。

第6章

化学肥料分析

任务引领

任务1　农用碳酸氢铵中氨态氮含量的测定
任务2　尿素中总氮含量的测定

任务拓展

任务3　磷肥中有效磷含量的测定
任务4　钾肥中钾含量的测定

任务目标

▶ 知识目标

1. 了解肥料的作用和分类；
2. 了解氮肥中氮的存在形式，掌握氮肥中各种氮的测定原理、方法；
3. 了解磷肥中磷的存在形式，掌握磷肥中水溶性磷和有效磷的测定原理、方法；
4. 掌握钾肥中钾含量的测定原理、方法；
5. 掌握复混肥料中有效成分的测定；
6. 了解肥料中水分、氯离子、粒度及游离酸的测定原理。

▶ 能力目标

1. 正确采用酸量法测定碳酸氢铵肥料中氨态氮的含量；
2. 正确采用蒸馏后滴定法测定尿素中氮的含量；
3. 正确采用还原－蒸馏后滴定法测定复混肥料中总氮的含量；
4. 会使用合适溶剂和方法提取磷肥中水溶性磷和有效磷；
5. 正确运用磷钼酸喹啉质量法测定磷酸一铵、磷酸二铵中有效磷的含量；
6. 正确运用四苯硼酸钾质量法测定农业用硫酸钾中氧化钾的含量；
7. 会综合测定肥料中水分、氯离子、粒度及游离酸的含量。

6.1 概述

6.1.1 基础知识

1. 化肥的用途

植物正常生长发育必须不断从外界吸取营养元素,其中必需的大量元素有碳、氢、氧、氮、磷、钾、硫、镁、钙,必需的微量元素有铁、锰、锌、铜、硼、钼、氯。大量元素与微量元素在植物的生命活动中各有其独特的作用,不可缺少且彼此不能互相代替,例如,氮是植物叶和茎生长不可缺少的;磷对植物发芽、生根、开花、结果,使籽实饱满起重要作用;钾能使植物茎秆强壮,促进淀粉和糖类的形成,并增强对病害的抵抗力。因此,氮、磷、钾被称为肥料三要素。

我们把凡施入土壤或通过其他途径能够为植物提供营养成分,或改良土壤理化性质,为植物提供良好生活环境的物质统称为肥料。按肥料的来源可分为农家肥料和化学肥料两类。化学肥料,简称化肥,是指用化学方法制造的、含有农作物生长所需营养元素的一种肥料,与其他肥料比较,具有养分含量高、肥效快、多种效能、贮运和施用方便的优点,但其养分不齐全,施用化肥要讲究方法等。化学肥料是促进植物生长和提高农作物产量的重要物质。它能为农作物的生长提供必需的营养元素,能调节养料的循环,改良土壤的物理、化学性质,促进农业增产。

2. 化肥的分类

化肥的品种较多,按所含养分分为:

(1) 氮肥

化学氮肥主要是指工业生产的含氮肥料,有:氨态氮肥(NH_4^+和NH_3),如硫酸铵、氯化铵、氨水、碳酸氢铵等;硝态氮肥(NO_3^-),如硝酸铵、硝酸钠、硝酸钙等;酰胺态氮肥(如$-CONH_2$、$=CN_2$),如尿素、石灰氮等。

(2) 磷肥

化学磷肥主要是以自然矿石为原料,经过化学加工处理的含磷肥料,可分为:酸法磷肥,如过磷酸钙(又名普钙)、重过磷酸钙(又名重钙)、富过磷酸钙、沉淀磷酸钙等;热法磷肥,如钙镁磷肥、钙钠磷肥、脱氟磷肥、钢渣磷肥等。

根据磷肥中磷化合物溶解度的大小和作物吸收的难易,分为水溶性磷、有效磷、难溶性磷三类。能被植物吸收利用的磷称之为有效磷;磷肥中所有磷化合物的磷量总和称之为总磷,一种磷肥中各种磷化合物都不同程度地存在。

(3) 钾肥

化学钾肥主要有氯化钾、硫酸钾、硫酸钾镁、磷酸氢钾和硝酸钾等。钾肥中一般含有水溶性钾盐（如硫酸钾 K_2SO_4）、弱酸溶性钾盐（如硅铝酸钾 $K_2SiO_3 - K_2AlO_3$）及少量难溶性钾盐（如钾长石 $K_2O - Al_2O_3 - 6SiO_2$）。水溶性钾盐和弱酸溶性钾盐中含钾和称为有效钾，三种钾盐之和称为总钾。钾肥中含钾量以 K_2O 表示。

（4）复混肥料

复混肥料可以分为复混肥料、复合肥料和掺混肥料。

复混肥料：氮、磷、钾三种养分中，至少有两种养分标明含量、由化学方法和（或）掺混方法制成的肥料。可根据土壤供肥特性和植物的营养特点用两种或两种以上的单质化肥，或用一种复合肥料与一两种单质化肥混合，另外还可将除草、抗病虫害的农药和激素或稀土元素、腐植酸、生物菌、磁性载体等科学地添加到复混肥料中，生产不同养分配比的肥料，以适应农业生产中的不同需求，尤其适合于生产专用。

复合肥料：氮、磷、钾三种养分中，至少有两种养分标明含量、仅由化学方法制成的肥料，是复混肥料的一种。复合肥料习惯上用 $N - P_2O_5 - K_2O$ 相应的质量百分数表示其成分。

掺混肥料：氮、磷、钾三种养分中，至少由两种养分标明含量、由干混方法制成的肥料，也称 BB 肥，是复混肥料的一种。

（5）微量元素肥料

微量元素肥料是指含有 B、Mn、Mo、Zn、Cu、Fe 等微量元素的化学肥料，常用的微肥是这些微量元素的硫酸盐或氧化物或酸根。生产上常用的硼肥有硼砂、硼酸、含硼过磷酸钙、硼镁肥等；锌肥有硫酸锌、氯化锌、碳酸锌、螯合态锌、氧化锌等；锰肥有硫酸锰、氯化锰等；钼肥有钼酸铵、钼酸钠、三氧化钼、钼渣、含钼玻璃肥料等；铜肥有硫酸铜、炼铜矿渣、螯合态铜和氧化铜等。

按肥效快慢可分为：①速效肥料，施入土壤后，随即溶解于土壤溶液中而被作物吸收，大部分的氮肥品种、磷肥中的普通过磷酸钙等、钾肥中的硫酸钾、氯化钾都是速效化肥；②缓效肥料，也称长效肥料，肥料养分能在一段时间内缓慢释放，供植物持续吸收和利用，肥效比较持久，如钙镁磷肥、磷酸二钙、偏磷酸钙等；③控释肥料，属于缓效肥料，肥料的养分释放速率、数量和时间是由人为设计的，是一类专用型肥料，其养分释放动力得到控制，使其与作物生长期内养分需求相匹配。

按酸碱性质可分为：酸性化学肥料、碱性化学肥料和中性化学肥料（尿素）。按所含养分种类多少可分为：单元化学肥料、多元化学肥料和完全化学肥料。按形态可分为：固体化肥、液体化肥和气体肥料。按施肥时间可分为：基肥、追肥和种肥。其他还有按作物生育期分类，如苗肥、返青肥、拔节肥、穗肥等；按施肥部位分类，如根部肥、叶部肥等。

6.1.2 化学肥料的分析项目

1. 有效成分含量的测定

氮肥主要测定氨态氮、硝态氮、有机态氮（酰胺态氮、氰胺态氮）中氮的含量；磷肥主要测定水溶性磷、有效磷的含量；钾肥主要测定其有效钾的含量。

2. 水分含量的测定

肥料中水分含量高会使有些固体化肥易粘结成块，有的会水解而损失有效成分，其测定方法主要有真空烘箱法、烘箱干燥法、卡尔-费休法、电石法及蒸馏法等。

3. 其他成分含量的测定

主要测定各类化肥中影响植物生长的成分，如硫酸铵中的游离酸、钾肥中氯化物含量、尿素中的缩二脲含量、碱度、粒度等的测定。

化学肥料分析抽样的抽查最低批量为 1 t，最大批量为 500 t。抽样数量根据有关规定确定，每袋取样量不少于 0.1 kg，每批抽取总试样量大于 2 kg。将采取的样品迅速充分混匀，用分样器或四分法缩分至不少于 1 kg，分装在两个清洁、干燥的 500 mL 塑料瓶中，密封后粘贴标签和双方签字认可的封条。

6.2 化学肥料分析

6.2.1 氮肥分析

氮肥中氮元素以不同形态存在，其性质不同，分析方法也不同。

1. 氨态氮的测定

（1）酸量法

① 方法原理

试液与过量的硫酸标准滴定溶液作用，加热煮沸 5 min，冷却后加 2 滴混合指示剂，用氢氧化钠标准溶液返滴定剩余硫酸，由硫酸标准溶液的量和消耗量氢氧化钠标准溶液的量，求出氨态氮的含量。反应如下：

$$2NH_4HCO_3 + H_2SO_4 =\!=\!= (NH_3)_2SO_4 + 2CO_2\uparrow + 2H_2O$$
$$2NaOH + H_2SO_4（剩余）=\!=\!= Na_2SO_4 + 2H_2O$$

② 结果计算

试样中氮含量以质量分数表示，按下式计算：

$$w(N) = \frac{c(V_1 - V_2) \times 14.01}{m \times 1\,000} \times 100\% \tag{6-1}$$

式中，c——氢氧化钠标准滴定溶液的浓度，mol/L；

V_1——空白实验时消耗氢氧化钠标准滴定溶液的体积，mL；

V_2——测定时消耗氢氧化钠标准滴定溶液的体积，mL；

m——样品的质量，g；

14.01——氮（N）的摩尔质量，g/mol。

③ 说明及注意事项

此方法适用于碳酸氢铵、氨水中氮含量的测定。迅速精确称量试样，立即将试样用水洗入已盛有已知浓度硫酸溶液的锥形瓶中，使试样完全溶解反应。

（2）蒸馏后滴定法

① 方法原理

样品与过量强碱溶液作用，然后从碱性溶液中蒸馏出的氨，用过量的硫酸标准溶液吸收，以甲基红或甲基红-亚甲基蓝乙醇溶液为指示剂，用氢氧化钠标准溶液返滴定至终点。由硫酸标准溶液的量和消耗的氢氧化钠标准溶液的量，求出氨态氮的含量。反应如下：

$$NH_4^+ + OH^- =\!=\!= NH_3\uparrow + H_2O$$
$$2NH_3 + H_2SO_4 =\!=\!= (NH_4)_2SO_4$$
$$2NaOH + H_2SO_4（剩余）=\!=\!= Na_2SO_2 + 2H_2O$$

② 结果计算

按式（6-1）计算试样中的含氮量。

③ 说明及注意事项

此方法适用于含铵盐的肥料和不含受热易分解的尿素或石灰氮之类的肥料的测定。蒸馏后滴定法操作过程相对繁琐，但测定结果准确，使用范围广，常用作仲裁分析。

（3）甲醛法

① 方法原理

在中性溶液中，铵盐与甲醛作用生成六亚甲基四胺和相当于铵盐含量的酸。在指示剂存在下，用氢氧化钠标准滴定溶液进行滴定，根据消耗氢氧化钠标准滴定溶液的体积及浓度，求出氨态氮的含量。反应如下：

$$4NH_4^+ + 6HCOH =\!=\!= (CH_2)_6N_4 + 4H^+ + 6H_2O$$
$$H^+ + OH^- =\!=\!= H_2O$$

② 结果计算

按式（6-1）计算试样中的含氮量。

③ 说明及注意事项

此方法适用于强酸性的铵盐肥料，如硫酸铵、氯化铵中氮含量的测定。甲醛法操作简便，时间短，适用范围广，但准确度较低，用于产品的一般分析。

测定时，样品中的游离酸及甲醛中含有的甲醇对测定有干扰，应在测定前除去；铵盐和甲醛的反应是多级反应，应控制反应温度在 30 ℃ ~ 45 ℃，时间 5 ~

10 min，并使用过量甲醛，保证反应顺利完成。

2. 硝态氮的测定

（1）氮试剂称量法

① 方法原理

在酸性溶液中，硝酸根离子与氮试剂作用，生成复合物而形成沉淀，将沉淀过滤、干燥至恒量，称量沉淀的质量，根据沉淀的质量，求出硝态氮的含量。反应如下：

② 结果计算

硝态氮含量以氮的质量分数表示，按下式计算：

$$w(\text{N}) = \frac{(m_1 - m_2) \times \dfrac{14.01}{375.3}}{m_0 \times V/500} \times 100\% = \frac{(m_1 - m_2) \times 18.66}{m_0 \times V} \quad (6-2)$$

式中，V——测定时吸取试样溶液的体积，mL；

m_0——试样的质量，g；

m_1——沉淀的质量，g；

m_2——空白实验时所得沉淀的质量，g；

14.01——氮的摩尔质量，g/mol；

375.3——氮试剂硝酸盐复合物的摩尔质量，g/mol；

500——试样溶液的总体积，mL。

③ 说明及注意事项

氮试剂需用新配制的试剂，以免空白试验结果偏高。

可溶于水的试样，可加水后用机械振荡器将烧瓶连续振荡 30 min，稀释定容；含有可能保留有硝酸盐的水不溶的试样，需加水和乙酸与试样中，静置至二氧化碳释放完全，再加水连续振荡 30 min，稀释定容。

向滤液中加硫酸使 pH = 1~1.5，迅速加热至沸点，但不能使溶液沸腾，检查有无硫酸钙，一次加入氮试剂溶液后，在冰浴中放置 2 h，中间不断搅拌，保证内溶物的温度保持在 0 ℃ ~0.5 ℃。温度低于 0 ℃，将导致结果偏高，而温度高于 0.5 ℃，则导致结果偏低。

此法适用于各种肥料中硝态氮含量的测定。

(2) 蒸馏后滴定法（德瓦达合金还原法）

① 方法原理

在碱性溶液中用定氮合金（铜50%、锌5%、铝45%）或金属铬粉释放出新生态的氢，将硝酸盐和亚硝酸盐还原为铵。加入过量的氢氧化钠溶液，从碱性溶液中蒸馏出的氨，用过量的硫酸标准溶液吸收，在指示剂存在下，用氢氧化钠标准滴定溶液返滴定至终点。还原反应如下：

$$Cu + 2NaOH + 2H_2O \longrightarrow Na_2[Cu(OH)_4] + 2[H]$$

$$Al + NaOH + 3H_2O \longrightarrow Na[Al(OH)_4] + 3[H]$$

$$Zn + 2NaOH + 2H_2O \longrightarrow Na_2[Zn(OH)_4] + 2[H]$$

$$NO_3^- + 8[H] \longrightarrow NH_3 + OH^- + 2H_2O$$

$$NO_2^- + 6[H] \longrightarrow NH_3 + OH^- + H_2O$$

② 结果计算

总氮含量以氮的质量分数计算，按公式（6-2）计算。

③ 说明及注意事项

此方法适用于含硝酸盐的肥料，但对含有受热易分解出游离氨的尿素、石灰氮或有机物之类肥料，不能采用此法。此法中定氮合金还原为仲裁法。

试样测试前需研磨至通过1.00 mm孔径的试验筛，混匀后备用。

仅含硝态氮或硝态与铵态氮，不存在酰胺态氮、氰氨态氮和有机质氮的情况下，硝态氮的还原过程用定氮合金，简化操作并减少了环境污染。除上述情况外，样品需先用铬粉加盐酸将硝酸盐还原成铵盐。

(3) 铁粉还原法

此方法适用于含硝酸盐的肥料，但是对含有受热分解出游离氨的尿素、石灰氮或有机物之类肥料不适用。

在酸性溶液中铁粉置换出的新生态氢使硝态氮还原为氨态氮，然后加入适量的水和过量的氢氧化钠，用蒸馏法测定。同时对试剂（特别是铁粉）做空白试验。反应如下：

$$Fe + H_2SO_4 =\!=\!= FeSO_4 + 2[H]$$

$$NO_3^- + 8[H] + 2H^+ =\!=\!= NH_4^+ + 3H_2O$$

3. 酰胺态氮的测定

(1) 尿素酶法

此法适用于测定尿素和含有尿素的复合肥料。

在一定酸度溶液中，用尿素酶将尿素态氮转化为氨，再用硫酸标准溶液滴定。反应如下：

$$CO(NH_2)_2 + 2H_2O =\!=\!= (NH_4)_2CO_3$$

$$(NH_4)_2CO_3 + H_2SO_4 =\!=\!= (NH_4)_2SO_4 + CO_2\uparrow + H_2O$$

（2）硝酸银法

此法适用于氰胺态氮的测定，试样溶液中含有能生成碳化物、硫化物等能与银盐沉淀的物质，不能使用此方法。

在碱性试液中加入过量的硝酸银标准滴定溶液，使氰化银完全沉淀，过滤分离后，取一定体积的滤液，在酸性条件下，以硫酸高铁铵作指示剂，用硫氰酸钾标准溶液滴定剩余的硝酸银。根据硝酸银标准溶液的消耗量，求出氮的含量。反应如下：

$$CaCN_2 + 2AgNO_3 =\!=\!= Ag_2CN_2\downarrow + Ca(NO_3)_2$$
$$AgNO_3 + KSCN =\!=\!= AgSCN\downarrow （白色） + KNO_3$$
$$Fe^{3+} + SCN^- =\!=\!= FeSCN^{2+} （红色）$$

（3）蒸馏后滴定法

① 方法原理

在硫酸铜存在下，试样与浓硫酸加热，试样中酰胺态氮转化为氨态氮，蒸馏并吸收在过量的硫酸标准溶液中，在指示液存在下，用氢氧化钠标准溶液滴定剩余的酸。反应如下：

$$CO(NH_2)_2 + H_2SO_4（浓） + H_2O =\!=\!= (NH_4)_2SO_4 + CO_2\uparrow$$
$$(NH_4)_2SO_4 + 2NaOH =\!=\!= Na_2SO_4 + 2NH_3\uparrow + 2H_2O$$
$$NH_3 + H_2SO_4 =\!=\!= (NH_4)_2SO_4$$
$$2NaOH + H_2SO_4（剩余） =\!=\!= Na_2SO_4 + 2H_2O$$

② 结果计算

试样中总氮含量以氮的质量分数表示，按下式计算：

$$w = \frac{c(V_2 - V_1) \times 0.01401 \times 100}{\frac{50}{500} \times m \times \frac{100 - w(H_2O)}{100}} = \frac{c(V_2 - V_1) \times 1401}{m \times (100 - w(H_2O))} \quad (6-3)$$

式中，V_1——测定时消耗氢氧化钠标准滴定溶液的体积，mL；

V_2——空白实验时消耗氢氧化钠标准滴定溶液的体积，mL；

m——试样的质量，g；

c——氢氧化钠标准滴定溶液的浓度，mol/L；

0.01401——与 1.00 mL 氢氧化钠标准滴定溶液 [c（NaOH）= 1.000 mol/L] 相当的氮的质量；

$w(H_2O)$——试样中水分的质量分数。

③ 说明及注意事项

用于由氨和二氧化碳合成制得的尿素总氮含量的测定，此法为仲裁分析。

6.2.2 磷肥分析

1. 磷肥中磷化合物

磷肥包括自然磷肥和化学磷肥。磷肥的组成比较复杂，一种肥料中常同时含有不同形式磷化合物，根据磷化合物性质不同，大致可以分为以下三类。

（1）水溶性磷化合物

水溶性磷化合物是指可以溶解于水的含磷化合物，如磷酸、磷酸二氢钙（又称磷酸一钙，$Ca(H_2PO_4)_2$）。过磷酸钙、重过磷酸钙中主要含水溶性磷化合物。

（2）有效磷化合物

有效磷化合物是指能被植物根部吸收利用的含磷化合物。在磷肥的分析检验中，是指能被 EDTA 溶液溶解的磷化合物，如结晶磷酸氢钙（又名磷酸二钙，$CaHPO_4 \cdot 2H_2O$）、磷酸四钙（$Ca_4P_2O_9$ 或 $4CaO \cdot P_2O_5$）。

（3）难溶性磷化合物

难溶性磷化合物是指难溶于水也难溶于的 EDTA 溶液的磷化合物，如磷酸三钙（$Ca_3(PO_4)_2$）、磷酸铁、磷酸铝等。磷矿石几乎全部是难溶性磷化合物。化学磷肥中也常含有未转化的难溶性磷化合物。

2. 磷肥中磷化合物的提取

称取约 100 g 实验室样品，迅速研磨至全部通过 1.00 mm 孔径的试验筛后混匀，置于洁净、干燥的瓶中备用。

（1）水溶性磷的提取

称取含有 100~180 mg 五氧化二磷的制备试样（精确至 0.000 2 g），置于 75 mL 的瓷蒸发皿中，加少量水润湿，研磨，再加约 25 mL 水研磨，将清液倾注滤于预先加入 5 mL 硝酸溶液的容量瓶中。继续用水研磨三次，每次用水约 25 mL，然后将水不溶物转移到中速定性滤纸上，并用水洗涤水不溶物，最后用水稀释到刻度，混匀，即为试液 A，供测定水溶性磷用。

用水作抽取剂时，在抽取操作中，水的用量与温度、抽取的时间与次数都将影响水溶性磷的抽取效果，因此，要严格抽取过程中的操作，严格按规定进行。

（2）有效磷的提取

称取试样（精确至 0.000 2 g），置于 250 mL 容量瓶中，加入 150 mL EDTA 溶液，塞紧瓶塞，摇动容量瓶使试样分散于溶液中，置于（60±2）℃的恒温水浴振荡器中，保温振荡 1 h（振荡频率以容量瓶内试样能自由翻动即可）。然后取出容量瓶，冷却至室温，用水稀释至刻度，混匀。干过滤，弃去最初部分滤液，即得试液 B，供测定有效磷用。

3. 磷肥的测定

在磷肥分析中常测定水溶性磷和有效磷含量，其测定的结果以五氧化二磷（P_2O_5）计。常用的测定方法有磷钼酸喹啉质量法、磷钼酸喹啉容量法和钒钼酸铵分光光度法。磷钼酸喹啉容量法准确度高，是国家标准规定的仲裁分析方法。

(1) 磷钼酸喹啉质量法
① 方法原理

用水和乙二胺四乙酸二钠（EDTA）溶液提取磷肥中的水溶性磷和有效磷，提取液（若有必要，先进行水解）中正磷酸根离子在酸性介质中与喹钼柠酮试剂生成黄色磷钼酸喹啉沉淀，用磷钼酸喹啉质量法测定磷的含量。反应如下：

$$H_3PO_4 + 12MoO_4^{2-} + 24H^+ + 3C_9H_7N =\!=\!=$$
$$(C_9H_7N)_3H_3(PO_4 \cdot 12MoO_3) \cdot H_2O \downarrow + 11H_2O$$
$$\text{磷钼酸喹啉（黄色）}$$

② 测定

水溶性磷的测定：用移液管吸取 25 mL 试液 A，移入 500 mL 烧杯中，加入 10 mL 硝酸溶液，用水稀释至 100 mL。在电炉上加热至沸，取下，加入 35 mL 喹钼柠酮试剂，盖上表面皿，在电热板上微沸 1 min 或置于近沸水浴中保温至沉淀分层，取出烧杯，冷却至室温。冷却过程转动烧杯 3~4 次。

用预先在（180±2）℃ 干燥箱内干燥至恒量的玻璃坩埚式滤器过滤，先将上层清液滤完，然后用倾泻法洗涤沉淀 1~2 次，每次用 25 mL 水，将沉淀移入滤器中，再用水洗涤，所用水共 125~150 mL，将沉淀连同滤器置于（180±2）℃干燥箱中，待温度达到 180 ℃后，干燥 45 min，取出移入干燥器中冷却至室温，称量。同时进行空白试验。

有效磷的测定：用移液管吸取 25 mL 试液 B，移入 500 mL 烧杯中，以下操作按水溶性磷的测定进行。同时进行空白试验。

喹钼柠酮沉淀剂由柠檬酸、钼酸钠、喹啉和丙酮组成。其中丙酮作用是，丙酮可消除 NH_4^+ 的干扰，同时丙酮还可以改善沉淀的物理性能，使生成的沉淀颗粒粗大疏松，便于过滤与洗涤。柠檬酸作用有以下三个：柠檬酸能与钼酸生成解离度较小的络合物，解离出的钼酸根仅能满足磷钼酸喹啉的沉淀条件，不使硅形成硅钼酸喹啉沉淀，从而排除硅的干扰；柠檬酸溶液中，磷钼酸铵的溶解度比磷钼酸喹啉的大，柠檬酸可进一步排除 NH_4^+ 的干扰；还可阻止钼酸盐水解析出三氧化钼，导致结果偏高。

③ 结果计算

水溶性磷的含量（w_1）以五氧化二磷（P_2O_5）的质量分数表示，按下式计算：

$$w_1 = \frac{(m_1 - m_2) \times 0.032\,07}{m_3 \times (25/250)} \times 100\% = \frac{(m_1 - m_2) \times 32.07\%}{m_3} \quad (6-4)$$

有效磷的含量（w_2）以五氧化二磷（P_2O_5）的质量分数表示，按下式计算：

$$w_2 = \frac{(m_4 - m_5) \times 0.032\,07}{m_6 \times (25/250)} \times 100\% = \frac{(m_4 - m_5) \times 32.07\%}{m_6} \quad (6-5)$$

式中，m_1——测定水溶性磷所得磷钼酸喹啉沉淀的质量，g；

m_2——测定水溶性磷时,空白试验所得磷钼酸喹啉沉淀的质量;g;

m_3——测定水溶性磷时,试料的质量,g;

0.03207——磷钼酸喹啉质量换算为五氧化二磷质量的系数;

25——吸取试样溶液的体积,mL;

250——试样溶液的总体积,mL;

m_4——测定有效磷所得磷钼酸喹啉沉淀的质量,g;

m_5——测定有效磷时,空白试验所得磷钼酸喹啉沉淀的质量;g;

m_6——测定有效磷时,试料的质量,g。

(2) 磷钼酸喹啉容量法

① 方法原理

用水和乙二胺四乙酸二钠溶液提取磷肥中水溶性磷和有效磷,提取液中正磷酸根离子在酸性介质中与喹钼柠酮试剂生成黄色磷钼酸喹啉沉淀,用过量的氢氧化钠标准滴定溶液溶解沉淀,再用盐酸标准滴定溶液返滴定。反应如下:

$$(C_9H_7N)_3H_3(PO_4 \cdot 12MoO_3) \cdot H_2O + 26NaOH =$$
磷钼酸喹啉(黄色)
$$Na_2HPO_4 + 12Na_2MoO_4 + 3C_9H_7N + 15H_2O$$
$$NaOH(剩余) + HCl = NaCl + H_2O$$

② 操作步骤

按磷钼酸喹啉容量法中水溶性磷和有效磷的测定过程得到磷钼酸喹啉沉淀,分别过滤试液中沉淀,用中速定性滤纸或脱脂棉将上层清液滤完,然后经倾泻法洗涤沉淀3~4次,每次约25 mL水,将沉淀转移到滤器上,继续用不含二氧化碳的水洗涤至滤液无酸性(取约25 mL滤液,加1滴指示剂和1滴氢氧化钠溶液,所呈颜色与同处理体积蒸馏水所呈的颜色相近为止)。将沉淀连同滤纸或脱脂棉转移到原烧杯中,用不含二氧化碳的水洗涤漏斗,将洗涤液全部转移至烧杯中,用滴定管或单标线吸管加入氢氧化钠标准滴定溶液,充分搅拌至沉淀溶解,然后再过量约10 mL,加100 mL不含二氧化碳的水,再加几滴混合指示液,用盐酸标准滴定溶液滴定至溶液由紫色经灰蓝色变为微黄色为终点。同时进行空白试验。

③ 结果计算

水溶性磷的含量或有效磷的含量(w)以五氧化二磷(P_2O_5)的质量分数表示,按下式计算:

$$w = \frac{[c_1(V_1 - V_3) - c_2(V_2 - V_4)] \times 0.002730}{m \times (25/250)} \times 100\%$$
$$= \frac{[c_1(V_1 - V_3) - c_2(V_2 - V_4)] \times 2.730\%}{m} \quad (6-6)$$

式中,V_1——消耗氢氧化钠标准滴定溶液的体积,mL;

V_2——消耗盐酸标准滴定溶液的体积，mL；

V_3——空白试验消耗氢氧化钠标准滴定溶液的体积，mL；

V_4——空白试验消耗盐酸标准滴定溶液的体积，mL；

c_1——氢氧化钠标准滴定溶液的浓度，mol/L；

c_2——盐酸标准滴定溶液的浓度，mol/L；

m——试料的质量，g；

0.002 730——与 1.00 mL 氢氧化钠标准滴定溶液 [c（NaOH）= 1.000 mol/L] 相当的五氧化二磷（P_2O_5）以克表示的质量。

(3) 钒钼酸铵分光光度法

用水和乙二胺四乙酸二钠溶液提取试样中的有效磷，提取液中正磷酸根离子在酸性介质中与钼酸盐及偏钒酸盐反应，生成稳定的黄色配合物，于波长 420 nm 处，用示差法测定其吸光度，从而计算出五氧化二磷的含量。

6.2.3 钾肥分析

1. 钾肥

钾肥分为自然钾肥和化学钾肥两大类。钾肥中水溶性钾盐和弱酸溶性钾盐所含钾之和，称为有效钾。有效钾与难溶性钾盐所含钾之和，称为总钾。钾肥的含钾量以 K_2O 表示。

测定有效钾时，通常用热水溶解制备试样溶液，如试样中含有弱酸溶性钾盐，则用加少量盐酸的热水溶解有效钾；测定总钾含量时，一般用强酸溶解或碱熔法制备试样溶液。

2. 钾肥中有效钾含量的测定

钾肥中有效钾的测定方法有四苯硼酸钾质量法、四苯硼酸钾容量法和火焰光度法。四苯硼酸钾质量法和甲苯硼酸钾容量法简便、准确、快速，适用于含氧化钾量较高的钾肥测定；当试样中含氧化钾小于 2% 时，采用火焰光度法测定。

(1) 四苯硼酸钾质量法

① 方法原理

在碱性条件下加热消除试样溶液中铵离子的干扰，加入乙二胺四乙酸二钠（EDTA）螯合其他微量阳离子，以消除干扰分析结果的阳离子。在微碱性介质中，四苯硼酸钠与钾反应生成四苯硼酸钾沉淀，过滤、干燥沉淀并称量。反应如下：

$$K^+ + NaB(C_6H_5)_4 = KB(C_6H_5)_4 \downarrow （白色）+ Na^+$$

② 操作步骤

称取试样（精确至 0.001 g）加水溶解，在电炉上加热微沸 15 min，冷却后定容，干过滤，弃去最初少量滤液，滤液供测定氧化钾含量。

移取一定量溶液，加入 EDTA 溶液及指示液，在搅拌下逐滴加入氢氧化钠溶液至红色出现并过量 1 mL。加热微沸 15 min（此时溶液应保持红色），在搅拌下逐滴加入四苯硼钠溶液，在流水中迅速冷却至室温并放置 15 min。先过滤上层清液，再用洗涤液转移沉淀至过滤器中，用洗涤液洗涤沉淀，干燥称量。

③ 结果计算

氧化钾（K_2O）的含量 w_1 以质量分数表示，按下式计算：

$$w_1 = \frac{(m_1 - m_2) \times 0.1314}{m \times (V/500)} \times 100\% \qquad (6-7)$$

式中，m_1——四苯硼酸钾沉淀的质量，g；

m_2——空白试验所得四苯硼酸钾沉淀的质量；g；

m—— 试料的质量，g；

0.1314——四苯硼酸钾换算为氧化钾质量的系数；

V——吸取试样溶液的体积，mL；

500——试样溶液的总体积，mL。

（2）四苯硼酸钾容量法

① 方法原理

在碱性条件下加热消除试样溶液中铵离子的干扰，加入乙二胺四乙酸二钠（EDTA）消除其他阳离子的干扰，在微碱性介质中，以过量的四苯硼酸钠与钾反应生成四苯硼酸钾沉淀，过滤，滤液中过量的四苯硼酸钠以达旦黄作指示剂，用季铵盐返滴至溶液由黄变成明显的粉红色，其化学反应为：

$$B(C_6H_5)_4^- + K^+ = KB(C_6H_5)_4 \downarrow$$
$$Br[N(CH_3)_3 \cdot C_{16}H_{33}] + NaB(C_6H_5)_4 =$$
$$B(C_6H_5)_4 \cdot N(CH_3)_3C_{16}H_{33} \downarrow + NaBr$$

② 干扰及消除

钾肥中常见的杂质有钙、镁、铝、铁等硫酸盐和磷酸盐，虽与四苯硼酸钠不反应，但滴定体系在碱性溶液中进行，可能会生成氢氧化物、磷酸盐等沉淀，因吸附作用影响滴定，故加 EDTA 掩蔽。

（3）火焰光度法

当试样中含氧化钾小于 2% 时采用本方法，此法适用于由有机肥与化学肥料组成的有机-无机复混肥料，也适用于各种纯有机肥料的总钾含量的测定。

① 方法原理

试样经硫酸-过氧化氢消煮，使待测液在火焰高温激发下，辐射出钾元素的特征光谱，其强度与溶液中钾的浓度成正比。从钾标准溶液所做的工作曲线上即可查出待测液的钾浓度。

② 结果计算

总钾含量（K_2O 计）的质量百分数，按下式计算：

$$\omega = \frac{\rho \cdot D \times 50}{m} \times 10^{-6} \times 100 \qquad (6-8)$$

式中，ρ——由标准曲线查得的试样溶液中氧化钾质量浓度，$\mu g/mL$；

   D——分取倍数，定容体积/分取体积，mL；

   m——试样质量，g。

6.2.4　复混肥料分析

复混肥料习惯以 $N-P_2O_5-K_2O$ 相应的质量百分含量表示其成分。

1. 复混肥料中总氮含量的测定

复混肥料中总氮含量的测定采用蒸馏后滴定法，它包括需经消解的各种形式氮的含量测定，不适用于含有机物（除尿素、氰氨基化合物外）大于 7% 的肥料。

在酸性介质中还原硝酸盐成铵盐，在催化剂存下，用浓硫酸消化，将有机态氮或酰胺态氮和氰氨态氮转化为硫酸铵。从碱性溶液中蒸馏氨，并吸收在过量硫酸标准溶液中，在甲基红或遮蔽甲基红指示剂存下，用氢氧化钠标准溶液返滴定。

2. 复混肥料中有效磷含量的测定

采用磷钼酸喹啉质量法测定复混肥料中有效磷的含量。本法适用于含一种及一种以上磷肥与氮肥、钾肥组成的复混肥料，包括掺合肥料及各种专用肥料。见磷肥中有效磷的测定。

3. 复混肥料中钾含量的测定

采用四苯硼酸钾质量法测定。见钾肥中有效钾的测定。

6.2.5　肥料中其他成分分析

1. 肥料中水分（游离水）的测定

（1）烘箱干燥法

① 方法原理

将试料在 (105 ± 2) ℃下加热烘干至恒量，计算干燥后减少的质量。

② 结果计算

试样中水的质量分数按下式计算：

$$w(H_2O) = \frac{m_1 - m_2}{m_1 - m_0} \times 100\% \qquad (6-9)$$

式中，m_0——称量瓶的质量，g；

   m_1——称量瓶和干燥前试样的质量，g；

   m_2——称量瓶和干燥后试样的质量，g。

(2) 卡尔·费休法

① 方法原理

存在于试样中的任何水分与已知水当量的卡尔·费休试剂（碘、吡啶、二氧化硫和甲醇组成的溶液）进行定量反应，用直接采用电量法测定萃取液中水分含量。

$$H_2O + I_2 + SO_2 + 3C_5H_5N + ROH = 2C_5H_5N \cdot HI + C_5H_5NH \cdot OSO_2OR$$

该试剂对水的滴定度一般用纯水或二水酒石酸钠进行标定。

② 结果计算

游离水含量以质量分数表示，按下式计算：

$$\omega = \frac{(V_2 - V_1) \times 5 \times T}{10m} \times 100\% = \frac{(V_2 - V_1) \times T}{2m} \times 100\% \quad (6-10)$$

式中，V_2——测定时滴定 10.0 mL 试样溶液所消耗的卡尔·费休试剂的体积，mL；

V_1——空白试验时滴定 10.0 mL 萃取剂所消耗的卡尔·费休试剂的体积，mL；

T——卡尔·费休试剂的水当量，mg/mL；

m——试样的质量，g。

③ 说明及注意事项

a. 配制卡尔·费休试剂所用甲醇和吡啶，要求含水量不超过 0.05%；

b. 新配制的卡尔·费休试剂由于各种不稳定因素，随着时间的推移，试剂的滴定度开始时下降较快，然后下降较为缓慢，使滴定度越来越小，因此，新鲜配制的卡尔·费休试剂，混合后需放置一定的时间才能使用，而且每次使用前均应标定；

c. 终点的确定方法：浸入滴定池溶液中的两支铂丝电极之间施加小量电压（几十毫伏），溶液中存在水时，由于溶液中不存在可逆电对，外电路没有电流流过，电流表指针指零，当滴定到达终点时，稍过量的 I_2 与生成的 I^- 构成了可逆电对 I_2/I^-，使电流表指针突然偏转，非常灵敏；

d. 影响测定精度的因素有溶剂、电极和空气中的水分等；

e. 卡尔·费休法（Karl·Fischer）是一种测定水分含量最专一、最准确的方法，既迅速又准确，广泛地应用于各种固体、液体及一些气体样品的水分含量的测定；

f. 本法测定水分，可采用目视法和电量法指示终点，电量法又包括直接滴定和反滴定两种方法。

(3) 电石法

① 方法原理

碳酸氢铵中的游离水与电石反应生成乙炔气，测量生成的乙炔气体积，计算出试料中水分。反应如下：

$$CaC_2 + 2H_2O = C_2H_2 \uparrow + Ca(OH)_2 \downarrow$$

② 操作步骤

每次测定前均需对测定装置进行密封性试验,检查装置不漏气后,打开乙炔气体发生器的瓶塞,升高水准瓶使量气管充满封闭液,以弹簧夹夹住水准瓶上橡皮管,在已知质量的干燥称量瓶中迅速称取含水量小于 60 mg 的试样约 1~3 g(精确至 0.001 g),将称量瓶连同称好的试料放入已预先放有电石粉的乙炔气体发生器中,将乙炔气体发生器上的橡皮塞塞紧,打开弹簧夹,并使水准瓶液面与量气管液面对齐,读取量气管中封闭液液面所示读数为初读数。然后摇动乙炔气体发生器(在量气管内封闭液液面下降的同时,同步向下移动水准瓶,始终使水准瓶内液面始终与量气管内液面保持同一水平),直至试料与电石粉充分混合并无结块现象为止,读取量气管中封闭液液面所示读数为末读数。

③ 结果计算

试料中水分(H_2O)含量以质量分数表示,按下式计算:

$$\omega = (V_2 - V_1) \times \frac{P - P_1}{101.3} \times \frac{273}{273 + t} \times \frac{0.00162}{m} \times 100\%$$

$$= \frac{(V_2 - V_1) \times (P - P_1)}{m \times (273 + t)} \times 0.437 \times 100\% \qquad (6-11)$$

式中,V_1——量气管初读数,mL;

V_2——量气管末读数,mL;

P——测定的环境大气压力,kPa;

P_1——测定温度下封闭液的饱和蒸汽压力(见表 6-1),kPa;

m——试样的质量,g;

t——测定温度,℃;

0.00162——在标准状况下,与 1.0 mL 乙炔相当的水的质量。

表 6-1 不同温度下封闭液的蒸汽压力

温度/℃	蒸汽压力 P_1/kPa	温度/℃	蒸汽压力 P_1/kPa	温度/℃	蒸汽压力 P_1/kPa
1	0.480	14	1.210	27	2.693
2	0.521	15	1.290	28	2.853
3	0.560	16	1.373	29	3.026
4	0.600	17	1.466	30	3.200
5	0.653	18	1.560	31	3.370
6	0.707	19	1.653	32	3.560
7	0.760	20	1.760	33	3.760
8	0.813	21	1.880	34	3.973
9	0.867	22	2.000	35	4.200
10	0.920	23	2.120	36	4.453
11	0.987	24	2.253	37	4.706
12	1.050	25	2.386	38	4.973
13	1.130	26	2.533	39	5.253

2. 肥料中游离酸的测定

含游离酸过多的化肥易吸潮结块并有腐蚀性，尤其是能酸化土壤，不利于植物生长。因此，必须严格控制游离酸含量。下面以测定过磷酸钙试样中游离酸的含量为例进行介绍。

(1) 酸度计法（仲裁法）

① 方法原理

用氢氧化钠标准溶液滴定游离酸，根据消耗氢氧化钠标准溶液的量，求得游离酸的含量。

② 操作步骤

准确称取试样加水振荡溶解，稀释、定容、过滤。用移液管吸取一定滤液，加水稀释后置于磁力搅拌器上，将电极浸入被测液中，放入磁针，在已定位的酸度计上一边搅拌一边用氢氧化钠标准溶液滴定至 pH 为 4.5。

③ 结果计算

游离酸含量以 P_2O_5 计的质量分数表示，按下式计算：

$$w = \frac{cVM}{mD \times 1\,000} \times 100\% \tag{6-12}$$

式中，V——滴定消耗氢氧化钠标准滴定溶液的体积，mL；

c——氢氧化钠标准滴定溶液的浓度，mol/L；

M——五氧化二磷（$1/2P_2O_5$）的摩尔质量（$M = 71.00$），g/mol；

m——试料质量，g；

D——测定时吸取试液体积与试液总体积之比。

(2) 指示剂法

① 方法原理

试样溶液以溴甲酚绿为指示剂，用氢氧化钠标准溶液滴定至溶液呈纯绿色为终点。根据消耗氢氧化钠标准溶液的量，求得游离酸的含量。

② 结果计算

计算公式同酸度计法。

③ 说明及注意事项

a. 过磷酸钙试样中磷酸与氢氧化钠生成磷酸二氢钠，其水解 pH 值约为 4.5，理论上可用甲基红作指示剂，但磷酸二氢钠溶液具有缓冲性质，而且铁、铝盐在溶液 pH = 4.5 时发生水解，使甲基红的变色不明显，从而影响滴定终点的观察，故一般采用溴甲酚绿作指示剂；尽管这样，其终点溶液颜色的变化仍不灵敏，还需用磷酸氢二钠和柠檬酸配制的缓冲标准色溶液作对照，以利于终点的判断；

b. 硫酸铵、氯化铵等化肥中游离酸含量的测定可用甲基红 - 亚甲基蓝为指示剂，直接以氢氧化钠标准溶液滴定至灰绿色为终点。

3. 肥料中氯离子的测定——佛尔哈德法

① 方法原理

在微酸性溶液中,先加入过量的 $AgNO_3$ 标准溶液,使氯离子转化成为氯化银沉淀,用邻苯二甲酸二丁酯包裹沉淀,以铁铵矾($NH_4Fe(SO_4)_2 \cdot 12H_2O$)作指示剂,用 NH_4SCN 标准溶液滴定剩余的 $AgNO_3$,当滴定至化学计量点时,稍过量的 SCN^- 与 Fe^{3+} 反应生成红色的 $[FeSCN]^{2+}$ 配合物,达到滴定终点。根据消耗的 $AgNO_3$ 和 NH_4SCN 标准溶液的体积来计算氯离子的含量。反应如下:

$$Ag^+ (过量) + Cl^- = AgCl\downarrow (白色)$$
$$Ag^+ (剩余) + SCN^- = AgSCN\downarrow (白色)$$
$$Fe^{3+} + SCN^- = [Fe(SCN)]^{2+} (橙红色络合物)$$

② 结果计算

氯离子(以 Cl^- 计)含量以质量分数表示,按下式计算:

$$w = \frac{(V_0 - V_1)c \times 35.45}{1\,000 \times mD} \times 100\% \qquad (6-13)$$

式中,V_0——空白测定所消耗硫氰酸铵标准滴定溶液的体积,mL;

V_1——测定试液时所消耗硫氰酸铵标准滴定溶液的体积,mL;

c——硫氰酸铵标准滴定溶液的浓度,mol/L;

35.45——氯的摩尔质量,g/mol;

m——试料的质量,g;

D——测定时吸取试液体积与试液总体积之比。

③ 说明及注意事项

a. 滴定应在硝酸溶液中进行,一般控制溶液酸度在 0.1~1 mol/L 之间,若酸度太低,则指示剂中的 Fe^{3+} 在中性或碱性溶液中将水解,形成颜色较深的 $Fe(HO)OH^{2+}$,甚至产生沉淀,影响终点的观察;

b. 在滴定过程中,生成的 AgCl 沉淀容易吸附溶液中过量的 Cl^-,生成的 AgSCN 沉淀容易吸附溶液中过量的 Ag^+,开始可以剧烈摇动溶液,使被 AgSCN 沉淀吸附的 Ag^+ 释出,防止终点提前到达,在近终点时要缓慢摇动锥形瓶,防止 AgCl 沉淀转化为 AgSCN 沉淀,造成终点不敏锐;

c. 此滴定是以铁铵矾 $[NH_4Fe(SO_4)_2]$ 作指示剂的一种银量滴定法,该法干扰少、具有较好的准确度与精密度,应用范围广,测定条件简单,而且在微酸性溶液中进行测定,可以减少阴离子与 Ag^+ 生成难溶沉淀或络合物,降低对测定结果的影响程度,因此更适合于复混肥中氯离子含量的测定。

4. 肥料粒度的测定——筛分法

粒度是指固体物质颗粒的大小,不同产品有不同的粒度要求,肥料产品为了提高肥料的长久性和缓释性,常要求有一定的粒度。

① 方法原理

筛分法是利用一系列筛孔尺寸不同的筛网来测定颗粒粒度及其粒度分布的方法，步骤是将筛子按孔径大小依次叠好，把被测试样从顶上倒入，盖好筛盖，置于振筛器上振荡，使试样通过一系列的筛网，然后在各层筛网上收集，将试样分成不同粒度颗粒，称量，计算百分率。夹在筛孔中的试料作不通过此筛处理。

② 结果计算

试样的粒度 D 以 1.00~4.00 mm 颗粒质量占总取试样质量的百分数表示，按下式计算：

$$D = \frac{m_0 - m_1}{m_0} \times 100\% \qquad (6-14)$$

式中，m_1——未通过 4.0 mm 孔径筛网的和底盘上的试样质量之和，g；

m_0——试样的质量，g。

6.3 任务

任务1 农用碳酸氢铵中氨态氮含量的测定

（1）目的

① 掌握酸量法测定碳酸氢铵中氨态氮的方法及原理；

② 掌握氢氧化钠标准滴定溶液的配制与标定；

③ 熟悉酸碱滴定操作。

（2）原理

碳酸氢铵与过量硫酸标准溶液作用，然后在指示剂存在下，用氢氧化钠标准滴定溶液返滴定剩余的硫酸。反应方程式如下：

$$2NH_4HCO_3 + H_2SO_4 = (NH_4)_2SO_4 + 2CO_2\uparrow + 2H_2O$$

$$H_2SO_4（剩余） + 2NaOH = Na_2SO_4 + 2H_2O$$

（3）仪器和试剂

① 仪器

实验室常用仪器。

② 试剂

a. $c(1/2H_2SO_4) = 1$ mol/L 硫酸标准溶液；

b. 1 mol/L 氢氧化钠标准滴定溶液；

NaOH 溶液的标定：常用基准物质邻苯二甲酸氢钾或草酸来标定出 NaOH 溶液的浓度。邻苯二甲酸氢钾（$KHC_8H_5O_4$，缩写为 KHP）易制得纯品，在空气中不吸水，易保存，摩尔质量大，与 NaOH 反应的计量比为 1:1，在 100 ℃~125 ℃下干燥 1~2 h 后使用。滴定反应为：

化学计量点时，溶液呈弱碱性（pH≈9.20），可选用酚酞作指示剂。

c. 甲基红-亚甲基蓝混合指示液；

d. 农用碳酸氢铵。

（4）步骤

① 测定

在已知质量的干燥的带盖称量瓶中，迅速准确称取约 2 g 试样，精确至 0.001 g，然后立即用水将试样洗入已盛有 40.00~50.00 mL 硫酸标准溶液的 250 mL 锥形瓶中，摇动瓶中溶液使试样完全溶解，加热煮沸 3~5 min，以驱除二氧化碳。冷却后，加 2~3 滴混合指示液，用氢氧化钠标准滴定溶液滴定至溶液呈现灰绿色即为终点。平行测定 2~3 次。

② 空白实验

除不加试样外，按上述步骤进行空白实验。

（5）结果计算

氮含量 w（N）以质量分数表示，按下式计算

$$w(\text{N}) = \frac{c(V_1 - V_2) \times 14.01}{m \times 1000} \times 100\% = \frac{c(V_1 - V_2)}{m} \times 1.401\%$$

式中，c——氢氧化钠标准滴定溶液的浓度，mol/L；

V_1——空白实验时消耗氢氧化钠标准滴定溶液的体积，mL；

V_2——测定时消耗氢氧化钠标准滴定溶液的体积，mL；

m——样品的质量，g；

14.01——氮（N）的摩尔质量，g/mol。

取平均测定结果的算术平均值为测定结果，所得结果表示至两位小数。

（6）注意事项

① 平行测定结果绝对差值不大于 0.10%；

② 质量要求：农业用碳酸氢铵的技术指标应符合表 6-2 要求。

表 6-2 农业用碳酸氢铵的技术指标

项目	碳酸氢铵			干碳酸氢铵
	优等品	一等品	合格品	
氮（N）/% ≥	17.2	17.1	16.8	17.5
水分（H₂O）/% ≤	3.0	3.5	5.0	0.5

注：优等品和一等品必须含添加剂。

任务 2　尿素中总氮含量的测定

（1）目的

① 掌握蒸馏后滴定法测定尿素中总氮含量的方法及原理；

② 掌握蒸馏装置的正确安装及实验操作。

（2）原理

在硫酸铜的催化作用下，在浓硫酸中加热使试样中的酰胺态氮转化为氨态氮，加入过量碱液蒸馏出氨，吸收在过量的硫酸标准溶液中，在指示液存在下，用氢氧化钠标准滴定溶液滴定剩余的酸。主要反应有：

转化　$CO(NH_2)_2 + H_2SO_4（浓）+ H_2O \Longrightarrow (NH_4)_2SO_4 + CO_2 \uparrow$

蒸馏　$(NH_4)_2SO_4 + 2NaOH \Longrightarrow Na_2SO_4 + 2NH_3 \uparrow + 2H_2O$

吸收　$NH_3 + H_2SO_4 \Longrightarrow (NH_4)_2SO_4$

滴定　$2NaOH + H_2SO_4（剩余）\Longrightarrow Na_2SO_4 + 2H_2O$

（3）仪器和试剂

① 仪器

a. 一般实验室用仪器；

b. 梨形玻璃漏斗；

c. 蒸馏仪器：带标准磨口的成套仪器或能保证定量蒸馏和吸收的任何仪器。蒸馏仪器的各部件用橡皮塞和橡皮管连接，或是采用球形磨砂玻璃接头，为保证系统密封，球形玻璃接头应用弹簧夹子夹紧。仪器如图 6-1 所示，包括以下各部分：

Ⅰ. 蒸馏烧瓶：容积为 1 L 的圆底烧瓶；

Ⅱ. 单球防溅球管；Ⅴ 圆筒形滴液漏斗：顶端开口，容积约 50 mL，与防溅球进出口平行；

Ⅲ. 直形冷凝管：有效长度约 400 mm；

Ⅳ. 接收器：容积 500 mL 的锥形瓶，瓶侧连接双连球。

② 试剂

a. 五水硫酸铜（$CuSO_4 \cdot 5H_2O$）：分析纯；

b. 硫酸：分析纯；

c. 450 g/L 氢氧化钠溶液：称量 45 g 氢氧化钠溶于水中，稀释至 100 mL；

d. $c(1/2\ H_2SO_4) = 0.5$ mol/L 硫酸

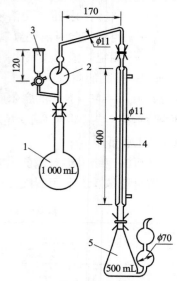

图 6-1　蒸馏装置图

1—蒸馏烧瓶；2—单球防溅球管；
3—滴液漏斗；4—直形冷凝管；
5—带双连球锥形瓶

标准滴定溶液；

　　e. c（NaOH）=0.5 mol/L 氢氧化钠标准滴定溶液；

　　f. 95% 乙醇；

　　g. 甲基红 – 亚甲基蓝混合指示液：在约 50 mL 95% 乙醇中，加入 0.10 g 甲基红、0.05 g 亚甲基蓝，溶解后，用相同规格的乙醇稀释到 100 mL，混匀；

　　h. 硅脂；

　　i. 尿素。

（4）步骤

做两份试样的平行测定。

① 试液制备

称取约 0.5 g 试样（精确至 0.000 2 g）于蒸馏烧瓶中，加少量水冲洗蒸馏瓶瓶口内测，以使试料全部进入蒸馏瓶底部，再加 15 mL 硫酸、0.2 g 五水硫酸铜，插上梨形玻璃漏斗，在通风橱内缓慢加热，使二氧化碳逸尽，然后逐步提高加热温度，直至冒白烟，再继续加热 20 min 后停止加热。

注：若为大颗粒尿素，则应研细后称量，其方法是称取 100 g 缩分后的试样，迅速研磨至全部通过 0.5 mm 孔径筛，混合均匀。

② 蒸馏

待蒸馏烧瓶中试液充分冷却后，小心加入 300 mL 水，几滴混合指示液，放入一根防溅棒（聚乙烯管端向下）。用滴定管或移液管移取 0.5 mol/L 硫酸标准溶液 40.00 mL 于接收器中，加水使溶液能淹没接收器的双连球瓶颈，加 4~5 滴混合指示液。

用硅脂涂抹仪器接口，按图 6 – 1 所示装好蒸馏仪器，并保证仪器所有连接部分密封。通过滴液漏斗往蒸馏烧瓶中加入足够量的氢氧化钠溶液，以中和溶液并过量 25 mL，加水冲洗滴液漏斗，应当注意，滴液漏斗内至少存留几毫升溶液。

加热蒸馏，直到接收器中的收集量达到 200 mL 时，移开接收器，用 pH 试纸检查冷凝管出口的液滴，如无碱性结束蒸馏。

③ 滴定

将接收器中的溶液混匀，用氢氧化钠标准滴定溶液返滴定过量的酸，直至指示液呈灰绿色，滴定时要仔细搅拌，以保证溶液混匀。

④ 空白试验

按上述操作步骤进行空白试验，除不加样品外，操作步骤和应用的试剂与测定时相同。

（5）结果计算

试样中总氮含量以氮含量计，用质量分数表示，按下式计算：

$$w = \frac{c(V_2 - V_1) \times 0.01401}{m \times \frac{100 - w(H_2O)}{100}} \times 100\%$$

式中，V_2——测定时消耗氢氧化钠标准滴定溶液的体积，mL；

V_1——空白实验时消耗氢氧化钠标准滴定溶液的体积，mL；

m——试样的质量，g；

c——氢氧化钠标准滴定溶液的浓度，mol/L；

0.01401——与1.00 mL氢氧化钠标准滴定溶液[c(NaOH) = 1.000 mol/L]相当的氮的质量；

w(H_2O)——试样中水分的质量分数。

计算结果表示到小数点后两位，取平行测定结果的算术平均值作为测定结果。

(6) 注意事项

① 允许差：平行测定结果的绝对差值不大于0.10%，不同实验室测定结果的绝对差值不大于0.15%；

② 质量要求：农用尿素的技术指标应符合表6-3要求。

表6-3 农用尿素的技术指标

项 目	尿 素		
	优等品	一等品	合格品
总氮 (N) /% ≥	46.4	46.2	46.0
水分 (H_2O) /% ≤	0.4	0.5	1.0

任务3 磷肥中有效磷含量的测定

(1) 目的

① 掌握磷钼酸喹啉质量法测定磷含量的原理及方法；

② 掌握水溶性磷和有效磷的正确提取方法；

③ 熟悉沉淀的过滤、洗涤、干燥及称量操作和仪器正确使用。

(2) 原理

用水和乙二胺四乙酸二钠（EDTA）溶液提取磷肥中的水溶性磷和有效磷，提取液（若有必要，先进行水解）中正磷酸根离子在酸性介质中与喹钼柠酮试剂生成黄色磷钼酸喹啉沉淀，用磷钼酸喹啉质量法测定磷的含量。反应方程式为：

$$H_3PO_4 + 12MoO_4^{2-} + 24H^+ + 3C_9H_7N =$$
$$(C_9H_7N)_3H_3(PO_4 \cdot 12MoO_3) \cdot H_2O \downarrow + 11H_2O$$
　　　　磷钼酸喹啉（黄色）

(3) 仪器和试剂

① 仪器

a. 实验室常用仪器；

b. 恒温干燥箱：能维持（180±2）℃；

c. 玻璃坩埚式滤器：4号，容积30 mL；

d. 恒温水浴振荡器：能控制温度（60±1）℃的往复式振荡器或回旋式振荡器。

② 试剂

a. 0.1 mol/L乙二胺四乙酸二钠溶液：称取37.5 g EDTA于1 000 mL烧杯中，加少量水溶解，用水稀释至1 000 mL，混匀；

b. 喹钼柠酮试剂：溶解70 g钼酸钠溶解在100 mL水中制成溶液Ⅰ，再将60 g柠檬酸溶解于85 mL硝酸和100 mL水的混合液中，冷却制成溶液Ⅱ，在不断搅拌下，缓慢地将溶液Ⅰ加到溶液Ⅱ中形成溶液Ⅲ，另取5 mL喹啉溶解在35 mL硝酸和100 mL水的混合液中制成溶液Ⅳ，将溶液Ⅳ缓慢加到溶液Ⅲ中，混合后放置24 h，过滤，滤液中加入280 mL丙酮，用水稀释至1 000 mL，混匀，贮于聚乙烯瓶中，放于暗处，避光避热保存；

c. 硝酸溶液（1∶1）；

d. 农用磷酸–铵或硝酸磷肥。

(4) 步骤

① 试样制备

称取约100 g实验室样品，迅速研磨至全部通过1.00 mm孔径的试验筛后混匀，置于洁净、干燥的瓶中备用。

② 水溶性磷的提取

称取约1 g试样（精确至0.000 2 g），置于75 mL的瓷蒸发皿中，加少量水润湿，研磨，再加约25 mL水研磨，将清液倾注滤于预先加入5 mL硝酸溶液的500 mL容量瓶中。继续用水研磨三次，每次用水约25 mL，然后将水不溶物转移到中速定性滤纸上，并用水洗涤水不溶物，待量瓶中溶液达400 mL左右为止。最后用水稀释到刻度，混匀，即为试液A，供测定水溶性磷用。

用水作抽取剂时，在抽取操作中，水的用量与温度、抽取的时间与次数都将影响水溶性磷的抽取效果，因此，要严格抽取过程中的操作，严格按规定进行。

③ 有效磷的提取

称取约1 g试样（精确至0.000 2 g），置于250 mL量瓶中，加入150 mL EDTA溶液，塞紧瓶塞，摇动量瓶使试样分散于溶液中，置于（60±1）℃的恒温水浴振荡器中，保温振荡1 h（振荡频率以量瓶内试样能自由翻动即可）。然后取出量瓶，冷却至室温，用水稀释至刻度，混匀。干燥过滤，弃去最初部分滤液，即得试液B，供测定有效磷用。

④ 磷的测定

水溶性磷的测定：用移液管吸取 25 mL 试液 A，移入 500 mL 烧杯中，加入 10 mL 硝酸溶液，用水稀释至 100 mL，在电炉上加热至沸，取下，加入 35 mL 喹钼柠酮试剂，盖上表面皿，在电热板上微沸 1 min 或置于近沸水浴中保温至沉淀分层，取出烧杯，冷却至室温，冷却过程转动烧杯 3~4 次。

用预先在（180±2）℃干燥箱内干燥至恒量的玻璃坩埚式滤器过滤，先将上层清液滤完，然后用倾泻法洗涤沉淀 1~2 次，每次用 25 mL 水，将沉淀移入滤器中，再用水洗涤，所用水共 125~150 mL，将沉淀连同滤器置于（180±2）℃干燥箱中，待温度达到 180 ℃后，干燥 45 min，取出移入干燥器中冷却至室温，称量。同时进行空白试验。

有效磷的测定：用移液管吸取 25 mL 试液 B，移入 500 mL 烧杯中，以下操作按水溶性磷的测定进行。同时进行空白试验。

(5) 结果计算

水溶性磷的含量（w_1）以五氧化二磷（P_2O_5）的质量分数表示，按下式计算：

$$w_1 = \frac{(m_1 - m_2) \times 0.032\ 07}{m_3 \times (25/250)} \times 100\% = \frac{(m_1 - m_2) \times 32.07\%}{m_3}$$

有效磷的含量（w_2）以五氧化二磷（P_2O_5）的质量分数表示，按下式计算：

$$w_2 = \frac{(m_4 - m_5) \times 0.032\ 07}{m_6 \times (25/250)} \times 100\% = \frac{(m_4 - m_5) \times 32.07\%}{m_6}$$

式中，w_1——水溶性磷的含量；

w_2——有效磷的含量；

m_1——测定水溶性磷所得磷钼酸喹啉沉淀的质量，g；

m_2——测定水溶性磷时，空白试验所得磷钼酸喹啉沉淀的质量；g；

m_3——测定水溶性磷时，试料的质量，g；

0.032 07——磷钼酸喹啉质量换算为五氧化二磷质量的系数；

25——吸取试样溶液的体积，mL；

250——试样溶液的总体积，mL；

m_4——测定有效磷所得磷钼酸喹啉沉淀的质量，g；

m_5——测定有效磷时，空白试验所得磷钼酸喹啉沉淀的质量；g；

m_6——测定有效磷时，试料的质量，g。

取平行测定结果的算术平均值为测定结果。

允许差：平行测定的绝对差值不大于 0.30%。

任务 4　钾肥中钾含量的测定

(1) 目的

① 掌握四苯硼酸钾质量法测定钾肥中钾含量的方法及原理；

② 熟练沉淀的洗涤、烘干操作。

(2) 原理

在碱性条件下加热消除试样溶液中铵离子的干扰，加入乙二胺四乙酸二钠（EDTA）螯合其他微量阳离子，以消除干扰分析结果的阳离子。在微碱性介质中，四苯硼酸钠与钾反应生成四苯硼酸钾沉淀，过滤、干燥沉淀并称量。反应式为：

$$K^+ + NaB(C_6H_5)_4 = KB(C_6H_5)_4\downarrow(白色) + Na^+$$

(3) 仪器和试剂

① 仪器

a. 常规实验室仪器；

b. 玻璃坩埚式滤器：4 号，30 mL；

c. 干燥箱：能维持（120±5）℃。

② 试剂

a. 盐酸：密度 1.19 g/cm³；

b. 40 g/L 乙二胺四乙酸二钠（EDTA）溶液：取 4 g EDTA 溶解于 100 mL 水中；

c. 200 g/L 氢氧化钠溶液：取 20 g 不含钾的氢氧化钠溶解于 100 mL 水中；

d. 100 g/L 氧化镁溶液；

e. 15 g/L 四苯硼酸钠 [NaB(C₆H₅)₄] 溶液：溶解 7.5 g 四苯硼酸钠于 400 mL 水中，加 2 mL 氢氧化钠溶液和 5 mL 氧化镁溶液，搅拌 15 min，用中速滤纸过滤，滤液贮存于塑料瓶内，该试剂可使用一周，如有混浊使用前过滤；

f. 1.5 g/L 四苯硼酸钠洗涤液；

g. 酚酞指示液：溶解 0.5 g 酚酞于 100 mL 5 g/L 的乙醇中。

(4) 步骤

① 试液的制备

a. 复合肥等

称取试样 2~5 g（准确至 0.0002 g）置于 250 mL 锥形瓶中，加入 150 mL 水，插上梨形漏斗，加 10 mL 盐酸加热煮沸 15 min。冷却，移入 500 mL 容量瓶中，加水至标线，混匀后，干滤（若测定复合肥中水溶性钾，操作时不加盐酸，加热煮沸时间改为 30 min），弃去最初少量滤液，滤液供测定氧化钾含量。

b. 氯化钾、硫酸钾和硝酸钾等

称取试样 2 g（准确至 0.0002 g），其他操作同复合肥。

② 测定

准确吸取复合肥液 25 mL 或氯化钾、硫酸钾滤液 20 mL 于 200 mL 烧杯中，加水稀释至约 50 mL，加 10 mL EDTA 溶液和 5 滴酚酞指示剂，在搅拌下逐滴加入氢氧化钠溶液至红色出现并过量 1 mL，加热微沸 15 min（此时溶液应保持红色)。在不断搅拌下逐滴加入四苯硼钠溶液，加入量为每含 1 mg 氧化钾加四苯硼酸钾溶液 0.5 mL，并过量 4 mL，继续搅拌 1 min，然后在流水中迅速冷却至室温并放置 15 min。

用 4 号玻璃坩埚式滤器先过滤上层清液，再以四苯硼酸钠洗涤液用倾泻法反复洗涤沉淀 5~7 次，每次用量约 5 mL，最后用水洗涤烧杯 2 次，每次用量约 5 mL。

将盛有沉淀的坩埚置于（120±5）℃干燥箱中，干燥 1.5 h，然后移入干燥器内冷却，称量。

③ 空白实验

除不加试样外，按同样操作步骤，同样试剂、溶液和用量进行操作。

（5）结果计算

氧化钾（K_2O）的含量 w_1 以质量分数表示，按下式计算：

$$w_1 = \frac{(m_1 - m_2) \times 0.1314}{m \times \dfrac{V}{500}} \times 100\%$$

式中，m_1——四苯硼酸钾沉淀的质量，g；

m_2——空白试验所得四苯硼酸钾沉淀的质量；g；

m——试料的质量，g；

0.1314——四苯硼酸钾换算为氧化钾质量的系数；

V——吸取试样溶液的体积，mL；

500——试样溶液的总体积，mL。

取平行测定结果的算术平均值为测定结果。平行测定结果的绝对差值不大于 0.39%。

（6）说明及注意事项

① 配制过程中，在溶解的四苯硼酸钠中加入六水氧化镁和氢氧化钠，一起搅拌 15 min，所配出四苯硼酸钠溶液澄清效果好，首先 $Mg(OH)_2$ 絮状沉淀有效地吸附溶液中的杂质，其次加入 NaOH 还可以防止四苯硼酸钠分解，一般溶液的酸性越大、温度越高，四苯硼酸钠的分解速度越快，加入 NaOH 后，在此浓度的碱性溶液中就可以有较长时间的稳定。另外配制好的四苯硼酸钠溶液还应放在塑料瓶内保存。

② 在实际检测过程中，应注意试样溶液的采取量，采样量过少代表性较差，采样量过大不仅会使测定结果偏高，还会增加四苯硼酸钠沉淀剂的加入量，从而增加引入误差的几率。实践证明，肥料中氧化钾含量不同，在制备试样溶液的采样量上也应有所不同，应使称取的试样含氧化钾约 400 mg。

③ 在试样溶液中加入适量乙二胺四乙酸二钠盐（EDTA），是为了使阳离子与 EDTA 络合，以达到防止阳离子干扰的目的。

④ 要保证在碱性条件下加入沉淀剂,在此条件下生成的四苯硼酸钾沉淀性质较稳定,但氢氧化钠加入量不要过多,否则会使 Al^{3+} 和 Fe^{3+} 等离子产生沉淀影响测定结果。沉淀的静置时间要大于 15 min,以利于四苯硼酸钾晶体的形成。

⑤ 严格控制沉淀干燥温度。首先要注意所用干燥箱温度的准确性,并且四苯硼酸钾沉淀干燥温度以 (120 ± 5) ℃最佳。若高于 130 ℃沉淀会逐渐分解,使测定结果偏低。

⑥ 由于四苯硼酸钾沉淀在水中有一定溶解度,所以要先用 1:10 的四苯硼酸钠洗涤液洗涤沉淀,最后再用水洗涤。要严格按规定用量和次数洗涤沉淀,洗涤终点确认要准确,否则会引起偏差。如果在干燥后的坩埚上仍清晰可见粉红色物质,说明洗涤次数不够、不彻底,存在未洗尽的氢氧化钠与酚酞产生的物质残留,所得的沉淀质量偏大,以致测定结果的钾含量偏高。经洗涤、干燥后的坩埚上物质颜色为白色或无色(四苯硼酸钾颜色),说明洗涤较彻底。

⑦ 质量要求见表 6 – 4。

表 6 – 4 质量要求

项　目	氧化钾含量/%		
	优等品	一等品	合格品
农用氯化钾	60.0	57.0	54.0
农用硝酸钾	46.0	44.5	44.0
农用硫酸钾	50.0	50.0	45.0

习　题

1. 作物生长所需的营养元素有哪些?肥料三要素是指哪三种元素?
2. 化肥常见品种有哪些?
3. 何谓"有效磷"和"水溶性磷"?应如何提取?
4. 磷肥中磷的测定方法有哪几种?简述其测定原理。
5. 用磷钼酸喹啉法测定磷肥中有效磷时,所用的喹钼柠酮试剂是由哪些试剂配制成的?各试剂的作用是什么?
6. 比较磷钼酸喹啉质量法和容量法测定有效磷含量的异同之处。
7. 氮肥中氮的存在状态有几种?分别有哪些测定方法?其测定原理和使用范围如何?
8. 试述四苯硼酸钾质量法和容量法测定氧化钾含量的原理,并比较它们的异同之处。
9. 什么是复混肥料、复合肥料?
10. 称取过磷酸钙试样 2.200 0 g,用磷钼酸喹啉质量法测定其有效磷含量。

若分别从 250 mL 的容量瓶中用移液管吸取有效磷提取溶液 10.00 mL，于 180 ℃ 干燥后得到磷钼酸喹啉沉淀 0.384 2 g，求该试样中有效磷的含量。

11. 称取某钾肥试样 2.500 0 g，制备成 500 mL 溶液。吸取 25.00 mL，加四苯硼酸钠标准溶液（它对氧化钾的滴定度为 1.189 mg/mL）38.00 mL，并稀释至于 100 mL。干过滤后，吸取滤液 50.00 mL，用 CTAB 标准溶液（相当于四苯硼酸钠标准滴定溶液的体积为 1.05 mL/mL）滴定，消耗 10.15 mL，计算该肥料中氧化钾的含量。

阅读材料

叶面肥及种类

农作物吸收养分可通过二条途径：一是根系吸收，二是叶面吸收。叶面施肥又称根外施（追）肥，即通过叶面喷洒来补充植物所需的营养元素，起到调节植物生长、补充所缺元素、防早衰和增加产量的作用。采取根外施肥可直接迅速地供给养分，避免养分被土壤吸附固定，提高了肥料利用率，且用量少，适合于微肥的施用，增产效果显著。根外施肥是根系吸肥的重要补充，是补充和调节作物营养的有效措施，特别是在逆境条件下，根部吸收机能受到障碍，叶面施肥常能发挥特殊的效果。作物对微量营养元素需要的量少，在土壤中微量元素不是严重缺乏的情况下，通过叶面喷施能满足作物的需要；然而，作物对氮、磷、钾等大量元素需要量大，叶面喷施只能提供少量养分，无法满足作物的需求。因此，为了满足作物所需的养分，还应以根部施肥为主，叶面施肥只能作为一种辅助措施。

叶面肥的种类很多，2000 年来，农业部认证登记的叶面肥就有近 700 多种，根据其作用和功能，可把叶面肥概括为四大类：

1. 无机营养型叶面肥　此类叶面肥中氮、磷、钾及微量元素等养分含量较高主要功能是为作物提供各种营养元素，改善作物的营养状况，特别适宜作物生长中后期各种营养的补充，常用的有磷酸二氢钾、稀土微肥、绿芬威、硼肥等。

2. 植物生长调节剂型　此类叶面肥中含有调节植物生长发育的物质，主要功能是调控作物生长发育，适宜植物生长前中期使用，如生长素、激素类。

3. 生物型叶面肥　此类肥料中含微生物及代谢物，主要功能是刺激作物生长，促进作物代谢，减轻防止病虫害的发生等，如氨基酸、核苷酸、核酸类物质。

4. 复合型叶面肥　此类叶面肥种类繁多，复合混合形式多种多样，其功能是复合型的，既可提供营养，又能刺激作物的生长调控发育。

微生物肥料

微生物肥料简称菌肥，是从土壤中分离出的有量微生物，经过人工选育与繁殖后制成的菌剂,是一种辅助性肥料。施用后通过菌肥中微生物的生命活动,借助其代谢过程或代谢产物,以改善植物生长条件,尤其是营养环境。如固定空气中的游离氮素,参与土壤中养分的转化,增加有效养分,分泌激素刺激植物根系发育,抑制有害微生物活动等。

1. 微生物肥料的种类

微生物肥料的种类较多,按照制品中特定的微生物种类可分为:细菌肥料(如根瘤菌肥、固氮菌肥)、放线菌肥料(如抗生菌肥料)、真菌类肥料(如菌根真菌);按其作用机理分为:根瘤菌肥料、固氮菌肥料(自生或联合共生类)、解磷菌类肥料、抗生菌肥料、硅酸盐菌类肥料;按其制品组成分为:单一的微生物肥料和复合(或复混)微生物肥料,复合微生物肥料又有菌、菌复合,也有菌和各种添加剂复合的。

2. 微生物肥料的特点

微生物肥料是活体肥料,它的效能主要靠它含有的大量有益微生物的生命活动来完成,微生物肥料中有益微生物的种类、生命活动是否旺盛是其有效性的基础。只有当这些有益微生物处于旺盛的繁殖和新陈代谢的情况下,物质转化和有益代谢产物才能不断形成,因此微生物肥料的肥效与活菌数量、强度及周围环境条件密切相关,包括温度、水分、酸碱度、营养条件及原生活在土壤中土著微生物排斥作用都有一定影响。

3. 微生物肥料的特殊作用

(1) 提高化肥利用率和提高作物品质。随着化肥的大量使用,其利用率不断降低,且对环境产生污染等。可根据作物种类和土壤条件,采用微生物肥料与化肥配合施用,既能保证增产,又减少了化肥使用量,降低成本,同时还能改善土壤及作物品质,减少污染。

(2) 在绿色食品生产中的作用。随着人民生活水平的不断提高,国内外都在积极发展绿色农业(生态有机农业)来生产安全、无公害的绿色食品。生产绿色食品过程中要求不用或尽量少用(或限量使用)化学肥料、化学农药和其他化学物质。微生物肥料基本能满足要求。

(3) 微生物肥料在环保中的作用。利用微生物的特定功能分解发酵城市生活垃圾及农牧业废弃物而制成微生物肥料是一条经济可行的有效途径。目前已应用的主要是两种方法,一是将大量的城市生活垃圾作为原料经处理由工厂直接加工成微生物有机复合肥料;二是工厂生产特制微生物肥料(菌种剂)供应于堆肥厂(场),再对各种农牧业物料进行堆制,以加快其发酵过程,缩短堆肥的周期,同时还提高堆肥质量及成熟度。另外还有将微生物肥料作为土壤净化剂使用。

(4) 改良土壤物理性状,有利于提高土壤肥力。微生物肥料中有益微生物能产生糖类物质,可以改善土壤团粒结构,增强土壤的物理性能和减少土壤颗粒的损失,在一定的条件下,还能参与腐殖质形成。

4. 微生物肥料的发展前景

微生物在农业上的作用已逐渐被人们所认识。现国际上已有70多个国家生产、应用和推广微生物肥料,我国目前也有250家企业年产约数十万吨微生物肥料应用于生产。不仅如此,现已有许多国家建立了行业或国家标准及相应机构以检查产品质量。我国也制定了农业部标准和成立微生物质量检测中心,并已于1996年正式对微生物肥料制品进行产品登记、检测及发放生产许可证等工作。

第 7 章

气 体 分 析

任务引领

任务1 大气中二氧化硫含量的测定

任务拓展

任务2 工业半水煤气全分析

任务目标

▶ 知识目标

1. 了解工业气体的种类及分析方法；
2. 掌握气体分析仪器的组成及使用方法；
3. 掌握吸收气体体积法、燃烧法的测定原理及方法。

▶ 能力目标

1. 能正确组装气体分析仪器，并能熟练使用气体分析仪测定气体的含量；
2. 能计算可燃性气体组分的含量；
3. 能够正确测定大气中二氧化硫的含量；
4. 能够正确进行工业半水煤气全分析。

7.1 概述

工业生产中常使用气体作为原料或燃料；化工生产的化学反应常常有副产物废气；燃料燃烧后也产生废气（如烟道气）；生产厂房空气中常混有一定量生产气体。

7.1.1 工业气体的分类

工业气体共分五大类：燃料气体、化工原料气、气体产品、废气和厂房空气。

1. 燃料气体

燃料气体是无机、有机合成的重要原料,主要有:
(1) 天然气:煤和石油分解的产物,主要含有甲烷;
(2) 焦炉煤气:煤在 800 ℃ 以上炼焦的副产物,主要是氢气和甲烷;
(3) 石油气:石油裂解产物,主要有甲烷、烯烃及其他碳氢化合物;
(4) 水煤气:水蒸气作用与赤热的煤而生成,主要有一氧化碳和氢气。

2. 化工原料气

除上述气体可以用作化工原料气,还有以下气体:
(1) 石灰焙烧窑气:主要有二氧化碳,用于制碱;
(2) 硫铁矿焙烧炉气:主要含二氧化硫,用于制造硫酸。

3. 气体产品

氢气、氮气、氧气、乙炔等。

4. 废气

工业用炉烟道气、燃料燃烧后的产物,主要含一氧化碳、二氧化碳、氢气、氧气、氮气及少量的其他气体。

5. 厂房空气

工厂厂房的空气、设备泄漏的有害气体。

7.1.2 气体分析的意义及其特点

1. 气体分析的意义

通过气体分析及时发现生产中的问题,及时采取各种措施,确保生产顺利进行。

2. 气体分析的特点

气体的特点是质轻且流动性大,不易称量,因此气体分析常用测量体积的方法代替称量,按体积计算被测组分的含量,而气体的体积随温度和压力的改变而变化,所以,测量体积的同时,必须记录当时的温度和压力。

7.1.3 气体分析的重要性

(1) 分析原料气的组成,以进行配料;
(2) 分析中间气体,以指导生产;
(3) 分析烟道气体,了解燃料的燃烧情况,以充分利用燃料;
(4) 分析工业废气,了解污染源及污染状况;
(5) 分析室内气体,检查设备泄露情况、厂房通风、安全等。

7.1.4 气体的分析方法

气体的分析方法可分为化学分析法、物理分析法和物理化学分析法。

化学分析法：是根据气体的化学性质进行测定的方法，主要方法有吸收法、燃烧法。

物理分析法：是根据气体的物理性质进行测定的方法，主要是测量气体的密度、导热性、热值等。

物理化学分析法：是根据气体的物理化学性质进行测定的方法，主要有色谱法、红外光谱法等。

气体混合物中各组分的含量是微量时，一般采用每升或每立方米混合气体中所含组分的质量（mg）或体积（mL）来表示；

气体中被测物质是固体或液体（各种灰尘、烟、各种金属粉末），这些杂质浓度一般用质量单位来表示比较方便。

7.2 气体化学分析法

7.2.1 吸收法

1. 气体体积法

（1）原理

利用气体的化学特性，使气体混合物和特定试剂接触，则混合气体中的待测组分和试剂由于发生化学反应而被定量吸收，其他组分则不发生反应。吸收前、后的体积之差，即为待测组分的体积。

例如，O_2 及 CO_2 的混合气体和 KOH 接触时，CO_2 被 KOH 吸收生成 K_2CO_3，而 O_2 不被吸收。

（2）气体吸收剂

用来吸收气体的化学试剂称为气体吸收剂。由于各种气体具有不同的化学特性，因此所选用吸收剂也不相同。吸收剂可分为液态和固态两种，在大多数情况下，都以液态吸收剂为主。

① 氢氧化钾溶液：KOH 是 CO_2 的吸收剂。

$$2KOH + CO_2 = K_2CO_3 + H_2O$$

通常用 KOH 而不用 NaOH，因为浓的 NaOH 溶液易起泡沫，并且析出难溶于本溶液中的 Na_2CO_3 而堵塞管路。

一般常用 33% 的 KOH 溶液，1 mL 此溶液能吸收 40 mL 的 CO_2 气体，它适用于中等浓度及高浓度（2%~3%以上）的 CO_2 测定。

氢氧化钾溶液也能吸收 H_2S、SO_2 等酸性气体，因此，在测定前必须除去。

② 焦性没食子酸的碱溶液：焦性没食子酸（1, 2, 3 - 三羟基苯）的碱溶液是 O_2 的吸收剂。

焦性没食子酸与氢氧化钾作用生成焦性没食子酸钾。

$$C_6H_3(OH)_3 + 3KOH = C_6H_3(OK)_3 + 3H_2O$$

焦性没食子酸钾被氧化生成六氧基联苯钾。

$$4C_6H_3(OK)_3 + O_2 = 2(KO)_3H_2C_6C_6H_2(OK)_3 + 2H_2O$$

1 mL 焦性没食子酸的碱溶液能吸收 8~12mL 氧气，在温度大于 15 ℃、含氧量不超过 25% 时，吸收效率最好。焦性没食子酸的碱性溶液吸收氧的速度，随温度降低而减慢，在 0 ℃ 时几乎不吸收，所以用它来测定氧气时，温度最好大于 15 ℃。吸收剂是碱性溶液，酸性气体和氧化性气体对测定都有干扰，在测定前应除去。

③ 亚铜盐溶液：亚铜盐的盐酸溶液或亚铜盐的氨溶液是一氧化碳的吸收剂。一氧化碳和氯化亚铜作用生成不稳定的配合物 $Cu_2Cl_2 \cdot 2CO$。

$$Cu_2Cl_2 + 2CO = Cu_2Cl_2 \cdot 2CO$$

在氨性溶液中，进一步发生反应：

$$Cu_2Cl_2 \cdot 2CO + 4NH_3 + 2H_2O = Cu_2(COONH_4)_2 + 2NH_4Cl$$

1 mL 亚铜盐氨溶液可以吸收 16 mL 一氧化碳。因氨水的挥发性较大，用亚铜盐氨溶液吸收一氧化碳后的剩余气体中常混有氨气，影响气体的体积，故在测量剩余气体体积之前，应将剩余气体通过硫酸溶液以除去氨（即进行第二次吸收）。

亚铜盐氨溶液也能吸收氧、乙炔、乙烯、高级碳氢化合物及酸性气体，故在测定一氧化碳之前均应除去。

④ 饱和溴水或硫酸汞、硫酸银的硫酸溶液：它们是不饱和烃的吸收剂。

在气体分析中不饱和烃通常是指乙烯、丙烯、丁烯、乙炔、苯、甲苯等。溴能和不饱和烃发生加成反应并生成液态的饱和溴化物。

$$CH_2 = CH_2 + Br_2 = CH_2Br - CH_2Br$$
$$CH \equiv CH + 2Br_2 = CHBr_2 - CHBr_2$$

在实验条件下，苯不能与溴反应，但能缓慢地溶解于溴水中，所以苯也可以一起被测定出来。

硫酸在有硫酸银（或硫酸汞）作为催化剂时，能与不饱和烃作用生成烃基磺酸、亚烃基磺酸、芳烃磺酸等。

$$CH_2 = CH_2 + H_2SO_4 = CH_3 - CH_3OSO_2OH$$
$$CH \equiv CH + H_2SO_4 = CH_2 - CH(OSO_2OH)_2$$
$$C_6H_6 + H_2SO_4 = C_6H_5SO_3H + H_2O$$

⑤ 硫酸、高锰酸钾溶液、氢氧化钾溶液：它们是二氧化氮的吸收剂。

$$2NO_2 + H_2SO_2 = OH(ONO)SO_2 + HNO_3$$

$$10NO_2 + 2KMnO_4 + 3H_2SO_4 + 2H_2O = 10HNO_3 + K_2SO_4 + 2MnSO_4$$
$$2NO_2 + 3KOH = 2KNO_3 + KNO_2 + H_2O$$

(3) 混合气体的吸收顺序

根据吸收剂的性质，分析煤气时，吸收顺序应该做如下安排。

① 氢氧化钾溶液：只吸收二氧化碳，其他组分不被吸收。

② 饱和溴水：只吸收不饱和烃，其他组分不干扰。应在氢氧化钾溶液之后，防止用碱除溴时 CO_2 被吸收。

③ 焦性没食子酸的碱性溶液：试剂本身只和氧作用。因为是碱性溶液，能吸收酸性气体，所以，应在氢氧化钾之后。

④ 氯化亚铜的氨性溶液：不但能吸收一氧化碳，还能吸收二氧化碳、氧、不饱和烃等气体。因此安排在最后。

2. 吸收容量滴定法

天然气中有害杂质硫化氢含量的测定，是使一定量的天然气样品通过乙酸镉溶液，则 H_2S 和 Cd^{2+} 离子反应生成黄色 CdS 沉淀。然后，将溶液化为酸性，加入一定量过量的碘标准溶液，氧化 S^{2-} 离子为 S，剩余过量的 I_2，用硫代硫酸钠标准溶液滴定。由 I_2 的消耗量计算 H_2S 含量。

3. 吸收质量法

综合应用吸收法和质量分析法，测定气体物质或可以转化为气体物质元素的含量的分析方法称为吸收质量法。例如，使混合气体通过氢氧化钾溶液，则二氧化碳被吸收，由氢氧化钾溶液增加的质量，测定混合气体中二氧化碳的含量。

4. 吸收比色法

利用吸收法和比色法来测定气体物质或可以转化为气体的其他物质含量的分析方法称为吸收比色法。其原理是使混合气体通过吸收剂（固体或液体），待测气体被吸收，而吸收剂产生不同的颜色（或吸收后再做显色反应），其颜色的深浅与待测气体的含量成正比，从而得出待测气体的含量。此法主要用于微量气体组分含量的测定，例如，测定混合气体中微量乙炔，将混合气体通过吸收剂——亚铜盐的氨溶液，乙炔被吸收，生成乙炔铜的紫红色胶体溶液，反应如下：

$$2C_2H_2 + Cu_2Cl_2 = 2CH\equiv CCu + 2HCl$$

其颜色的深浅与乙炔的含量成正比，可进行比色测定，从而得出乙炔的含量。

7.2.2 燃烧法

1. 概述

有些气体如甲烷和其他挥发性饱和碳氢化合物，其化学性质比较稳定，不易与化学试剂发生化学作用，因而不宜用吸收法进行测定。但这些气体一般易燃，可用燃烧法测定。

气体燃烧时，其体积的缩减、消耗氧的体积或生成二氧化碳的体积等，与被测物质的量有一定的比例关系。

2. 燃烧方法

（1）爆炸燃烧法

可燃气体与空气按一定体积比例混合，通电点燃引起爆炸燃烧。引起爆炸性燃烧的浓度范围称为爆炸极限。

爆炸上限：可燃性气体能引起爆炸的最高浓度。

爆炸下限：可燃性气体能引起爆炸的最低浓度。

浓度低于此范围都不会发生爆炸。此法分析速度快，但误差较大，适用于生产控制分析。

（2）缓慢燃烧法

可燃气体与空气混合，且浓度控制在爆炸极限以下，使之经过炽热的铂丝而引起缓慢燃烧。

此法需时太长，适合于可燃性组分浓度较低的混合气体或空气中可燃物的测定。

（3）氧化铜燃烧法

利用氧化铜在高温下的氧化活性，使可燃性气体缓慢燃烧，例如，O_2 和 H_2 在 2 800 ℃ 以上开始氧化，CH_4 在 600 ℃ 以上才开始氧化，反应如下：

$$H_2 + CuO \xrightarrow{280\ ℃} Cu + H_2O$$

$$CO + CuO \xrightarrow{280\ ℃} Cu + H_2O$$

$$CH_4 + 4CuO \xrightarrow{>600\ ℃} 4Cu + 2H_2O（1）+ CO_2$$

当混合气体通过 2 800 ℃ 高温的 CuO 时，缓慢燃烧，这时 CO 生成了等体积的 CO_2，缩减的体积等于 H_2 的体积，然后升高温度使 CH_4 燃烧，根据 CH_4 生成的 CO_2 体积，可求出 CH_4 的含量。

3. 燃烧反应

（1）甲烷燃烧按下式进行：

$$CH_4 + 2O_2 = CO_2 + 2H_2O$$

由反应式可知：1 体积的甲烷气完全燃烧，要消耗 2 体积的氧，而生成 1 体积的二氧化碳和 0 体积的水（由于生成的水蒸气在室温下冷凝为体积很小的液态水，体积可以忽略不计），反应前后气体体积减少 2，减少的体积与甲烷的体积之间的比例关系为 $V_{减} = 2V_{CH_4}$，生成的二氧化碳体积与甲烷体积之间的比例关系为 $V_{CO_2} = V_{CH_4}$。

（2）氢气燃烧按下式进行：

$$2H_2 + O_2 = 2H_2O$$

由反应式可知：2 体积的氢气完全燃烧，消耗 1 体积的氧气而生成 0 体积的水。反应前后气体的体积减少了 3，减少的体积与氢气的体积之间的比例关系如下：

$$V_{减} = \frac{3}{2} V_{H_2}$$

（3）一氧化碳燃烧按下式进行：

$$2CO + O_2 =\!=\!= 2CO_2$$

由反应式可知：2 体积的一氧化碳完全燃烧，要消耗 1 体积氧气，而生成 2 体积的二氧化碳。反应前后气体体积减少了 1，减少体积与一氧化碳的体积之间的比例关系：

$$V_{减} = \frac{1}{2} V_{CO}$$

生成的二氧化碳与一氧化碳的体积之间的比例关系为：

$$V_{CO_2} = V_{CO}$$

将可燃气体通入足量的氧气，使之在密闭的容器中完全燃烧，通过测量其燃烧前、后的体积之差和生成的二氧化碳气体体积，即可推算出待测气体的体积。这是燃烧法测定可燃气体体积的理论依据。

4. 燃烧法结果计算

（1）一元可燃性气体含量的测定

气体混合物中只有一种可燃性气体时，测定过程及计算都比较简单。可以先用吸收法除去干扰组分（例如氧，二氧化碳），再取一定量的剩余气体（或全部），加入一定量的空气使之进行燃烧。经燃烧后，测出其体积的缩减及生成的二氧化碳体积。根据燃烧法的原理，计算可燃性气体的含量。

[例 7-1] 一混合气体有 N_2、O_2、CO_2、CO，取样 50 mL 测 CO，测 CO 时 O_2、CO_2 有干扰，吸收干扰物后再补充 O_2 使混合气燃烧测出生成 CO_2 的体积 V_{CO_2} = 20.00 mL，求混合气体中 CO 的含量。

解：

$$2CO + O_2 =\!=\!= 2CO_2$$

$$V_{CO} = V_{CO_2} = 20.00 \text{ mL}$$

$$\varphi(CO) = \frac{V_{CO}}{V_{总}} \times 100\% = \frac{20.00}{50.00} \times 100\% = 0.4000 = 40.00\%$$

[例 7-2] 有 H_2 和 N_2 的混合气体 40.00 mL，加空气经燃烧后，测其总体积减少 18.00 mL，求 H_2 在混合气体中的体积分数。

解：根据燃烧法的基本原理，氢气燃烧按下式进行：

$$2H_2 + O_2 =\!=\!= 2H_2O$$

当 H_2 燃烧时，其体积的缩减为原 $\frac{2}{3}$，则

$$V_{H_2} = \frac{2}{3} V_{减}$$

$$V_{H_2} = \frac{2}{3} \times 18.00 = 12.00 \text{ mL}$$

$$\varphi(H_2) = \frac{12.00}{40.00} \times 100\% = 30.00\%$$

(2) 二元可燃性气体含量的测定

如果气体混合物中含有两种可燃性气体组分,先用吸收法除去干扰组分,再取一定量的剩余气体(或全部)加入过量的空气,使之进行燃烧。经燃烧后,测量其体积缩减、生成二氧化碳的体积、用氧量等,根据燃烧法的基本原理,列出二元一次方程组,解其方程,即可得出可燃性气体的体积,并计算出混合气体中的可燃性气体的体积分数。

一氧化碳和甲烷的气体混合物,燃烧后,求原可燃性气体的体积。它们的燃烧反应为:

$$2CO + O_2 = 2CO_2$$

$$CH_4 + 2O_2 = CO_2 + 2H_2O$$

设一氧化碳的体积为 V_{CO},甲烷的体积为 V_{CH_4}。经燃烧后,由一氧化碳所引起的体积缩减应为原一氧化碳体积的,由甲烷所引起的体积缩减应为原甲烷体积的 2 倍。

一氧化碳和甲烷的气体混合物,经燃烧后,测得的应为其总体积的缩减 $V_{缩}$,所以:

$$V_{缩} = \frac{1}{2} V_{CO} + 2 V_{CH_4} \tag{1}$$

由于一氧化碳和甲烷燃烧后,生成与原一氧化碳和甲烷等体积的二氧化碳,经燃烧后,测得的应为总二氧化碳的体积 $V_{生CO_2}$,所以:

$$V_{生CO_2} = V_{CO} + V_{CH_4} \tag{2}$$

解上述(1)(2)联立方程组,得:

$$V_{CO} = \frac{4 V_{生CO_2} - 2 V_{缩}}{3}$$

$$V_{CH_4} = \frac{2 V_{缩} - V_{生CO_2}}{3}$$

[例 7-3] CH_4、CO 和 N_2 的混合气 20.00 mL。加一定量过量的 O_2,燃烧后体积缩减 21.00 mL,生成 CO_2 18.00 mL,计算各种成分的含量。

解: 反应式 $CH_4 + 2O_2 = CO_2 + 2H_2O$

$$2CO + O_2 = 2CO_2$$

由燃烧法的基本原理,得

$$V_{缩} = \frac{2}{1}V_{CH_4} + \frac{1}{2}V_{CO}$$

$$V_{CO_2} = V_{CH_4} + V_{CO}$$

结合题意，得

$$\frac{2}{1}V_{CH_4} + \frac{1}{2}V_{CO} = 21.00 \text{ mL}$$

$$V_{CH_4} + V_{CO} = 18.00 \text{ mL}$$

解联立方程得：

$$V_{CH_4} = 8.00 \text{ mL}, V_{CO} = 10.00 \text{ mL}, V_{N_2} = 2.00 \text{ mL}$$

$$\varphi(CO) = \frac{10.00}{20.00} \times 100\% = 0.5000 = 50.00\%,$$

$$\varphi(CH_4) = 0.4000 = 40.00\%, \varphi(N_2) = 0.1000 = 10.00\%$$

(3) 气体体积的校正

量气管虽然有刻度，但标明的体积与实际体积不一定相等，对于精确的测量必须进行校正。在需要校正的量气管下端，用橡皮管套上一个玻璃尖嘴，再用夹子夹住橡皮管，在量气管中充满水至刻度的零点，然后放水于烧杯中，各为 0~20 mL、0~40 mL、0~60 mL、0~80 mL、0~100 mL，精确称量出水的质量，并测量水温，查出在此温度下水的密度，通过计算得出准确的体积。水的真实体积与实际体积（刻度）之差即为此段间隔（体积）的校正值。

7.3 大气污染物分析

7.3.1 大气污染物样品的采集

1. 概述

清洁空气的主要组分：氮78.6%，氧20.95%，氩0.93%，其他小于0.1%。

空气污染的主要原因：现代工业、交通运输业等的迅速发展，煤和石油的大量使用，滥砍滥伐等自然生态平衡体系的破坏等等。

大气污染物的存在状态：一是分子状态，如二氧化碳、氮氧化物、一氧化碳、氯化氢、氯气、臭氧等；二是粒子状态，如微小液体和固体微小颗粒。

危害较大的污染物：SO_2、CO、CO_2、氮氧化物、臭氧、光化学烟雾、粉尘。

2. 样品的采集

所谓采样就是采集试样。采集样品的代表性决定监测结果的准确性，而试样的代表性首先决定于采样点布设的合理性。

样品采样方法好坏直接影响数据监测结果准确性。

根据被测物质在大气中的存在状态和浓度，以及所用分析方法的灵敏度，可用不同的采样法。

选择采样方法应根据：
① 污染物的存在状态；
② 污染物的浓度；
③ 分析方法灵敏度；
④ 污染物物理化学性质。

3. 采样方法

根据污染物浓度的高低，大气中污染物的采样方法分为直接采样法和富集（浓缩）采样法。

（1）直接采样法

当大气中被测组分浓度较高或分析方法很灵敏时，可用直接采样法。根据气体试样的性质和用量选用。

① 塑料袋：不发生化学反应，也不吸附、不渗漏，常用的有聚四氟乙烯袋、聚乙烯袋及聚酯袋等；
② 注射器：抽洗 2~3 次；
③ 采气管；
④ 真空瓶。

各装置如图 7-1 所示。

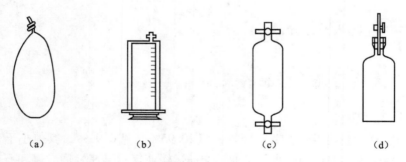

图 7-1 采样装置
（a）塑料袋；（b）注射器；（c）采气管；（d）真空瓶

（2）富集（浓缩）采样法

当大气中被测组分浓度较低或分析方法灵敏度不够高时，可用富集（浓缩）采样法。

富集（浓缩）采样法有：溶液吸收法、固体阻留法、低温冷凝法。

① 溶液吸收法

这种方法是大气污染物分析中最常用的样品浓缩方法，它主要用于采集气态和蒸汽态的污染物。

a. 原理

气泡与溶液接触,气泡中的待测物通过接触面发生反应(溶解、中和、氧还、沉淀、络合),从而浓缩下来。

吸收原理:气体分子溶解于溶液中的物理作用,气体分子与吸收液发生化学反应。气液接触面越大,吸收速度越快,吸收效率越高。

b. 步骤

用一个气体吸收管,内装吸收液,后面接有抽气装置,以一定的气体流量,通过吸收管抽入空气样品。当空气通过吸收液时,被测组分的分子被吸收在吸收液中。采样结束后,倒出吸收液,分析吸收液中被测物的含量,根据采样体积和被测组分的含量计算大气中污染物的浓度。

c. 吸收管的种类

几种常见吸收管(瓶)如图7-2所示。

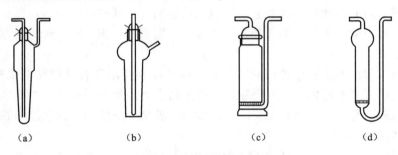

图7-2 气体吸收管(瓶)

(a)气泡吸收管;(b)冲击式吸收管;(c)多孔筛板吸收管;(d)玻璃筛板吸收管

气泡吸收管:适用于采集气态和蒸汽态物质。

冲击式吸收管:适用于采集气溶胶物质。

多孔筛板吸收管(瓶):除适用于采集气态和蒸汽态物质外,也能采集气溶胶物质。

气样通过吸收管(瓶)的筛板后,被分散成很小的气泡,且阻留时间长,大大增加了气液接触面积,从而提高了吸收效果。

d. 吸收液的选择

溶液吸收法常用水、水溶液和有机溶剂作吸收液。

吸收液的选择原则:

Ⅰ. 吸收液应对被采集的物质溶解度大或化学反应速度快;

Ⅱ. 污染物质被吸收液吸收后,要有足够的稳定时间,以满足分析测定所需时间的要求;

Ⅲ. 污染物质被吸收后,应有利于下一步的分析测定;

Ⅳ. 吸收液毒性小、价格低,易于得到,且尽可能回收利用;

ⅴ. 选择性好。

② 固体阻留法

a. 填充柱阻留法

原理：使气态物质从填充固态物质的填充柱中通过，由于填充剂对气体的选择性吸附、分配或表面化学反应作用，将待测组分阻留在填充柱中，从而达到气体的采集和浓缩。

分类：根据填充柱阻留作用原理，可分为吸附型、分配型、反应型三种类型。吸附型的填充剂是吸附剂，如活性炭、硅胶、分子筛等；分配型的填充剂是气相色谱柱填充物；反应型的填充剂是能跟被测组分起反应的物质。

b. 滤料阻留法

用滤膜采集总悬浮微粒，用浸渍过试剂的滤膜采集氟化物、砷化物。滤料阻留法称为滤料采样法，它主要用来采集大气气溶胶。

原理：将滤膜放在采样夹上，用抽气装置抽气，则空气中的颗粒物被阻留在滤膜上，称量滤膜上富集的颗粒物的质量，根据采样体积，即可计算出空气中颗粒物的浓度。

滤料采样的要求：所选用的滤料和采样条件要能保证有足够高的采样效率；滤料中某些元素本底值要低且恒定；滤料要适合大流量的采样；滤材要有一定的强度不破碎；化学上惰性；廉价。常用滤材：玻璃纤维滤膜，过氯乙烯滤膜。

③ 低温冷凝法

大气中某些沸点比较低的气态污染物质，如烯烃类、醛类等，在常温下用固体阻留法富集效果不好，若用冷冻剂将其冷凝下来，可提高采样效率。

7.3.2 大气污染物的测定

1. 二氧化硫的测定

二氧化硫是主要的大气污染物，来源于煤和石油的燃烧、含硫矿石的冶炼、硫酸工业等。大气中含二氧化硫浓度过高，易形成酸雨对植物有害，对人及其他动物也有伤害。

常用的测定方法有酸碱滴定法、碘量法、盐酸副玫瑰苯胺分光光度法、库仑滴定法、电导法、紫外荧光法等。

我国《大气环境质量标准（GB 3095—1982）》规定的标准分析方法是盐酸副玫瑰苯胺分光光度法，该方法具有灵敏度高、选择性好等优点，但吸收液毒性较大。

（1）盐酸副玫瑰苯胺分光光度法

① 原理

大气中的二氧化硫被四氯汞钾溶液吸收后，生成稳定的二氯亚硫酸盐络合物，此络合物再与甲醛及盐酸副玫瑰苯胺发生反应，生成紫红色的络合物，其颜

色深浅与 SO_2 含量成正比,用分光光度法在波长 575 nm 处测吸光度。反应如下:

$$HgCl_2 + 2KCl \Longrightarrow K_2(HgCl_4)$$

$$(HgCl_4)^{2-} + SO_2 + H_2O \Longrightarrow (HgCl_2SO_3)^{2-} + 2H^+ + 2Cl^-$$

$$(HgCl_2SO_3)^{2-} + HCHO + 2H^+ \Longrightarrow HgCl_2 + HOCH_2SO_3H$$

(羟基甲基磺酸)

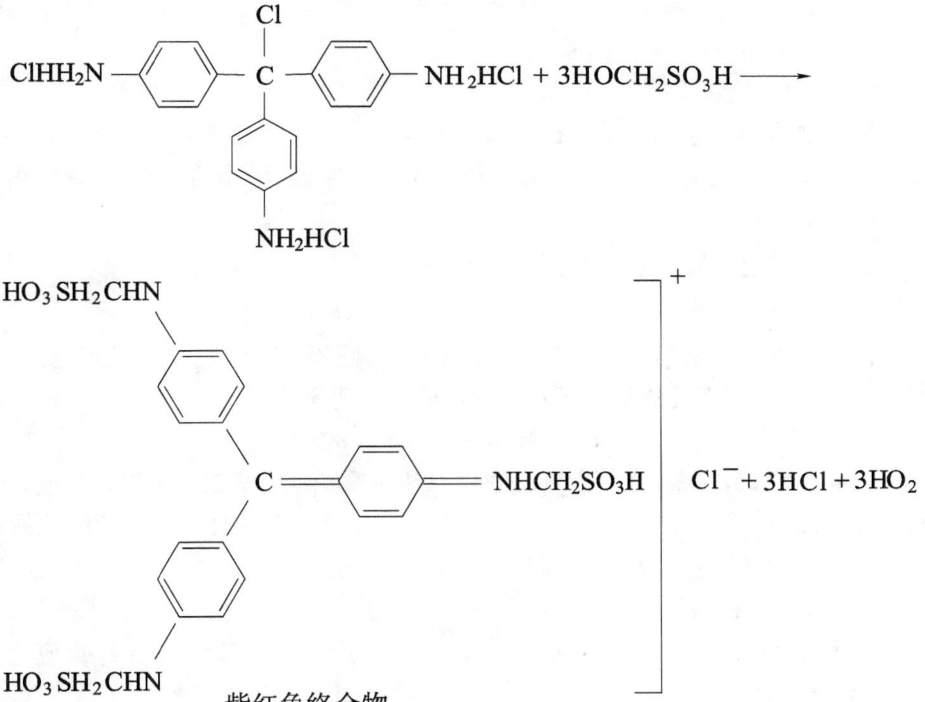

[结构式:副玫瑰苯胺与羟基甲基磺酸反应生成紫红色络合物]

ClHH₂N—C₆H₄—C(Cl)(C₆H₄—NH₂HCl)—C₆H₄—NH₂HCl + 3HOCH₂SO₃H ⟶

[HO₃SH₂CHN—C₆H₄—C(=C₆H₄=NHCH₂SO₃H)—C₆H₄—NHCH₂SO₃H]⁺ Cl⁻ + 3HCl + 3HO₂

紫红色络合物

② 说明及注意事项

a. 氮氧化物、臭氧、重金属有干扰。加入氨基磺酸铵可消除氮氧化物的干扰,反应为:

$$2HNO_2 + NH_2SO_2ONH_4 \Longrightarrow H_2SO_4 + 3H_2O + 2N_2\uparrow$$

臭氧在采样后放置 20 min 即可自行分解而消失;重金属离子的干扰,在配制吸收剂时,加入 EDTA 作掩蔽剂预以消除干扰,用磷酸代替盐酸配制副玫瑰苯胺溶液,有利于掩蔽重金属离子的干扰。

b. 盐酸的浓度对显色反应的影响:浓度过大,显色不完全;过小,副玫瑰苯胺呈本身色(红色),所以在制备盐酸副玫瑰苯胺溶液时,必须经过调节试验,严格控制盐酸用量。

(2) 紫外荧光法

用于连续或间歇自动测定空气中 SO_2 的监测仪器以紫外脉冲荧光监测仪应用最广泛。

① 原理

当用波长 190～230 nm 脉冲紫外光照射空气样品时，则空气中 SO_2 分子对其产生强烈吸收，被激发至激发态，即：$SO_2 + h\upsilon_1$ (220 nm) $=\!=\!= SO_2^*$。激发态 SO_2^* 分子不稳定，瞬间返回基态，发射出波峰为 330 nm 的荧光，即 $SO_2^* =\!=\!= SO_2 + h\upsilon_2$ (330 nm)，当 SO_2 浓度较低，吸收光程很短，发射的荧光强度和 SO_2 浓度成正比，即 $F = \varphi(SO_2)$，测量荧光强度，并与标准气样发射的荧光强度比较，即可得知空气中 SO_2 浓度。

② 说明及注意事项

荧光法测定 SO_2 的主要干扰物质是水分和芳香烃化合物。

空气试样经过除尘过滤后，通过采样阀进入渗透膜除湿器、除烃器到达荧光反应室。

2. 二氧化氮的测定——分光光度法

(1) 原理

测定大气中微量的二氧化氮，通常采用偶氮染料比色法。方法的实质是"格里斯反应"，即二氧化氮溶解于水，生成硝酸和亚硝酸：

$$2NO_2 + H_2O =\!=\!= HNO_3 + HNO_2$$

在 pH<3 的乙酸酸性溶液中，亚硝酸和对氨基苯磺酸进行重氮化反应，生成重氮盐，然后，重氮盐再和 N-(1-萘基)乙二胺盐酸偶合，生成紫红色偶氮染料，其颜色的深浅与 NO_2 的含量成正比。

(2) 说明及注意事项

① 吸收液氨的浓度不能过大，以免有 NH_3 产生，而 NH_3 与 NO_2 反应，使结果偏低，反应如下：

$$2NO_3 + 2NH_3 =\!=\!= NH_4NO_3 + N_2\uparrow + H_2O$$

② 重氮盐易分解，所以反应时，避免光照和温度过高。

③ 重氮化和偶合反应都是分子反应，较为缓慢，偶氮染料又不够稳定，所以显色后，在 1 h 内必须完成测定。

7.4 任务

任务1 大气中二氧化硫含量的测定

(1) 原理

亚硫酸根被四氯汞钠吸收，生成稳定的络合物，再与甲醛和盐酸玫苯胺作用，并经分子重排，生成紫红色络合物，在波长 550 nm 处有一最大吸收，故可测定其吸光度进行定量分析。生成的化合物 $HO-CH_2-SO_3H$ 能与盐酸玫苯胺起显色反应，20 min 即发色完全，生成在 2~3 h 内稳定的聚品红甲基磺酸（紫红色络合物）。

(2) 试剂

① 四氯汞钠吸收液：称取 27.2 g 氯化高汞及 11.9 g 氯化钠，溶于水并定容 1 000 mL，放置过夜，过滤后备用；

② 1.2% 氨基磺酸胺溶液；

③ 0.2% 甲醛溶液：吸取 0.55 mL 无聚合沉淀的 36% 甲醛，加水定容 100 mL，混匀；

④ 淀粉指示剂：称取 1 g 可溶性淀粉，用少许水调成糊状，缓缓倾入 100 mL 沸水中，随加随搅拌，煮沸，放冷，备用（临用时配制）；

⑤ 亚铁氰化钾溶液：称取 10.6 g $K_4Fe(CN)_6 \cdot 3H_2O$，加水溶解并定容 100 mL；

⑥ 乙酸锌溶液：称取 22 g $Zn(CH_3COO)_2 \cdot 2H_2O$ 溶于少量水中，加入 3 mL 冰醋酸，用水定容 100 mL；

⑦ 盐酸玫苯胺溶液：称取 0.1 g 盐酸玫苯胺（$C_{19}H_{18}N_2Cl \cdot 4H_2O$）于研钵中，加少量水研磨，使溶解，并定容 100 mL，取出 20 mL 置于 100 mL 容量瓶中，加 6 mol/L HCl，充分摇匀后，使溶液由红变黄，如不变黄再滴加少量盐酸至出现黄色，用水定容至 100 mL，混匀备用（若无盐酸玫苯胺，可用碱性品红代替）；

盐酸玫苯胺的精制方法：称取 20 g 盐酸玫苯胺于 400 mL 水中，用 50 mL 2 mol/L 盐酸酸化，徐徐搅拌，加 4~5 g 活性炭，加热煮沸 2 min，将混合物倒入保温漏斗趁热过滤，滤液放置过夜，出现结晶，用布氏漏斗抽滤，将结晶再悬浮于 1 000 mL 乙醚 - 乙醇（10∶1）的混合液中，振摇 3~5 min，以布氏漏斗抽滤，再用乙醚反复洗涤至带层不带色为止，于硫酸干燥器中干燥，研细后贮存于棕色瓶中；

⑧ 0.05 mol/L I_2 溶液；

⑨ 0.100 0 mol/L $Na_2S_2O_3$ 标准溶液；

⑩ SO_2 标准溶液：称取 0.5 g 亚硫酸氢钠，溶于 200 mL 四氯汞钠吸收液中，放置过夜，上清液用定量滤纸过滤备用。

标定：吸取 10.0 mL 亚硫酸氢钠 - 四氯汞钠溶液于 250 mL 碘量瓶中，加 100 mL 水，准确加入 20.00 mL 0.05 mol/L I_2 溶液、5 mL 冰醋酸，摇匀，置暗处 2 min 后，迅速以 0.100 0 mol/L $Na_2S_2O_3$ 标准溶液滴定至淡黄色，加 0.5 mL 淀粉指示剂呈蓝色，继续滴定至无色。另取 100 mL 碘量瓶，准确加入 20.0 mL 0.05 mol/L 碘溶液、5 mL 冰醋酸，按同一方法做试剂空白试验。结果计算如下：

$$c = \frac{(V_2 - V_1) \times c_1 \times 64.06}{20}$$

式中，c——二氧化硫标准溶液的浓度，mg/mL；

V_1——滴定亚硫酸氢钠－四氯汞钠溶液消耗的硫代硫酸钠标准溶液的体积，mL；

V_2——滴定空白消耗的硫代硫酸钠标准溶液的体积，mL；

c_1——硫代硫酸钠标准溶液的浓度，mol/L；

64.06——SO_2 的摩尔质量，g/mol。

⑪ 二氧化硫标准使用液：取二氧化硫标准液，用四氯汞钠吸收液稀释成 2 mg/mL 二氧化硫溶液（临用时配制）；

⑫ 0.5 mol/L NaOH 溶液；

⑬ 0.25 mol/L H_2SO_4。

（3）步骤

① 样品处理

称取 5~10 g 样品，以少量水湿润，并移入 100 mL 容量瓶中，加入 20 mL 四氯汞钠吸收液，浸泡 4 h 以上。若上层溶液不澄清，可加入亚铁氰化钾及乙酸锌溶液各 2.5 mL，最后用水稀释至刻度，混匀，过滤，备用。

② 标准曲线绘制

吸取 0.00 mL、0.20 mL、0.40 mL、0.60 mL、0.80 mL、1.00 mL、1.50 mL 及 2.00 mL SO_2 标准使用液（相当于 0.0 mg、0.4 mg、0.8 mg、1.2 mg、1.6 mg、2.0 mg、3.0 mg 及 4.0 mg SO_2），分别置于 25 mL 比色管中。各加入四氯汞钠吸收液至 10 mL，然后再各加 1 mL 1.2% 氨基磺酸胺溶液、1 mL 0.2% 甲醛溶液及 1 mL 盐酸玫苯胺溶液，摇匀，放置 20 min。用 1 cm 比色皿，以不加 SO_2 标准液的比色管溶液作参比，于波长 550 nm 处测定吸光度，绘制标准曲线。

③ 试样测定

吸取 0.5~5.0 mL 样品处理液（视含量高低而定）于 25 mL 比色管中，按标准曲线绘制实验操作进行，于波长 550 nm 处测定吸光度，由标准曲线查出试液中 SO_2 量。

（4）结果计算

$$\varphi(SO_2) = \frac{m_1}{m \times V \times 10}$$

式中，m_1——测定用样品液中二氧化硫的质量，μg；

V——测定用样品液的体积，mL；

m——样品的质量，g；

10——样品液的总体积，mL。

（5）说明及注意事项

① 最适反应温度为 20 ℃~25 ℃，温度低，灵敏度低，故标准管与样品管需

在相同温度下显色；

② 若温度为 15 ℃ ~16 ℃，放置时间需延长为 25 min；

③ 盐酸玫苯胺中的盐酸用量对显色有影响，加入盐酸量多，显色浅，量少，显色深，所以要按规定进行；

④ 甲醛浓度在 0.15% ~0.25% 时，颜色稳定，故选择 0.2% 甲醛溶液；

⑤ 颜色较深的样品，可用 10% 活性炭脱色；

⑥ 样品加入四氯汞钠后，溶液中 SO_2 含量在 24 h 内很稳定；

⑦ 盐酸玫苯胺加入盐酸调成黄色，放置过夜后使用，以空白管不显色为宜，否则应重新调节。

任务 2 工业半水煤气全分析（1904 型奥式气体分析仪）

本方法适用于半水煤气中 CO_2、O_2、CO、H_2、CH_4 及 N_2/Ar 含量的联合测定。

(1) 原理

用 KOH 溶液吸收 CO_2，焦性没食子酸钾溶液吸收 O_2，氨性氯化亚铜溶液吸收 CO，用爆炸法测定 H_2、CH_4，余下的气体则为 N_2/Ar。根据吸收缩减体积、爆炸后缩减体积及爆炸后生成 CO_2 的体积计算各组分的体积百分含量。反应如下：

$$CO_2 + 2KOH = K_2CO_3 + H_2O$$

$$2C_6H_3(OK)_3 + 1/2 O_2 = (OK)_2 C_6H_2 - C_6H_2 (OK)_2 + H_2O$$

$$Cu_2Cl_2 + 2CO + 4NH_3 + 2H_2O = 2NH_4Cl + 2Cu + (NH_4)_2 C_2O_4$$

$$2H_2 + O_2 = 2H_2O$$

$$CH_4 + 2O_2 = CO_2 + 2H_2O$$

CH_4 燃烧时，1 体积 CH_4 和 2 体积的氧气反应生成 1 体积的 CO_2，因此气体体积的缩减等于 2 倍的 CH_4 体积；H_2 爆炸时，有 3 体积的气体消失，其中 2 体积是氢气，即氢气占缩减体积的 2/3，所以体积缩减的总量为 $3/2 V_{H_2}$。

(2) 仪器和试剂

① 仪器

改良奥氏气体分析仪（见图 7-3）；取样球胆。

② 试剂

a. 300 g/L KOH 溶液；

b. 300 g/L NaOH 溶液；

c. 250 g/L 焦性没食子酸钾溶液：称取 250 g 焦性没食子酸，溶液于 750 mL 热水中，摇匀，使用时将此溶液与氢氧化钾（3:2）溶液按 1:1 比例混合，即为焦性没食子酸钾溶液，本吸收剂性能为 1 mL 溶液可吸收 15 mL 氧气；

d. 1:9 硫酸溶液；

e. 1:19 硫酸溶液;

f. 氨性氯化亚铜溶液:称取 50 g NH_4Cl 溶于 480 mL 水,加入 200 g 氯化亚铜,用 520 mL 氨水 ($\rho = 0.91$ g/mL) 溶解。

(3) 步骤

① 仪器安装

将奥氏仪的全部玻璃部分洗涤干净,旋塞涂好真空脂。在如图 7-3 所示的各部件中加入相应的溶液:"3"中加入 1:19 硫酸溶液;"4"中加入 300 g/L NaOH(或 KOH)溶液;"5"中加入焦性没食子酸钾溶液;"6"和"7"中加入氨性氯化亚铜溶液;"8"中加入 1:9 硫酸溶液;"9"中加入 1:19 硫酸溶液;"5""6""7"的承受部内加 5 mL 液体石蜡油使吸收液与空气隔绝。按图示安装好仪器。

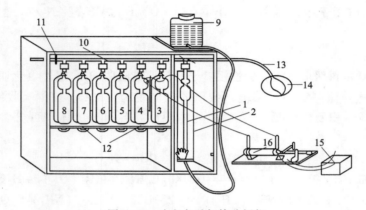

图 7-3 改良奥氏气体分析仪

1—气量管;2—气量管外套;3—爆炸瓶;4,5—接触式吸收器;6,7,8—鼓泡式吸收器;
9—水准瓶;10—梳形管;11—旋塞;12—可调高低的托架;13—气体导管;
14—样气球胆;15—蓄电池;16—感应圈

② 气密性检查

减压检查法:于量管中吸取约 10 mL 空气,使量管与梳形管相通,而梳形管与大气隔绝,将水准瓶置于最低处,使管内形成尽量大的负压,如果 3 min 后量管内液面保持稳定,表明气密性好,如果液面下降,则表示存在漏点,应分别检查,将漏点修好。

加压检查法:于量管中吸取约 80 mL 空气,操作方法同减压检查法,差异在于将水准瓶置于量管上部尽量高处,使管内形成正压,如果 3 min 后量管内的液面及各吸收瓶液面均保持稳定,表示仪器气密性好,否则表示有漏点,需处理。

③ 量管上部由"0"至活塞间体积的标定

用量管准确量取 10.0 mL 空气(无 CO_2)压入 KOH(或 NaOH)吸收瓶中,

然后再准确吸取同样的空气 5.0 mL，再把贮于 KOH 吸收瓶中的 10.0 mL 空气抽回量管中，读取气体的体积，超过 15.0 mL 的部分气体体积数即为量管由"0"至活塞的体积数。

④ 测定

操作水准瓶用量管吸取气体试样置换 2~3 次后，吸取气样 100.0 mL，打开 KOH（或 NaOH）溶液吸收瓶活塞，使其与量管相通，操作水准瓶，使气体试样在吸收瓶与量管间往返吸收 6~7 次，直至吸收后余气体积（V_1）恒定为止。

打开焦性没食子酸钾溶液吸收瓶活塞，将吸收 CO_2 后的余气压入，同上操作，直至吸收后的余气体积（V_2）恒定为止。

先打开旧的一瓶氯化亚铜氨溶液吸收瓶活塞，将吸收 O_2 后的余气压入，同上操作，吸收 6~7 次后，再用新的一瓶氯化亚铜氨溶液吸收至余气体积恒定，最后用装有 1:9 硫酸溶液的吸收瓶吸收余气中带出的氨后，读取余气体积（V_3）。

将吸收了 CO_2、O_2、CO 后的残气压入 1:9 H_2SO_4 溶液吸收瓶中贮存。取 V 残气和一定量空气混合均匀，使总体积为 100.0 mL。打开爆炸瓶活塞，将混合气体压入爆炸瓶内，关闭活塞，引爆。待瓶内液面稳定后，打开活塞，将气体抽回量管中，读取爆炸后的余气体积（V_4）。

打开 KOH（或 NaOH）溶液吸收瓶活塞，再将量管中爆炸后的余气压入吸收生成的 CO_2，直至吸收后的余气体体积恒定，读取其体积（V_5）。

(4) 结果计算

半水煤气中 CO_2、O_2、CO、H_2、CH_4、N_2/Ar 的含量以体积百分含量表示，分别按下式计算：

$$\varphi(CO_2) = \frac{100 - V_1}{100} \times 100\% = (100 - V_1)\%$$

$$\varphi(O_2) = \frac{V_1 - V_2}{100} \times 100\% = (V_1 - V_2)\%$$

$$\varphi(CO) = \frac{V_2 - V_3}{100} \times 100\% = (V_2 - V_3)\%$$

$$\varphi(H_2) = \frac{2 \times [(100 - V_4) - 2(V_4 - V_5)] \times V_3}{3 \times 100 \times V} \times 100\%$$

$$= \left\{ \frac{2 \times [(100 - V_4) - 2(V_4 - V_5)] \times V_3}{3 \times V} \right\}\%$$

$$\varphi(CH_4) = \frac{(V_4 - V_5) \times V_3}{100 \times V} \times 100\% = \left[\frac{(V_4 - V_5) \times V_3}{V} \right]\%$$

$$\varphi(N_2/Ar) = 100\% - (CO_2\% + O_2\% + CO\% + H_2\% + CH_4\%)$$

式中，V_1——用 KOH（或 NaOH）溶液吸收后的余气体积，mL；

V_2——用焦性没食子酸钾溶液吸收后的余气体积，mL；

V_3——用氯化亚铜氨溶液吸收,再经稀硫酸吸收后的余气体积,mL;

V——爆炸时所取残气的体积,mL;

V_4——爆炸后的余气体积,mL;

V_5——爆炸后余气用 KOH(或 NaOH)溶液吸收后剩余余气的体积,mL。

(5)说明及注意事项

① 升降水准瓶时,要注意上升液面,防止吸收剂和封闭液进入梳形管,如吸收剂进入梳形管中,应提高水准瓶,用压缩空气把吸收剂赶回吸收瓶中,必要时可拆下吸收瓶,利用水准瓶中的封闭液冲洗梳形管;

② 爆炸前应根据气体中 H_2 及 CH_4 大致含量确定送去爆炸的残气体积和添加空气量,初次测定成分不明的气体,最好先用 CuO 燃烧法日常分析后再用爆炸法测定;

③ 取样应有人监护,置换气和最后的余气应排除室外;

④ 吸收顺序不能颠倒。

习 题

1. 气体分析的特点是什么?

2. 气体吸收法、吸收滴定法、吸收质量法及燃烧法的原理是什么?举例说明。

3. CO_2、O_2、C_nH_m、CO 常用什么吸收剂?吸收剂的性能如何?如气体试样中含有这四种成分,吸收的顺序如何?为什么?

4. H_2、CH_4、CO 燃烧后其体积变化与生成 CO_2 的体积和原气体体积有何关系?

5. 含 CH_4、H_2 和 N_2 的混合气 20.00 mL,精确加入空气 80.00 mL,燃烧后用 KOH 溶液吸收生成的 CO_2,剩余气体的体积为 68.00 mL,再用没食子酸的碱溶液吸收剩余的 O_2 后,体积为 66.28 mL。计算混合气体中 CH_4、H_2 和 N_2 的体积含量。

6. 含有 CO_2、O_2 及 CO 的混合气体 75 mL,依次用 KOH 溶液、焦性没食子酸的碱性溶液、氯化亚铜的氨性溶液吸收后,气体体积依次减少至 70 mL、63 mL 和 60 mL,求各成分在原气体中的体积分数。

7. 氢在过量氧气中燃烧的结果是:气体体积由 90 mL 缩减至 75.5 mL,求氢气的原始体积。

8. 测定 NO_x 及 SO_2 的原理是什么?干扰元素有哪些?应如何消除?

9. 含有 CO_2、CH_4、CO、H_2、O_2、N_2 等成分的混合气体,取混合气体试样 90 mL,用吸收法吸收 CO_2、O_2、CO 后体积依次减少至 82.0 mL、76 mL、64 mL。为了测定其中 CH_4、H_2 的含量,取 18 mL 吸收剩余气体,加入过量的空

气，进行燃烧，体积缩减 9 mL，生成 CO_2 3 mL，求气体各成分的体积分数。

阅读材料

DLAS 技术简介

DLAS（Diode Laser Absorption Spectroscopy）是半导体激光吸收光谱技术的简称。该技术是利用激光能量被气体分子"选频"吸收形成吸收光谱的原理来测量气体浓度的一种技术。具体来说，半导体激光器发射出的特定波长的激光束穿过被测气体时，被测气体对激光束进行吸收导致激光强度产生衰减，激光强度的衰减与被测气体含量成正比，因此，通过测量激光强度衰减信息就可以分析获得被测气体的浓度。

20 世纪 90 年代后，半导体激光器和光纤元件发展迅速，性能大大提高，价格大幅下降，室温工作、长寿命（大于 100 000 h）、单模特性和较宽波长范围的半导体激光器被大量地生产出来并投入市场，一些高灵敏度的光谱技术如 Frequency Modulation Spectroscopy、Cavity Ringdown Spectroscopy 等也逐渐成熟，DLAS 技术开始被较多地应用于科学和工程研究，发达国家的一些仪器公司也开始将 DLAS 技术应用于气体监测。由于 DLAS 技术较传统光谱检测技术具有显著的技术优势而得到了迅速推广。

DLAS 技术的特点主要表现为：

1. 恶劣环境适应能力强，无需采样预处理系统，实现现场在线连续测量。激光在线气体分析仪采用 DLAS 技术独有的"单线光谱"原理，使用非接触式激光测量方法，测量仪器与被测量气体环境隔离，其分析测量不受测量环境中背景气体、粉尘以及环境温度和压力的影响，具有高温、高粉尘、高水分、高腐蚀性、高流速等恶劣测量环境的良好适应性，避免了传统气体分析系统必需的复杂的采样预处理系统，从而实现了现场在线连续测量。

2. 克服了背景气体、水分和粉尘的吸收干扰，测量精度大大提高。DLAS 独特的"单线光谱"技术、频率扫描技术、谱线展宽自动修正技术克服了背景气体、水分和粉尘的吸收干扰，修正了温度和压力等气体参数变化对气体浓度测量的影响，而且系统直接对现场气体进行测量，气体信息不失真。相对于传统的气体测量技术，这些独特的测量技术和现场测量方法大大提高了测量的精度。

3. 响应速度快，实现工业过程实时在线管理。DLAS 技术进行气体分析不需采样预处理系统，节省了样气预处理的时间和样气在管道内的传输时间。系统可以达到毫秒级的响应速度，几乎是实时地反映过程气体浓度及其他参数变化状况，完全可以满足工业过程实时在线管理的需要。

4. 可同时检测多种气体参数，能测量分析多种气体，应用面广，仪器发展潜力大。采用 DLAS 技术可同时在线测量气体的浓度、温度和流速等，并可实现

多种气体如 CO、CO_2、O_2、HF、HCl、CH_4、NH_3、H_2O、H_2S、HCN、C_2H_2、C_2H_4 等的自动检测，可广泛应用于钢铁、冶金、石化、环保、生化、航天等领域。较以往采用多种检测技术并进行系统集成而言，采用 DLAS 技术可大大简化仪器的结构，进而实现气体分析仪器的微型化、网络化（远距离数据无线传输）、智能化和自动化。

5. 光纤传输特性使系统的应用更加灵活，性价比更高。DLAS 技术采用的激光光源与常规光纤有良好的兼容性，所以可以将半导体激光器放置在中央处理单元内，把光纤输出的激光通过树形光纤分路耦合器同时耦合到多根光纤，不同的光纤把激光传递到几个不同的测量位置，对这几个不同位置的气体同时进行测量，从而实现分布式的在线气体监测分析。采用光纤后测量系统的抗电磁干扰能力、适应恶劣环境和防爆环境的能力非常强；整套测量系统的成本大大降低；与传统的气体分析系统相比，配置更加灵活，性价比也更高。

第 8 章

化工产品分析

任务引领

任务1 氢氧化钠产品中铁含量的测定

任务拓展

任务2 乙酸乙酯含量的测定

任务目标

▶ 知识目标

1. 了解化工产品的分类、分析项目和分析方法;
2. 理解硫酸、烧碱和乙酸乙酯的生产工艺过程;
3. 掌握硫酸、烧碱和乙酸乙酯等化工产品的分析方法。

▶ 能力目标

1. 能够正确测定氢氧化钠产品中的铁含量;
2. 能够正确测定乙酸乙酯的含量。

8.1 概述

8.1.1 基础知识

化工企业使化工原料经过单元过程和单元操作而制得的可作为生产资料和生活资料的成品,都是化工产品。但是,习惯上往往把不再供生产其他化学品的成品,如化肥、农药、塑料、合成纤维及合成橡胶等称为化工产品,而把再生产其他化学品的成品,如酸、碱、盐等无机产品和烃类等有机产品称为化工原料。因此,有些成品在不同场合,根据使用目的不同,可称为化工产品或化工原料。

一般典型的化工产品,如无机化工产品中的合成氨、硫酸、纯碱、烧碱,有机化工产品中的乙酸乙酯、乙醇、丙酮等,在国民经济中都占有十分重要的地位。

1. 化工产品分类

化工产品种类繁多,一般可分为有机化工产品和无机化工产品两大类。按行业属性的不同也可分为化学矿、无机化工原料、有机化工原料、化学肥料、农药、高分子聚合物、涂料及无机颜料、染料及有机颜料、信息用化学品、化学试剂、食品和饲料添加剂、合成药品、日用化学品、胶粘剂、橡胶制品、催化剂及化学助剂、火工产品及其他化学品等18类。

(1) 无机化工产品

无机化工产品主要包括无机酸、氯碱、化肥和无机盐等。无机酸包括硫酸、硝酸、盐酸、磷酸及硼酸等;氯碱包括烧碱、氯气、漂白粉以及纯碱等;化肥包括氮肥、磷肥、钾肥及复合肥料等;无机盐包括氯化物、硝酸盐、磷酸盐、钠盐和钾盐以及各种金属氧化物。其中,硫酸、硝酸、盐酸、纯碱、烧碱、合成氨等属于基本化工原料,其年产量一定程度上反映一个国家的化学工业发展水平。

(2) 有机化工产品

有机化工产品通常按官能团的不同,分为不饱和化合物(如烯烃、炔烃、芳香烃)、羟基化合物(如醇、酚)、烷氧基化合物(如醚)、羰基化合物(如醛、酮、醌)、羧基化合物及其衍生物(如羧酸、酸酐、酯、酰胺)、糖类等。

有机化工产品是生产塑料、合成纤维、合成橡胶、农药、合成洗涤剂、溶剂、油漆等的主要原料,一般来讲,有机化工产品产量大的国家,化工生产技术也处于领先地位。

2. 化工产品分析内容

在化工生产的各个环节,其生产的任务和要求不同,化工产品分析的目的也各不相同,化工产品分析一般可分为原材料分析、中间产品分析、产品质量分析等。

(1) 原材料分析

原材料是指企业生产加工的对象,可以是原始的矿产物,也可以是其他企业的产品。对以原始矿产物作为原材料的分析而言,主要是测定原材料的主要成分是否符合生产的要求,是否含有影响生产工艺的有害物质等,各原材料的分析通常采用标准方法进行检验;而用其他企业的产品作为原材料,其质量指标应符合相关标准的规定,其检验方法也应按照相关技术标准进行分析检验。

(2) 中间产品分析

对中间产品而言,一般没有质量指标的限制,只要求符合生产工艺的要求。中间产品的分析在化工行业中称为中间控制分析。中间控制分析对分析结果的精度要求相对较低,但对分析的速度要求比较高。因此,中间控制分析一般采用快速分析法进行，现代化的化工企业更多的是采用自动分析仪器完成，通过网络系统和计算机处理系统，将分析控制点获得的数据发送到控制中心，自动调整工艺条件和参数，完成自动化生产。

（3）产品质量分析

产品质量应该符合生产企业所采用国家或行业等技术标准的规定，否则就是不合格品。

产品质量分析是对产品中各个指标进行分析测定，一般包含两大任务：一是对主成分进行检验，二是对杂质含量、外观和物理性能指标进行检验。对主成分分析而言，必须采用标准分析法进行分析测定，精确度要求比较高；对杂质分析而言，因其含量较低，一般进行限量分析。但杂质含量、外观和物理性能指标和主成分含量具有同样重要的作用，即使主成分含量达到标准规定的要求，但只要有一项杂质含量不能达到标准规定的要求，产品同样不合格。

8.1.2 化工产品分析方法

化工产品应符合产品采用标准中相应规格和要求的各项指标，如外观、颜色、粒度、黏度、杂质等，产品的质量通常以纯度或浓度来表示。有机化工产品的检验项目，除主要成分和杂质的含量外，还有物理常数方面的项目。杂质项目一般有水分、游离酸或碱、不挥发物或灼烧残渣、无机盐或金属等；物理常数方面的项目有馏程、熔点或凝固点、密度、溶解度、色度或透明度等。

化工产品分析方法按测定原理不同，可分为化学分析法和仪器分析法。化学分析法是以化学反应为基础的分析方法，它分为滴定分析法和称量分析法，化学分析法是化工产品分析中较为完善的一种常规分析方法，常用于产品的常量及半微量的分析检验；仪器分析法是借助仪器测量产品的物理或物理化学性质，以求出待测组分含量的分析方法，仪器分析法具有快速、准确等优点，常用在产品的半微量和微量的测定。

化工产品分析方法按生产要求的不同，可分为快速分析法和标准分析法。快速分析法是适应生产要求，通过简化操作步骤、提高反应速度而出现的一类新型分析方法，它具有快速、准确、简便和价廉的特点；标准分析法是依据相关标准，对产品进行鉴定分析、仲裁分析和校验分析的一种方法，它具有准确度高、完成分析时间长的特点。

8.2 硫酸生产过程分析

8.2.1 硫酸的生产工艺

硫酸是化学工业中重要的产品之一，是许多工业的重要原料、辅助原料或材料，在国民经济中占有重要地位，广泛应用于化肥、合成纤维、军工、冶金、石油化工和医药工业等重要部门。

硫酸的生产是以含硫矿物质为原料，经过焙烧，反应生成含二氧化硫的气体。

硫铁矿为原料：$4FeS_2 + 11O_2 =\!=\!= 2Fe_2O_3 + 8SO_2$

硫黄为原料：$S + O_2 =\!=\!= SO_2$

石膏为原料：$2CaSO_4 + C =\!=\!= 2CaO + 2SO_2 + CO_2$

含二氧化硫的气体净化后，再用不同的工艺处理（例如接触法、溶化法等）将二氧化硫氧化为三氧化硫，然后用浓硫酸吸收三氧化硫而制得不同浓度的成品硫酸。目前硫酸的生产主要是采用钒触媒接触法。

8.2.2 矿石和炉渣分析

硫铁矿和炉渣中的硫，对硫酸生产有实际意义的，仅仅是可以燃烧生成二氧化硫的部分，即有效硫。另外一部分硫以硫酸盐状态存在，在焙烧条件下，不能生成二氧化硫。有效硫与硫酸盐中硫之和称为总硫。在硫酸生产的分析检验中，主要测定有效硫。但是，由于矿石中的有效硫在焙烧过程中，可能有一部分转变为硫酸盐，以致烧出率的计算结果发生偏差，所以有时也要求测定总硫。

1. 有效硫的测定

（1）方法原理

硫铁矿和炉渣中有效硫含量的测定，通常都采用气体吸收容量滴定法。方法原理是，使矿石或炉渣在不断通入空气流的燃烧炉中燃烧，FeS_2 被氧化分解，硫生成二氧化硫逸出，用过氧化氢溶液吸收二氧化硫并氧化为硫酸，然后，用氢氧化钠标准溶液滴定生成的硫酸，由氢氧化钠标准溶液的消耗量计算有效硫含量。反应如下：

$$4FeS_2 + 11O_2 =\!=\!= 2Fe_2O_3 + 8SO_2$$

$$SO_2 + H_2O_2 =\!=\!= H_2SO_4$$

$$H_2SO_4 + 2NaOH =\!=\!= Na_2SO_4 + 2H_2O$$

（2）说明及注意事项

① 空气中的酸性气体会使测定结果偏高，应用烧碱石棉将空气净化；

② 试样粒度、燃烧温度及燃烧时间、气流速度等影响测定结果，应按规定严格执行；

③ 反应中生成的硫酸，应及时用氢氧化钠标准溶液滴定，以免影响吸收效果；

④ 用碘标准溶液作吸收剂时，因试样燃烧时产生的高温气体会使碘挥发，导致测定结果偏高，因此不能用碘量法测定硫铁矿和炉渣中的有效硫含量。

2. 总硫的测定

(1) 方法原理

测定总硫含量，通常采用硫酸钡质量法。方法原理是，使硫铁矿或炉渣溶解于逆王水中，硫化物中的硫被氧化为硫酸根离子，硫酸盐也溶解进入溶液。用氨水沉淀分离铁盐后，用氯化钡沉淀硫酸根离子为硫酸钡，过滤、洗涤、干燥、灼烧、称量，由硫酸钡质量计算总硫含量。反应如下：

$$FeS_2 + 5HNO_3 + 3HCl == 2H_2SO_4 + FeCl_3 + 5NO + 2H_2O$$

$$SO_4^{2-} + Ba^{2+} == BaSO_4 \downarrow$$

为了使硫化物中的硫氧化完全，防止生成单质硫析出，通常加入一定量氧化剂（氯酸钾），以促进氧化反应。反应方程式为：

$$S + KClO_3 + H_2O == H_2SO_4 + KCl$$

(2) 说明及注意事项

① 试样的颗粒愈细，溶解效果愈好，因此，试样应该研磨至通过 180 目筛；

② 温度过高，逆王水混合酸本身反应快，对试样的溶解及氧化效率相应地降低，所以，加入逆王水后，应该在室温或更低温度下，使溶解及氧化反应缓慢进行，但是，如果短时间的激烈反应停止以后，反应变得过于缓慢，允许微微加热，待其反应完全，即使有氯化钾存在，也不能过分加热而导致析出单质硫，单质硫一旦析出，则很难进一步被氧化为硫酸根离子，因此测定必须重做；

③ 硝酸钡、氯酸钡的溶解度较小，可能和硫酸钡共沉淀引起测定误差，因此，试样溶液必须反复蒸干以除尽硝酸根离子，氯酸钾的加入量也必须严格控制，不能过多。

8.2.3 净化气、转化气和尾气分析

在硫酸生产中，焙烧炉出口气体及排空废气，甚至厂房空气等中，都含有一定量的二氧化硫、三氧化硫，而且往往是同时存在。因此，测定气体中二氧化硫、三氧化硫的含量，是硫酸的生产控制工作中，使用最广、最有普遍意义的分析检验技术。

不同工序的气体中，二氧化硫、三氧化硫的含量有很大差异。因此，应根据含量的不同，选用不同的测定装置、试剂浓度及取样量。

1. 二氧化硫的测定

(1) 方法原理

测定二氧化硫采用碘溶液吸收法。方法原理是，使生产中产生的气体通过一定量含有淀粉的碘标准溶液，二氧化硫被氧化为硫酸至蓝色消失，由吸收后剩余气体体积和碘标准溶液的体积及浓度计算二氧化硫的含量。反应如下：

$$SO_2 + I_2 + 2H_2O == H_2SO_4 + 2HI$$

(2) 说明及注意事项

① 焙烧炉出口或接触系统入口气体中的二氧化硫含量较高，应使用较浓的碘溶液，取样量应较少，但是对于其他生产气体，则因为二氧化硫含量较低，应该使用较稀的碘溶液，取样量应较多；

② 对于温度较高、含粉尘较多的生产气体，必须冷却、过滤，以免吸收液中的碘因为受热而挥发损失，或被粉尘沾污浑浊而不易观察颜色的转变。

2. 三氧化硫的测定

(1) 方法原理

测定气体中三氧化硫含量，通常采用气体吸收酸碱滴定法。方法原理是，用水吸收一定量的生产气体中的三氧化硫及二氧化硫，使它们分别生成硫酸及亚硫酸，用碱标准溶液滴定总酸量后，为了消除亚硫酸的干扰，再用碘标准溶液滴定亚硫酸。由总酸量中减去亚硫酸的量，求得硫酸（计算为三氧化硫）含量。

(2) 说明及注意事项

硫酸生产中的气体中，几乎都是二氧化硫和三氧化硫共存，其中以接触系统出口气体中三氧化硫含量最高、二氧化硫含量较低，至于吸收塔出口气体、回收塔尾气、放空废气中，二者的含量都较低或很低。因此，所有气体中三氧化硫含量，都可以用本法测定，只是必须视不同对象，适当改变装置、选用不同浓度的标准溶液，并控制取样量。

8.2.4 产品分析

1. 技术标准（GB 534—2002）

工业硫酸的技术标准应符合 GB 534—2002 规定，具体规定见表 8-1。

表 8-1 工业硫酸的技术标准

项 目	指 标					
	浓硫酸			发烟硫酸		
	优等品	一等品	合格品	优等品	一等品	合格品
硫酸（H_2SO_4）的质量分数/% ≥	92.5/98.0			—	—	—
游离三氧化硫（SO_3）的质量分数/% ≥	—	—	—	20.0/25.0		
灰分的质量分数/% ≤	0.02	0.03	0.10	0.02	0.03	0.10
铁（Fe）的质量分数/% ≤	0.005	0.010	—	0.005	0.010	0.030
砷（As）的质量分数/% ≤	0.0001	0.005	—	0.0001	0.0001	—
汞（Hg）的质量分数/% ≤	0.001	0.01	—	—	—	—
铅（Pb）的质量分数/% ≤	0.005	0.02	—	0.005	—	—
透明度/mm ≥	80	50	—	—	—	—
色度/mL ≤	2.0	2.0	—	—	—	—
注：指标中的"—"表示该类别产品的技术要求中没有此项目						

2. 分析方法

(1) 硫酸的测定

用带磨口塞的小称量瓶称取一定量的硫酸试样,以甲基红-亚甲基蓝为指示剂,用氢氧化钠标准溶液滴定,根据消耗的氢氧化钠的量计算硫酸含量。反应式为:

$$H_2SO_4 + 2NaOH == Na_2SO_4 + 2H_2O$$

(2) 发烟硫酸中游离三氧化硫的测定

用安瓿球称取一定量的硫酸试样,以甲基红-亚甲基蓝为指示剂,用氢氧化钠标准溶液滴定,以测得硫酸含量,由测得的硫酸含量换算成游离三氧化硫含量。计算公式为:

$$w(SO_3) = 4.444 \times [w(H_2SO_4) - 100] \tag{8-1}$$

式中,$w(H_2SO_4)$——H_2SO_4 的质量分数;

$w(SO_3)$——SO_3 的质量分数。

安瓿球吸取试样时,先在微火上烤热球部,然后迅速将毛细管插入试样中吸取试样,立即用火焰将毛细管顶端烧结封闭,并用小火将毛细管外壁所沾的硫酸试液烤干。吸取试样时应用烧杯罩住安瓿球的球部,以防安瓿球爆炸。吸收试样时,必须等待雾状三氧化硫气体消失,才能打开瓶塞,用水冲洗瓶塞,以免三氧化硫吸收不完全。

(3) 灰分的测定

取一定质量的硫酸试样于电热板上蒸发至干,再置于高温炉内灼烧至恒量,冷却后称量,根据剩余的质量计算试样的灰分含量。

(4) 铁的测定

将硫酸试样置于电热板上蒸干后,残渣溶解于盐酸中,用盐酸羟胺还原溶液中的三价铁,在 pH 为 5~6 的条件下,二价铁离子与邻菲啰啉反应生成橙色配合物,在 510 nm 波长下对此配合物做吸光度测定,用标准曲线法计算试样中的铁含量。

(5) 砷的测定

在硫酸介质中,用金属锌将砷还原为砷化氢,以乙二基硫代氨基甲酸银吡啶溶液吸收,对生成的紫红色胶态银做吸光度测定,用标准曲线法计算试样中砷的含量。

由于砷化氢有毒,本测定应在通风橱中进行。

注:每换一批锌粒或新配一次乙二基硫代氨基甲酸银吡啶溶液,必须重新制作工作曲线。若试样中铁离子的质量分数高于 0.01%,应加入 10 mL 500 g/L 酒石酸溶液掩蔽。

(6) 汞的测定

① 双硫腙分光光度法

硫酸试样中的汞,用高锰酸钾氧化成二价汞离子,用盐酸羟胺还原过量的高锰酸钾，加入盐酸羟胺和乙二胺四乙酸二钠消除铜和铁的干扰。在 pH 为 0~2 范围内时，用双硫腙三氯甲烷溶液萃取，在波长 490 nm 处测量萃取溶液的吸光度，用标准曲线法计算试样中汞的含量。

② 冷原子吸收分光光度法

试料中的汞，用高锰酸钾氧化成二价汞离子，过量的氧化剂用盐酸羟胺还原，二价汞离子由氯化亚锡还原成汞，用空气或氮气作载气携带汞蒸气通过测量池，用原子吸收分光光度计或紫外吸收式测汞仪，在波长 253.7 nm 处测定其吸光度。

（7）铅的测定

硫酸试样蒸干后，残渣溶解于稀硝酸中，用原子吸收分光光度计，在波长为 283.3 nm 处，以空气-乙炔火焰测定铅的吸光度，用标准曲线法计算测定结果。硫酸中的杂质不干扰测定。

（8）透明度的测定

试样的透明度与试样的色度、悬浮物有关。色度、悬浮物含量越低，试样的透明度越高，所以透明度代表了试样色度和悬浮物的大小。

将盛满硫酸试样的透视管置于下方有光源的黑白方格上，从液面上方观察方格的轮廓，并从排液口小心地放出试样直至能清晰辨别方格并黑白分明，停止排放，记录试样液面高度值。能清晰辨别方格时试样液面的高度值越大，试样的透明度越好。

（9）色度的测定

利用乙酸铅和硫化钠反应生成黑色硫化铅胶体作为色度标准，与试样颜色对照进行色度测定，以试样颜色不深于标准色度为合格。

8.3 烧碱生产过程分析

烧碱是重要的基本化工原料，广泛用于轻工、纺织、冶金、造纸、食品、建材、化工、塑料等行业，在国民经济中占有很重要的地位，目前我国生产烧碱的方法有隔膜法、水银法和离子膜法三种，尤其是离子膜法生产烧碱发展很快。

8.3.1 烧碱的生产工艺

烧碱的生产有着悠久的历史，早在中世纪就发明了以纯碱和石灰为原料制取 NaOH 的方法，即苛化法。

$$Na_2CO_3 + Ca(OH)_2 =\!=\!= 2NaOH + CaCO_3$$

因为苛化过程需要加热，因此就将 NaOH 称为烧碱，以别于天然碱（Na_2CO_3）。直到 19 世纪末，世界上一直以苛化法生产烧碱。

采用电解法制烧碱始于 1890 年，隔膜法和水银法几乎差不多同时发明，隔膜法以多孔隔膜将阴阳两极隔开,水银法以生成钠汞气的方法使氯气分开,使阳极产生的氯气与阴极产生的氢气和氢氧化钠分开,不致发生爆炸和生成次氯酸钠。

离子膜法烧碱工艺是用阳离子交换膜隔离阳极和阴极,对离子的隔离效果好,电流效率高。此技术与传统的烧碱生产技术相比,具有能耗低、产品纯度高、产品应用领域宽、无三废污染、生产灵活性好、建设投资低等技术特点,被称为氯碱工业的一个重大突破,是氯碱工业的发展方向。

1. 隔膜法

隔膜法于1893年成功生产出商品碱。此法是用多孔渗透膜材料作隔层,把阴阳极产物分开。此法生产效率低,产品质量差,另外隔膜多为石棉膜,对人体及环境有很大危害,所以近年来随先进工艺的引进,已基本被淘汰。

2. 水银法

水银法的优点是生产的碱液浓度大,纯度高,可以直接利用。缺点是槽电压高,浪费能源,电解槽及汞的价格高,水银(即汞,易挥发,有剧毒)对环境有严重的污染。

3. 离子膜法

离子膜电解食盐法,是用阳离子交换膜将电解槽隔成阳极室和阴极室,这层膜只允许钠离子穿透,而对氢氧根离子起阻止作用,另外还能阻止氯化钠的扩散。食盐溶液在电场作用下,钠离子经过膜的传递至阴极侧与氢氧根离子生成氢氧化钠,而带负电的氯离子被隔离在阳极室。从而达到生产低盐、高纯、高浓度氢氧化钠产品,同时得到联产氯和氢气的目的,反应为:

$$2NaCl + 2H_2O \Longrightarrow 2NaOH + Cl_2\uparrow + H_2\uparrow$$

8.3.2 氯气的分析

1. 氯气纯度的测定

氯气纯度的分析采用气体吸收体积法进行测量,见图8-1。取一定体积的氯气样品,用碘化钾溶液吸收氯气,测量残余的气体体积。根据残余气体体积和试样体积,计算试样中氯气的体积百分比,反应式为:

$$2KI + Cl_2 \Longrightarrow 2KCl + I_2$$

2. 水的测定

试样通过已称量的五氧化二磷吸收管,吸收其中水分,用已称量的氢氧化钠溶液吸收氯气,分别称量吸收管和吸收瓶质量,根

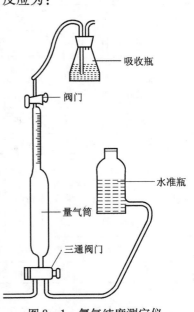

图8-1 氯气纯度测定仪

据它们与各自测定前的质量差,计算样品的水分含量。化学反应式为:

$$P_2O_5 + 3H_2O = 2H_3PO_4$$

连接取样阀和吸收管之间的胶管必须尽量短且干燥、干净,不用时保存在干燥器中。如果吸收管明显增重,应重新装填,并经预处理后使用。当玻璃棉在过滤管内有明显的机械杂质或存在颜色变黄时,必须更换。

氯气属于高度危害物质,即使有经验的工作人员,也不得单独工作,必须有人监护。在化验室进行分析时,应在通风良好的通风橱内旋转试验设备进行操作。

3. 三氯化氮的测定

将氯气通入浓盐酸溶液,三氯化氮转变为氯化铵,然后与纳氏试剂发生显色反应,用分光光度计测定吸光度,用标准曲线法计算三氯化氮的含量,化学反应式为:

$$NCl_3 + 4HCl = NH_4Cl + 3Cl_2$$

$$2K_2(HgI_4) + 4OH^- + NH_4^- = NH_2(Hg_2O)I + 4K^+ + 7I^- + 3H_2O$$

8.3.3 产品分析

1. 技术指标(GB 209—1993)

工业用固体氢氧化钠应符合 GB 209—1993 的规定,具体规定见表 8-2。

表 8-2 工业用固体氢氧化钠技术标准

项目	指标								
	水银法			苛化法			隔膜法		
	优等品	一等品	合格品	优等品	一等品	合格品	优等品	一等品	合格品
氢氧化钠/% ≥	99.5	99.5	99.0	97.0	97.0	96.0	96.0	96.0	95.0
碳酸钠/% ≤	0.40	0.45	0.90	1.5	1.7	2.5	1.3	1.4	1.6
氯化钠/% ≤	0.06	0.08	0.15	1.1	1.2	1.4	2.7	2.8	3.2
三氧化二铁/% ≤	0.003	0.004	0.005	0.008	0.01	0.01	0.008	0.01	0.02
钙镁总含量(以 Ca 计)/% ≤	0.01	0.02	0.03	—	—	—	—	—	—
二氧化硅/% ≤	0.02	0.03	0.04	0.50	0.55	0.60	—	—	—
汞/% ≤	0.0005	0.0005	0.0015	—	—	—	—	—	—

注:指标中的"—"表示该类别产品的技术要求中没有此项目

工业用液体氢氧化钠应符合 GB 209—1993 的规定,具体规定见表 8-3。

表 8-3 工业用液体氢氧化钠技术标准

项目	指标										
	水银法			苛化法			隔膜法				
							Ⅰ型			Ⅱ型	
	优等品	一等品	合格品	优等品	一等品	合格品	优等品	一等品	合格品	一等品	合格品
氢氧化钠/% ≥	45.0	45.0	42.0	45.0	45.0	42.0	42.0	42.0	42.0	30.0	30.0
碳酸钠/% ≤	0.25	0.30	0.35	1.0	1.1	1.5	0.3	0.4	0.6	0.4	0.6
氯化钠/% ≤	0.03	0.04	0.05	0.70	0.80	1.00	1.6	1.8	2.0	4.7	5.0
三氧化二铁/% ≤	0.002	0.003	0.004	0.02	0.02	0.03	0.004	0.007	0.01	0.005	0.01
钙镁总含量（以 Ca 计）/% ≤	0.005	0.006	0.007	—	—	—	—	—	—	—	—
二氧化硅/% ≤	0.01	0.02	0.02	0.50	0.55	0.60	—	—	—	—	—
汞/% ≤	0.001	0.002	0.003	—	—	—	—	—	—	—	—

注：指标中的"—"表示该类别产品的技术要求中没有此项目

2. 分析方法

（1）氢氧化钠和碳酸钠的测定

烧碱试样中先加入氯化钡，将碳酸钠转化为碳酸钡沉淀，然后以酚酞为指示剂，用盐酸标准滴定溶液滴定至终点。根据盐酸溶液消耗的量计算氢氧化钠的含量。

另取一份试样溶液，以溴甲酚绿-甲基红混合指示剂为指示剂，用盐酸标准滴定溶液滴定至终点，测得氢氧化钠和碳酸钠总和，再减去氢氧化钠含量，则可测得碳酸钠含量。

反应如下：

$$Na_2CO_3 + BaCl_2 =\!=\!= BaCO_3 + 2NaCl$$
$$NaOH + HCl =\!=\!= NaCl + H_2O$$

（2）氯化钠的测定

在 pH = 2~3 的溶液中，以二苯偶氮碳酰肼作指示剂，用硝酸汞标准滴定溶液滴定试样溶液中的氯离子，根据消耗硝酸汞标准滴定溶液的量计算试样中氯化钠的含量。

（3）铁的测定

用盐酸羟胺将试样溶液中 Fe^{3+} 还原成 Fe^{2+}，在缓冲溶液（pH = 5~6）体系中，二价铁离子与邻菲啰啉反应生成橙色配合物，对此配合物在波长 510 nm 下测定其吸光度，用标准曲线法计算试样中的铁含量。反应式如下：

$$4Fe^{3+} + 2NH_2OH =\!=\!= 4Fe^{2+} + N_2O + H_2O + 4H^+$$

8.4 乙酸乙酯生产过程分析

8.4.1 乙酸乙酯的生产工艺

乙酸乙酯,又名醋酸乙酯。乙酸乙酯是应用最广泛的脂肪酸酯之一,具有优良的溶解性能,是一种快干性极好的工业溶剂,被广泛用于醋酸纤维、乙基纤维、氯化橡胶、乙烯树脂、乙酸纤维树脂、合成橡胶等生产中;也可用于生产复印机用液体硝基纤维墨水;在纺织工业中用作清洗剂;食品工业中用作特殊改性酒精的香味萃取剂;香料工业中是最重要的香料添加剂,可作为调香剂的组分。此外,乙酸乙酯也可用作粘合剂的溶剂、油漆的稀释剂以及制造药物、染料的原料。

目前,乙酸乙酯的制备方法有乙酸酯化法、乙醛缩合法、乙醇脱氢法和乙烯加成法等。其主要的工艺路线如下。

1. 乙酸酯化法

乙酸酯化法是传统的乙酸乙酯生产方法,在催化剂存在下,由乙酸和乙醇发生酯化反应而得。反应如下:

$$CH_3CH_2OH + CH_3COOH \Longrightarrow CH_3COOC_2H_5 + H_2O$$

反应中除去生成的水,可得到高产率乙酸乙酯。该法生产乙酸乙酯的主要缺点是成本高、设备腐蚀性强,在国际上属于被淘汰的工艺路线。

2. 乙醛缩合法

在催化剂乙醇铝的存在下,两个分子的乙醛自动氧化和缩合,重排形成一分子的乙酸乙酯。反应如下:

$$2CH_3CHO \Longrightarrow CH_3COOC_2H_5$$

该方法于20世纪70年代在欧美、日本等地已形成了大规模的生产,在生产成本和环境保护等方面都有着明显的优势。

3. 乙醇脱氢法

采用铜基催化剂使乙醇脱氢生成粗乙酸乙酯,经高低压蒸馏除去共沸物,得到纯度为99.8%以上的乙酸乙酯。

4. 乙烯加成法

在以附载在二氧化硅等载体上的杂多酸金属盐或杂多酸为催化剂的存在下,乙烯气相水合后与汽化乙酸直接酯化生成乙酸乙酯。反应如下:

$$CH_2CH_2 + CH_3COOH \Longrightarrow CH_3COOC_2H_5$$

该反应乙酸的单程转化率为66%,以乙烯计乙酸乙酯的选择性为94%。

8.4.2 产品分析

1. 技术指标（GB 3728—1991）

工业乙酸乙酯的技术标准应符合 GB 3728—1991 的规定，具体规定见表 8-4。

表 8-4 工业乙酸乙酯的技术标准

指 标 名 称	优等品	一等品	合格品
外观（铂-钴色号）/号 ≤	10	10	20
密度 ρ_{20}/（g·cm^{-3}）	0.897~0.902	0.897~0.902	0.896~0.902
乙酸乙酯/% ≥	99.0	98.5	97.0
水分/% ≤	0.10	0.20	0.40
游离酸（以 CH_3COOH 计）/% ≤	0.004	0.005	0.010
蒸发残渣/% ≤	0.001	0.005	0.010

2. 分析方法

（1）乙酸乙酯的测定（皂化法）

乙酸乙酯试样与氢氧化钾乙醇溶液发生皂化反应，过量的氢氧化钾用盐酸标准滴定溶液返滴定，根据盐酸溶液的消耗量计算乙酸乙酯的含量；同时根据游离乙酸的含量，对测定结果进行校正。

（2）乙酸乙酯的测定（气相色谱法）

① 方法原理

试样及其被测组分被气化后，随载气同时进入色谱柱进行分离，用热导检测器进行检测，以面积归一化法计算测定结果。

② 操作条件

a. 色谱柱：柱长 2 m，内径 4 mm，不锈钢柱；

b. 固定液：聚乙二酸乙二醇酯；

c. 担体：401 有机担体，60~80 目；

d. 固定相配比，担体:固定液（丙酮为溶剂）=100:10；

e. 色谱柱的老化：利用分段老化，通载气先于 80 ℃老化 2 h，逐渐升温至 120 ℃老化 2 h，再升温至 180 ℃老化 2 h；

f. 温度：气化室 250 ℃，检测室 130 ℃，柱温 130 ℃；

g. 载气：氢气，流量 30 mL/min；

h. 桥电流：180 mA；

i. 出峰顺序：水、乙醇、乙酸乙酯。

（3）密度的测定

利用韦氏天平，在水和被测试样中，分别测量"浮锤"的浮力，由游码的读数计算出试样的密度。

（4）游离酸的测定

在乙酸酯化法生产乙酸乙酯的方法中，乙酸作为一种原料被带入到产品中。其含量应严格控制，否则会影响产品的质量。酸的测定方法很多，大多采用酸碱滴定法来进行测定，以酚酞作指示剂，用氢氧化钠标准滴定溶液滴定试样中的游离酸，以氢氧化钠的消耗量，计算游离酸的含量。

（5）不挥发物的测定

不挥发物通常采用质量法进行测定，称取一定量的试样，烘干至恒量，根据不挥发物的质量，计算试样中不挥发物的含量。

（6）色度的测定

将试样的颜色与标准铂-钴的颜色比较，并以 Hazen（铂-钴）颜色单位表示结果。

试样的颜色以最接近于试样的标准铂-钴对比液的 Hazen（铂-钴）颜色单位表示。如果试样的颜色与任何标准铂-钴对比溶液都不相符合，则根据可能估计一个接近的铂-钴色号，并描述观察到的颜色。

8.5 任务

任务1　氢氧化钠产品中铁含量的测定

（1）目的

① 掌握氢氧化钠中铁含量的测定原理和方法；

② 掌握分光光度法测定铁含量测定条件的选择方法；

③ 掌握分光光度法的操作步骤；

④ 掌握标准曲线法测定铁含量的步骤和结果计算方法。

（2）原理

用盐酸羟胺将试样溶液中 Fe^{3+} 还原成 Fe^{2+}，在缓冲溶液（pH = 4.9）体系中 Fe^{2+} 同 1,10-邻菲啰啉生成橘红色配合物，在波长 510 nm 处测定该配合物的吸光度，用标准曲线法求得氢氧化钠产品中铁含量。

（3）仪器和试剂

① 仪器

分光光度计；容量瓶（100 mL）。

② 试剂

a. 10 g/L 盐酸羟胺溶液；

b. pH = 4.9 乙酸乙酸钠缓冲溶液：称取 272 g 乙酸钠（$CH_3COONa \cdot 3H_2O$），溶于水，加 240 mL 冰乙酸，稀释至 1 000 mL；

c. 0.200 mg/mL 铁标准溶液：称取硫酸亚铁铵（$(NH_4)_2Fe(SO_4)_2 \cdot 3H_2O$）1.404 3 g（准确至 0.000 1 g），溶于 200 mL 水中，加入 20 mL 硫酸（$\rho = 1.84$），冷却至室温，移入 1 000 mL 容量瓶中，稀释至刻度，摇匀；

d. 0.010 mg/mL 铁标准溶液：取 25.00 mL 上述铁标准溶液，移入 500 mL 容量瓶中，稀释至刻度，摇匀，该溶液要在使用前配制；

e. 2.5 g/L 对硝基酚溶液；

f. 2.5 g/L 1,10-邻菲啰啉溶液。

(4) 步骤

① 标准曲线的绘制

依次按表 8-5 所列体积取铁标准溶液于 100 mL 容量瓶中，分别在每个容量瓶中，加 0.5 mL HCl（$\rho = 1.19$ g/cm³）并加入约 50 mL 水，然后加入 5 mL 盐酸羟胺，20 mL 缓冲溶液及 5 mL 的 1,10-邻菲啰啉溶液，用水稀释至刻度、摇匀，静置 10 min，在波长 510 nm 处测定吸光度，以 100 mL 溶液中铁的含量为横坐标，与其相对应的吸光度为纵坐标，绘制标准曲线。

表 8-5 标准曲线绘制

标准溶液体积/mL	0.0	1.0	2.5	4.0	5.0	8.0	10.0	12.0	15.0
铁的质量/μg	0	10	25	40	50	80	100	120	150

② 试样测定

用称量瓶称取 15~20 g 固体或 25~30 g 液体氢氧化钠样品（准确至 0.01 g），移入 500 mL 烧杯中，加水溶解至约 120 mL，加 2~3 滴对硝基酚指示剂溶液，用盐酸（$\rho = 1.19$ g/cm³）中和至黄色消失为止，再过量 2 mL，煮沸 5 min，冷却至室温后移入 250 mL 容量瓶中，用水稀释至刻度、摇匀。

取 50.00 mL 试样溶液移入 100 mL 容量瓶中，加 5 mL 盐酸羟胺、20 mL 缓冲溶液及 5 mL 的 1,10-邻菲啰啉溶液，用水稀释至刻度、摇匀，静置 10 min。测定溶液的吸光度。

(5) 结果计算

按下式计算三氧化二铁的含量（以质量分数（%）表示）：

$$w(Fe_2O_3) = \frac{m_1 \times 10^{-6} \times 1.429\ 7}{m \times \dfrac{50.00}{250}} \times 100\%$$

式中，m_1——试液吸光度相对应的铁的质量，μg；

m——试样的质量，g；

50.00——分取试液的体积，mL；

250——试液的体积，mL；

1.429 7——三氧化二铁与铁的折算系数。

(6) 说明及注意事项

① 显色过程中，每加一种试剂都要摇匀；

② 试样和工作曲线测定的实验条件应保持一致，最好两者同时显色、同时比色；

③ 待测试样应完全透明，如有浑浊，应预先过滤。

任务 2　乙酸乙酯含量的测定

1. 气相色谱法

(1) 目的

① 掌握气相色谱法测定乙酸乙酯含量的方法；

② 学习气相色谱仪的使用；

③ 掌握面积归一化法计算色谱法分析结果。

(2) 原理

试样及其被测组分被气化后，随载气同时进入色谱柱进行分离，用热导检测器进行检测，以面积归一化法计算测定结果。

(3) 仪器和试剂

① 仪器

气相色谱仪（配有热导检测器）；恒温箱（能控制温度 ±1 ℃）。

② 试剂

a. 固定液聚乙二酸乙二酯；

b. 丙酮（分析纯）；

c. 401 有机担体：0.18~0.25 mm（60~80 目）。

③ 色谱条件

a. 色谱柱：柱长 2 m，内径 4 mm，不锈钢柱；

b. 配比：担体:固定液（丙酮为溶剂）＝100:10；

c. 色谱柱的老化：利用分段老化，通载气先于 80 ℃ 老化 2 h，逐渐升温至 120 ℃ 老化 2 h，再升温至 180 ℃ 老化 2 h；

d. 温度：气化室 250 ℃，检测室 130 ℃，柱温 130 ℃；

e. 载气：氢气，流量 30 mL/min；

f. 桥电流：180 mA；

g. 出峰顺序：水、乙醇、乙酸乙酯。

(4) 步骤

① 按仪器操作条件，启动气相色谱仪，同时打开色谱数据处理机或工作站，待仪器稳定后，进行下一步操作；

② 进标准试样 2~4 μL，测定乙酸乙酯中水、乙醇的质量校正因子；

③ 进试样 2~4 μL，测定试样各组分的含量。

(5) 结果计算

乙酸乙酯中各组分的含量按下式计算：

$$w_i = \frac{f_i \times A_i}{\sum (f_i \times A_i)} \times 100\%$$

式中，w_i——以质量分数表示的组分 i 的质量分数；

f_i——组分 i 的校正因子；

A_i——组分 i 的峰面积。

(6) 说明及注意事项

① 工业乙酸乙酯中的各组分均有色谱峰时，才能使用面积归一化法来确定含量；

② 因为乙酸乙酯试样中其他酯类杂质与乙酸乙酯响应值接近，因此只对水、乙醇的质量校正因子进行校正，其他组分可不予校正。

2. 皂化法

(1) 目的

① 掌握皂化法测定乙酸乙酯含量的原理；

② 学习回流装置的使用；

③ 掌握皂化法测定乙酸乙酯含量的操作步骤。

(2) 原理

乙酸乙酯试样与氢氧化钾乙醇溶液发生皂化反应，过量的氢氧化钾用盐酸标准滴定溶液返滴定，根据盐酸溶液的消耗量计算乙酸乙酯的含量；同时测定游离乙酸的含量，对测定结果进行校正。

(3) 仪器和试剂

① 仪器

具塞磨口锥形瓶（250 mL）；水冷式回流冷凝器（带磨口玻璃接头与锥形瓶匹配）。

② 试剂

a. 氢氧化钾乙醇溶液：称取 56 g 氢氧化钾（精确至 0.1 g），溶于 95% 乙醇中并稀释至 1 000 mL；

b. 1 mol/L 盐酸标准滴定溶液；

c. 10 g/L 酚酞乙醇溶液；

d. 0.02 mol/L 氢氧化钠标准滴定溶液。

(4) 步骤

① 用移液管移取 50 mL 氢氧化钾乙醇溶液于锥形瓶中，称取 2.0~2.4 g 试样（精确至 0.000 2 g）于溶液中；

② 将装有试样的锥形瓶盖好磨口玻璃塞在室温（不低于 15 ℃）下放置 4 h，

于每个锥形瓶中加入 2~3 滴酚酞指示剂，用盐酸标准滴定溶液滴定至淡粉色，同时做空白实验。

③ 测定乙酸乙酯中的游离乙酸含量，测定步骤如下：量取 10 mL 乙醇于 100 mL 锥形瓶中，加入 2 滴酚酞指示剂摇匀，用 0.02 mol/L 氢氧化钠标准滴定溶液滴定至溶液呈粉红色，加入 10 mL 试样并摇匀，用氢氧化钠标准滴定溶液滴定至粉红色，并保持 15 s 不褪色。

(5) 结果计算

① 乙酸乙酯产品中乙酸乙酯的含量按下式计算：

$$w_1 = \frac{c_1 \times (V_0 - V_1) \times 0.08811}{m} \times 100 - \frac{88.11 \times w_2}{60}$$

式中，w_1——乙酸乙酯中乙酸乙酯的质量分数；
c_1——盐酸标准滴定溶液的浓度，mol/L；
V_1——乙酸乙酯测定中消耗盐酸标准滴定溶液的体积，mL；
V_0——乙酸乙酯测定中空白消耗盐酸标准滴定溶液的体积，mL；
0.08811——与 1.00 mL 盐酸标准滴定溶液 [$c(HCl) = 1$ mol/L] 相当的以克表示的乙酸乙酯的质量，g；
m——试样的质量，g；
w_2——乙酸乙酯中乙酸的质量分数。

② 乙酸乙酯产品中乙酸的含量按下式计算。

$$w_2 = \frac{c_2 V_2 \times 0.060}{10 \rho_t}$$

式中，c_2——氢氧化钠标准滴定溶液的浓度，mol/L；
V_2——乙酸测定中消耗氢氧化钠标准滴定溶液的体积，mL；
0.060——与 1.00 mL 氢氧化钠标准滴定溶液 [$c(NaOH) = 1$ mol/L] 相当的以克表示的乙酸的质量，g；
ρ_t——乙酸乙酯产品的密度，g/mL。

(6) 说明及注意事项

① 空气中乙酸乙酯最高允许浓度为 0.04%，实验应在通风橱中进行；

② 乙酸乙酯的爆炸极限为 2.2%~11.5%，易与空气可形成爆炸混合物，注意室内空气的流通。

练 习 题

1. 化工产品分析的内容可分为哪几类，分别有什么特点？
2. 化工产品分析的项目有哪些，分别可用什么样的分析方法？
3. 简述硫酸的生产工艺过程。

4. 简述硫酸产品中硫酸含量和发烟硫酸中三氧化硫含量的测定原理。
5. 为什么硫酸试样要用小滴瓶称取，而发烟硫酸试样用安瓿球称取？
6. 简述离子膜法生产烧碱的工艺过程。
7. 简述氢氧化钠产品中氢氧化钠和碳酸钠的测定原理。能不能用双指示剂法进行测定？
8. 简述乙酸乙酯的生产工艺过程。
9. 气相色谱法测定乙酸乙酯中含量时，如有组分不出峰，应用什么方法定量？

阅读材料

在线分析仪器

在线分析仪表是指安装在生产流程装置现场能自动对原料、成品、半成品、中间产品的成分、组分进行连续地测量、分析、指示的分析仪器。

在线分析仪器可按下面3种方法进行分类。按测量对象项目数可分为单参数和多参数在线分析仪器；按测量原理可分为电化学式、热化学式、磁学式、光学式、射线式、电子光学式、色谱式等在线分析仪器；按仪器使用方式可分为"定点"式、"可动"式和"潜入"式在线分析仪器。

目前常用的在线分析仪器有热导式气体分析仪、电导式气体分析仪、氧分析仪、红外线气体分析仪、工业pH计、工业气相色谱仪及质谱仪等。

20世纪70年代后，随着引进装置的不断出现，大量新型、先进的在线分析仪器在化工生产装置上得以广泛地应用。它们对原材料、半成品、中间产品及生产过程中各个环节的各类组分实施自动、连续的测量、指示，随时给操作人员提供操作依据，甚至直接进行生产控制。例如，应用在水泥生产工业中的水泥生料配料高分辨多元素在线分析仪，应用在发电厂的烟气成分在线分析仪。

在线分析仪表克服了传统实验室分析采集样品不全面、反馈周期长的缺点。随着企业劳动生产力的不断提高，企业在进一步提高经济效益的同时，在线分析仪器必将会和其他自动化设备、仪表一样得到越来越广泛的应用。

第 9 章

煤 质 分 析

任 务 引 领

任务 1　煤中水分含量的测定
任务 2　煤中灰分含量的测定

任 务 拓 展

任务 3　煤中全硫含量的测定
任务 4　煤的发热量的测定

任 务 目 标

▶ 知识目标

1. 了解煤的形成过程、煤的分类、煤的组成及煤试样的制备；
2. 了解煤的分析方法分类；
3. 能熟练进行煤中各种基的换算；
4. 掌握煤中水分、灰分及挥发分测定方法的原理；
5. 掌握煤中全硫测定方法的原理、进行煤中全硫含量的测定；
6. 掌握煤的发热量的定义、表示方法及测定方法。

▶ 能力目标

1. 能正确选择分析方法进行煤中水分、灰分的测定；
2. 能够正确选择分析方法进行煤中全硫、发热量的测定。

9.1　概述

9.1.1　基础知识

1. 煤的形成

煤是一种固态的可燃有机岩，是由植物残骸经过复杂的生物化学、物理化学以及地球化学变化而形成的。煤是主要由碳、氢、氧、氮、硫等元素组成的有机成分和少量矿物杂质一起构成的复杂混合物。

煤是在各种地质因素综合作用的情况下形成的。要形成具有工业价值的煤层，需具备聚煤条件和成煤作用两个基本条件。

(1) 聚煤条件

植物遗体堆积成煤的首要条件是必须有茂盛的植物，保证成煤物质的充分供给；另一个条件是已死亡的植物应与空气隔绝，以免遭受完全氧化、分解和强烈的微生物作用而被彻底破坏。一般认为沼泽地区是最适宜的环境，因为沼泽地有充足的水分，水体使植物遗体与空气隔绝从而使植物遗体免遭分解破坏，得以不断堆积。

(2) 成煤作用

从植物遗体的堆积到形成煤层的转化过程称为成煤作用。这是一个漫长而复杂的变化过程，通常分为两个阶段，即泥炭化和腐泥化作用阶段及煤化作用阶段。前者主要是生物化学过程，后者是物理化学过程。

① 泥炭化和腐泥化作用阶段

高等植物的遗体先经过一定的氧化和分解，随着植物遗体的不断堆积和埋藏深度的增加，逐渐与空气隔绝，在厌氧细菌的作用下，使氧化分解产物之间及分解产物与植物残体之间发生复杂的生物化学变化，形成多水和富含腐植酸的腐植质，这就是泥炭。从植物堆积到形成泥炭的作用，叫泥炭化作用。而低等植物藻类和浮游生物死亡后沉到水底，在厌氧细菌的作用下，富含脂肪和蛋白质的生物遗体分解，最后转变为含水很多的絮状胶体物质——腐植胶，腐植胶再经脱水、压实即形成富含沥青质的腐泥。从低等植物及其他生物遗体沉积到形成腐泥的作用，称为腐泥化作用。

② 煤化作用阶段

泥炭和腐泥随着地壳不断下降，在温度升高、压力增大的影响下，逐渐转入煤化作用阶段，它包括成岩作用和变质作用两个过程。

成岩作用：当泥炭或腐泥被泥砂等沉积物覆盖后，在上覆沉积物的静压力作用下，泥炭、腐泥逐渐失水、压实、固结，挥发分相对减少，含碳量相对增高，泥炭和腐泥分别逐渐转变成褐煤和腐泥褐煤。这一作用过程，称为煤的成岩作用。

变质作用：当褐煤层沉降到更深处时，受到继续升高的温度和不断增大的压力的作用，褐煤的内部分子结构、物理性质和化学性质发生变化，如颜色加深、光泽增强、挥发分减少、含碳量增高等，使褐煤逐渐转变为烟煤、无烟煤。这一变化过程就是煤的变质作用。

2. 煤的分类

我国煤的现行分类是 1986 年 10 月 1 日起实施的。该分类标准按照煤的煤化度和黏结性的不同划分为14大类,即无烟煤、贫煤、贫瘦煤、瘦煤、焦煤、1/3焦煤、肥煤、气肥煤、气煤、1/2中黏煤、弱黏煤、不黏煤、长焰煤和褐煤;根据含碳量的多少,可以把煤分为如下几类:泥煤、褐煤、烟煤、无烟煤。煤的含碳量越高,燃烧热值也越高,质量越好。

煤的种类及特点见表9-1。

表9-1 煤的种类及特点

煤的种类	特 点
泥煤	质地疏松,吸水性强。含氧量最高,含碳、硫较低。挥发分多,可燃性好,反应性高,灰分熔点很低
褐煤	密度较大,含碳量较高,氢、氧含量较少,挥发分相对少些。黏结性弱,极易氧化和自燃,吸水性较强,在空气中易风化和破碎
烟煤	挥发分少,密度较大,吸水性小,含碳量增加,氢和氧的含量较低。烟煤是工业上的主要燃料,也是化学工业的重要原料。烟煤的最大特点是具有黏结性,因此是炼焦的主要原料
无烟煤	密度大,含碳量高,挥发分极少,组织密实、坚硬、吸水性小。缺点是可燃性差,不易着火,但发热量大,灰分少,含硫低

3. 煤的组成

煤由有机质和无机质两部分构成。有机质主要是 C、H、O、N、S 等元素组成的有机成分;无机质包括水分和矿物杂质,它们构成煤的不可燃部分,其中矿物杂质经燃烧残留下来,称为灰分。灰分超过45%时就不再称为煤,而称炭质页岩或油页岩。

C:可燃元素,煤化程度越高含碳量越大。完全燃烧时生成二氧化碳,此时每千克纯碳可放出 32 866 kJ 热量;不完全燃烧时生成一氧化碳,此时每千克纯碳放出的热量仅为 9 270 kJ。

H:可燃元素,发热量最高,每千克氢燃烧后的发热量为 120 370 kJ(约为纯碳发热量的4倍),含量较少,在可燃质中含碳量为85%时,有效氢含量最高,约5%。在煤中氢以两种形式存在,与碳、硫结合在一起的,叫做可燃氢,它可以有效地放出热量,也称有效氢;另一种是和氧结合在一起的,叫化合氢,它不能放出热量。在计算发热量和理论空气量时,以有效氢为准。

O:不可燃成分,氧和碳、氢等结合生成氧化物而使碳、氢失去燃烧的可能性。可燃物质中碳含量越高,氧含量越少。

N:氮一般不能参加燃烧,但在高温燃烧区中和氧形成的 NO_x 是一种排气污染物,煤中含氮 0.5%~2%。

S:三种存在形式,即有机硫、黄铁矿硫、硫酸盐。硫酸盐中的硫不能燃烧,它是灰分的一部分；有机硫和黄铁矿硫可燃烧放热，但每千克可燃硫的发热量仅为 9 100 kJ。硫燃烧后生成 SO_2、SO_3，危害人体，污染大气并可形成酸雨，在锅炉中则会引起锅炉换热面腐蚀。

9.1.2　煤的分析方法

煤质的分析很重要，可分为工业分析和元素分析两大类。

1. 工业分析

煤的工业分析，又叫煤的技术分析或实用分析，是评价煤质的基本依据。在国家标准中，煤的工业分析包括煤的水分、灰分、挥发分和固定碳等指标的测定。通常煤的水分、灰分、挥发分是直接测出的，而固定碳是用差减法计算出来的。广义上讲，煤的工业分析还包括煤的全硫分和发热量的测定，又叫煤的全工业分析。

2. 元素分析

煤中除无机矿物质和水分以外，其余都是有机质。煤的元素分析是指煤中碳、氢、氧、氮、硫等元素含量的测定。煤的元素组成，是研究煤的变质程度、计算煤的发热量、估算煤的干馏产物的重要指标，也是工业中以煤作燃料时进行热量计算的基础。

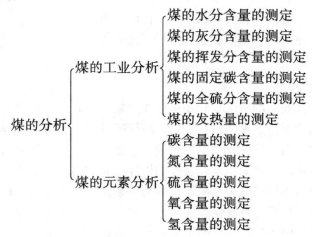

9.1.3　煤试样的采取和制备

煤试样（煤样）的采集是制样与分析的前提。采样就是为了获得具有代表性的样品，通过其后的制样与分析，以掌握其煤质特性，从而为入厂煤验收及控制入炉煤质量提供依据。在煤质检测中，采样才是其关键所在，其次就是制样。

1. 采样的基本概念

采样：采取煤样的过程。采样代表性，是以采样精密度来度量，当采集的样品精密度合格，且又不存在系统误差，则说明所采样品具有代表性。采样所依据的是方差理论。

煤样：为确定某些特性而从煤中采取的、具有代表性的一部分煤。

子样：采样器具操作一次或截取一次煤流分断面所采取的一份煤样。

总样：从一个采样单元取出的全部子样合并成的煤样。

随机采样：在采取子样时，对采样的部位或时间均不施加任何人为的意志，使任何部位的煤都有机会采出。

系统采样：按相同的时间、空间或质量的间隔采取子样，但第一个子样在第一个间隔内随机采取，其余的子样按选定的间隔采取。

批：在相同的条件下、在一段时间内生产的一个量。

采样单元：从一批煤中采取一个总样的煤量。一批煤可以是一个或多个采样单元。

商品煤样：代表商品煤平均性质的煤样。

实验室煤样：由总样或分样缩制的、送往试验室供进一步制备的煤样。

空气干燥煤样：粒度小于 0.2 mm、与周围空气湿度达到平衡的煤样。与空气湿度平衡，也就是煤样达到空气干燥状态，也称一般分析煤样。所谓空气干燥状态，是指试样在空气中连续干燥，其质量变化不大于 0.1%。

标准煤样：具有高度均匀性、良好稳定性和准确量值的煤样。主要用于校准测定仪器、评价分析试验方法和确定煤的特性量值。

煤样制备：使煤样达到实验所要求的状态的过程。包括煤样的破碎、混合、缩分和空气干燥。

2. 煤试样的采取

无论检验何种商品的质量，都要从检验对象中抽取少量样品用于检验，用以评判该批商品的质量，这就叫抽样，对商品煤来说习惯上称为采样。工业系统所用商品煤，每天少则数千吨，多则数万吨，它是一种粒度与化学组成都十分不均匀的大宗固态物种，故要采到有代表性的煤样并非易事。不能把随机采样误解为随意采样、想怎么采就怎么采。随机采样的核心是任何部位的试样被采集到的概率相等，故它是一种没有系统误差的采样方法，本书中所述采样的含义，就是指随机采样。而采样精密度，则反映了随机采样偏差，这是由煤的组成不均匀性及采样时不可避免的随机误差所造成的，虽然这种偏差是存在的，但不允许超过一定的限度，以保证采样具有代表性。

同时，采样不同于分析化验，后者出现差错，尚可再测一次加以补救；而采样则不可能，如入厂煤从运输工具上卸下，也就会与其他存煤相混，入炉煤则已进入锅炉烧掉，故没有可能再来采集一次。因此，商品煤采样务必做到一次符合要求。

商品煤样应在煤流中采取，也可在运输工具顶部及煤堆上采取。采样时不应该将采的煤块、矸石和黄铁矿漏掉或舍弃。

（1）煤流中采样

在煤流中采样时，可根据煤的流量大小，以一次或分两次到三次横截煤流的断面采取1个子样。分两次或三次采样时，按左右或左、中、右的顺序进行，采样的部位均不得有交错重复。煤流中每个子样质量不得少于5 kg。在横截皮带运输机的煤流采样时，采样器必需紧贴皮带，不允许悬空铲取煤流。

1 000 t煤应采取的最少子样数目，根据产品计划灰分，按表9 – 2的规定确定，并均匀地分布于煤的有效流过时间内。

表9 – 2　1 000 t煤应采取的最少子样数目

煤炭品种	原煤、筛选煤（灰分>20%）	原煤、筛选煤（灰分≤20%）	炼焦用精煤	其他洗煤（包括中煤）
子样数目	60	30	15	20

煤量超过1 000 t时子样数目，由实际发运量（出口煤按交货批量或一天实际发运量）的多少，根据下式计算确定：

$$m = n\sqrt{\frac{M}{1\,000}} \tag{9 – 1}$$

式中，m——实际应采子样数目，个；

n——表9 – 2所规定的子样数目，个；

M——实际发运量，t。

煤量不足1 000 t时，子样数目按实际发运量的多少，根据表9 – 2所规定的数目按比例递减，但最少不得少于表9 – 2所规定数目的1/3。

（2）运输工具顶部采样

在火车顶部采取商品煤样时，应在煤炭装车后立即用机械化采样器或尖铲插入采样，用户需分析核对时，可挖坑至0.4 m以下按要求采样。

300 t的一列火车装载煤量应采取的子样数目，根据煤炭品种确定。对于炼焦用精煤、其他洗煤及粒度大于100 mm的块煤，不论车皮容量大小，沿斜线方向按5点循环采取1个子样；对于原煤、筛选煤，不论车皮容量大小，均沿斜线方向采取3个子样。斜线的始末两点应位于距车角1 m处，其余各点需均匀地布置在剩余的斜线上，各车的斜线方向应一致。

煤量不足300 t或一个分析化验单位时，原煤、筛选煤应采最少子样数目为18个；炼焦用精煤、其他洗煤（包括中煤）、粒度大于100 mm的块煤应采的最少子样数目为6个。每节车皮在斜线上采取1、3或5个子样。

当3节及以下车皮的煤量为一个分析化验单位时，多余的子样数目可在交叉的斜线上采取。

汽车运输煤炭时，可按1 000 t煤不少于60个子样和沿斜线采样的原则，采取商品煤样。

(3) 煤堆采样

煤堆上的采样点，按所规定的子样数目，根据煤堆的不同堆形均匀布置在顶、腰、底的部位上（底在距地面 0.5 m 处）。在采样点上，先除去 0.2 m 的表层煤，然后采样。

1 000 t 煤的子样数目按表 9-2 规定确定；煤量不足 1 000 t 时，子样数目由实际煤量的多少，根据表 9-2 所规定的数目按比例递减，但不得少于表 9-2 所规定的数目的一半；大于 1 000 t 煤的子样数目按公式（9-1）计算确定。

在煤堆上不采取出口煤的商品煤样。

(4) 全水分煤样的采取

全水分煤样既可单独采取，也可在煤样制备过程中分取。以单独采取全水分专用煤样为例：在煤流中采样，按均匀分布采样点的原则，至少采取 10 个子样，作为全水分煤样；在火车顶部采样，应在装车后立刻进行，其方法是沿斜线按 5 点循环的顺序在每节车皮上采取 1 个子样，合并成为全水分煤样。

一批煤也可分几次采样。各次采取的子样数目同上，以各次测定结果的加权平均值作为该批煤的全水分结果。

在煤堆中不单独采取全水分专用煤样。

采取全水分煤样以后，应立即制样或立即装入口盖严密的塑料桶或镀锌铁桶中，并尽快制样；另外，也可用塑料袋装样密封，在满批量后尽快制样。

3. 煤试样的制备

煤样应及时制备成空气干燥煤样，或先制成适当粒级的试验室煤样。如果水分过大，影响进一步破碎、缩分时，应事先在低于 50 ℃ 温度下适当地进行干燥。在粉碎成 0.2 mm 的煤样之前，应用磁铁将煤样中铁屑吸去，再粉碎到全部通过孔径为 0.2 mm 的筛子，并使之达到空气干燥状态，然后装入煤样瓶中（装入煤样的量应不超过煤样瓶容积的 3/4，以便使用时混合），送交化验室化验。

煤样的制备既可一次完成，也可分几部分处理。煤样的缩分，除水分大、无法使用机械缩分者外，应尽可能使用二分器和机械缩分，以减少缩分误差。

9.2 煤的工业分析

9.2.1 煤质分析化验基准的概念

在煤质分析化验中，不同的煤样其化验结果是不同的，同一煤样在不同的状态下其测试结果也是不同的。如一个煤样的水分，经过空气干燥后的测试值比空气干燥前的测试值要小。所以，任何一个分析化验结果，必须标明其进行分析化验时煤样所处的状态。以下是煤样的各种状态的"基"的含义。

干燥基（d）：以假想无水状态的煤为基准。
空气干燥基（ad）：以与空气湿度达到平衡状态的煤为基准，也称分析基。
收到基（ar）：以收到状态的煤为基准。
干燥无灰基（daf）：以假想无水、无灰状态的煤为基准。
干燥无矿物质基（dmmf）：以假想无水、无矿物质状态的煤为基准。
恒湿无灰基（maf）：以假想含最高内在水分、无灰状态的煤为基准。
恒湿无矿物质基（M，mmf）：以假想含最高内在水分、无矿物质状态的煤为基准。

9.2.2 煤中水分的测定

1. 煤的水分

煤的水分，是煤炭计价中的一个辅助指标。煤的水分增加，煤中有用成分相对减少，且水分在燃烧时变成蒸汽要吸热，因而降低了煤的发热量。煤的水分增加，还增加了无效运输，并给卸车带来了困难，特点是冬季寒冷地区，加剧了运输的紧张。煤的水分也容易引起煤炭黏仓而减小煤仓容量，甚至发生堵仓事故。

(1) 煤中游离水和化合水

煤中水分按其存在形态的不同分为两类，即游离水和化合水。

① 游离水

游离水是以物理状态吸附在煤颗粒内部毛细管中和附着在煤颗粒表面的水分。煤的游离水分又分为外在水分和内在水分。

外在水分（M_f）：指在一定条件下煤样与周围空气湿度达到平衡时所失去的水分。它附着在煤颗粒表面，很容易在常温下的干燥空气中蒸发，至煤颗粒表面的水的蒸气压与空气的湿度平衡时就不再蒸发了。

内在水分（M_{inh}）：指在一定条件下煤样达到空气干燥状态时所保持的水分。它是吸附在煤颗粒内部毛细孔中的水分。内在水分需在 100 ℃ 以上，经过一定时间才能蒸发。

最高内在水分（M_{HC}）：指煤样在温度 0 ℃、相对湿度 96% 的条件下达到平衡时测得的内在水分。此时，煤颗粒内部毛细孔内吸附的水分达到饱和状态。最高内在水分与煤的孔隙度有关，而煤的孔隙度又与煤的煤化程度有关，所以，最高内在水分含量在相当程度上能表征煤的煤化程度，尤其能更好地区分低煤化度煤。如年轻褐煤的最高内在水分多在 25% 以上；少数的，如云南弥勒褐煤，最高内在水分达 31%；最高内在水分小于 2% 的烟煤，几乎都是强黏性和高发热量的肥煤和主焦煤。

② 化合水

指以化学方式与矿物质结合的、在全水分测定后仍保留下来的水分，也叫结晶水。如硫酸钙（$CaSO_4 \cdot 2H_2O$）和高龄土（$Al_2O_3 \cdot 2SiO_2 \cdot 2H_2O$）中的结晶水。

游离水在 105 ℃ ~ 110 ℃ 条件下经过 1 ~ 2h 可蒸发掉，而结晶水通常要在 200 ℃ 以上才能分解析出。

(2) 煤的全水分

煤的全水分（M_t），是指煤中全部的游离水分，即煤中外在水分和内在水分的总和。必须指出的是，化验室里测定煤的全水分时所测得煤的外在水分和内在水分，与上面讲的煤中不同结构状态下的外在水分和内在水分是完全不同的。化验室里所测试的外在水分，是指煤样在空气中并同空气湿度达到平衡时失去的水分（这时吸附在煤粒内部毛细孔中的内在水分也会相应失去一部分，其数量随当时空气湿度的降低和温度的升高而增大），这时残留在煤中的水分为内在水分。显然，化验室测试的外在水分和内在水分，除与煤中不同结构状态下的外在水分和内在水分有关外，还与化验室空气的湿度和温度有关。

2. 测定方法

(1) 空气干燥煤样水分含量的测定

空气干燥煤样水分是空气干燥煤样（粒度≤0.2 mm）在规定条件下测得的水分，简称为分析水。

煤质分析中仅对煤中的全水分进行测定，而煤的工业分析中仅对空气干燥煤样水分进行测定。

① 通氮干燥法

a. 方法原理

称取一定量的空气干燥煤样，置于 105 ℃ ~ 110 ℃ 干燥箱中，在干燥氮气流中干燥到质量恒定。由煤样的质量损失计算煤中水分含量。

b. 结果计算

空气干燥煤样的水分按下式计算：

$$M_{ad} = \frac{m_1}{m} \times 100\% \tag{9-2}$$

式中，M_{ad}——空气干燥煤样的水分的质量分数；

m_1——煤样干燥后失去的质量，g；

m——煤样的质量，g。

② 甲苯蒸馏法

a. 方法原理

称取一定量的空气干燥煤样于圆底烧瓶中，加入甲苯共同煮沸。分馏出的液体收集在水分测定管中并分层，量出水的体积。由水的体积和密度计算煤中水分含量。

b. 结果计算

空气干燥煤样的水分含量按下式计算：

$$M_{ad} = \frac{V \cdot d}{m} \times 100\% \qquad (9-3)$$

式中，M_{ad}——空气干燥煤样的水分的质量分数；
　　　V——由回收曲线图上查出的水的体积，mL；
　　　d——水的密度，20 ℃时取 1.00 g/mL；
　　　m——煤样的质量，g。

c. 说明及注意事项

蒸馏装置由冷凝管、水分测定管和圆底蒸馏烧瓶构成，各部件连接处应采用磨口接头，见图 9-1 和图 9-2。

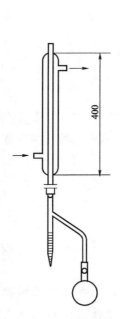

图 9-1　蒸馏装置图

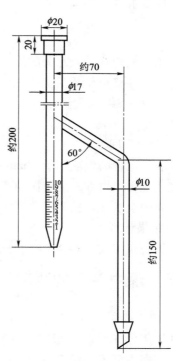

图 9-2　水分测定管

③ 空气干燥法

a. 方法原理

称取一定量的空气干燥煤样，置于 105 ℃~110 ℃ 干燥箱中，在空气流中干燥到质量恒定。由煤样的质量损失计算煤中水分含量。

b. 结果计算

计算公式同式（9-3）。

(2) 全水分的测定

煤中全水分的测定有四种方法，包括通氮干燥法、空气干燥法、微波干燥法及一步或二步空气干燥法。其中，通氮干燥法适用于各种煤的全水分的测定，而微波干燥法适用于烟煤和褐煤的全水分的测定。本节仅介绍通氮干燥法和微波干燥法。

① 通氮干燥法

a. 方法原理

称取一定量的煤样，置于 105 ℃ ~ 110 ℃ 干燥箱中，在干燥氮气流中干燥到质量恒定。由煤样的质量损失计算煤中全水分含量。

b. 结果计算

煤样全水分按下式计算：

$$M_t = \frac{m_1}{m} \times 100\% \tag{9-4}$$

式中，M_t——煤样的全水分的质量分数；

m_1——煤样干燥后失去的质量，g；

m——煤样的质量，g。

② 微波干燥法

a. 方法原理

称取一定量的粒度小于 6 mm 的煤样，置于微波炉内，煤中水分在微波发生器的交变电场作用下，高速振动产生摩擦热，使水分迅速蒸发，由煤样的质量损失计算煤中全水分含量。

b. 结果计算

计算公式同式 (9-4)。

9.2.3　煤中灰分的测定

1. 煤的灰分

煤的灰分 (A)，是指煤样在规定条件下完全燃烧后所得的残留物。因为这个残渣是煤中可燃物完全燃烧、煤中矿物质（除水分外所有的无机质）在煤完全燃烧过程中经过一系列分解、化合反应后的产物，所以确切地说，灰分应称为灰分产率。灰分是煤中的有害物质，影响煤的使用、运输和储存。

2. 测定方法

(1) 缓慢灰化法

a. 方法原理

称取一定量的空气干燥煤样于瓷灰皿中，放入马弗炉，以一定的速度加热到 (815 ± 10) ℃，灰化并灼烧到质量恒定。由残留物的质量和煤样的质量计算灰分产率。

b. 结果计算

空气干燥煤样的灰分按下式计算：

$$A_{ad} = \frac{m_1}{m} \times 100\% \qquad (9-5)$$

式中，A_{ad}——空气干燥煤样灰分的质量分数；
$\quad m_1$——残留物的质量，g；
$\quad m$——煤样的质量，g。

c. 说明及注意事项

灰皿要预先灼烧至恒量，空气干燥煤样要均匀平摊在灰皿中，且每平方厘米的质量不超过 0.15 g。灰皿结构尺寸见图 9-3。

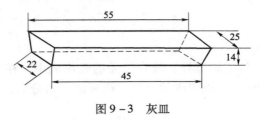

图 9-3 灰皿

（2）快速灰化法

a. 方法原理

将装有煤样的灰皿放在预先加热到 (815±10)℃ 的灰分快速测定仪（图 9-4）的传送带上，煤样被自动送入仪器内完全灰化，然后送出。由残留物的质量和煤样的质量计算灰分产率。

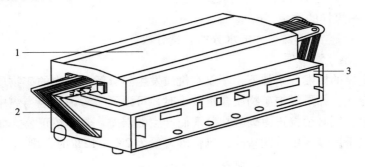

图 9-4 快速灰分测定仪
1—管式电炉；2—传送带；3—控制仪

b. 结果计算

计算公式同式（9-5）。

9.2.4　煤中挥发分的测定

1. 煤的挥发分

煤的挥发分（V），是指煤样在规定条件下隔绝空气加热，并进行水分校正后的质量损失。残留下来的不挥发固体物质叫做焦渣。因为挥发分不是煤中固有的，而是在特定温度下热解的产物，所以确切地说应称为挥发分产率。

挥发分是煤分类的重要指标。煤的挥发分反映了煤的变质程度，挥发分由大到小，煤的变质程度由小到大。如泥炭的挥发分高达 70%，褐煤的挥发分一般为 40%~60%，烟煤的挥发分一般为 10%~50%，高品质的无烟煤的挥发分则小于 10%。

2. 测定方法

① 方法原理

称取一定量的空气干燥煤样，放在带盖的瓷坩埚中，在 (900 ± 10)℃ 温度下，隔绝空气加热 7 min。以减少的质量占煤样的质量分数，减去该煤样的水分含量作为挥发产率。

② 结果计算

空气干燥煤样的挥发分按下式计算：

$$V_{ad} = \frac{m_1}{m} \times 100\% - M_{ad} \tag{9-6}$$

式中，V_{ad}——空气干燥煤样的挥发分的质量分数；
　　　m_1——煤样加热后减少的质量，g；
　　　m——煤样的质量，g；
　　　M_{ad}——空气干燥煤样的水分的质量分数。

③ 说明及注意事项

在测定煤的挥发分条件下，不仅有机质发生热分解，煤中的矿物质也同时发生相应的变化。如果煤中矿物质含量较小时，可以不予考虑；但当煤中的碳酸盐含量较高时，则必须校正由碳酸盐分解而产生的误差。具体校正公式如下：

当空气干燥煤样中碳酸盐的二氧化碳含量为 2%~12% 时，则

$$V_{ad} = \frac{m_1}{m} \times 100\% - M_{ad} - (CO_2)_{ad} \tag{9-7}$$

空气干燥煤样中碳酸盐的二氧化碳含量大于 12% 时，则

$$V_{ad} = \frac{m_1}{m} \times 100\% - M_{ad} - [(CO_2)_{ad} - (CO_2)_{ad}(焦渣)] \tag{9-8}$$

式中，V_{ad}——空气干燥煤样的挥发分的质量分数；
　　　m_1——煤样加热后减少的质量，g；
　　　m——煤样的质量，g；

M_{ad}——空气干燥煤样中水分的质量分数；

$(CO_2)_{ad}$——空气干燥煤样中碳酸盐的二氧化碳的质量分数（按 GB 212 测定）；

$(CO_2)_{ad}$（焦渣）——焦渣中二氧化碳对煤样量的质量分数。

9.2.5 煤中固定碳的计算

1. 煤的固定碳

煤的固定碳（FC），是指从测定煤样的挥发份后的残渣中减去灰分后的残留物，即煤中去掉水分、灰分、挥发分，剩下的就是固定碳。

煤的固定碳与挥发分一样，也是表征煤的变质程度的一个指标，随变质程度的增高而增高。所以一些国家以固定碳作为煤分类的一个指标。

固定碳是煤的发热量的重要来源，所以有的国家以固定碳作为煤发热量计算的主要参数。固定碳也是合成氨用煤的一个重要指标。

2. 固定碳的计算

空气干燥煤样的固定碳按下式计算：

$$FC_{ad} = 100\% - (M_{ad} + A_{ad} + V_{ad}) \qquad (9-9)$$

式中，FC_{ad}——空气干燥煤样的固定碳含量；

M_{ad}——空气干燥煤样的水分含量；

A_{ad}——空气干燥煤样的灰分产率；

V_{ad}——空气干燥煤样的挥发分产率。

3. 各种基准间的换算

（1）干燥基的换算

$$X_d = \frac{X_{ad}}{100 - M_{ad}} \times 100\% \qquad (9-10)$$

式中，X_{ad}——分析基的化验结果；

M_{ad}——分析基水分；

X_d——换算为干燥基的化验结果。

（2）收到基的换算

$$X_{ar} = X_{ad} \times \frac{100 - M_{ar}}{100 - M_{ad}} \times 100\% \qquad (9-11)$$

式中，M_{ar}——收到基水分；

X_{ar}——换算为收到基的化验结果。

（3）无水无灰基的换算

$$X_{daf} = \frac{X_{ad}}{100 - M_{ad} - A_{ad}} \times 100\% \qquad (9-12)$$

式中，A_{ad}——分析基灰分；

X_{daf}——换算为干燥无灰基的化验结果。

当煤中碳酸盐含量大于 2% 时，则上式应变为：

$$X_{daf} = \frac{X_{ad}}{100 - M_{ad} - A_{ad} - (CO_2)_{ad}} \times 100\% \tag{9-13}$$

不同基的换算公式见表 9-3。

表 9-3　不同基的换算公式

已知基	要求基			
	空气干燥基 ad	收到基 ar	干基 d	干燥无灰基 daf
空气干燥基 ad	—	$\dfrac{100 - M_{ar}}{100 - M_{ad}}$	$\dfrac{100}{100 - M_{ad}}$	$\dfrac{100}{100 - (M_{ad} + A_{ad})}$
收到基 ar	$\dfrac{100 - M_{ad}}{100 - M_{ar}}$	—	$\dfrac{100}{100 - M_{ar}}$	$\dfrac{100}{100 - (M_{ar} + A_{ar})}$
干基 d	$\dfrac{100 - M_{ad}}{100}$	$\dfrac{100 - M_{ar}}{100}$	—	$\dfrac{100}{100 - A_d}$
干燥无灰基 daf	$\dfrac{100 - (M_{ad} + A_{ad})}{100}$	$\dfrac{100 - (M_{ar} + A_{ar})}{100}$	$\dfrac{100 - A_d}{100}$	—

9.3　煤中全硫的测定

9.3.1　煤中硫

煤中硫分，按其存在的形态分为有机硫和无机硫两种，有的煤中还有少量的单质硫。煤中的有机硫，是以有机物的形态存在于煤中，其结构复杂，至今了解的还不够充分；煤中无机硫，是以无机物形态存在于煤中。无机硫又分为硫化物硫和硫酸盐硫。硫化物硫绝大部分是黄铁矿硫，少部分为白铁矿硫，两者是同质多晶体，还有少量的 ZnS、PbS 等；硫酸盐硫主要存在于 $CaSO_4$ 中。

煤中硫分，按其在空气中能否燃烧又分为可燃硫和不可燃硫。有机硫、硫铁矿硫和单质硫都能在空气中燃烧，都是可燃硫，硫酸盐硫不能在空气中燃烧，是不可燃硫。

煤燃烧后留在灰渣中的硫（以硫酸盐硫为主），或焦化后留在焦炭中的硫（以有机硫、硫化钙和硫化亚铁等为主），称为固体硫。煤燃烧逸出的硫，或煤焦化随煤气和焦油析出的硫，称为挥发硫（以硫化氢和硫氧化碳（COS）等为主）。煤的固定硫和挥发硫不是不变的，而是随燃烧或焦化温度、升温速度和矿物质组分的性质和数量等而变化。

煤中各种形态的硫的总和称为煤的全硫（S_t）。煤的全硫通常包含煤的硫酸盐硫（S_s）、硫铁矿硫（S_p）和有机硫（S_0），即：

$$S_t = S_s + S_p + S_0$$

硫是煤中有害物质之一。如煤作为燃料，在燃烧时生成 SO_2 和 SO_3，不仅腐蚀设备还污染空气，甚至降酸雨，严重危及植物生长和人的健康；煤用于合成氨制半水煤气时，由于煤气中硫化氢等气体较多不易脱净，易毒化合成催化剂而影响生产；煤用于炼焦，煤中硫会进入焦炭，使钢铁变脆（钢铁中硫含量大于 0.07% 时就成了废品）；煤在储运中，煤中硫化铁等含量多时，会因氧化、升温而自燃。

煤的工业分析通常不要求将无机硫和有机硫分别测出，而是测定其全硫的含量。测定煤中全硫量的方法有艾氏卡法、库仑法和高温燃烧中和法三种，而艾氏卡法是世界公认的标准方法，在仲裁分析时，采用艾氏卡法。

9.3.2 测定方法

1. 艾氏卡法

（1）方法原理

将煤样与艾氏卡试剂混合灼烧，煤中硫生成硫酸盐，由硫酸钡的质量计算煤中全硫的含量。主要反应为：

① 煤样与艾氏试剂（$Na_2CO_3 + MgO$）混合燃烧：

$$煤 \xrightarrow{O_2} CO_2\uparrow + NO_x + SO_2\uparrow + SO_3\uparrow$$

② 燃烧生成的 SO_2 和 SO_3 被艾氏剂吸收，生成可溶性硫酸盐：

$$2Na_2CO_3 + 2SO_2 + O_2（空气） == 2Na_2SO_4 + 2CO_2\uparrow$$
$$Na_2CO_3 + SO_3 == Na_2SO_4 + CO_2\uparrow$$
$$2MgO + SO_2 + 2O_2（空气）== 2MgSO_4$$

③ 煤中的硫酸盐被艾氏剂中的 Na_2CO_3 转化成可溶性 Na_2SO_4：

$$CaSO_4 + Na_2CO_3 == CaCO_3 + Na_2SO_4$$

④ 溶解硫酸盐，用沉淀剂 $BaCl_2$ 沉淀 SO_4^{2-}：

$$MgSO_4 + BaCl_2 == MgCl_2 + BaSO_4\downarrow$$
$$Na_2SO_4 + BaCl_2 == 2NaCl + BaSO_4\downarrow$$

（2）结果计算

空气干燥煤样的全硫含量按下式计算：

$$w_{t,ad} = \frac{(m_1 - m_2) \times 0.1374}{m} \times 100\% \tag{9-14}$$

式中，$w_{t,ad}$——空气干燥煤样中的全硫的质量分数；

m_1——硫酸钡的质量，g；

m_2——空白试验中硫酸钡的质量,g;

0.137 4——由硫酸钡换算为硫的系数;

m——煤样的质量,g。

(3) 说明及注意事项

艾氏剂中的 MgO,因其具有较高的熔点(2 800 ℃),当煤样与其混合在一起于 800 ℃~850 ℃进行灼烧时不至于熔融,使熔块保持疏松,防止硫酸钠在不太高的温度下熔化。同时煤样与空气充分接触,有利于溶剂对生成硫化物的吸收。

2. 库仑法

(1) 方法原理

煤样在催化剂作用下,于空气流中燃烧分解,煤中硫生成二氧化硫并被碘化钾溶液吸收,以电解碘化钾溶液所产生的碘进行滴定,根据电解所消耗的电量计算煤中全硫的含量。

(2) 结果计算

当库仑积分器最终显示数为硫的质量(mg)时,全硫含量按下式计算:

$$w_{t,ad} = \frac{m_1}{m} \times 100\% \qquad (9-15)$$

式中,$w_{t,ad}$——空气干燥煤样中全硫的质量分数;

m_1——库仑积分器显示值,mg;

m——煤样的质量,mg。

3. 高温燃烧中和法

(1) 方法原理

煤样在催化剂作用下于氧气流中燃烧,煤中硫生成硫的氧化物,并捕集在过氧化氢溶液中形成硫酸,用氢氧化钠标准滴定溶液滴定,根据其消耗量,计算煤中全硫含量。

(2) 结果计算

用氢氧化钠标准溶液的浓度计算煤中全硫含量:

$$w_{t,ad} = \frac{c \times (V - V_0) \times 0.016 \times f}{m} \times 100\% \qquad (9-16)$$

式中,$w_{t,ad}$——空气干燥煤样中的全硫含量,%;

V——煤样测定时,氢氧化钠标准溶液的用量,mL;

V_0——空白测定时,氢氧化钠标准溶液的用量,mL;

c——氢氧化钠标准溶液的浓度,mmol/mL;

0.016——硫的毫摩尔质量,g/mmol;

f——校正系数,当 $S_{t,ad} < 1\%$ 时,$f = 0.95$;当 $S_{t,ad} = 1\% \sim 4\%$ 时,$f = 1.00$;当 $S_{t,ad} > 4\%$ 时,$f = 1.05$;

m——煤样的质量，g。

9.4 煤的发热量的测定

9.4.1 发热量的定义及表示方法

1. 发热量定义

煤的发热量，又称为煤的热值，即单位质量的煤完全燃烧所发出的热量。煤的发热量是煤按热值计价的基础指标。煤作为动力燃料，主要是利用煤的热量，发热量愈高，其经济价值愈大。同时发热量也是计算热平衡、热效率和煤耗的依据，以及锅炉设计的参数。

煤的发热量表征了煤的变质程度（煤化度），鉴于低煤化度煤的发热量随煤化度的变化较大，所以，一些国家常用煤的恒湿无灰基高位发热量作为区分低煤化度煤类别的指标。我国采用煤的恒湿无灰基高位发热量来划分褐煤和长焰煤。

发热量测定结果以 kJ/g（千焦/克）或 MJ/kg（兆焦/千克）表示。

2. 煤的发热量表示方法

① 煤的弹筒发热量

煤的弹筒发热量（Q_b），是单位质量的煤样在热量计的弹筒内，在过量高压氧（25～35 个大气压左右）中燃烧后产生的热量（燃烧产物的最终温度规定为 25 ℃）。

由于煤样是在高压氧气的弹筒里燃烧的，因此发生了煤在空气中燃烧时不能进行的热化学反应。如：煤中氮以及充氧气前弹筒内空气中的氮，在空气中燃烧时，一般呈气态氮逸出，而在弹筒中燃烧时却生成 N_2O_5 或 NO_2 等氮氧化合物，这些氮氧化合物溶于弹筒水中生成硝酸，这一化学反应是放热反应；另外，煤中可燃硫在空气中燃烧时生成 SO_2 气体逸出，而在弹筒中燃烧时却氧化成 SO_3，SO_3 溶于弹筒水中生成硫酸。SO_2、SO_3 以及 H_2SO_4 溶于水生成硫酸水化物都是放热反应，所以，煤的弹筒发热量要高于煤在空气中、工业锅炉中燃烧时实际产生的热量。为此，实际中要把弹筒发热量折算成符合煤在空气中燃烧的发热量。

② 煤的高位发热量

煤的高位发热量（Q_{gr}），即煤在空气中大气压条件下燃烧后所产生的热量。实际上是由实验室中测得的煤的弹筒发热量减去硫酸和硝酸生成热后得到的热量。

应该指出的是，煤的弹筒发热量是在恒容（弹筒内煤样燃烧室容积不变）条件下测得的，所以又叫恒容弹筒发热量。由恒容弹筒发热量折算出来的高位发热量又称为恒容高位发热量。而煤在空气中大气压下燃烧的条件是恒压的（大气压不变），其高位发热量是恒压高位发热量。恒容高位发热量和恒压高位发热量两者之间是有差别的,一般恒容高位发热量比恒压高位发热量低 8.4~20.9 J/g,实际中当要求精度不高时,一般不予校正。

③ 恒容低位发热量

煤的低位发热量(Q_{net}),是指煤在空气中大气压条件下燃烧后产生的热量,扣除煤中水分(煤中有机质中的氢燃烧后生成的氧化水,以及煤中的游离水和化合水)的汽化热(蒸发热),剩下的实际可以使用的热量。

同样,实际上由恒容高位发热量算出的低位发热量,也叫恒容低位发热量,它与在空气中大气压条件下燃烧时的恒压低位热量之间也有较小的差别。

④ 煤的恒湿无灰基高位发热量

煤的恒湿无灰基高位发热量(Q_{maf}),实际中是不存在的,是指煤在恒湿条件下测得的恒容高位发热量,除去灰分影响后计算出来的发热量。

恒湿无灰基高位发热量是低煤化度煤分类的一个指标。

9.4.2 发热量的测定方法——氧弹式热量计法

1. 方法原理

一定量的分析试样在氧弹式热量计中,在充有过量氧气的氧弹内燃烧(氧弹热量计的热容量通过在相似条件下燃烧一定量的基准量热物苯甲酸来确定),根据试样点燃前后量热系统产生的温升,并对点火热等附加热进行校正即可求得试样的弹筒发热量。

从弹筒发热量中扣除硝酸形成热和硫酸校正热(硫酸与二氧化硫形成热之差)后即得高位发热量。

2. 结果计算

通用的热量计有两种:恒温式和绝热式。它们的差别只在于外筒及附属的自动控温装置,其余部分无明显区别。

① 恒温式热量计:

$$Q_{b,ad} = \frac{EH[(t_n + h_n) - (t_0 + h_0) + C] - (q_1 + q_2)}{m} \quad (9-17)$$

式中,$Q_{b,ad}$——分析试样的弹筒发热量,J/g;

E——热量计的热容量,J/K;

H——贝克曼温度计的平均分度值;

C——冷却校正值,K;

t_0——点火时的内筒温度,℃;

t_n——终点时的内筒温度,℃;

h_0——温度计刻度校正,t_0 刻度修正值,℃;

h_n——温度计刻度校正,t_n 刻度修正值,℃;

q_1——点火热，J；

q_2——添加物如包纸等产生的总热量，J；

m——试样的质量，g。

② 绝热式热量计：

$$Q_{b,ad} = \frac{EH[(t_n + h_n) - (t_0 + h_0)] - (q_1 + q_2)}{m} \qquad (9-18)$$

式中各项含义同上。

9.4.3 发热量的计算方法

1. 高位发热量的计算

高位发热量 $Q_{gr,ad}$ 按下式计算：

$$Q_{gr,ad} = Q_{b,ad} - (95S_{b,ad} + \alpha Q_{b,ad}) \qquad (9-19)$$

式中，$Q_{gr,ad}$——分析试样的高位发热量，J/g；

$Q_{b,ad}$——分析试样的弹筒发热量，J/g；

$S_{b,ad}$——由弹筒洗液测得的煤的含硫量，%；

95——煤中每1%的硫的校正值，J；

α——硝酸校正系数，当 $Q_{b,ad} \leq 16.7$ kJ/g 时，$\alpha = 0.001$；当 16.7 kJ/g < $Q_{b,ad} \leq 25.10$ kJ/g 时，$\alpha = 0.0012$；当 $Q_{b,ad} > 25.10$ kJ/g 时，$\alpha = 0.0016$。

当煤中全硫含量低于4%时，或发热量大于14.60 kJ/g 时，可用全硫或可燃硫代替 $S_{b,ad}$。

2. 低位发热量的计算

低位发热量 $Q_{net,ad}$ 按下式计算：

$$Q_{net,ad} = Q_{gr,ad} - (0.206H_{ad} + 0.023M_{ad}) \qquad (9-20)$$

式中，$Q_{net,ad}$——分析试样的低位发热量，J/g；

$Q_{gr,ad}$——分析试样的高位发热量，J/g；

H_{ad}——分析煤样的氢含量，%；

M_{ad}——分析煤样的水分含量，%。

9.5 任务

任务1 煤中水分含量的测定

（1）目的

① 掌握空气干燥法的基本原理和测定过程；

② 掌握空气干燥法的操作技术。

(2) 原理

称取一定量的空气干燥煤样,置于 105 ℃~110 ℃ 干燥箱中,在空气流中干燥到质量恒定。然后根据煤样的质量损失计算出水分的含量。

(3) 仪器

① 干燥箱:带有自动控温装置,内装有鼓风机,并能保持温度在 105 ℃~110 ℃ 范围内;

② 干燥器:内装变色硅胶或粒状无水氯化钙;

③ 玻璃称量瓶:直径 40 mm,高 25 mm,并带有严密的磨口盖;

④ 分析天平:感量 0.000 1 g。

(4) 步骤

① 用预先干燥并称量过(精确至 0.000 2 g)的称量瓶称取粒度为 0.2 mm 以下的空气干燥煤样(1±0.1)g,精确至 0.000 2 g,平摊在称量瓶中;

② 打开称量瓶盖,放入预先鼓风并已加热到 105 ℃~110 ℃ 的干燥箱中,在一直鼓风的条件下,烟煤干燥 1 h,无烟煤干燥 1~1.5 h;

③ 从干燥箱中取出称量瓶,立即盖上盖,放入干燥器中冷却至室温(约 20 min)后,称量;

④ 进行干燥性检查,每次 30 min,直到连续两次干燥煤样的质量减少不超过 0.001 g 或质量不再增加时为止,在后一种情况下,要采用质量增加前一次的质量为计算依据;水分在 2% 以下不必进行干燥性检查。

(5) 结果计算

空气干燥煤样的水分含量按下式计算:

$$w_{ad} = \frac{m_1}{m} \times 100\%$$

式中,w_{ad}——空气干燥煤样的水分含量,%;

m_1——煤样干燥后失去的质量,g;

m——煤样的质量,g。

(6) 说明及注意事项

① 预先鼓风是为了使温度均匀,将称好装有煤样的称量瓶放入干燥箱前 3~5 min 就开始鼓风;

② 煤样应平摊在称量瓶中,严格按规定时间进行干燥;

③ 进行干燥性检查时,注意防止吸收空气中水分。

任务 2 煤中灰分含量的测定

(1) 目的

① 掌握缓慢灰化法的基本原理;

② 掌握缓慢灰化法的操作技术。

(2) 原理

称取一定量的空气干燥煤样，放入马沸炉中，以一定的速度加热到 (815±10)℃，灰化并灼烧到质量恒定。由残留物的质量和煤样的质量计算灰分产率。

(3) 仪器

① 马沸炉：能保持温度为 (815±10)℃，炉膛具有足够的恒温区，炉后壁的上部带有直径为 25~30 mm 的烟囱，下部离炉膛底 20~30 mm 处，有一个插热电偶的小孔，炉门上有一个直径为 20 mm 的通气孔；

② 瓷灰皿：长方形，上表面长 55 mm、宽 25 mm，底面长 45 mm、宽 22 mm，高 14 mm；

③ 干燥器：内装变色硅胶或无水氯化钙；

④ 分析天平：感量 0.000 1 g；

⑤ 耐热瓷板或石棉板：尺寸与炉膛相适应。

(4) 步骤

① 用预先灼烧至质量恒定的灰皿，称取粒度为 0.2 mm 以下的空气干燥煤样 (1±0.1) g，精确至 0.000 2 g，均匀地摊平在灰皿中，使其每平方厘米的质量不超过 0.15 g；

② 将灰皿送入温度不超过 100 ℃ 的马沸炉中，关上炉门并使炉门留有 15 mm 左右的缝隙，在不少于 30 min 的时间内将炉温缓慢上升至 500 ℃，并在此温度下保持 30 min，继续升到 (815±10)℃，并在此温度下灼烧 1 h；

③ 从炉中取出灰皿，放在耐热瓷板或石棉板上，在空气中冷却 5 min 左右，移入干燥器中冷却至室温后（约 20 min），称量，进行检查性灼烧，每次 20 min，用最后一次灼烧后的质量为计算依据。

(5) 结果计算

空气干燥煤样的灰分产率按下式计算：

$$w_{ad} = \frac{m_1}{m} \times 100\%$$

式中，w_{ad}——空气干燥煤样的灰分产率，%；

m_1——残留物的质量，g；

m——煤样的质量，g。

(6) 说明及注意事项

① 灰皿应预先灼烧至质量恒定，空气干燥煤样的粒度应为 0.2 mm 以下；

② 灰分低于 15% 时，不必进行检查性灼烧。

任务 3　煤中全硫含量的测定

(1) 目的

① 掌握艾氏卡法的基本原理；
② 掌握沉淀的过滤及灼烧的操作技术要点。

(2) 原理

将煤样与艾氏卡试剂混合灼烧，煤中硫生成硫酸盐，由硫酸钡的质量计算煤中全硫的含量。反应过程如下：

① 煤样与艾氏试剂（$Na_2CO_3 + MgO$）混合燃烧：

$$煤 \xrightarrow{O_2} CO_2 \uparrow + NO_x \uparrow + SO_2 \uparrow + SO_3 \uparrow$$

② 燃烧生成的 SO_2 和 SO_3 被艾氏剂吸收，生成可溶性硫酸盐：

$$2Na_2CO_3 + 2SO_2 + O_2(空气) = 2Na_2SO_4 + 2CO_2 \uparrow$$
$$Na_2CO_3 + SO_3 = Na_2SO_4 + CO_2 \uparrow$$
$$2MgO + SO_2 + 2O_2(空气) = 2MgSO_4$$

③ 煤中的硫酸盐被艾氏剂中的 Na_2CO_3 转化成可溶性 Na_2SO_4：

$$CaSO_4 + Na_2CO_3 = CaCO_3 + Na_2SO_4$$

④ 溶解硫酸盐，用沉淀剂 $BaCl_2$ 沉淀 SO_4^{2-}：

$$MgSO_4 + BaCl_2 = MgCl_2 + BaSO_4 \downarrow$$
$$Na_2SO_4 + BaCl_2 = 2NaCl + BaSO_4 \downarrow$$

(3) 仪器和试剂

① 仪器

分析天平（感量 0.000 1 g）；马沸炉（附测温和控温仪表）。

② 试剂

a. 艾氏卡试剂：以 2 份质量的化学纯轻质氧化镁与 1 份质量的化学纯无水碳酸钠混匀，细至粒度小于 0.2 mm 后，保存在密闭容器中；

b. 盐酸溶液：1:1；

c. 氯化钡溶液：100 g/L；

d. 甲基橙溶液：20 g/L；

e. 硝酸银溶液：10 g/L，加入几滴硝酸，储存于深色瓶中；

f. 瓷坩埚：容量 30 mL 和 10～20 mL 两种。

(4) 步骤

① 称取粒度小于 0.2 mm 的空气干燥煤样 1 g（称准至 0.000 2 g）和艾氏剂 2 g（称准至 0.1 g），于 30 mL 坩埚内仔细混合均匀，再用 1 g（称准至 0.1 g）艾氏剂覆盖；

② 将装有煤样的坩埚移入通风良好的马沸炉中，在 1～2 h 内从室温逐渐加热到 800 ℃～850 ℃，并在该温度下保持 1～2 h；

③ 将坩埚从炉中取出，冷却到室温，用玻璃棒将坩埚中的灼烧物仔细搅松捣碎，然后转移到 400 mL 烧杯中，用热水冲坩埚内壁，将洗液收入烧杯，再加

入 100～150 mL 刚煮沸的水，充分搅拌；

④ 用中速定性滤纸以倾泻法过滤，用热水冲洗 3 次，然后将残渣移入滤纸中，用热水仔细清洗至少 10 次，洗液总体积约为 250～300 mL；

⑤ 向滤液中滴入 2～3 滴甲基橙指示剂，加盐酸至中性后，再加入 2 mL，使溶液呈微酸性，将溶液加热到沸腾，在不断搅拌下滴加氯化钡溶液 l0 mL，在近沸状况下保持约 2 h，最后溶液体积为 200 mL 左右；

⑥ 溶液冷却或静置过夜后，用致密无灰定量滤纸过滤，并用热水洗至无氯离子为止（用硝酸银溶液检验）；

⑦ 将带沉淀的滤纸移入已知质量的瓷坩埚中，先在低温下灰化滤纸，然后在温度为 800 ℃～850 ℃ 的马弗炉内灼烧 20～40 min，取出坩埚，在空气中稍加冷却后，放入干燥器中，冷却至室温（约 25～30 min），称量。

(5) 结果计算

空气干燥煤样的全硫含量按下式计算：

$$w_{t,ad} = \frac{(m_1 - m_2) \times 0.137\,4}{m} \times 100\%$$

式中，$w_{t,ad}$——空气干燥煤样中全硫的质量分数；

m_1——硫酸钡的质量，g；

m_2——空白试验的硫酸钡质量，g；

0.137 4——由硫酸钡换算为硫的系数；

m——煤样的质量，g。

(6) 说明及注意事项

① 将灼烧好的煤样从马弗炉中取出后，在捣碎过程中如发现有未烧尽的煤粒，应在 800 ℃～850 ℃ 下继续灼烧 0.5 h，如果用沸水溶解后，发现尚有黑色煤粒漂浮在液面上，则本次测定作废；

② 每配制一批艾氏剂或更换其他任一试剂时，应进行 2 个以上空白试验（除不加煤样外，全部操作同样品操作），硫酸钡质量的极差不得大于 0.001 0 g，取算术平均值作为空白值。

任务 4　煤的发热量的测定

(1) 目的

① 掌握煤的发热量测定的方法原理；

② 掌握氧弹式热量计的操作技术要点。

(2) 原理

一定量的分析试样在氧弹式热量计中，在充有过量氧气的氧弹内燃烧。氧弹热量计的热容量通过在相似条件下燃烧一定量的基准量热物苯甲酸来确定，根据试样点燃前后量热系统产生的温升，并对点火热等附加热进行校正即可求得试样的弹筒发热量。

（3）仪器

① 热量计

通用的热量计有两种：恒温式和绝热式。它们的差别只在于外筒及附属的自动控温装置，其余部分无明显区别。热量计包括以下主件和附件。

a. 氧弹：由耐热、耐腐蚀的镍铬或镍铬钼合金钢制成，弹筒容积为 250～350 mL，弹盖上应装有供充氧和排气的阀门以及点火电源的接线电极；

b. 内筒：用紫铜、黄铜或不锈钢制成，断面可为圆形、菱形或其他适当形状，筒内装水 2 000～3 000 mL，以能浸没氧弹（进、出气阀和电极除外）为准，内筒外面应电镀抛光，以减少与外筒间的辐射作用；

c. 外筒：为金属制成的双壁容器，并有上盖，外壁为圆形，内壁形状则依内筒的形状而定，原则上要保持两者之间有 10～12 mm 的间距，外筒底部有绝缘支架，以便放置内筒；

Ⅰ. 恒温式外筒：恒温式热量计配置恒温式外筒；盛满水的外筒的热容量应不小于热量计热容量的 5 倍，以便保持试验过程中外筒温度基本恒定；外筒外面可加绝缘保护层，以减少室温波动的影响；用于外筒的温度计应有 0.1 K 的最小分度值。

Ⅱ. 绝热式外筒：绝热式热量计配置绝热式外筒；外筒中装有电加热器，通过自动控温装置，外筒中的水温能紧密跟踪内筒的温度；外筒中的水还应在特制的双层上盖中循环；自动控制装置的灵敏度，应能达到使点火前和终点后内筒温度保持稳定（5 min 内温度变化不超过 0.002 K）；在一次试验的升温过程中，内外筒间的热交换量应不超过 20 J。

d. 搅拌器：螺旋桨式，转速 400～600 r/min 为宜，并应保持稳定，搅拌效率应能使热容量标定中由点火到终点的时间不超过 10 min，同时又要避免产生过多的搅拌热（当内、外筒温度和室温一致时，连续搅拌 10 min 所产生的热量不应超过 120 J）；

e. 量热温度计：内筒温度测量误差是发热量测定误差的主要来源，对温度计的正确使用具有特别重要的意义；

Ⅰ. 玻璃水银温度计：常用的玻璃水银温度计有两种，一种是固定测温范围的精密温度计，另一种是可变测温范围的贝克曼温度计，两者的最小分度值应为 0.01 K，使用时应根据计量机关检定证书中的修正值做必要的校正，两种温度计应每隔 0.5 K 检定一点，以得出刻度修正值（贝克曼温度计则称为毛细孔径修正值）；贝克曼温度计除这个修正值外还有一个称为"平均分度值"的修正值。

Ⅱ. 各种类型的数字显示精密温度计：需经过计量机关的检定，证明其测温准确度至少达到 0.002 K（经过校正后），以保证测温的准确性。

② 附属设备

温度计读数放大镜和照明灯;振荡器;燃烧皿;压力表和氧气导管;点火装置;压饼机;秒表或其他能指示 10 s 的计时器;天平(分析天平感量 0.1 mg;工业天平载质量 4~5 kg,感量 1 g)。

③ 材料

点火丝:直径 0.1 mm 左右的铂、铜、镍铬丝或其他已知热值的金属丝,如使用棉线,则应选用粗细均匀、不涂蜡的白棉线。各种点火丝点火时放出的热量如下:铁丝 6 700 J/g (1 602 cal/g);镍铬丝 1 400 J/g (335 cal/g);铜丝 2 500 J/g (598 cal/g);棉线 17 500 J/g (4 185 cal/g)。

(4) 试剂

① 氧气:不含可燃成分,因此不许使用电解氧;

② 苯甲酸:经计量机关检定并标明热值的苯甲酸;

③ 氢氧化钠标准溶液(供测弹筒洗液中硫用):0.1 mol/L;

④ 甲基红指示剂:0.2%。

(5) 步骤

① 在燃烧皿中精确称取分析试样(小于 0.2 mm)1~1.1 g(称准到 0.000 2 g);

② 取一段已知质量的点火丝,把两端分别接在两个电极柱上,往氧弹中加入 10 mL 蒸馏水,小心拧紧氧弹盖,注意避免燃烧皿和点火丝的位置因受震动而改变,接上氧气导管,往氧弹中缓缓充入氧气,直到压力达到 2.6~2.8 MPa (26~28 atm)。充氧时间不得少于 30 s,当钢瓶中氧气压力降到 5.0 MPa (50 atm) 以下时,充氧时间应酌量延长;

③ 往内筒中加入足够的蒸馏水,使氧弹盖的顶面(不包括突出的氧气阀和电极)淹没在水面下 10~20 mm,每次试验用水量应与标定热容量时一致(相差 1 g 以内);水量最好用称量法测定,如用容量法,则需对温度变化进行补正(注意:恰当调节内筒水温,使终点时内筒比外筒温度高 1 K 左右,以使终点时内筒温度出现明显下降,外筒温度应尽量接近室温,相差不得超过 1.5 K);

④ 把氧弹放入装好水的内筒中,如氧弹中无气泡漏出,则表明气密性良好,即可把内筒放在外筒的绝缘架上,然后接上点火电极插头,装上搅拌器和量热温度计,并盖上外筒和盖子,温度计的水银球应对准氧弹主体(进、出气阀和电极除外)的中部,温度计和搅拌器均不得接触氧弹和内筒,靠近量热温度计的露出水银柱的部位,应另悬一支普通温度计,用以测定露出柱的温度;

⑤ 开动搅拌器,5 min 后开始计时和读取内筒温度 (t_0) 并立即通电点火,随后记下外筒温度 (t_j) 和露出柱温度 (t_e),外筒温度至少读到 0.05 K,内筒温度借助放大镜读到 0.001 K,读取温度时,视线、放大镜中线和水银柱顶端应位于同一水平上,以避免视差对读数的影响,每次读数前,应开动振荡器振动 3~5 s;

⑥ 观察内筒温度(注意:点火后 20 s 内不要把身体的任何部位伸到热量计

上方），如在30 s内温度急剧上升，则表明点火成功，点火后1分40秒时读取一次内筒温度，读到0.01 K即可；

⑦ 接近终点时，开始按1 min间隔读取内筒温度，读温前开动振荡器，要读到0.001 K，以第一个下降温度作为终点温度（t_n），试验主要阶段至此结束（注：一般热量计由点火到终点的时间为8~10 min，对一台具体热量计，可根据经验，恰当掌握）；

⑧ 停止搅拌，取出内筒和氧弹，开启放气阀，放出燃烧废气，打开氧弹，仔细观察弹筒和燃烧皿内部，如果有试样燃烧不完全的迹象或有炭黑存在，试验应作废；

⑨ 找出未烧完的点火丝，并量出长度，以便计算实际消耗量；

⑩ 用蒸馏水充分冲洗弹内各部分、放气阀、燃烧皿内外和燃烧残渣，把全部洗液（共约100 mL）收集在一个烧杯中供测硫使用。

(6) 结果计算

① 校正

a. 温度计刻度校正

根据检定证书中所给的修正值（在贝克曼温度计的情况称为毛细孔径修正值）校正点火温度 t_0 和终点温度 t_n，再由校正后的温度 $(t_0 + h_0)$ 和 $(t_n + h_n)$ 求出温升，其中 h_0 和 h_n 分别代表 t_0 和 t_n 的刻度修正值。

b. 若使用贝克曼温度计，需进行平均分度值的校正

调定基点温度后，应根据检定证书中所给的平均分度值计算该基点温度下的对应于标准露出柱温度（根据检定证书所给的露出柱温度计算而得）的平均分度值 H_0。

在试验中，当试验时的露出柱温度 t_e 与标准露出柱温度相差3 ℃以上时，按下式计算平均分度值 H：

$$H = H_0 + 0.000\ 16(t_s - t_e)$$

式中，H_0——该基点温度下对应于标准露出柱温度时的平均分度值；

t_s——该基点温度所对应的标准露出柱温度，℃；

t_e——试验中的实际露出柱温度，℃。

c. 冷却校正

绝热式热量计的热量损失可以忽略不计，因而无需冷却校正。恒温式热量计的内筒在试验过程中与外筒间始终发生热交换，对此散失的热量应予校正，办法是在温升中加以一个校正值 C，这个校正值称为冷却校正值，计算方法如下：

首先根据点火时和终点时的内外筒温差 $(t_0 - t_j)$ 和 $(t_n - t_j)$，从 $\nu - (t - t_j)$ 关系曲线中查出相应的 ν_0 和 ν_n，或根据预先标定出的公式计算出 ν_0 和 ν_n，公式为：

$$\nu_0 = k(t_0 - t_j) + A$$

$$v_n = k(t_n - t_j) + A$$

式中，v_0——在点火时内、外筒温差的影响下造成的内筒降温速度，K/min；

v_n——在终点时内、外筒温差的影响下造成的内筒降温速度，K/min；

k——热量计的冷却常数，$\min^{-1}$；

A——热量计的综合常数，K/min；

t_0——点火时的内筒温度，℃；

t_n——终点时的内筒温度，℃；

t_j——外筒的温度，℃。

然后，按下式计算冷却校正值：

$$C = (n - \alpha)v_n + \alpha v_0$$

式中，C——冷却校正值，K；

n——由点火到终点的时间，min；

α——当 $\Delta/\Delta 1'40'' \leqslant 1.20$ 时，$\alpha = \Delta/\Delta 1'40'' - 0.10$；当 $\Delta/\Delta 1'40'' > 1.20$ 时，$\alpha = \Delta/\Delta 1'40''$。其中 Δ 为主期内总温升 ($\Delta = t_n - t_0$)，$\Delta 1'40''$ 为点火后 $1'40''$ 时的温升 ($\Delta 1'40'' = t1'40'' - t_0$)。

② 结果计算

a. 恒温式热量计：

$$Q_{b,ad} = \frac{EH[(t_n + h_n) - (t_0 + h_0) + C] - (q_1 + q_2)}{m}$$

式中，$Q_{b,ad}$——分析试样的弹筒发热量，J/g；

E——热量计的热容量，J/K；

H——贝克曼温度计的平均分度值；

C——冷却校正值，K；

t_0——点火时的内筒温度，℃；

t_n——终点时的内筒温度，℃；

h_0——温度计刻度校正，t_0 刻度修正值，℃；

h_n——温度计刻度校正，t_n 刻度修正值，℃；

q_1——点火热，J；

q_2——添加物（如包纸等）产生的总热量，J；

m——试样的质量，g。

b. 绝热式热量计：

$$Q_{b,ad} = \frac{EH[(t_n + h_n) - (t_0 + h_0)] - (q_1 + q_2)}{m}$$

式中各项含义同上。

c. 高位发热量 $Q_{gr,ad}$：

$$Q_{gr,ad} = Q_{b,ad} - (95 \times w_{b,ad} + \alpha Q_{b,ad})$$

式中，$Q_{\mathrm{gr,ad}}$——分析试样的高位发热量，J/g；

$Q_{\mathrm{b,ad}}$——分析试样的弹筒发热量，J/g；

$w_{\mathrm{b,ad}}$——由弹筒洗液测得的煤的含硫量，%；

95——煤中每 1% 的硫的校正值，J；

α——硝酸校正系数：$Q_{\mathrm{b,ad}} \leqslant 16\ 700$ J/g，$\alpha = 0.001$；$16\ 700$ J/g $< Q_{\mathrm{b,ad}} <$ $25\ 100$ J/g，$\alpha = 0.001\ 2$；$Q_{\mathrm{b,ad}} > 25\ 100$ J/g，$\alpha = 0.001\ 6$。当 $Q_{\mathrm{b,ad}} >$ $16\ 700$ J/g，或者 $12\ 500$ J/g $< Q_{\mathrm{b,ad}} < 16\ 700$ J/g，同时，$w_{\mathrm{b,ad}} \leqslant 2\%$ 时，可用 $w_{\mathrm{t,ad}}$ 代替 $w_{\mathrm{b,ad}}$。

（7）说明及注意事项

① 新氧弹和新换部件（杯体、弹盖、连接环）的氧弹应经 15.0 MPa（150 atm）的水压试验，证明无问题后方能使用。此外，应经常注意观察与氧弹强度有关的结构，如杯体和连接环的螺纹、氧气阀和电极同弹盖的连接处等，如发现显著磨损或松动，应进行修理，并经水压试验后再用。另外，还应定期对氧弹进行水压试验，每次水压试验后，氧弹的使用时间不得超过一年。

② 称取试样时，对于燃烧时易于飞溅的试样，可先用已知质量的擦镜纸包紧，或先在压饼机中压饼并切成 2~4 mm 的小块使用。对于不易燃烧完全的试样，可先在燃烧皿底铺上一个石棉垫，或用石棉绒做衬垫（先在皿底铺上一层石棉绒，然后以手压实）。石英燃烧皿不需任何衬垫。如加衬垫仍燃烧不完全，可提高充氧压力至 3.0~3.2 MPa（30~32 atm），或用已知质量和发热量的擦镜纸包裹称好的试样并用手压紧，然后放入燃烧皿中。

③ 连接点火丝时，注意与试样保持良好接触或保持微小的距离（对易飞溅和易燃的煤），并注意勿使点火丝接触燃烧皿，以免形成短路而导致点火失败，甚至烧毁燃烧皿。同时还应注意防止两电极间以及燃烧皿与另一电极之间的短路。

④ 把氧弹放入装好水的内筒中时，如有气泡出现，则表明漏气，应找出原因，加以纠正，重新充氧。

练 习 题

1. 煤的形成条件有哪些？
2. 煤分类的依据是什么？煤可分为哪几类？
3. 煤中有机质主要是哪些元素？各起什么作用？
4. 煤的分析方法可分为哪两大类？其中工业分析包括哪些分析项目？
5. 什么叫煤的全水分？化验室里测定煤的全水分时所测得煤的外在水分和内在水分，与煤中不同结构状态下的外在水分和内在水分有何不同？
6. 什么叫空气干燥煤样水分？通常采用哪些方法进行测定？

7. 煤的灰分会对煤有哪些影响？采用什么方法测定？

8. 煤的挥发分反映了煤的什么程度？测煤中挥发分时，当煤中的碳酸盐含量较高时，必须进行什么校正？

9. 简述艾氏卡法测定煤中全硫含量的基本原理。艾氏剂中的 MgO 起什么作用？

10. 简述库仑滴定法和高温燃烧中和法测定煤中全硫含量的基本原理。

11. 煤的发热量有哪几种表示方法？

12. 什么是弹筒发热量？为什么说低位发热量是工业燃烧设备中能获得的最大理论热值？

13. 简述氧弹式热量计法测定煤的发热量的基本原理。

14. 称取分析基煤样 1.200 0 g，测定挥发分时失去质量为 0.142 0 g，测定灰分时残渣的质量是 0.112 5 g，若已知分析水分是 4.0%，试求煤样中挥发分、灰分、固定碳的质量分数。

15. 称取空气干燥煤样 1.000 g，测定挥发分时失去质量 0.284 2 g，已知空气干燥基煤中水分为 2.5%，灰分为 9.0%，收到基水分为 5.4%，试求以空气干燥基、干燥基、干燥无灰基、收到基表示的挥发分和固定碳的质量分数。

16 称取空气干燥煤样 1.000 0 g，测定其水分时失去质量为 0.060 0 g，求空气干燥煤样水分含量。

17. 称取空气干燥煤样 1.200 0 g，灼烧后残余物的质量是 0.100 0 g，已知该空气干燥煤样水分为 1.50%，收到基水分为 2.45%，求收到基和干燥基的灰分质量分数。

阅 读 材 料

煤样制备误差解决措施

(1) 收到煤样后，应按采样标签逐项核对，并应将煤种、品种、粒度、采样地点、包装情况、煤样质量、收样和制备时间等项详细登记在册，并进行编号，认真编写煤样标签，写明化验编号、采样编号、收样日期、制样日期、要求分析项目，必要时要标明样品粒度和质量。

(2) 在制样前，应先根据 GB 474 和相关测试方法标准检查制样设备和各种样筛确认其规格和性能符合要求。

(3) 制样操作应严格按照制样标准进行，尽量做到一次破碎到所需粒度，避免多次破碎。

(4) 缩分时尽量采用二分器缩分，如果采用堆锥四分法、棋盘缩分法缩分，一定把样品充分混匀，且缩分样品的粒度和缩分后保留样品的质量符合 GB 474 规定。

(5) 收到样品后应尽快加工制备（低变质煤在放置时易发生氧化变质），需预干燥时，干燥温度不能超过 50 ℃，以免引起煤样发生变质。

(6) 在样品加工的全过程中，样品对其对应的标签要始终相随，不错位、不错号、不发生标签丢失。加工不同样品时，先清洗制样工具设备，防止样品相互污染、混杂。制样人员在制备煤样的过程中，应穿专用鞋，以免污染煤样。

(7) 对工艺特性测试项目用样的加工，严格规定的样品制备方法制样，使样品粒度组成和质量符合标准规定。

(8) 每季检查一次分析煤样的制样精密度。

第 10 章

农 药 分 析

任 务 引 领

任务 1　绿麦隆含量的测定

任 务 拓 展

任务 2　多效唑含量的测定

任 务 目 标

▶ 知识目标

1. 了解农药的作用及分类；
2. 了解农药标准及农药分析的内容；
3. 了解杀虫剂含义及分类、除草剂含义及分类、杀菌剂含义及分类和植物生长调节剂的含义及分类；
4. 掌握农药采样规则和具体方法；
5. 掌握各种农药品种的特征和主要分析方法的测定原理、测定步骤、结果计算、操作要点及应用。

▶ 能力目标

1. 能够正确选择采样工具和采样方法，能正确进行农药各种剂型的采样和制样操作，并按照操作规程独立进行制样试验；
2. 能够运用不同的分析方法测定各种农药原药中的农药含量。

10.1　概述

10.1.1　基本知识

1. 农药的定义

1997 年 5 月 8 日，国务院发布的《中华人民共和国农药管理条例》对农药的定义作了明确的规定,农药是指具有预防、消灭或者控制危害农业、林业的病、虫、草、鼠和其他有害生物以及能调节植物、昆虫生长的化学合成或者来源于生物、其他天然物质的一种或者几种物质的混合物及其制剂。

2. 农药的分类

农药可根据其用途、作用和成分不同进行分类。

(1) 按农药用途分类有：杀虫剂、杀螨剂、杀鼠剂、杀软体动物剂、杀菌剂、杀线虫剂、除草剂、植物生长调节剂等。有的农药具有多种作用，既可以杀虫、灭菌、除草等。农药的分类，一般以农药的主要用途为依据。

(2) 按农药组成分类有：化学农药，如有机氯、有机磷农药等；植物性农药，如除虫菊、硫酸烟碱等；还有微生物性农药。化学农药在农业生产中占有突出的地位，化学农药的毒性和残留，易对环境产生污染；微生物农药选择性强，后患较小，人们对此产生了很大兴趣，并寄予希望。

(3) 按化学结构分类有：有机合成农药的化学结构类型有数十种，有有机磷（膦）、氨基甲酸酯、拟除虫菊酯、有机氮、有机硫、酰胺类、脲类、醚类、酚类、苯氧羧酸类、三氮苯类、二氮苯类、苯甲酸类、脒类、三唑类、杂环类、香豆素类、有机金属化合物等。

3. 农药标准

农药标准是农药产品质量技术指标及其相应检测方法标准化的合理规定。它要经过标准行政管理部门批准并发布实施，具有合法性和普遍性。通常作为生产企业与用户之间购销合同的组成部分，也是法定质量监督检验机构对市场上流通的农药产品进行质量抽检的依据，以及发生质量纠纷时仲裁机构进行质量仲裁的依据。

农药标准按其等级和适用范围分为国际标准和国家标准。国际标准又有联合国粮农组织（FAO）标准和世界卫生组织（WHO）标准两种；国家标准由各国自行制定。

我国的农药标准分为三级：企业标准、行业标准和国家标准。

农药的每一个商品化原药或制剂都必须制定相应的农药标准，没有标准号的农药产品，不得进入市场。

10.1.2 农药分析内容

广义的农药分析应包括农药产品及其理化性质分析，农药在农产品、食物和环境中的微量分析等。从农药的利用出发，对各种农药的分析又有不同的要求。农药分析主要包括两方面内容，一是有效成分含量的分析，二是物理化学性质，如细度、乳化力、悬浮率、湿润性、含水量、pH值等的测定。其中有效成分含量主要考虑是否不足或过高，在贮存过程中是否变质失效；物理化学形状方面，如果是粉剂或拌种剂，主要考虑细度、水分含量是否合格，以及贮存期间是否吸潮，粉剂的 pH 值是否在规定的范围之内（目的是不致因 pH 太高或太低引起药剂分解失效）；可湿性粉剂主要考虑其悬浮率高低；浮油主要考虑是否是单相液体，即有无分层现象，是否出现结晶，以及浮油的稳定性。

农药分析内容包括农药分析的方法、原理及其在农药分析中的应用。目前，农药分析的主要方法是气相色谱和液相色谱法。近年来，农药分析发展迅速，主要表现在一些新的分析手段日益成熟，对分析结果的要求不断提高、重视农药规范和管理，以仪器分析为主流，根据农药的物理、化学性质选择合适的方法，主要对农药的有效成分含量进行分析测定。

10.1.3 农药试样的采取和制备

商品农药采样方法符合国家标准 GB/T 1605—2001，适用于商品农药原药及各种加工剂型。

1. 采样工具

（1）一般用取样器，长约 100 cm，一端装有木柄或金属柄，用不锈钢或铜管制成，钢管的外表面有小槽口。

（2）采取容易变质或易潮解的样品时，可采用双管取样器，其大小与一般取样器相同，外边套一黄铜管，内管与外管需密合无空隙，两管都开有同样大小的槽口 3 节，当样品进入槽中后，将内管旋转，使其闭合，取出样品。

（3）在需开采件数较多和样品较坚硬情况下，可以用较小的取样探子和实心尖形取样器。小探子柄长 9 cm，槽长 40 cm，直径 1 cm；实心尖形取样器与一般取样器大小相同。

（4）对于液体样品，可用取样管采样。取样管为普通玻璃或塑料制成，其长短和直径随包装容器大小而定。

2. 采样方法

（1）原粉

① 采样件数。农药原粉采样件数，取决于货物的批重或件数。一般每批在 200 件以下者，按 5% 采取；200 件以上者，按 3% 采取。

② 取样。从包装容器的上、中、下三部分取样品，倒入混样器或贮存瓶中。

③ 样品缩分。将所取得的样品，预先破碎到一定程度，用四分法反复进行缩分，直至适用于检验所需的量为止。

④ 原粉样品。每件取样量不应少于 0.1 kg。

（2）乳剂和液体

乳剂和液体，取样时应尽量使产品混合均匀，然后用取样器取出所需质量或容积，每批产品取一个样品，取样量不少于 0.5 kg。

(3) 粉剂和可湿性粉剂

粉剂和可湿性粉剂取样时，一次取够，不再缩分，取样量不得少于200 g，保存在磨口容器内。

(4) 其他

对于特殊形态的样品，应根据具体情况，采取适宜的方法取样。如溴甲烷，则自每批产品的任一钢瓶中取出。

10.2 杀虫剂分析

10.2.1 杀虫剂

1. 杀虫剂定义

杀虫剂是指能直接把有害昆虫杀死的药剂，是用于防治害虫的农药。在农药生产上，杀虫剂用量最大，用途最广。有些杀虫剂具有杀螨和杀线虫的活性，称为杀虫杀螨剂或杀虫杀线虫剂。某些杀虫剂可用于防治卫生害虫、畜禽体内外寄生虫以及危害工业原料及其产品的害虫。

非杀生性杀虫剂已开始应用于害虫的防治，最成功的例子是除虫脲、氟铃脲、氟虫脲、伏虫隆、噻嗪酮等几十种合成抑制剂类杀虫剂的商品化和广泛应用。

2. 杀虫剂分类

(1) 按药剂进入昆虫体的途径分类

① 触杀剂。药剂接触到虫体以后，能穿透表皮，进入虫体内，使其中毒死亡。

② 胃毒剂。药剂被害虫吃进体内，通过肠胃的吸收而使其中毒死亡。

③ 熏蒸剂。药剂气化后，通过害虫的呼吸道，如气孔、气管等进入体内，而使其中毒死亡。

④ 内吸剂。有些药剂能被植物根、茎、叶或种子吸收，在植物体内传导，分布到全身，当害虫侵害农作物时，即能使其中毒死亡。

(2) 按组成或来源分类

① 天然杀虫剂。植物杀虫剂，某些植物的根或花中含有杀虫活性的物质，将其提取并加工成一定剂型用作杀虫剂，如除虫菊酯、鱼藤根酮等；矿物性杀虫剂，石油、煤焦油等的蒸馏产物对害虫具有窒息作用，能起到杀虫的效果。

② 无机杀虫剂。无机化合物如砒霜、砷酸铝、氟硅酸钠等均具有杀虫的效果。

③ 有机杀虫剂。合成的具有杀虫作用的有机化合物称有机杀虫剂。根据化

合物的结构特征可分为有机氯杀虫剂（如氯丹、三氯杀螨砜等）、有机磷杀虫剂（如敌敌畏、乐果等）、有机氮杀虫剂（如西维因、速灭威、杀虫脒等）。

④ 其他杀虫剂。生物化学农药等。

10.2.2 杀虫剂分析

1. 久效磷的测定

久效磷是一种杀虫剂，分子式 $C_7H_{14}NO_5P$，相对分子质量 223.2 g/moL，结构式为：

$$\begin{matrix} CH_3O \\ CH_3O \end{matrix} > P - O - C = CH - CONHCH_3 \\ | \\ CH_3$$

化学名称为 O, O - 二甲基（E）- O -（1 - 甲基 - 2 - 甲基氨基甲酰基）乙烯基磷酸酯，还有其他名称，如 Azodrin，SD - 9129，Nuvacron。

久效磷纯品为无色结晶，熔点 54 ℃~55 ℃，沸点 125 ℃/66.66 MPa，蒸汽压 290 μPa（20 ℃），相对密度 1.22（20 ℃）。溶解度（g/kg，20 ℃）：水 1 000、丙酮 700、二氯甲烷 800、正辛醇 250、甲醇 1 000、甲苯 60，微溶于柴油和煤油。在 38 ℃以上不稳定，在 55 ℃以上热分解加剧。在 20 ℃时，水解半衰期取决于 pH 值，pH = 5 时 96 d、pH = 7 时 66 d、pH = 9 时 17 d。在低级醇中不稳定，对黑铁板、滚筒钢、不锈钢 304 和黄铜有腐蚀性。

久效磷对害虫和螨类具有触杀和内吸作用，可被植物的根、茎、叶部吸收，在植物体内发生传导作用，既有速效性，又有特效性，被广泛用于亚洲的稻谷和棉花种植，它能够杀灭一些昆虫，尤其能够控制棉花、柑橘、稻谷、玉米等作物上的红蜘蛛。一般使用下对作物安全，但在寒冷地区对某些品种有轻微药害，如苹果、樱桃、扁桃、桃和高粱。

常用分析方法有液相色谱法、气相色谱法。

（1）液相色谱法

试样溶于甲醇中，以甲醇/乙腈/水做流动相，使用紫外检测器，在以 LichrospherRP - 18 为填料的色谱柱上进行反相液谱分离，外标法定量。

将测得的两针试样溶液以及试样前后两针标样溶液中久效磷峰面积分别进行平均。久效磷的质量分数 w 按下式计算：

$$w = \frac{r_2 \cdot m_1 \cdot w_1}{r_1 \cdot m_2} \tag{10-1}$$

式中，r_1——标样溶液中久效磷与内标物峰面积比的平均值；

r_2——试样溶液中久效磷与内标物峰面积比的平均值；

m_1——标样的质量，g；

m_2——试样的质量，g；

w_1——标样中久效磷的质量分数。

(2) 气相色谱法

试样经三氯甲烷溶解，用邻苯二甲酸二丙酯作内标物，采用以 2% 聚乙二醇丁二酸酯（DEGS）/ChromosorbWAW - DMCS 为填料的色谱柱和 FID 检测器，对试样中的久效磷进行气相色谱分离和测定。

将测得的两针试样溶液以及试样前后两针标样溶液中久效磷与内标物峰面积之比分别进行平均。久效磷的质量分数 w，按下式计算：

$$w = \frac{r_2 \cdot m_1 \cdot w_1}{r_1 \cdot m_2} \qquad (10-2)$$

式中，r_1——标样溶液中久效磷与内标物峰面积比的平均值；

r_2——试样溶液中久效磷与内标物峰面积比的平均值；

m_1——标样的质量，g；

m_2——试样的质量，g；

w_1——标样中久效磷的质量分数。

2. 速灭威的测定

速灭威属氨基甲酸酯类杀虫剂，分子式 $C_9H_{11}NO_2$，相对分子质量 165.2 g/moL，结构式为：

化学名称为 3 - 甲基苯基 N - 甲基氨基甲酸酯。

速灭威纯品为白色固体粉末，熔点 76 ℃ ~ 77 ℃，蒸汽压 145 MPa（20 ℃）；30 ℃时，水中溶解度 2.6 g/L，环己酮中溶解度为 790 g/kg，甲醇溶解度为 880 g/kg，二甲苯溶解度为 100 g/kg；$K_{ow} = 152\,000$；遇碱易分解。

速灭威具有强烈触杀作用，击倒力强，并有一定内吸和熏蒸作用，是一种高效、低毒、低残留杀虫剂，用于水稻、棉花、果树等作物，防治稻飞虱、稻叶蝉、蚜虫等。

常用分析方法是气相色谱法。

(1) 方法一

试样用三氯甲烷溶解，以三唑酮为内标物，用 3% PEG20000/Gas Chrom Q 为填充物的色谱柱和 FID 检测器，对试样中的速灭威进行分离和测定。

将测得的两针试样溶液以及试样前后两针标样溶液中速灭威与内标物峰面积之比分别进行平均。速灭威的质量分数 w 按下式计算：

$$w = \frac{r_2 \cdot m_1 \cdot w_1}{r_1 \cdot m_2} \qquad (10-3)$$

式中，r_1——标样溶液中速灭威与内标物峰面积比的平均值；

r_2——试样溶液中速灭威与内标物峰面积比的平均值；

m_1——标样的质量，g；

m_2——试样的质量，g；

w_1——标样中速灭威的质量分数。

（2）方法二（仲裁法）

试样用丙酮溶解，以邻苯二甲酸二乙酯为内标物，用 5% OV – 101/Gas Chromosorb GAW – DMCS（150～180 μm）为填充物的色谱柱和 FID 检测器，对试样中的速灭威进行分离和测定。

将测得的两针试样溶液以及试样前后两针标样溶液中速灭威与内标物峰面积之比分别进行平均。速灭威的质量分数 w 按下式计算：

$$w = \frac{r_2 \cdot m_1 \cdot w_1}{r_1 \cdot m_2} \qquad (10-4)$$

式中，r_1——标样溶液中速灭威与内标物峰面积比的平均值；

r_2——试样溶液中速灭威与内标物峰面积比的平均值；

m_1——标样的质量，g；

m_2——试样的质量，g；

w_1——标样中速灭威的质量分数。

10.3 除草剂分析

10.3.1 除草剂

1. 除草剂定义

除草剂也叫除莠剂，就是用于除草的化学药剂。用除草剂来消灭杂草，既省力又能促进作物的增产。大多数除草剂对人、畜毒性较低，在环境中能逐渐分解，对哺乳动物无积累中毒危险。

2. 除草剂分类

（1）按作用范围分类

① 非选择性除草剂（灭生性除草剂）。不分作物和杂草，全部杀死。这类除草剂主要用于除去非耕地的杂草，如公路、铁路、操场、飞机场、仓库周围环境等。

② 选择性除草剂。在一定剂量范围内，能杀死杂草而不伤害作物的药剂，

如敌稗能杀死稻田中的稗草而对水稻无损害。

（2）按作用方式分类

① 触杀性除草剂。不能在植物体内运输传导，只能起触杀作用的药剂。如敌稗、五氯酚钠等。

② 内吸性除草剂。又称传导性除草剂，被植物吸收后，遍布植物体内。如 2,4 – 滴、西玛津等。

（3）按化学结构分类

苯氧脂肪类；酰胺类；均三氮苯类；取代脲类；酚及醚类；氨基甲酸酯及硫代氨基甲酸酯类；其他类。

10.3.2 除草剂分析

1. 莠去津的测定

莠去津属均三嗪类除草剂，分子式 $C_8H_{14}ClN_5$，相对分子质量 215.7 g/moL，结构式为：

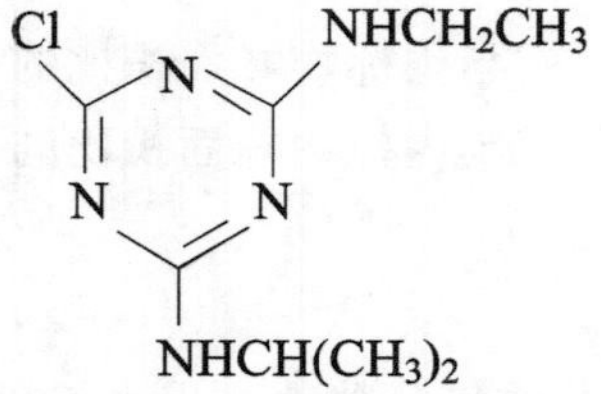

化学名称为 2 – 氯 – 4 – 乙胺基 – 6 – 异丙胺基 – 1,3,5 – 三嗪，还有其他名称，如阿特拉津。

莠去津纯品为无色粉末，熔点 175~177 ℃；溶解度（g/kg，20 ℃）：水 30 (mg/L)、氯仿 52，乙醚 12，乙酸乙酯 28，甲醇 18，辛醇 10；K_{ow} = 219；本品为碱性，与酸可形成盐；在 70 ℃下，中性介质中缓慢地水解为无除草活性的 6 – 羟基衍生物，在酸性或碱性介质中水解速度加快。

莠去津为选择性内吸传导性的苗前、苗后除草剂，适用于玉米、高粱、甘蔗、茶园、苗圃、林地除草，对马唐、狗尾草、莎草、看麦娘、蓼、藜等一年生禾本科和阔叶杂草有效，并对某些多年生长杂草亦有效。缺点是用量较大、残效长、对地下水可能造成影响。

常用分析方法为气相色谱法。

试样经三氯甲烷溶解，用邻苯二甲酸二正丁酯作内标物，用 5% XE – 60/Gas Chrom Q 为填料的色谱柱和 FID 检测器，对试样中的莠去津进行气相色谱分离和测定。

将测得的两针试样溶液以及试样前后两针标样溶液中莠去津与内标物峰面积之比分别进行平均。莠去津的质量分数 w 按下式计算：

$$w = \frac{r_2 \cdot m_1 \cdot w_1}{r_1 \cdot m_2} \qquad (10-5)$$

式中，r_1——标样溶液中莠去津与内标物峰面积比的平均值；
r_2——试样溶液中莠去津与内标物峰面积比的平均值；
m_1——标样的质量，g；
m_2——试样的质量，g；
w_1——标样中莠去津的质量分数。

2. 绿麦隆的测定

绿麦隆属磺酰脲类除草剂，分子式 $C_{10}H_{13}ClN_2O$，相对分子质量212.7 g/moL，结构式为：

$$H_3C-\underset{Cl}{\underset{|}{C_6H_3}}-NHCON(CH_3)_2$$

化学名称为1，1-二甲基-3-（3-氯-4-甲基苯基）脲。

绿麦隆纯品为白色结晶，熔点为148.1 ℃，蒸汽压0.005 MPa（25 ℃）；溶解度（25 ℃，g/L）：水74（mg/L），丙酮54，苯24，二氯甲烷51，乙醇48，甲苯3，己烷0.06，正辛醇24，乙酸乙酯21；对光和紫外线稳定，在强酸和强碱下缓慢分解。

绿麦隆具有超高效除草活性，属低毒类农药，对动物低毒，在非靶生物体内几乎不累积，在土壤中可通过化学和生物过程降解，滞留时间不长，用于小麦、棉花、花生、大豆、烟草等旱田作物中防治一年生禾本科、莎草科和大多数阔叶杂草。

常用分析方法有液相色谱法、薄层-紫外分光光度法。

（1）液相色谱法（仲裁法）

试样用甲醇溶解，过滤，以甲醇/水/冰乙酸为流动相，用 C_{18} 为填充物的色谱柱和紫外检测器，用反相液相色谱法对试样中的氯麦隆进行分离和测定。

将测得的两针试样溶液以及试样前后两针标样溶液中绿麦隆峰面积分别进行平均。绿麦隆的质量分数 w 按下式计算：

$$w = \frac{r_2 \cdot m_1 \cdot w_1}{r_1 \cdot m_2} \qquad (10-6)$$

式中，r_1——标样溶液中绿麦隆与内标物峰面积比的平均值；
r_2——试样溶液中绿麦隆与内标物峰面积比的平均值；
m_1——标样的质量，g；
m_2——试样的质量，g；
w_1——标样中绿麦隆的质量分数。

(2) 薄层 – 紫外分光光度法

试样经薄层分离后，取绿麦隆谱带的硅胶层，经溶剂洗脱，用紫外分光光度计进行测定。

绿麦隆的质量分数 w 按下式计算：

$$w = \frac{r_2 \cdot m_1 \cdot w_1}{r_1 \cdot m_2} \tag{10-7}$$

式中，r_1——标样溶液中绿麦隆与内标物峰面积比的平均值；

r_2——试样溶液中绿麦隆与内标物峰面积比的平均值；

m_1——标样的质量，g；

m_2——试样的质量，g；

w_1——标样中绿麦隆的质量分数。

10.4　杀菌剂分析

10.4.1　杀菌剂

1. 杀菌剂定义

杀菌剂是指对菌类具有毒性又能杀死菌类的一类物质。菌是一种微生物，它包括真菌、细菌、病菌等。杀菌剂可以抑制菌类的生长或直接起毒杀作用，故可用来保护农作物不受病菌的侵害或治疗已被病菌侵害的作物。

杀菌剂不仅在农、林、牧业上应用非常重要，而且有的品种还被用到工业上。如高效、低毒、低残留的内吸性杀菌剂"多菌灵"生产后，替代了高毒性的现已被淘汰的有机汞制剂，有效地防治了水稻、三麦、油菜等作物的一些病害，为我国农业丰收起了重要作用；同时发现将"多菌灵"用于纺织工业上，防止棉纱发霉，效果也很显著。

近年来在调查中发现，当前农业生产中菌害比虫害要严重得多，病害远超过虫害，经济作物的病害比粮食作物更为严重。由此杀菌剂的研究和生产是十分迫切的任务。

2. 杀菌剂分类

(1) 按化学组成分类

无机杀菌剂；有机杀菌剂。按不同的化学结构类型又可分成丁烯酰胺类、苯并咪唑类等。

(2) 按作用方式分类

① 化学保护剂。以保护性的覆盖方式施用于作物的种子、茎、叶或果实上，防止病菌的侵入。

② 化学治疗剂。分为内吸性和非内吸性。内吸性——药剂能渗透到植物体内，并能在植物体内运输传导，使侵入植物体内的菌全部被杀死；非内吸性——一般不能渗透到植物体内，即使有的能渗透入植物体内，也不能在植物体内传导，即不能从施药部位传到植物的各个部位。

10.4.2 杀菌剂分析

1. 多菌灵的测定

多菌灵属高效低毒内吸性杀菌剂，分子式 $C_9H_9N_3O_2$，相对分子质量 191.2 g/moL，结构式为

化学名称为 N - （2 - 苯并咪唑基）氨基甲酸甲酯，其他名称有苯并咪唑 44 号、MBC、棉萎灵。

多菌灵纯品为白色结晶粉末，工业品为灰褐色粉末；在 215 ℃ ~ 217 ℃ 时开始升华，大于 290 ℃ 时熔解，306 ℃ 时分解；不溶于水，微溶于丙酮、氯仿和其他有机溶剂，可溶于无机酸和醋酸，并形成相应的盐，化学性质稳定；在水和有机溶剂中溶解甚微可溶于酸（成盐），性质稳定，平均粒径小于 5 μm，常温由下而上稳定，但在碱性介质中慢慢分解。

多菌灵有内吸治疗和保护作用。对人畜低毒，对鱼类毒性也低。多菌灵是一种广谱、内吸性杀菌剂，可用于叶面喷雾、种子处理和土壤处理等，用于防治各种真菌引起的作物病害，也可用于防治水果、花卉、竹子和林木的病害，此外可在纺织、纸张、皮革、制鞋和涂料等工业中作防霉剂，也可在贮藏水果和蛋品时作防霉腐剂。

常用分析方法有薄层 - 紫外法（仲裁法），非水电位滴定法，非水定电位滴定法。

（1）薄层 - 紫外法（仲裁法）

多菌灵水悬浮剂经干燥除去水分，用冰乙酸溶解，滤液经薄层层析，将多菌灵与杂质分离，刮下含有多菌灵的谱带，在波长 281 nm 处进行分光光度测定。

多菌灵的质量分数按下式计算：

$$w = \frac{r_2 \cdot m_1 \cdot w_1}{r_1 \cdot m_2} \tag{10-8}$$

式中，r_1——标样溶液中多菌灵的吸光度；

r_2——试样溶液中多菌灵的吸光度；

m_1——标样的质量，g；

m_2——试样的质量，g；

w_1——标样中多菌灵的质量分数。

(2) 非水电位滴定法

多菌灵水悬浮剂经干燥除去水分，用冰乙酸溶解，用高氯酸标准溶液进行电位滴定，以毫伏数最大变化为终点。

以质量百分数表示的多菌灵含量 w 按下式计算：

$$w = \frac{c(V_1 - V_2) \times 0.1912 \times 100}{m} \times 100\% \qquad (10-9)$$

式中，c——高氯酸标准滴定溶液的实际浓度，mol/L；

V_1——滴定试样溶液时消耗高氯酸标准滴定溶液的体积，mL；

V_2——滴定空白溶液时消耗高氯酸标准滴定溶液的体积，mL；

m——试样的质量，g；

0.1912——与 1.00 mL 高氯酸标准滴定溶液 [$c(HClO_4) = 1.000$ mol/L] 相当的以克表示的多菌灵的质量。

(3) 非水定电位滴定法

多菌灵水悬浮剂经干燥除去水分，用冰乙酸溶解，用高氯酸标准滴定溶液进行电位滴定，以多菌灵标样的电位数来确定滴定终点。

以质量百分数表示的多菌灵含量 w 按下式计算：

$$w = \frac{c(V_1 - V_2) \times 0.1912 \times 100}{m} \times 100\% \qquad (10-10)$$

式中，c——高氯酸标准滴定溶液的实际浓度，mol/L；

V_1——滴定试样溶液时消耗高氯酸标准滴定溶液的体积，mL；

V_2——滴定空白溶液时消耗高氯酸标准滴定溶液的体积，mL；

m——试样的质量，g；

0.1912——与 1.00 mL 高氯酸标准滴定溶液 [$c(HClO_4) = 1.000$ mol/L] 相当的以克表示的多菌灵的质量。

2. 代森锰锌的测定

代森锰锌属内吸性杀菌剂，分子式 $(C_4H_6N_2S_4Mn)_x(Zn)_y$，结构式为

$$\left[\begin{array}{c} CH_2-NH-\overset{\overset{\displaystyle S}{\|}}{C}-S \\ | \\ CH_2-NH-\underset{\underset{\displaystyle S}{\|}}{C}-S \end{array}\right. \left. \begin{array}{c} \\ Mn \\ \\ \end{array}\right]_x (Zn)_y$$

化学名称为乙亚基-1,2-双（二硫代氨基甲酸）锰锌离子配位化合物，其他名称有大生、Dithane M-45、Manzate。

代森锰锌原药为灰黄色粉末，约 150 ℃ 分解，无熔点，闪点 138 ℃；溶解度：水 6~20 mg/L，在大多数有机溶剂中不溶解；稳定性：在密闭容器中及隔热条件下可稳定存放两年以上；水解速率（25 ℃）DT_{50}：pH = 5 时 20 d，pH = 7 时 17 h，pH = 9 时 34 h；它可在环境中水解、氧化、光解及代谢，土壤 DT_{50} 为 6~15 d。

代森锰锌可抑制病菌体内丙酮酸的氧化，从而起到杀菌作用。具有高效、低毒、杀菌谱广、病菌不易产生抗性等特点，且对果树缺锰、缺锌症有治疗作用。用于许多叶部病害的保护性杀菌剂，对小麦锈病、稻瘟病、玉米大斑病、蔬菜中的霜霉病、炭疽病、疫病及果树黑星病、赤星病、炭疽病等均有很好的防效。

常用分析方法为碘量法。

试样于煮沸的氢碘酸 - 冰乙酸溶液中分解，生成二硫化碳、乙二胺盐及干扰分析的硫化氢气体。先用乙酸铅溶液吸收硫化氢，继之以氢氧化钾 - 乙醇溶液吸收二硫化碳，并生成乙基黄原酸钾。二硫化碳吸收液用乙酸中和后立即以碘标准溶液滴定。

反应式如下：

$$(C_4H_6N_2S_4Mn)_x(Zn)_y + 2xH_2 + xI_2 \Longrightarrow xIH_3NCH_2CH_2NH_3I + 2xCS_2 + xMn + yZn$$

$$CS_2 + C_2H_5OK \Longrightarrow C_2H_5OCSSK$$

$$2C_2H_5OCSSK + I_2 \Longrightarrow C_2H_5OC(S)SSC(S)OC_2H_5 + 2KI$$

代森锰锌的质量分数 w 按下式计算：

$$w = \frac{c(V_1 - V_2) \times 0.1355 \times 100}{m} \times 100\% \qquad (10-11)$$

式中，V_1——滴定试样消耗碘标准滴定溶液的体积，mL；

V_2——滴定空白消耗碘标准滴定溶液的体积，mL；

m——试样的质量，g；

c——碘标准滴定溶液的实际浓度，mol/L；

0.1355——与 1.00 mL 碘标准滴定溶液 [$c(1/2\ I_2) = 0.1$ mol/L] 相当的以 g 表示的代森锰锌的质量。

10.5 植物生长调节剂分析

10.5.1 植物生长调节剂

1. 植物生长调节剂定义

植物生长调节剂是指那些从外部施加给植物，并能引起植物生长发生变化的化学物质。这些化学物质或是人工合成的，或是通过微生物发酵方法取得的，如，有的是模拟植物激素的分子结构而合成的，有的是合成后经活性筛选而得到的。天然植物激素可以作为生长调节剂使用，但更多的生长调节剂则是植物体内并不存在的化合物。由赤霉菌制取的赤霉素商品作为生长调节剂，与植物体内产生的赤霉素在来源上是有所不同的，因此，若将外加的植物生长调节剂称之为植物激素，容易将两个不同概念相混淆。

2. 植物生长调节剂分类

（1）生长素类：NAA、IBA、2,4-D；
（2）细胞分裂素类：BA、Kinetin；
（3）内生植物生长素：传导抑制剂；
（4）乙烯释出剂：ethyphon（用于果实之催熟）；
（5）乙烯合成抑制剂：硝酸银、AVG、AOA；
（6）生长延迟剂（又名矮化剂）：CCC、ancymidol、Amo-1618、B9；
（7）生长抑制剂：MH（作用于顶端分生组织，生理作用无法为激勃素所逆转）。

10.5.2 植物生长调节剂分析

1. 多效唑

多效唑属植物生长调节剂兼杀菌剂，分子式 $C_{15}H_{20}ClN_3O$，相对分子质量 293.8 g/moL，结构式为：

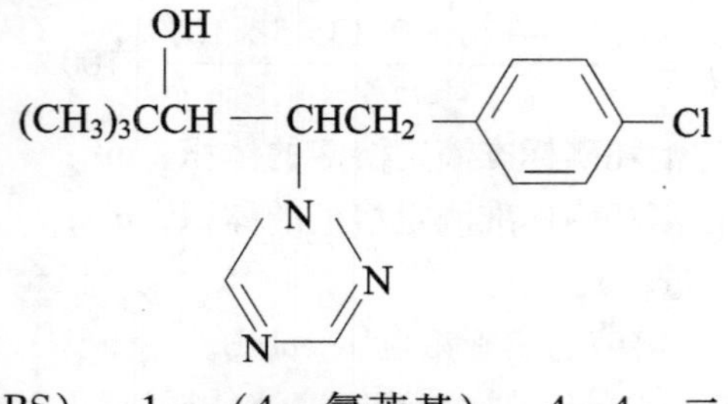

化学名称为 (2RS, 3RS)-1-(4-氯苯基)-4,4-二甲基-2-(1H-1,2,4-三唑-1-基)戊-3-醇，其他名称有 PP333、氯丁唑。

多效唑纯品为无色结晶固体。熔点 165 ℃~166 ℃，相对密度 1.22，蒸汽压 0.001 MPa（20 ℃）。溶解性（20 ℃）：水 35 mg/L，甲醇 150 g/L，丙二醇 50 g/L，丙酮 110 g/L，环己酮 180 g/L，二氯甲烷 100 g/L，己烷 10 g/L，二甲苯 60 g/L；Kow=1 590。稳定性：50 ℃下至少 6 个月内稳定；紫外光下，pH=7，10 d 内不降解；在 pH=4、7、9 下，对水稳定，其水溶液在 25 ℃至少稳定 30 d，pH=7 的水溶液在紫外光下至少稳定 10 d；在通常条件下，土壤中 $DT_{50}=$(0.5~1.0) d，在石灰质黏壤土（pH 为 8.8、有机质含量 14%）中 $DT_{50}<$42 d，在粗砂壤土（pH 为 6.8、有机质含量 4%）中 $DT_{50}>14$ d。

多效唑具有延缓植物生长、抑制茎秆伸长、促进植物分叶、增加植物抗逆性能、提高产量、防腐、防虫、防草、增分叶、增粒重、增产量等效果。用于水稻、麦类、花生、果树、烟草、油菜、大豆、花卉、草坪等作（植）物时，使用效果显著，具有良好的社会与经济效益。

常用分析方法有气相色谱法、液相色谱法。

(1) 气相色谱法

试样经丙酮溶解，以邻苯二甲酸二环己酯为内标物，用 2% FFAP 为填充物的玻璃柱和 FID 检测器，对试样中的多效唑进行气相色谱分离和测定。

将测得的两针试样溶液以及试样前后两针标样溶液中多效唑与内标物峰面积之比分别进行平均。多效唑的质量分数 w 按下式计算：

$$w = \frac{r_2 \cdot m_1 \cdot w_1}{r_1 \cdot m_2} \quad (10-12)$$

式中，r_1——标样溶液中多效唑与内标物峰面积比的平均值；

r_2——试样溶液中多效唑与内标物峰面积比的平均值；

m_1——标样的质量，g；

m_2——试样的质量，g；

w_1——标样中多效唑的质量分数。

(2) 液相色谱法

试样用甲醇溶解，过滤，以甲醇/乙腈/水为流动相，使用以 NOVA – PAK C_{18} 为填充物的不锈钢柱和 230 nm 紫外检测器，对试样中的多效唑进行高效液相色谱分离和测定。

将测得的两针试样溶液以及试样前后两针标样溶液中多效唑峰面积分别进行平均。多效唑的质量分数 w 按下式计算：

$$w = \frac{r_2 \cdot m_1 \cdot w_1}{r_1 \cdot m_2} \quad (10-13)$$

式中，r_1——标样溶液中多效唑与内标物峰面积比的平均值；

r_2——试样溶液中多效唑与内标物峰面积比的平均值；

m_1——标样的质量，g；

m_2——试样的质量，g；

w_1——标样中多效唑的质量分数。

2. 乙烯利

乙烯利是种植物生长调节剂，分子式 $C_2H_6ClO_3P$，相对分子质量 144.5，结构式为：

$$ClCH_2-CH_2-\overset{O}{\underset{\|}{P}}-(OH)_2$$

化学名称为 2 – 氯乙基膦酸，其他名称有乙烯磷、一试灵、CEPA。

乙烯利纯品为无色针状结晶，熔点 74 ℃ ~75 ℃，极易吸潮，易溶于水、乙醇、乙醚，微溶于苯和二氯乙烷，不溶于石油醚。工业品为白色针状结晶。制剂为强酸性水剂，在常温、pH<3 下比较稳定，几乎不放出乙烯，但随着温度和 pH 值的增加，乙烯释放的速度加快，在碱性沸水浴中 40 min 就全部分解，生成乙烯氯化物及磷酸盐。

乙烯利主要用作打破休眠、促进生根发芽、催熟、脱落等作用。目前国内剂型主要集中于 40% 水剂，用作棉桃的催裂、早熟，蔬菜果树的催熟、催红。近几年乙烯利的复配制剂发展迅猛，其生长调节剂复配使用的特殊效果，已越来越引起重视，将成为研究和生产的一个重要方向。

常用分析方法为气相色谱法。

试样经重氮甲烷酯化，用对硝基氯苯为内标物，用 10% SE-30/Gas Chrom Q 为填料的色谱柱和 FID 检测器，对乙烯利甲酯进行气相色谱分离和测定。

将测得的两针试样溶液以及试样前后两针标样溶液中乙烯利与内标物峰面积之比分别进行平均。乙烯利的质量分数 w 按下式计算：

$$w = \frac{r_2 \cdot m_1 \cdot w_1}{r_1 \cdot m_2} \tag{10-14}$$

式中，r_1——标样溶液中乙烯利与内标物峰面积比的平均值；

r_2——试样溶液中乙烯利与内标物峰面积比的平均值；

m_1——标样的质量，g；

m_2——试样的质量，g；

w_1——标样中乙烯利的质量分数。

10.6 任务

任务 1　绿麦隆含量的测定

1. 液相色谱法（仲裁法）

（1）目的

① 掌握绿麦隆的测定原理和操作方法；

② 掌握液相色谱的使用方法。

（2）原理

试样用甲醇溶解，过滤，以甲醇/水/冰乙酸为流动相，用 C_{18} 为填充物的色谱柱和紫外检测器，用反相液相色谱法对试样中的氯麦隆进行分离和测定。

（3）仪器

① 高效液相色谱仪：具有可变波长紫外检测器 UV-243 nm；

② 色谱数据处理机；

③ 色谱柱：250 mm×4.6 mm（id）不锈钢柱，内填 Bondapak^{MT} C$_{18}$（10 μm）；
④ 过滤器：滤膜孔径约 0.45 μm；
⑤ 定量进样阀：20 μL。

（4）试剂
① 甲醇：HPLC 级；
② 二次蒸馏水；
③ 冰乙酸；
④ 绿麦隆标样：已知质量分数≥98%。

（5）步骤
① 标样溶液的制备

称取含绿麦隆标样 100 mg（精确至 0.2 mg），置于 100 mL 容量瓶中，用甲醇溶解并稀释至刻度，摇匀。

② 试样溶液的制备

称取含绿麦隆试样 100 mg（精确至 0.2 mg），置于 100 mL 容量瓶中，加入甲醇溶解并稀释至刻度，摇匀，过滤。

③ 测定

在上述操作条件下，待仪器基线稳定后，连续注入数针标样溶液，直至相邻两针绿麦隆相对响应值变化小于 1.0% 后，按照标样溶液、试样溶液、试样溶液、标样溶液的顺序进行测定。

（6）结果计算

将测得的两针试样溶液以及试样前后两针标样溶液中绿麦隆峰面积分别进行平均。绿麦隆的质量分数 w 按下式计算：

$$w = \frac{r_2 \times m_1 \times w_1}{r_1 \times m_2}$$

式中，r_1——标样溶液中绿麦隆峰面积的平均值；
r_2——试样溶液中绿麦隆峰面积的平均值；
m_1——标样的质量，g；
m_2——试样的质量，g；
w_1——标样中绿麦隆的质量分数。

2. 薄层-紫外分光光度法

（1）目的
① 掌握绿麦隆的测定原理和操作方法；
② 了解紫外分光光度计的使用方法。

（2）原理

试样经薄层分离后，取绿麦隆谱带的硅胶层，经溶剂洗脱，用紫外分光光度计进行测定。

(3) 仪器

① 紫外分光光度计：备有 1 cm 石英比色池；

② 紫外波长：254 nm。

(4) 试剂

① 95% 乙醇；

② 乙酸乙酯；

③ 三氯甲烷；

④ 绿麦隆标样：已知质量分数≥98%；

⑤ 展开剂：三氯甲烷 + 乙酸乙酯 = 80 + 20 (φ)

⑥ 硅胶 GF_{254}：层析用。

(5) 步骤

① 薄层板的制备

称取 7.5 g 硅胶 GF_{254}，置于玻璃研钵中，加入蒸馏水 19 mL，研磨至均匀糊状，立即倒在一个预先洗净、干燥的 10 cm×20 cm 的玻璃板上，轻轻振动使硅胶在板上分布均匀且无气泡。置于水平处自然风干后移至烘箱中，在 120 ℃ ~ 150 ℃温度下活化 1 h，取出放入干燥器中备用。

② 标样溶液的制备

称取绿麦隆标样 50 mg（精确至 0.2 mg），置于 50 mL 容量瓶中，用三氯甲烷溶解并定容。准确移取 10 mL 此溶液于另一个 25 mL 容量瓶中，用三氯甲烷溶解并定容。

③ 试样溶液的制备

称取含有绿麦隆样品 50 mg（精确至 0.2 mg），置于 50 mL 容量瓶中，用三氯甲烷溶解并定容。准确移取 10 mL 此溶液于另一个 25 mL 容量瓶中，用三氯甲烷溶解并定容。

④ 层析

分别准确吸取 0.3 mL 上述标样溶液和试样溶液，在已活化好的层析板上，在距底边 2 cm、距两侧各 1.5 cm 处将标样溶液和试样溶液点成一直线，让溶剂挥发，置于在室温下充满展开剂饱和蒸汽的展开缸中，板浸入溶剂的深度为 1 cm 左右。当展开前沿上升至距点样线约 14 cm 时，取出板，待展开剂挥发后，于紫外灯下显色。将板上 R_f = 0.4 的谱带完全转移到玻璃漏斗中（漏斗内铺两层定性滤纸），用 95% 乙醇 20 mL 分多次（5~6 次）洗脱到 25 mL 容量瓶中，然后用乙醇稀释至刻度，摇匀。

⑤ 测定

以 95% 乙醇为参比，在波长 254 nm 处分别测定标样溶液和试样溶液的吸光度。

(6) 结果计算

绿麦隆的质量分数 w 按下式计算：

$$w = \frac{r_2 \times m_1 \times w_1}{r_1 \times m_2}$$

式中，r_1——标样溶液中绿麦隆的吸光度；
r_2——试样溶液中绿麦隆的吸光度；
m_1——标样的质量，g；
m_2——试样的质量，g；
w_1——标样中绿麦隆的质量分数。

（7）说明及注意事项

本方法适用于绿麦隆原药及其单制剂的分析，对不同的复配制剂，可视具体情况适当改变条件来达到较好分离。

任务2　多效唑含量的测定

1. 气相色谱法

（1）目的

① 掌握多效唑的测定原理和操作方法；

② 掌握气相色谱仪的使用方法。

（2）原理

试样经丙酮溶解，以邻苯二甲酸二环己酯为内标物，用 2% FFAP 为填充物的玻璃柱和 FID 检测器，对试样中的多效唑进行气相色谱分离和测定。

（3）仪器

① 气相色谱仪：具有氢火焰离子化检测器（FID）；

② 色谱数据处理仪：满刻度 5 mV 或相当的积分仪；

③ 色谱柱：1 100 mm × 3.2 mm（id）玻璃柱，内装 2% FFAP／Chromosorb W AW – DMCS（60～80目）的填充物。：

（4）试剂

① 丙酮；

② 多效唑标样：已知质量分数≥99%；

③ 内标物：邻苯二甲酸二环己酯，不含干扰分析的杂质；

④ 内标溶液：称取 1.0 g 邻苯二甲酸二环己酯，置于 100 mL 容量瓶中，加入丙酮溶解并稀释至刻度，摇匀。

（5）步骤

① 标样溶液的制备

称取多效唑标样约 100 mg（精确至 0.2 mg），置于 15 mL 三角瓶中，准确加入内标溶液 5 mL，补加 5 mL 丙酮溶液，摇匀。

② 试样溶液的制备

称取约含多效唑 100 mg（精确至 0.2 mg）的试样，置于 15 mL 三角瓶中，准确加入内标溶液 5 mL，补加 5 mL 丙酮溶液，摇匀。

③ 测定

在上述操作条件下，待仪器基线稳定后，连续注入数针标样溶液，直至相邻两针多效唑相对响应值变化小于 1.5% 后，按照标样溶液、试样溶液、试样溶液、标样溶液的顺序进行测定。

（6）结果计算

将测得的两针试样溶液以及试样前后两针标样溶液中多效唑与内标物峰面积之比分别进行平均。多效唑的质量分数 w 按下式计算：

$$w = \frac{r_2 \times m_1 \times w_1}{r_1 \times m_2}$$

式中，r_1——标样溶液中多效唑与内标物峰面积比的平均值；

r_2——试样溶液中多效唑与内标物峰面积比的平均值；

m_1——标样的质量，g；

m_2——试样的质量，g；

w_1——标样中多效唑的质量分数。

2. 液相色谱法

（1）目的

① 掌握多效唑的测定原理和操作方法；

② 掌握液相色谱仪的使用方法。

（2）原理

试样用甲醇溶解，过滤，以甲醇/乙腈/水为流动相，使用以 NOVA – PAK C_{18} 为填充物的不锈钢柱和 230 nm 紫外检测器，对试样中的多效唑进行高效液相色谱分离和测定。

（3）仪器

① 高效液相色谱仪：具有 230 nm 波长的紫外检测器；

② 色谱数据处理机；

③ 色谱柱：150 mm × 4.6 mm（id）不锈钢色谱柱，内装 NOVA – PAK C_{18}（5 μm）填充物；

④ 过滤器：滤膜孔径约 0.45 μm；

⑤ 微量进样器：25 μL。

（4）试剂

① 甲醇：优级纯；

② 乙腈：色谱纯；

③ 新蒸二次蒸馏水；

④ 多效唑标样：已知质量分数≥98%。

(5) 步骤

① 标样溶液的制备

称取多效唑标样 50 mg（精确称至 0.2 mg），置于 100 mL 容量瓶中，用甲醇溶解并定容至刻度，摇匀。

② 试样溶液的制备

称取约含 50 mg 多效唑的试样（精确称至 0.2 mg），置于 100 mL 容量瓶中，用甲醇溶解并定容至刻度，摇匀，再用 0.45 μm 孔径滤膜过滤。

③ 测定

在上述操作条件下，待仪器基线稳定后，连续注入数针标样溶液，直至相邻两针多效唑相对响应值变化小于 1.0% 后，按照标样溶液、试样溶液、试样溶液、标样溶液的顺序进行测定。

(6) 结果计算

将测得的两针试样溶液以及试样前后两针标样溶液中多效唑峰面积分别进行平均。多效唑的质量分数 w 按下式计算：

$$w = \frac{r_2 \times m_1 \times w_1}{r_1 \times m_2}$$

式中，r_1——标样溶液中多效唑峰面积的平均值；

r_2——试样溶液中多效唑峰面积的平均值；

m_1——标样的质量，g；

m_2——试样的质量，g；

w_1——标样中多效唑的质量分数，%。

(7) 说明及注意事项

本方法适用于多效唑原药、可湿性粉剂等单制剂的分析，对不同的复配制剂，可视具体情况适当改变条件来达到较好分离。

练 习 题

1. 什么是农药？农药有哪些分类？常用的是哪一种？
2. 什么是农药标准？分为几种类型？
3. 如何认识农药的作用与环境污染的关系？
4. 简述用碘量法测定代森锰锌原药的测定原理。
5. 什么叫杀虫剂？它的发展有何特征？它的分类是怎样的？
6. 杀菌剂的杀菌作用和抑菌作用有何区别？
7. 用什么方法测定多菌灵原药中多菌灵的含量？
8. 除草剂按作用方式如何分类？
9. 乙烯利是什么样的药剂？用何方法可测定它的含量？

10. 简述久效磷、绿麦隆的含量测定方法。

阅读材料

　　我国是农业大国，为确保农业丰收，每年约有30万吨近400种农药被加工成1 000多种剂型农药施于农作物，每年通过化学防治病虫草害挽回粮食损失200亿~300亿吨，挽回直接经济损失600亿元。由此可见，化学农药在农作物病虫草等生物灾害、增加农业产出方面发挥举足轻重的作用。但由于长期、过量使用化学农药，致使农药在农产品和环境中残留问题、安全问题也日益突出。人们食用被农药污染的农产品，可能引起急性或慢性中毒，严重时甚至危及生命，或给后代带来潜在的危害。同时农药残留作为技术壁垒严重影响着农产品贸易，成为制约和限制我国蔬菜、大米等农产品出口的重大隐患。

　　随着科技的发展，新型高效农药不断出现，对环境的影响也在日益加深，发展快速、可靠、灵敏的新一代农药残留测定方法迫在眉睫，从而使研究农药残留检测技术具有重要意义。新型、绿色环保、快速测定方法的研究已成为分析化学领域中最活跃的前沿课题之一。

　　质谱是目前最常用的农药残留定性确证手段。气相或液相与质谱联用，充分发挥色谱的分离、定量功能和质谱的定性功能。在农药残留分析中应用比较广泛，特别适合于农药代谢物、降解物的检测和多残留检测等。大部分农药可用气质联用进行检测，而液质联用对痕量残留农药分析可一次进样完成定性定量。

附　　录

附录1　相对原子量表

元素	符号	原子量	元素	符号	原子量	元素	符号	原子量	元素	符号	原子量
锕	Ac	227.0	铒	Er	167.3	锰	Mn	54.94	钌	Ru	101.1
银	Ag	107.9	锿	Es	252.1	钼	Mo	95.94	硫	S	32.06
铝	Al	26.98	铕	Eu	152.0	氮	N	14.01	锑	Sb	121.8
镅	Am	243.1	氟	F	19.00	钠	Na	22.99	钪	Sc	44.96
氩	Ar	39.95	铁	Fe	55.85	铌	Nb	92.91	硒	Se	78.96
砷	As	74.92	镄	Fm	257.1	钕	Nd	144.2	硅	Si	28.09
砹	At	210.0	钫	Fr	223.0	氖	Ne	20.18	钐	Sm	150.4
金	Au	197.0	镓	Ga	69.72	镍	Ni	58.69	锡	Sn	118.7
硼	B	10.81	钆	Gd	157.2	锘	No	259.1	锶	Sr	87.62
钡	Ba	137.3	锗	Ge	72.59	镎	Np	237.1	钽	Ta	180.9
铍	Be	9.012	氢	H	1.008	氧	O	16.00	铽	Tb	158.9
铋	Bi	209.0	氦	He	4.003	锇	Os	190.2	锝	Tc	98.91
锫	Bk	247.1	铪	Hf	178.5	磷	P	30.97	碲	Te	127.6
溴	Br	79.90	汞	Hg	200.5	镤	Pa	231.0	钍	Th	232.0
碳	C	12.01	钬	Ho	164.9	铅	Pb	207.2	钛	Ti	47.88
钙	Ca	40.08	碘	I	126.9	钯	Pd	106.4	铊	Tl	204.4
镉	Cd	112.4	铟	In	114.8	钷	Pm	144.9	铥	Tm	168.9
铈	Ce	140.1	铱	Ir	192.2	钋	Po	210.0	铀	U	238.0
锎	Cf	252.1	钾	K	39.10	镨	Pr	140.9	钒	V	50.94
氯	Cl	35.45	氪	Kr	83.30	铂	Pt	195.1	钨	W	183.9
锔	Cm	247.1	镧	La	138.9	钚	Pu	239.1	氙	Xe	131.2
钴	Co	58.93	锂	Li	6.941	镭	Ra	226.0	钇	Y	88.91
铬	Cr	52.00	铹	Lr	260.1	铷	Rb	35.47	镱	Yb	173.0
铯	Cs	132.9	镥	Lu	175.0	铼	Re	186.2	锌	Zn	65.38
铜	Cu	63.55	钔	Md	256.1	铑	Rh	102.9	锆	Zr	91.22
镝	Dy	162.5	镁	Mg	24.31	氡	Rn	222.0			

附录2 相对分子量表

分子式	相对分子量	分子式	相对分子量	分子式	相对分子量
$AgBr$	187.772	CaF_2	78.075	$CrCl_3$	158.354
$AgCl$	143.321	$Ca(NO_3)_2$	164.087	$Cr(NO_3)_3$	238.011
$AgCN$	133.886	$Ca(OH)_2$	74.093	Cr_2O_3	151.990
$AgSCN$	165.952	$Ca_3(PO_4)_2$	310.177	$CuCl$	98.999
Ag_2CrO_4	331.730	$CaSO_4$	136.142	$CuCl_2$	134.451
AgI	234.772	$CdCO_3$	172.420	$CuSCN$	121.630
$AgNO_3$	169.873	$CdCl_2$	183.316	CuI	190.450
$AlCl_3$	133.340	CdS	144.477	$Cu(NO_3)_2$	187.555
Al_2O_3	101.961	$Ce(SO_4)_2$	332.24	CuO	79.545
$Al(OH)_3$	78.004	CH_3COOH	60.05	Cu_2O	143.091
$Al_2(SO_4)_3$	342.154	CH_3OH	32.04	CuS	95.612
As_2O_3	197.841	CH_3COCH_3	58.08	$CuSO_4$	159.610
As_2O_5	229.840	C_6H_5COOH	122.12	$FeCl_2$	126.750
As_2S_3	246.041	C_6H_5COONa	144.11	$FeCl_3$	162.203
$BaCO_3$	197.336	$C_6H_4COOHCOOK$	204.22	$Fe(NO_3)_3$	241.862
BaC_2O_4	225.347	CH_3COONH_4	77.08	FeO	71.844
$BaCl_2$	208.232	CH_3COONa	82.03	Fe_2O_3	159.688
$BaCrO_4$	253.321	C_6H_5OH	94.11	Fe_3O_4	231.533
BaO	153.326	$(C_9H_7N)_3H_3PO_4 \cdot 12MoO_3$ （磷钼酸喹啉）	2 212.74	$Fe(OH)_3$	106.867
$Ba(OH)_2$	171.342			FeS	87.911
$BaSO_4$	233.391	$COOHCH_2COOH$	104.06	Fe_2S_3	207.87
$BiCl_3$	315.338	$COOHCH_2COONa$	126.04	$FeSO_4$	151.909
$BiOCl$	260.432	CCl_4	153.82	$Fe_2(SO_4)_3$	399.881
CO_2	44.010	$CoCl_2$	129.838	H_3AsO_3	125.944
CaO	56.077	$Co(NO_3)_2$	182.942	H_3AsO_4	141.944
$CaCO_3$	100.087	CoS	91.00	H_3BO_3	61.833
CaC_2O_4	128.098	$CoSO_4$	154.997	HBr	80.912
$CaCl_2$	110.983	$CO(NH_2)_2$	60.06	HCN	27.026
$HCOOH$	46.03	$KHC_2O_4 \cdot H_2C_2O_4 \cdot 2H_2O$	254.20	$(NH_4)_2S$	68.143
H_2CO_3	62.025 1	$KHC_4H_4O_6$	188.178	$(NH_4)_2SO_4$	132.141
$H_2C_2O_4$	90.04	$KHSO_4$	136.170	Na_3AsO_3	191.89

续表

分子式	相对分子量	分子式	相对分子量	分子式	相对分子量
$H_2C_2O_4 \cdot 2H_2O$	126.066 5	KI	166.003	$Na_2B_4O_7$	201.220
$H_2C_4H_4O_6$(酒石酸)	150.09	KIO_3	214.001	$Na_2B_4O_7 \cdot 10H_2O$	381.373
HCl	36.461	$KIO_3 \cdot HIO_3$	389.91	$NaBiO_3$	279.968
$HClO_4$	100.459	$KMnO_4$	158.034	NaBr	102.894
HF	20.006	$KNaC_4H_4O_6 \cdot 4H_2O$	282.221	NaCN	49.008
HI	127.912	KNO_3	101.103	NaSCN	81.074
HIO_3	175.910	KNO_2	85.104	$Na_2CO_3 \cdot 10H_2O$	286.142
HNO_3	63.013	K_2O	94.196	$Na_2C_2O_4$	134.000
HNO_2	47.014	KOH	56.105	NaCl	58.443
H_2O	18.015	K_2SO_4	174.261	NaClO	74.442
H_2O_2	34.015	$MgCO_3$	84.314	NaI	149.894
H_3PO_4	97.995	$MgCl_2$	95.210	NaF	41.988
H_2S	34.082	$MgC_2O_4 \cdot 2H_2O$	148.355	$NaHCO_3$	84.007
H_2SO_3	82.080	$Mg(NO_3)_2 \cdot 6H_2O$	256.406	Na_2HPO_4	141.959
H_2SO_4	98.080	$MgNH_4PO_4$	137.82	NaH_2PO_4	119.997
$Hg(CN)_2$	252.63	MgO	40.304	$Na_2H_2Y \cdot 2H_2O$	372.240
$HgCl_2$	271.50	$Mg(OH)_2$	58.320	$NaNO_2$	68.996
Hg_2Cl_2	472.09	$Mg_2P_2O_7 \cdot 3H_2O$	276.600	$NaNO_3$	84.995
HgI_2	454.40	$MgSO_4 \cdot 7H_2O$	246.475	Na_2O	61.979
$Hg_2(NO_3)_2$	525.19	$MnCO_3$	114.947	Na_2O_2	77.979
$Hg(NO_3)_2$	324.60	$MnCl_2 \cdot 4H_2O$	197.905	NaOH	39.997
HgO	216.59	$Mn(NO_3)_2 \cdot 6H_2O$	287.040	Na_3PO_4	163.94
HgS	232.66	MnO	70.937	Na_2S	78.046
$HgSO_4$	296.65	MnO_2	86.937	Na_2SiF_6	188.056
Hg_2SO_4	497.24	MnS	87.004	Na_2SO_3	126.044
$KAl(SO_4)_2 \cdot 12H_2O$	474.391	$MnSO_4$	151.002	$Na_2S_2O_3$	158.11
$KB(C_6H_5)_4$	358.332	NO	30.006	Na_2SO_4	142.044
KBr	119.002	NO_2	46.006	$NiC_8H_{14}O_4N_4$(丁二酮肟合镍)	288.92
$KBrO_3$	167.000	NH_3	17.031		
KCl	74.551	$NH_3 \cdot H_2O$	35.046	$NiCl_2 \cdot 6H_2O$	237.689
$KClO_3$	122.549	NH_4Cl	53.492	NiO	74.692
$KClO_4$	138.549	$(NH_4)_2CO_3$	96.086	$Ni(NO_3)_2 \cdot 6H_2O$	290.794
KCN	65.116	$(NH_4)_2C_2O_4$	124.10	NiS	90.759

续表

分子式	相对分子量	分子式	相对分子量	分子式	相对分子量
KSCN	97.182	$NH_4Fe(SO_4)_2 \cdot 12H_2O$	482.194	$NiSO_4 \cdot 7H_2O$	280.863
K_2CO_3	138.206	$(NH_4)_3PO_4 \cdot 12MoO_3$	1876.35	P_2O_5	141.945
K_2CrO_4	194.191	NH_4SCN	76.122	$PbCO_3$	267.2
$K_2Cr_2O_7$	294.185	$(NH_4)_2HCO_3$	79.056	PbC_2O_4	295.2
$K_3Fe(CN)_6$	329.246	$(NH_4)_2MoO_4$	196.04	$PbCl_2$	278.1
$K_4Fe(CN)_6$	368.347	NH_4NO_3	80.043	$PbCrO_4$	323.2
$KHC_2O_4 \cdot H_2O$	146.141	$(NH_4)_2HPO_4$	132.055	$Pb(CH_3COO)_2$	325.3
$Pb(CH_3COO)_2 \cdot 3H_2O$	427.3	Sb_2O_3	291.518	TiO_2	79.866
PbI_2	461.0	Sb_2S_3	339.718	$UO_2(CH_3COO)_2 \cdot 2H_2O$	422.13
$Pb(NO_3)_2$	331.2	SiO_2	60.085	WO_3	231.84
PbO	223.2	$SnCO_3$	178.82	$ZnCO_3$	125.40
PbO_2	239.2	$SnCl_2$	189.615	$ZnC_2O_4 \cdot 2H_2O$	189.44
Pb_3O_4	685.6	$SnCl_4$	260.521	$ZnCl_2$	136.29
$Pb_3(PO_4)_2$	811.5	SnO_2	150.709	$Zn(CH_3COO)_2$	183.48
PbS	239.3	SnS	150.776	$Zn(NO_3)_2$	189.40
$PbSO_4$	303.3	$SrCO_3$	147.63	$Zn_2P_2O_7$	304.72
SO_3	80.064	SrC_2O_4	175.64	ZnO	81.39
SO_2	64.065	$SrCrO_4$	203.61	ZnS	97.46
$SbCl_3$	228.118	$Sr(NO_3)_2$	211.63	$ZnSO_4$	161.45
$SbCl_5$	299.024	$SrSO_4$	183.68		

附录3 我国化学试剂规格的划分

化学试剂根据纯度及杂质含量的多少,可将其分为以下几个等级:

1. 优级纯试剂。亦称保证试剂,为一级品,纯度高,杂质极少,主要用于精密分析和科学研究,常以 GR 表示;

2. 分析纯试剂。亦称分析试剂,为二级品,纯度略低于优级纯,杂质含量略高于优级纯,适用于重要分析和一般性研究工作,常以 AR 表示;

3. 化学纯试剂。为三级品,纯度较分析纯差,但高于实验试剂,适用于工厂、学校一般性的分析工作,常以 CP 表示;

4. 实验试剂。为四级品,纯度比化学纯差,但比工业品纯度高,主要用于一般化学实验,不能用于分析工作,常以 LR 表示。

以上按试剂纯度的分类法已在我国通用。根据化学工业部颁布的"化学试剂包装及标志"的规定，不同等级的化学试剂分别用各种不同的颜色来标志，见下表。

我国化学试剂的等级及标志

级　　别	一等品	二等品	三等品	四等品
纯度分类	优级纯	分析纯	化学纯	实验试剂
瓶签颜色	绿色	红色	蓝色	黄色

化学试剂除上述几个等级外，还有基准试剂、光谱纯试剂及超纯试剂等。基准试剂相当或高于优级纯试剂，专作滴定分析的基准物质，用以确定未知溶液的准确浓度或直接配制标准溶液，其主成分含量一般在 99.95%～100.0%，杂质总量不超过 0.05%；光谱纯试剂主要用于光谱分析中作标准物质，其杂质用光谱分析法测不出或杂质低于某一限度，纯度在 99.99% 以上；超纯试剂又称高纯试剂，是用一些特殊设备如石英、铂器皿生产的。

我国化学试剂属于国家标准的附有 GB 代号，属于化学工业部标准的附有 HG 或 HGB 代号。除上述化学试剂外，还有许多特殊规格的试剂，如指示剂、基准试剂、当量试剂、光谱纯试剂、生化试剂、生物染色剂、色谱用试剂及高纯工艺用试剂等。

附录 4　普通酸碱溶液的配制

名称 （分子式）	比重 （D）	含量 （W）/%	近似摩尔浓度 /（mol·L^{-1}）	配制溶液的摩尔浓度/（mol·L^{-1}）			
				6	3	2	1
				配制 1 L 溶液所用的体积（mL）或质量（g）			
盐酸 （HCl）	1.18～1.19	36～38	12	500	250	167	83
硝酸 （HNO$_3$）	1.39～1.40	65～68	15	381	191	128	64
硫酸 （H$_2$SO$_4$）	1.83～1.84	95～98	18	84	42	28	14
高氯酸 （HClO$_4$）	1.67	70	11.6	517	258	172	86
氢氟酸 （HF）	1.13	40	23	260	130	87	43
氢溴酸 （HBr）	1.38	40	7	857	428	286	143

续表

名称 (分子式)	比重 (D)	含量 (W)/%	近似摩尔浓度 /(mol·L^{-1})	配制溶液的摩尔浓度/(mol·L^{-1})			
				6	3	2	1
				配制1L溶液所用的体积（mL）或质量（g）			
氢碘酸 (HI)	1.70	57	7.5	800	400	267	133
冰醋酸 (HAc)	1.05	99.9	17	253	177	118	59
磷酸 (H$_3$PO$_4$)	1.69	85	15	39	19	12	6
氨水 (NH$_3$·H$_2$O)	0.90~0.91	28	15	400	200	134	77
氢氧化钠 (NaOH)				(240)	(120)	(80)	(40)
氢氧化钾 (KOH)				(339)	(170)	(113)	(56.5)

附录5 指 示 剂

1. 酸碱指示剂

序号	名称	pH变色范围	酸色	碱色	pKa	浓度
1	甲基紫（第一次变色）	0.13~0.5	黄	绿	0.8	0.1%水溶液
2	甲酚红（第一次变色）	0.2~1.8	红	黄	—	0.04%乙醇（50%）溶液
3	甲基紫（第二次变色）	1.0~1.5	绿	蓝	—	0.1%水溶液
4	百里酚蓝（第一次变色）	1.2~2.8	红	黄	1.65	0.1%乙醇（20%）溶液
5	茜素黄R（第一次变色）	1.9~3.3	红	黄	—	0.1%水溶液
6	甲基紫（第三次变色）	2.0~3.0	蓝	紫	—	0.1%水溶液
7	甲基黄	2.9~4.0	红	黄	3.3	0.1%乙醇（90%）溶液
8	溴酚蓝	3.0~4.6	黄	蓝	3.85	0.1%乙醇（20%）溶液
9	甲基橙	3.1~4.4	红	黄	3.40	0.1%水溶液
10	溴甲酚绿	3.8~5.4	黄	蓝	4.68	0.1%乙醇（20%）溶液
11	甲基红	4.4~6.2	红	黄	4.95	0.1%乙醇（60%）溶液
12	溴百里酚蓝	6.0~7.6	黄	蓝	7.1	0.1%乙醇（20%）
13	中性红	6.8~8.0	红	黄	7.4	0.1%乙醇（60%）溶液
14	酚红	6.8~8.0	黄	红	7.9	0.1%乙醇（20%）溶液

续表

序号	名称	pH 变色范围	酸色	碱色	pKa	浓度
15	甲酚红（第二次变色）	7.2~8.8	黄	红	8.2	0.04% 乙醇（50%）溶液
16	百里酚蓝（第二次变色）	8.0~9.6	黄	蓝	8.9	0.1% 乙醇（20%）溶液
17	酚酞	8.2~10.0	无色	紫红	9.4	0.1% 乙醇（60%）溶液
18	百里酚酞	9.4~10.6	无色	蓝	10.0	0.1% 乙醇（90%）溶液
19	茜素黄 R（第二次变色）	10.1~12.1	黄	紫	11.16	0.1% 水溶液
20	靛胭脂红	11.6~14.0	蓝	黄	12.2	25% 乙醇（50%）溶液

2. 混合酸碱指示剂

序号	指示剂名称	浓度	组成	变色点	酸色	碱色
1	甲基黄	0.1% 乙醇溶液	1:1	3.28	蓝紫	绿
	亚甲基蓝	0.1% 乙醇溶液				
2	甲基橙	0.1% 水溶液	1:1	4.3	紫	绿
	苯胺蓝	0.1% 水溶液				
3	溴甲酚绿	0.1% 乙醇溶液	3:1	5.1	酒红	绿
	甲基红	0.2% 乙醇溶液				
4	溴甲酚绿钠盐	0.1% 水溶液	1:1	6.1	黄绿	蓝紫
	氯酚红钠盐	0.1% 水溶液				
5	中性红	0.1% 乙醇溶液	1:1	7.0	蓝紫	绿
	亚甲基蓝	0.1% 乙醇溶液				
6	中性红	0.1% 乙醇溶液	1:1	7.2	玫瑰	绿
	溴百里酚蓝	0.1% 乙醇溶液				
7	甲酚红钠盐	0.1% 水溶液	1:3	8.3	黄	紫
	百里酚蓝钠盐	0.1% 水溶液				
8	酚酞	0.1% 乙醇溶液	1:2	8.9	绿	紫
	甲基绿	0.1% 乙醇溶液				
9	酚酞	0.1% 乙醇溶液	1:1	9.9	无色	紫
	百里酚酞	0.1% 乙醇溶液				

3. 氧化还原指示剂

序号	名称	氧化型颜色	还原型颜色	E_{ind}/V	浓度
1	二苯胺	紫	无色	+0.76	1% 浓硫酸溶液
2	二苯胺磺酸钠	紫红	无色	+0.84	0.2% 水溶液
3	亚甲基蓝	蓝	无色	+0.532	0.1% 水溶液
4	中性红	红	无色	+0.24	0.1% 乙醇溶液

续表

序号	名称	氧化型颜色	还原型颜色	E_{ind}/V	浓度
5	喹啉黄	无色	黄	—	0.1% 水溶液
6	淀粉	蓝	无色	+0.53	0.1% 水溶液
7	孔雀绿	棕	蓝	—	0.05% 水溶液
8	劳氏紫	紫	无色	+0.06	0.1% 水溶液
9	邻二氮菲-亚铁	浅蓝	红	+1.06	(1.485 g 邻二氮菲+0.695 g 硫酸亚铁)溶于100 mL水
10	酸性绿	橘红	黄绿	+0.96	0.1% 水溶液
11	专利蓝V	红	黄	+0.95	0.1% 水溶液

4. 金属指示剂

名称	In 本色	MIn 颜色	浓度	适用pH范围	被滴定离子	干扰离子
铬黑T	蓝	葡萄红	与固体NaCl混合物(1:100)	6.0~11.0	Ca^{2+},Cd^{2+},Hg^{2+},Mg^{2+},Mn^{2+},Pb^{2+},Zn^{2+}	Al^{3+},Co^{2+},Cu^{2+},Fe^{3+},Ga^{3+},In^{3+},Ni^{2+},Ti^{4+}
二甲酚橙	柠檬黄	红	0.5% 乙醇溶液	5.0~6.0	Cd^{2+},Hg^{2+},La^{3+},Pb^{2+},Zn^{2+}	—
				2.5	Bi^{3+},Th^{4+}	
茜素	红	黄	—	2.8	Th^{4+}	—
钙试剂	亮蓝	深红	与固体NaCl混合物(1:100)	>12.0	Ca^{2+}	—
酸性铬紫B	橙	红	—	4.0	Fe^{3+}	—
甲基百里酚蓝	灰	蓝	1% 与固体KNO_3混合物	10.5	Ba^{2+},Ca^{2+},Mg^{2+},Mn^{2+},Sr^{2+}	Bi^{3+},Cd^{2+},Co^{2+},Hg^{2+},Pb^{2+},Sc^{3+},Th^{4+},Zn^{2+}
溴酚红	红	橙黄	—	2.0~3.0	Bi^{3+}	—
	蓝紫	红		7.0~8.0	Cd^{2+},Co^{2+},Mg^{2+},Mn^{2+},Ni^{3+}	—
	蓝	红		4.0	Pb^{2+}	
	浅蓝	红		4.0~6.0	Re^{3+}	
铝试剂	酒红	黄	—	8.5~10.0	Ca^{2+},Mg^{2+}	—
	红	蓝紫		4.4	Al^{3+}	
	紫	淡黄		1.0~2.0	Fe^{3+}	
偶氮胂Ⅲ	蓝	红	—	10.0	Ca^{2+},Mg^{2+}	—

5. 吸附指示剂

序号	名称	被滴定离子	滴定剂	起点颜色	终点颜色	浓度
1	荧光黄	Cl^-,Br^-,SCN^-	Ag^+	黄绿	玫瑰	0.1% 乙醇溶液
		I^-			橙	
2	二氯(P)荧光黄	Cl^-,Br^-	Ag^+	红紫	蓝紫	0.1% 乙醇(60%~70%)溶液
		SCN^-		玫瑰	红紫	
		I^-		黄绿	橙	
3	曙红	Br^-,I^-,SCN^-	Ag^+	橙	深红	0.5% 水溶液
		Pb^{2+}	MoO_4^{2-}	红紫	橙	
4	溴酚蓝	Cl^-,Br^-,SCN^-	Ag^+	黄	蓝	0.1% 钠盐水溶液
		I^-		黄绿	蓝绿	
		TeO_3^{2-}		紫红	蓝	
5	溴甲酚绿	Cl^-	Ag^+	紫	浅蓝绿	0.1% 乙醇溶液(酸性)
6	二甲酚橙	Cl^-	Ag^+	玫瑰	灰蓝	0.2% 水溶液
		Br^-,I^-			灰绿	
7	罗丹明6G	Cl^-,Br^-	Ag^+	红紫	橙	0.1% 水溶液
		Ag^+	Br^-	橙	红紫	
8	品红	Cl^-	Ag^+	红紫	玫瑰	0.1% 乙醇溶液
		Br^-,I^-		橙		
		SCN^-		浅蓝		
9	刚果红	Cl^-,Br^-,I^-	Ag^+	红	蓝	0.1% 水溶液
10	茜素红S	SO_4^{2-}	Ba^{2+}	黄	玫瑰红	0.4% 水溶液
		$[Fe(CN)_6]^{4-}$	Pb^{2+}			
11	偶氮氯膦Ⅲ	SO_4^{2-}	Ba^{2+}	红	蓝绿	—
12	甲基红	F^-	Ce^{3+}	黄	玫瑰红	—
			$Y(NO_3)_3$			
13	二苯胺	Zn^{2+}	$[Fe(CN)_6]^{4-}$	蓝	黄绿	1% 的硫酸(96%)溶液
14	邻二甲氧基联苯胺	Zn^{2+},Pb^{2+}	$[Fe(CN)_6]^{4-}$	紫	无色	1% 的硫酸溶液
15	酸性玫瑰红	Ag^+	MoO_4^{2-}	无色	紫红	0.1% 水溶液

附录6 物质颜色和吸收光颜色的对应关系

序号	物质颜色	吸收光颜色	波长范围/nm
1	黄绿色	紫色	400~450
2	黄色	蓝色	450~480

续表

序号	物质颜色	吸收光颜色	波长范围/nm
3	橙色	绿蓝色	480～490
4	红色	蓝绿色	490～500
5	紫红色	绿色	500～560
6	紫色	黄绿色	560～580
7	蓝色	黄色	580～600
8	绿蓝色	橙色	600～650
9	蓝绿色	红色	650～750

附录7 滴定分析基准物质的干燥方法

基准物质	干燥温度和时间	基准物质	干燥温度和时间
碳酸钠(Na_2CO_3)	500 ℃～650 ℃，40－50 min	氯化物(NaCl)	500 ℃－650 ℃，干燥40－50 min
草酸钠($H_2C_2O_4$)	150 ℃－200 ℃，1－1.5 h	硝酸银($AgNO_3$)	室温，硫酸干燥器中至恒温
草酸($H_2C_2 \cdot 2H_2O$)	室温，空气干燥2－4 h	碳酸钙($CaCO_3$)	120 ℃，干燥至恒量
硼砂($Na_2B_2O \cdot 10H_2O$)	室温，在NaCl和蔗糖饱和液的干燥器中，4 h	氧化锌(ZnO)	800 ℃灼烧至恒量
邻苯二甲酸氢钾($KHC_6H_4O_4$)	100 ℃－120 ℃，干燥至恒量	锌(Zn)	室温，干燥器24 h以上
重铬酸钾($K_2Cr_2O_7$)	100 ℃－110 ℃，干燥3－4 h	氧化镁(MgO)	800 ℃灼烧至恒量

附录8 缓冲溶液

1. 一般缓冲溶液的配制

缓冲液	pH	配制
乙醇－醋酸铵缓冲液	3.7	取5 mol/L醋酸溶液15.0 mL，加乙醇60 mL和水20 mL，用10 mol/L氢氧化铵溶液调节pH值至3.7，用水稀释至1 000 mL
三羟甲基氨基甲烷缓冲液	8.0	取三羟甲基氨基甲烷12.14 g，加水800 mL，搅拌溶解，并稀释至1 000 mL，用6 mol/L盐酸溶液调节pH值至8.0

续表

缓冲液	pH	配制
三羟甲基氨基甲烷缓冲液	8.1	取氯化钙 0.294 g，加 0.2 mol/L 三羟甲基氨基甲烷溶液 40 mL 使溶解，用 1 mol/L 盐酸溶液调节 pH 值至 8.1，加水稀释至 100 mL
三羟甲基氨基甲烷缓冲液	9.0	取三羟甲基氨基甲烷 6.06 g，加盐酸赖氨酸 3.65 g、氯化钠 5.8 g、乙二胺四醋酸二钠 0.37 g，再加水溶解使成 1 000 mL，调节 pH 值至 9.0
巴比妥缓冲液	7.4	取巴比妥钠 4.42 g，加水使溶解并稀释至 400 mL，用 2 mol/L 盐酸溶液调节 pH 值至 7.4，滤过
巴比妥缓冲液	8.6	取巴比妥 5.52 g 与巴比妥钠 30.9 g，加水使溶解成 2 000 mL
巴比妥-氯化钠缓冲液	7.8	取巴比妥钠 5.05 g，加氯化钠 3.7 g 及水适量使溶解，另取明胶 0.5 g 加水适量，加热溶解后并入上述溶液中。然后用 0.2 mol/L 盐酸溶液调节 pH 值至 7.8，再用水稀释至 500 mL
甲酸钠缓冲液	3.3	取 2 mol/L 甲酸溶液 25 mL，加酚酞指示液 1 滴，用 2 mol/L 氢氧化钠溶液中和，再加入 2 mol/L 甲酸溶液 75 mL，用水稀释至 200 mL，调节 pH 值至 3.25 ~ 3.30
邻苯二甲酸盐缓冲液	5.6	取邻苯二甲酸氢钾 10 g，加水 900 mL，搅拌使溶解，用氢氧化钠试液（必要时用稀盐酸）调节 pH 值至 5.6，加水稀释至 1 000 mL，混匀
柠檬酸盐缓冲液	6.2	取 2.1% 柠檬酸水溶液，用 50% 氢氧化钠溶液调节 pH 值至 6.2
枸橼酸-磷酸氢二钠缓冲液	4.0	甲液：取枸橼酸 21 g 或无水枸橼酸 19.2 g，加水使溶解成 1 000 mL，置冰箱内保存。乙液：取磷酸氢二钠 71.63 g，加水使溶解成 1 000 mL。取上述甲液 61.45 mL 与乙液 38.55 mL 混合，摇匀
氨-氯化铵缓冲液	8.0	取氯化铵 1.07 g，加水使溶解成 100 mL，再加稀氨溶液调节 pH 值至 8.0
氨-氯化铵缓冲液	10.0	取氯化铵 5.4 g，加水 20 mL 溶解后，加浓氨溶液 35 mL，再加水稀释至 100 mL
硼砂-氯化钙缓冲液	8.0	取硼砂 0.572 g 与氯化钙 2.94 g，加水约 800 mL 溶解后，用 1 mol/L 盐酸溶液约 2.5 mL 调节 pH 值至 8.0，加水稀释至 1 000 mL
硼砂-碳酸钠缓冲液	10.8 ~ 11.2	取无水碳酸钠 5.30 g，加水使溶解成 1 000 mL；另取硼砂 1.91 g，加水使溶解成 100 mL。临用前取碳酸钠溶液 973 mL 与硼砂溶液 27 mL，混匀

续表

缓冲液	pH	配 制
硼酸-氯化钾缓冲液	9.0	取硼酸 3.09 g，加 0.1 mol/L 氯化钾溶液 500 mL 使溶解，再加 0.1 mol/L 氢氧化钠溶液 210 mL
醋酸盐缓冲液	3.5	取醋酸铵 25 g，加水 25 mL 溶解后，加 7 mol/L 盐酸溶液 38 mL，用 2 mol/L 盐酸溶液或 5 mol/L 氨溶液准确调节 pH 值至 3.5（电位法指示），用水稀释至 100 mL
醋酸-锂盐缓冲液	3.0	取冰醋酸 50 mL，加水 800 mL 混合后，用氢氧化锂调节 pH 值至 3.0，再加水稀释至 1 000 mL
醋酸-醋酸钠缓冲液	3.6	取醋酸钠 5.1 g，加冰醋酸 20 mL，再加水稀释至 250 mL
醋酸-醋酸钠缓冲液	3.7	取无水醋酸钠 20 g，加水 300 mL 溶解后，加溴酚蓝指示液 1 mL 及冰醋酸 60~80 mL，至溶液从蓝色转变为纯绿色，再加水稀释至 1 000 mL
醋酸-醋酸钠缓冲液	3.8	取 2 mol/L 醋酸钠溶液 13 mL 与 2 mol/L 醋酸溶液 87 mL，加每 1 mL 含铜 1 mg 的硫酸铜溶液 0.5 mL，再加水稀释至 1 000 mL
醋酸-醋酸钠缓冲液	4.5	取醋酸钠 18 g，加冰醋酸 9.8 mL，再加水稀释至 1 000 mL
醋酸-醋酸钠缓冲液	4.6	取醋酸钠 5.4 g，加水 50 mL 使溶解，用冰醋酸调节 pH 值至 4.6，再加水稀释至 100 mL
醋酸-醋酸钠缓冲液	6.0	取醋酸钠 54.6 g，加 1 mol/L 醋酸溶液 20 mL 溶解后，加水稀释至 500 mL
醋酸-醋酸钾缓冲液	4.3	取醋酸钾 14 g，加冰醋酸 20.5 mL，再加水稀释至 1 000 mL
醋酸-醋酸铵缓冲液	4.5	取醋酸铵 7.7 g，加水 50 mL 溶解后，加冰醋酸 6 mL 与适量的水使成 100 mL
醋酸-醋酸铵缓冲液	6.0	取醋酸铵 100 g，加水 300 mL 使溶解，加冰醋酸 7 mL，摇匀
磷酸-三乙胺缓冲液	3.2	取磷酸约 4 mL 与三乙胺约 7 mL，加 50% 甲醇稀释至 1 000 mL，用磷酸调节 pH 值至 3.2
磷酸盐缓冲液	2.0	甲液：取磷酸 16.6 mL，加水至 1 000 mL，摇匀。乙液：取磷酸氢二钠 71.63 g，加水使溶解成 1 000 mL。取上述甲液 72.5 mL 与乙液 27.5 mL 混合，摇匀
磷酸盐缓冲液	2.5	取磷酸二氢钾 100 g，加水 800 mL，用盐酸调节 pH 至 2.5，用水稀释至 1 000 mL
磷酸盐缓冲液	5.0	取 0.2 mol/L 磷酸二氢钠溶液一定量，用氢氧化钠试液调节 pH 值至 5.0
磷酸盐缓冲液	5.8	取磷酸二氢钾 8.34 g 与磷酸氢二钾 0.87 g，加水使溶解成 1 000 mL
磷酸盐缓冲液	6.5	取磷酸二氢钾 0.68 g，加 0.1 mol/L 氢氧化钠溶液 15.2 mL，用水稀释至 100 mL

续表

缓冲液	pH	配 制
磷酸盐缓冲液	6.6	取磷酸二氢钠 1.74 g、磷酸氢二钠 2.7 g 与氯化钠 1.7 g,加水使溶解成 400 mL
磷酸盐缓冲液	6.8	取 0.2 mol/L 磷酸二氢钾溶液 250 mL,加 0.2 mol/L 氢氧化钠溶液 118 mL,用水稀释至 1 000 mL,摇匀
磷酸盐缓冲液	7.0	取磷酸二氢钾 0.68 g,加 0.1 mol/L 氢氧化钠溶液 29.1 mL,用水稀释至 100 mL
磷酸盐缓冲液	7.2	取 0.2 mol/L 磷酸二氢钾溶液 50 mL 与 0.2 mol/L 氢氧化钠溶液 35 mL,加新沸过的冷水稀释至 200 mL,摇匀
磷酸盐缓冲液	7.3	取磷酸氢二钠 1.973 4 g 与磷酸二氢钾 0.224 5 g,加水使溶解成 1 000 mL,调节 pH 值至 7.3
磷酸盐缓冲液	7.4	取磷酸二氢钾 1.36 g,加 0.1 mol/L 氢氧化钠溶液 79 mL,用水稀释至 200 mL
磷酸盐缓冲液	7.6	取磷酸二氢钾 27.22 g,加水使溶解成 1 000 mL,取 50 mL,加 0.2 mol/L 氢氧化钠溶液 42.4 mL,再加水稀释至 200 mL
磷酸盐缓冲液	7.8	甲液:取磷酸氢二钠 35.9 g,加水溶解,并稀释至 500 mL。乙液:取磷酸二氢钠 2.76 g,加水溶解,并稀释至 100 mL。取上述甲液 91.5 mL 与乙液 8.5 mL 混合,摇匀
磷酸盐缓冲液	7.8~8.0	取磷酸氢二钾 5.59 g 与磷酸二氢钾 0.41 g,加水使溶解成 1 000 mL

2. pH 标准缓冲溶液

名称	配 制	不同温度时的 pH 值								
草酸盐标准缓冲溶液	$c[KH_3(C_2O_4)_2 \cdot 2H_2O]$ 为 0.05 mol/L。称取 12.71 g 四草酸钾 $[KH_3(C_2O_4)_2 \cdot 2H_2O]$ 溶于无二氧化碳的水中,稀释至 1 000 mL	0 ℃	5 ℃	10 ℃	15 ℃	20 ℃	25 ℃	30 ℃	35 ℃	40 ℃
		1.67	1.67	1.67	1.67	1.68	1.68	1.69	1.69	1.69
		45 ℃	50 ℃	55 ℃	60 ℃	70 ℃	80 ℃	90 ℃	95 ℃	—
		1.70	1.71	1.72	1.72	1.74	1.77	1.79	1.81	—
酒石酸盐标准缓冲溶液	在 25 ℃时,用无二氧化碳的水溶解外消旋的酒石酸氢钾($KHC_4H_4O_6$),并剧烈振摇至成饱和溶液	0 ℃	5 ℃	10 ℃	15 ℃	20 ℃	25 ℃	30 ℃	35 ℃	40 ℃
		—	—	—	—	—	3.56	3.55	3.55	3.55
		45 ℃	50 ℃	55 ℃	60 ℃	70 ℃	80 ℃	90 ℃	95 ℃	—
		3.55	3.55	3.55	3.56	3.58	3.61	3.65	3.67	—
苯二甲酸氢盐标准缓冲溶液	$c(C_6H_4CO_2HCO_2K)$ 为 0.05 mol/L,称取于 (115.0 ± 5.0) ℃干燥 2~3 h 的邻苯二甲酸氢钾($KHC_8H_4O_4$)10.21 g,溶于无 CO_2 的蒸馏水,并稀释至 1 000 mL(注:可用于酸度计校准)	0 ℃	5 ℃	10 ℃	15 ℃	20 ℃	25 ℃	30 ℃	35 ℃	40 ℃
		4.00	4.00	4.00	4.00	4.00	4.01	4.01	4.02	4.04
		45 ℃	50 ℃	55 ℃	60 ℃	70 ℃	80 ℃	90 ℃	95 ℃	—
		4.05	4.06	4.08	4.09	4.13	4.16	4.21	4.23	—

续表

名称	配制	不同温度时的pH值							
磷酸盐标准缓冲溶液	分别称取在(115.0±5.0)℃干燥2~3 h的磷酸氢二钠(Na_2HPO_4)(3.53±0.01)g和磷酸二氢钾(KH_2PO_4)(3.39±0.01)g,溶于预先煮沸过15~30 min并迅速冷却的蒸馏水中,并稀释至1 000 mL(注:可用于酸度计校准)	0℃	5℃	10℃	15℃	20℃	25℃	30℃	35℃	40℃
		6.98	6.95	6.92	6.90	6.88	6.86	6.85	6.84	6.84
		45℃	50℃	55℃	60℃	70℃	80℃	90℃	95℃	—
		6.83	6.83	6.83	6.84	6.85	6.86	6.88	6.89	—
硼酸盐标准缓冲溶液	$c(Na_2B_4O_7 \cdot 10H_2O)$ 称取硼砂($Na_2B_4O_7 \cdot 10H_2O$)(3.80±0.01)g(注意:不能烘!),溶于预先煮沸过15~30 min并迅速冷却的蒸馏水中,并稀释至1 000 mL。置聚乙烯塑料瓶中密闭保存。存放时要防止空气中的CO_2的进入(注:可用于酸度计校准)	0℃	5℃	10℃	15℃	20℃	25℃	30℃	35℃	40℃
		9.46	9.40	9.33	9.27	9.22	9.18	9.14	9.10	9.06
		45℃	50℃	55℃	60℃	70℃	80℃	90℃	95℃	—
		9.04	9.01	8.99	8.96	8.92	8.89	8.85	8.83	—
氢氧化钙标准缓冲溶液	在25℃,用无二氧化碳的蒸馏水制备氢氧化钙的饱和溶液。氢氧化钙溶液的浓度$c[1/2Ca(OH)_2]$应在(0.040 0~0.041 2)mol/L。氢氧化钙溶液的浓度可以酚红为指示剂,用盐酸标准溶液[$c(HCl)=0.1$ mol/L]滴定测出。存放时要防止空气中的二氧化碳的进入。出现混浊应弃去重新配制	0℃	5℃	10℃	15℃	20℃	25℃	30℃	35℃	40℃
		13.42	13.21	13.00	12.81	12.63	12.45	12.30	12.14	11.98
		45℃	50℃	55℃	60℃	70℃	80℃	90℃	95℃	—
		11.84	11.71	11.57	11.45	—	—	—	—	—

附录9 常见弱电解质的标准解离常数(298.15 K)

1. 酸

名 称	化 学 式		K_a^θ	pK_a^θ
砷酸	H_3AsO_4	K_{a1}^θ	5.50×10^{-3}	2.26
		K_{a2}^θ	1.74×10^{-7}	6.76
		K_{a3}^θ	5.13×10^{-12}	11.29
亚砷酸	H_3AsO_3		5.13×10^{-10}	9.29
硼酸	H_3BO_3		5.81×10^{-10}	9.236
焦硼酸	$H_2B_4O_7$	K_{a1}^θ	1.00×10^{-4}	4.00
		K_{a2}^θ	1.00×10^{-9}	9.00
碳酸	H_2CO_3	K_{a1}^θ	4.47×10^{-7}	6.35
		K_{a2}^θ	4.68×10^{-11}	10.33

续表

名称	化学式	$K_a^\ominus$		p$K_a^\ominus$
铬酸	H_2CrO_4	$K_{a1}^\ominus$	1.80×10^{-1}	0.74
		$K_{a2}^\ominus$	3.20×10^{-7}	6.49
氢氟酸	HF		6.31×10^{-4}	3.20
亚硝酸	HNO_2		5.62×10^{-4}	3.25
过氧化氢	H_2O_2		2.4×10^{-12}	11.62
磷酸	H_3PO_4	$K_{a1}^\ominus$	6.92×10^{-3}	2.16
		$K_{a2}^\ominus$	6.23×10^{-8}	7.21
		$K_{a3}^\ominus$	4.80×10^{-13}	12.32
焦磷酸	$H_4P_2O_7$	$K_{a1}^\ominus$	1.23×10^{-1}	0.91
		$K_{a2}^\ominus$	7.94×10^{-3}	2.10
		$K_{a3}^\ominus$	2.00×10^{-7}	6.70
		$K_{a4}^\ominus$	4.79×10^{-10}	9.32
氢硫酸	H_2S	$K_{a1}^\ominus$	8.90×10^{-8}	7.05
		$K_{a2}^\ominus$	1.26×10^{-14}	13.9
亚硫酸	H_2SO_3	$K_{a1}^\ominus$	1.40×10^{-2}	1.85
		$K_{a2}^\ominus$	6.31×10^{-2}	7.20
硫酸	H_2SO_4	$K_{a2}^\ominus$	1.02×10^{-2}	1.99
偏硅酸	H_2SiO_3	$K_{a1}^\ominus$	1.70×10^{-10}	9.77
		$K_{a2}^\ominus$	1.58×10^{-12}	11.80
甲酸	HCOOH		1.772×10^{-4}	3.75
醋酸	CH_3COOH		1.74×10^{-5}	4.76
草酸	$H_2C_2O_4$	$K_{a1}^\ominus$	5.9×10^{-2}	1.23
		$K_{a2}^\ominus$	6.46×10^{-5}	4.19
酒石酸	$HOOC(CHOH)_2COOH$	$K_{a1}^\ominus$	1.04×10^{-3}	2.98
		$K_{a2}^\ominus$	4.57×10^{-5}	4.34
苯酚	C_6H_5OH		1.02×10^{-10}	9.99
抗坏血酸	O=C—C(OH)=C(OH)—CH—CHOH—CH_2OH 　　　　　└──── O ────┘	$K_{a1}^\ominus$	5.0×10^{-5}	4.10
		$K_{a2}^\ominus$	1.5×10^{-10}	11.79
柠檬酸	$HO-C(CH_2COOH)_2COOH$	$K_{a1}^\ominus$	7.24×10^{-4}	3.14
		$K_{a2}^\ominus$	1.70×10^{-5}	4.77
		$K_{a3}^\ominus$	4.07×10^{-7}	6.39
苯甲酸	C_6H_5COOH		6.45×10^{-5}	4.19
邻苯二甲酸	$C_6H_4(COOH)_2$	$K_{a1}^\ominus$	1.30×10^{-3}	2.89
		$K_{a2}^\ominus$	3.09×10^{-6}	5.51

2. 碱

名　称	化　学　式	$K_b^\ominus$	$pK_b^\ominus$
氨水	$NH_3 \cdot H_2O$	1.79×10^{-5}	4.75
甲胺	CH_3NH_2	4.20×10^{-4}	3.38
乙胺	$C_2H_5NH_2$	4.30×10^{-4}	3.37
二甲胺	$(CH_3)_2NH$	5.90×10^{-4}	3.23
二乙胺	$(C_2H_5)_2NH$	6.31×10^{-4}	3.2
苯胺	$C_6H_5NH_2$	3.98×10^{-10}	9.40
乙二胺	$H_2NCH_2CH_2NH_2$	$K_{b1}^\ominus$　8.32×10^{-5}	4.08
		$K_{b2}^\ominus$　7.10×10^{-8}	7.15
乙醇胺	$HOCH_2CH_2NH_2$	3.2×10^{-5}	4.50
三乙醇胺	$(HOCH_2CH_2)_3N$	5.8×10^{-7}	6.24
六次甲基四胺	$(CH_2)_6N_4$	1.35×10^{-9}	8.87
吡啶	C_5H_5N	1.80×10^{-9}	8.70

附录10　常见配离子的稳定常数

配位体	金属离子	n	$\lg\beta_n$
NH_3	Ag^+	1, 2	3.24, 7.05
	Cu^{2+}	1,2,3,4	4.31, 7.98, 11.02, 13.32
	Ni^{2+}	1,2,3,4,5,6	2.80, 5.04, 6.77, 7.96, 8.71, 8.74
	Zn^{2+}	1,2,3,4	2.37, 4.81, 7.31, 9.46
F^-	Al^{3+}	1,2,3,4,5,6	6.10, 11.15, 15.00, 17.75, 19.37, 19.84
	Fe^{3+}	1, 2, 3	5.28, 9.30, 12.06
Cl^-	Hg^{2+}	1,2,3,4	6.74, 13.22, 14.07, 15.07
CN^-	Ag^+	2, 3, 4	21.1, 21.7, 20.6
	Fe^{2+}	6	35
	Fe^{3+}	6	42
	Ni^{2+}	4	31.3
	Zn^{2+}	4	16.7
$S_2O_3^{2-}$	Ag^+	1, 2	8.82, 13.46
	Hg^{2+}	2, 3, 4	29.44, 31.90, 33.24
OH^-	Al^{3+}	1, 4	9.27, 33.03

续表

配位体	金属离子	n	$\lg\beta_n$
	Bi^{3+}	1, 2, 4	12.7, 15.8, 35.2
	Cd^{2+}	1, 2, 3, 4	4.17, 8.33, 9.02, 8.62
	Cu^{2+}	1, 2, 3, 4	7.0, 13.68, 17.00, 18.5
	Fe^{2+}	1, 2, 3, 4	5.56, 9.77, 9.67, 8.58
	Fe^{3+}	1, 2, 3	11.87, 21.17, 29.67
	Hg^{2+}	1, 2, 3	10.6, 21.8, 20.9
	Mg^{2+}	1	2.58
	Ni^{2+}	1, 2, 3	4.97, 8.55, 11.33
	Pb^{2+}	1, 2, 3, 6	7.82, 10.85, 14.58, 61.0
	Sn^{2+}	1, 2, 3	10.60, 20.93, 25.38
	Zn^{2+}	1, 2, 3, 4	4.40, 11.30, 14.14, 17.66
EDTA	Ag^+	1	7.32
	Al^{3+}	1	16.11
	Ba^{2+}	1	7.78
	Bi^{3+}	1	22.8
	Ca^{2+}	1	11.0
	Cd^{2+}	1	16.4
	Co^{2+}	1	16.31
	Co^{3+}	1	36.00
EDTA	Cr^{3+}	1	23
	Cu^{2+}	1	18.70
	Fe^{2+}	1	14.33
	Fe^{3+}	1	24.23
	Hg^{2+}	1	21.80
	Mg^{2+}	1	8.64
	Mn^{2+}	1	13.8
	Ni^{2+}	1	18.56
	Pb^{2+}	1	18.3
	Sn^{2+}	1	22.1
	Zn^{2+}	1	16.4

附录11 难溶化合物的溶度积常数

序号	分子式	K_{sp}	pK_{sp} ($-\lg K_{sp}$)	序号	分子式	K_{sp}	pK_{sp} ($-\lg K_{sp}$)
1	Ag_3AsO_4	1.0×10^{-22}	22.0	32	BaC_2O_4	1.6×10^{-7}	6.79
2	$AgBr$	5.0×10^{-13}	12.3	33	$BaCrO_4$	1.2×10^{-10}	9.93
3	$AgBrO_3$	5.50×10^{-5}	4.26	34	$Ba_3(PO_4)_2$	3.4×10^{-23}	22.44
4	$AgCl$	1.8×10^{-10}	9.75	35	$BaSO_4$	1.1×10^{-10}	9.96
5	$AgCN$	1.2×10^{-16}	15.92	36	BaS_2O_3	1.6×10^{-5}	4.79
6	Ag_2CO_3	8.1×10^{-12}	11.09	37	$BaSeO_3$	2.7×10^{-7}	6.57
7	$Ag_2C_2O_4$	3.5×10^{-11}	10.46	38	$BaSeO_4$	3.5×10^{-8}	7.46
8	Ag_2CrO_4	1.2×10^{-12}	11.92	39	$Be(OH)_2$ ②	1.6×10^{-22}	21.8
9	$Ag_2Cr_2O_7$	2.0×10^{-7}	6.70	40	$BiAsO_4$	4.4×10^{-10}	9.36
10	AgI	8.3×10^{-17}	16.08	41	$Bi_2(C_2O_4)_3$	3.98×10^{-36}	35.4
11	$AgIO_3$	3.1×10^{-8}	7.51	42	$Bi(OH)_3$	4.0×10^{-31}	30.4
12	$AgOH$	2.0×10^{-8}	7.71	43	$BiPO_4$	1.26×10^{-23}	22.9
13	Ag_2MoO_4	2.8×10^{-12}	11.55	44	$CaCO_3$	2.8×10^{-9}	8.54
14	Ag_3PO_4	1.4×10^{-16}	15.84	45	$CaC_2O_4 \cdot H_2O$	4.0×10^{-9}	8.4
15	Ag_2S	6.3×10^{-50}	49.2	46	CaF_2	2.7×10^{-11}	10.57
16	$AgSCN$	1.0×10^{-12}	12.00	47	$CaMoO_4$	4.17×10^{-8}	7.38
17	Ag_2SO_3	1.5×10^{-14}	13.82	48	$Ca(OH)_2$	5.5×10^{-6}	5.26
18	Ag_2SO_4	1.4×10^{-5}	4.84	49	$Ca_3(PO_4)_2$	2.0×10^{-29}	28.70
19	Ag_2Se	2.0×10^{-64}	63.7	50	$CaSO_4$	3.16×10^{-7}	5.04
20	Ag_2SeO_3	1.0×10^{-15}	15.00	51	$CaSiO_3$	2.5×10^{-8}	7.60
21	Ag_2SeO_4	5.7×10^{-8}	7.25	52	$CaWO_4$	8.7×10^{-9}	8.06
22	$AgVO_3$	5.0×10^{-7}	6.3	53	$CdCO_3$	5.2×10^{-12}	11.28
23	Ag_2WO_4	5.5×10^{-12}	11.26	54	$CdC_2O_4 \cdot 3H_2O$	9.1×10^{-8}	7.04
24	$Al(OH)_3$ ①	4.57×10^{-33}	32.34	55	$Cd_3(PO_4)_2$	2.5×10^{-33}	32.6
25	$AlPO_4$	6.3×10^{-19}	18.24	56	CdS	8.0×10^{-27}	26.1
26	Al_2S_3	2.0×10^{-7}	6.7	57	$CdSe$	6.31×10^{-36}	35.2
27	$Au(OH)_3$	5.5×10^{-46}	45.26	58	$CdSeO_3$	1.3×10^{-9}	8.89
28	$AuCl_3$	3.2×10^{-25}	24.5	59	CeF_3	8.0×10^{-16}	15.1
29	AuI_3	1.0×10^{-46}	46.0	60	$CePO_4$	1.0×10^{-23}	23.0
30	$Ba_3(AsO_4)_2$	8.0×10^{-51}	50.1	61	$Co_3(AsO_4)_2$	7.6×10^{-29}	28.12
31	$BaCO_3$	5.1×10^{-9}	8.29	62	$CoCO_3$	1.4×10^{-13}	12.84

续表

序号	分子式	K_{sp}	pK_{sp} ($-\lg K_{sp}$)	序号	分子式	K_{sp}	pK_{sp} ($-\lg K_{sp}$)
63	CoC_2O_4	6.3×10^{-8}	7.2	91	$GaPO_4$	1.0×10^{-21}	21.0
64	$Co(OH)_2$(蓝)	6.31×10^{-15}	14.2	92	$Gd(OH)_3$	1.8×10^{-23}	22.74
64	$Co(OH)_2$(粉红,新沉淀)	1.58×10^{-15}	14.8	93	$Hf(OH)_4$	4.0×10^{-26}	25.4
64				94	Hg_2Br_2	5.6×10^{-23}	22.24
64	$Co(OH)_2$(粉红,陈化)	2.00×10^{-16}	15.7	95	Hg_2Cl_2	1.3×10^{-18}	17.88
64				96	HgC_2O_4	1.0×10^{-7}	7.0
65	$CoHPO_4$	2.0×10^{-7}	6.7	97	Hg_2CO_3	8.9×10^{-17}	16.05
66	$Co_3(PO_4)_3$	2.0×10^{-35}	34.7	98	$Hg_2(CN)_2$	5.0×10^{-40}	39.3
67	$CrAsO_4$	7.7×10^{-21}	20.11	99	Hg_2CrO_4	2.0×10^{-9}	8.70
68	$Cr(OH)_3$	6.3×10^{-31}	30.2	100	Hg_2I_2	4.5×10^{-29}	28.35
69	$CrPO_4 \cdot 4H_2O$(绿)	2.4×10^{-23}	22.62	101	HgI_2	2.82×10^{-29}	28.55
69	$CrPO_4 \cdot 4H_2O$(紫)	1.0×10^{-17}	17.0	102	$Hg_2(IO_3)_2$	2.0×10^{-14}	13.71
70	$CuBr$	5.3×10^{-9}	8.28	103	$Hg_2(OH)_2$	2.0×10^{-24}	23.7
71	$CuCl$	1.2×10^{-6}	5.92	104	$HgSe$	1.0×10^{-59}	59.0
72	$CuCN$	3.2×10^{-20}	19.49	105	HgS(红)	4.0×10^{-53}	52.4
73	$CuCO_3$	2.34×10^{-10}	9.63	106	HgS(黑)	1.6×10^{-52}	51.8
74	CuI	1.1×10^{-12}	11.96	107	Hg_2WO_4	1.1×10^{-17}	16.96
75	$Cu(OH)_2$	4.8×10^{-20}	19.32	108	$Ho(OH)_3$	5.0×10^{-23}	22.30
76	$Cu_3(PO_4)_2$	1.3×10^{-37}	36.9	109	$In(OH)_3$	1.3×10^{-37}	36.9
77	Cu_2S	2.5×10^{-48}	47.6	110	$InPO_4$	2.3×10^{-22}	21.63
78	Cu_2Se	1.58×10^{-61}	60.8	111	In_2S_3	5.7×10^{-74}	73.24
79	CuS	6.3×10^{-36}	35.2	112	$La_2(CO_3)_3$	3.98×10^{-34}	33.4
80	$CuSe$	7.94×10^{-49}	48.1	113	$LaPO_4$	3.98×10^{-23}	22.43
81	$Dy(OH)_3$	1.4×10^{-22}	21.85	114	$Lu(OH)_3$	1.9×10^{-24}	23.72
82	$Er(OH)_3$	4.1×10^{-24}	23.39	115	$Mg_3(AsO_4)_2$	2.1×10^{-20}	19.68
83	$Eu(OH)_3$	8.9×10^{-24}	23.05	116	$MgCO_3$	3.5×10^{-8}	7.46
84	$FeAsO_4$	5.7×10^{-21}	20.24	117	$MgCO_3 \cdot 3H_2O$	2.14×10^{-5}	4.67
85	$FeCO_3$	3.2×10^{-11}	10.50	118	$Mg(OH)_2$	1.8×10^{-11}	10.74
86	$Fe(OH)_2$	8.0×10^{-16}	15.1	119	$Mg_3(PO_4)_2 \cdot 8H_2O$	6.31×10^{-26}	25.2
87	$Fe(OH)_3$	4.0×10^{-38}	37.4	120	$Mn_3(AsO_4)_2$	1.9×10^{-29}	28.72
88	$FePO_4$	1.3×10^{-22}	21.89	121	$MnCO_3$	1.8×10^{-11}	10.74
89	FeS	6.3×10^{-18}	17.2	122	$Mn(IO_3)_2$	4.37×10^{-7}	6.36
90	$Ga(OH)_3$	7.0×10^{-36}	35.15	123	$Mn(OH)_4$	1.9×10^{-13}	12.72

续表

序号	分子式	K_{sp}	pK_{sp} ($-\lg K_{sp}$)	序号	分子式	K_{sp}	pK_{sp} ($-\lg K_{sp}$)
124	MnS(粉红)	2.5×10^{-10}	9.6	162	$Sm(OH)_3$	8.2×10^{-23}	22.08
125	MnS(绿)	2.5×10^{-13}	12.6	163	$Sn(OH)_2$	1.4×10^{-28}	27.85
126	$Ni_3(AsO_4)_2$	3.1×10^{-26}	25.51	164	$Sn(OH)_4$	1.0×10^{-56}	56.0
127	$NiCO_3$	6.6×10^{-9}	8.18	165	SnO_2	3.98×10^{-65}	64.4
128	NiC_2O_4	4.0×10^{-10}	9.4	166	SnS	1.0×10^{-25}	25.0
129	$Ni(OH)_2$(新)	2.0×10^{-15}	14.7	167	SnSe	3.98×10^{-39}	38.4
130	$Ni_3(PO_4)_2$	5.0×10^{-31}	30.3	168	$Sr_3(AsO_4)_2$	8.1×10^{-19}	18.09
131	α-NiS	3.2×10^{-19}	18.5	169	$SrCO_3$	1.1×10^{-10}	9.96
132	β-NiS	1.0×10^{-24}	24.0	170	$SrC_2O_4 \cdot H_2O$	1.6×10^{-7}	6.80
133	γ-NiS	2.0×10^{-26}	25.7	171	SrF_2	2.5×10^{-9}	8.61
134	$Pb_3(AsO_4)_2$	4.0×10^{-36}	35.39	172	$Sr_3(PO_4)_2$	4.0×10^{-28}	27.39
135	$PbBr_2$	4.0×10^{-5}	4.41	173	$SrSO_4$	3.2×10^{-7}	6.49
136	$PbCl_2$	1.6×10^{-5}	4.79	174	$SrWO_4$	1.7×10^{-10}	9.77
137	$PbCO_3$	7.4×10^{-14}	13.13	175	$Tb(OH)_3$	2.0×10^{-22}	21.7
138	$PbCrO_4$	2.8×10^{-13}	12.55	176	$Te(OH)_4$	3.0×10^{-54}	53.52
139	PbF_2	2.7×10^{-8}	7.57	177	$Th(C_2O_4)_2$	1.0×10^{-22}	22.0
140	$PbMoO_4$	1.0×10^{-13}	13.0	178	$Th(IO_3)_4$	2.5×10^{-15}	14.6
141	$Pb(OH)_2$	1.2×10^{-15}	14.93	179	$Th(OH)_4$	4.0×10^{-45}	44.4
142	$Pb(OH)_4$	3.2×10^{-66}	65.49	180	$Ti(OH)_3$	1.0×10^{-40}	40.0
143	$Pb_3(PO_4)_3$	8.0×10^{-43}	42.10	181	TlBr	3.4×10^{-6}	5.47
144	PbS	1.0×10^{-28}	28.00	182	TlCl	1.7×10^{-4}	3.76
145	$PbSO_4$	1.6×10^{-8}	7.79	183	Tl_2CrO_4	9.77×10^{-13}	12.01
146	PbSe	7.94×10^{-43}	42.1	184	TlI	6.5×10^{-8}	7.19
147	$PbSeO_4$	1.4×10^{-7}	6.84	185	TlN_3	2.2×10^{-4}	3.66
148	$Pd(OH)_2$	1.0×10^{-31}	31.0	186	Tl_2S	5.0×10^{-21}	20.3
149	$Pd(OH)_4$	6.3×10^{-71}	70.2	187	$TlSeO_3$	2.0×10^{-39}	38.7
150	PdS	2.03×10^{-58}	57.69	188	$UO_2(OH)_2$	1.1×10^{-22}	21.95
151	$Pm(OH)_3$	1.0×10^{-21}	21.0	189	$VO(OH)_2$	5.9×10^{-23}	22.13
152	$Pr(OH)_3$	6.8×10^{-22}	21.17	190	$Y(OH)_3$	8.0×10^{-23}	22.1
153	$Pt(OH)_2$	1.0×10^{-35}	35.0	191	$Yb(OH)_3$	3.0×10^{-24}	23.52
154	$Pu(OH)_3$	2.0×10^{-20}	19.7	192	$Zn_3(AsO_4)_2$	1.3×10^{-28}	27.89
155	$Pu(OH)_4$	1.0×10^{-55}	55.0	193	$ZnCO_3$	1.4×10^{-11}	10.84
156	$RaSO_4$	4.2×10^{-11}	10.37	194	$Zn(OH)_2$③	2.09×10^{-16}	15.68
157	$Rh(OH)_3$	1.0×10^{-23}	23.0	195	$Zn_3(PO_4)_2$	9.0×10^{-33}	32.04
158	$Ru(OH)_3$	1.0×10^{-36}	36.0	196	α-ZnS	1.6×10^{-24}	23.8
159	Sb_2S_3	1.5×10^{-93}	92.8	197	β-ZnS	2.5×10^{-22}	21.6
160	ScF_3	4.2×10^{-18}	17.37	198	$ZrO(OH)_2$	6.3×10^{-49}	48.2
161	$Sc(OH)_3$	8.0×10^{-31}	30.1				

附录 12　常见氧化还原电对的标准电极电势 E^θ

1. 在酸性溶液中

电　对	电　极　反　应	E^θ/V
Li^+/Li	$Li^+ + e \rightleftharpoons Li$	-3.0401
Cs^+/Cs	$Cs^+ + e \rightleftharpoons Cs$	-3.026
K^+/K	$K^+ + e \rightleftharpoons K$	-2.931
Ba^{2+}/Ba	$Ba^{2+} + 2e \rightleftharpoons Ba$	-2.912
Ca^{2+}/Ca	$Ca^{2+} + 2e \rightleftharpoons Ca$	-2.868
Na^+/Na	$Na^+ + e \rightleftharpoons Na$	-2.71
Mg^{2+}/Mg	$Mg^{2+} + 2e \rightleftharpoons Mg$	-2.372
H_2/H^-	$1/2\, H_2 + e \rightleftharpoons H^-$	-2.23
Al^{3+}/Al	$Al^{3+} + 3e \rightleftharpoons Al$	-1.662
Mn^{2+}/Mn	$Mn^{2+} + 2e \rightleftharpoons Mn$	-1.185
Zn^{2+}/Zn	$Zn^{2+} + 2e \rightleftharpoons Zn$	-0.7618
Cr^{3+}/Cr	$Cr^{3+} + 3e \rightleftharpoons Cr$	-0.744
Ag_2S/Ag^-	$Ag_2S + 2e \rightleftharpoons 2Ag + S^{2-}$	-0.691
$CO_2/H_2C_2O_4$	$2CO_2 + 2H^+ + 2e \rightleftharpoons H_2C_2O_4$	-0.481
Fe^{2+}/Fe	$Fe^{2+} + 2e \rightleftharpoons Fe$	-0.447
Cr^{3+}/Cr^{2+}	$Cr^{3+} + e \rightleftharpoons Cr^{2+}$	-0.407
Cd^{2+}/Cd	$Cd^{2+} + 2e \rightleftharpoons Cd$	-0.4030
$PbSO_4/Pb$	$PbSO_4 + 2e \rightleftharpoons Pb + SO_4^{2-}$	-0.3588
Co^{2+}/Co	$Co^{2+} + 2e \rightleftharpoons Co$	-0.28
$PbCl_2/Pb$	$PbCl_2 + 2e \rightleftharpoons Pb + 2Cl^-$	-0.2675
Ni^{2+}/Ni	$Ni^{2+} + 2e \rightleftharpoons Ni$	-0.257
AgI/Ag	$AgI + e \rightleftharpoons Ag + I^-$	-0.15224
Sn^{2+}/Sn	$Sn^{2+} + 2e \rightleftharpoons Sn$	-0.1375
Pb^{2+}/Pb	$Pb^{2+} + 2e \rightleftharpoons Pb$	-0.1262
Fe^{3+}/Fe	$Fe^{3+} + 3e \rightleftharpoons Fe$	-0.037
$AgCN/Ag$	$AgCN + e \rightleftharpoons Ag + CN^-$	-0.017
H^+/H_2	$2H^+ + 2e \rightleftharpoons H_2$	0.0000
$AgBr/Ag$	$AgBr + e \rightleftharpoons Ag + Br^-$	0.07133
S/H_2S	$S + 2H^+ + 2e \rightleftharpoons H_2S\ (aq)$	0.142
Sn^{4+}/Sn^{2+}	$Sn^{4+} + 2e \rightleftharpoons Sn^{2+}$	0.151
Cu^{2+}/Cu^+	$Cu^{2+} + e \rightleftharpoons Cu^+$	0.153
$AgCl/Ag$	$AgCl + e \rightleftharpoons Ag + Cl^-$	0.22233
Hg_2Cl_2/Hg	$Hg_2Cl_2 + 2e \rightleftharpoons 2Hg + 2Cl^-$	0.26808
Cu^{2+}/Cu	$Cu^{2+} + 2e \rightleftharpoons Cu$	0.3419
$S_2O_3^{2-}/S$	$S_2O_3^{2-} + 6H^+ + 4e \rightleftharpoons 2S + 3H_2O$	0.5
Cu^+/Cu	$Cu^+ + e \rightleftharpoons Cu$	0.521

续表

电　对	电　极　反　应	E^{θ}/V
I_2/I^-	$I_2 + 2e \rightleftharpoons 2I^-$	0.535 5
I_3^-/I^-	$I_3^- + 2e \rightleftharpoons 3I^-$	0.536
MnO_4^-/MnO_4^{2-}	$MnO_4^- + e \rightleftharpoons MnO_4^{2-}$	0.558
$H_3AsO_4/HAsO_2$	$H_3AsO_4 + 2H^+ + 2e \rightleftharpoons HAsO_2 + 2H_2O$	0.560
Ag_2SO_4/Ag	$Ag_2SO_4 + 2e \rightleftharpoons 2Ag + SO_4^{2-}$	0.654
O_2/H_2O_2	$O_2 + 2H^+ + 2e \rightleftharpoons H_2O_2$	0.695
Fe^{3+}/Fe^{2+}	$Fe^{3+} + e \rightleftharpoons Fe^{2+}$	0.771
Hg_2^{2+}/Hg	$Hg_2^{2+} + 2e \rightleftharpoons 2Hg$	0.797 3
Ag^+/Ag	$Ag^+ + e \rightleftharpoons Ag$	0.799 6
NO_3^-/N_2O_4	$2NO_3^- + 4H^+ + 2e \rightleftharpoons N_2O_4 + 2H_2O$	0.803
Hg^{2+}/Hg	$Hg^{2+} + 2e \rightleftharpoons Hg$	0.851
Cu^{2+}/CuI	$Cu^{2+} + I^- + e \rightleftharpoons CuI$	0.86
Hg^{2+}/Hg_2^{2+}	$2Hg^{2+} + 2e \rightleftharpoons Hg_2^{2+}$	0.920
NO_3^-/HNO_2	$NO_3^- + 3H^+ + 2e \rightleftharpoons HNO_2 + H_2O$	0.934
NO_3^-/NO	$NO_3^- + 4H^+ + 3e \rightleftharpoons NO + 2H_2O$	0.957
HNO_2/NO	$HNO_2 + H^+ + e \rightleftharpoons NO + H_2O$	0.983
$[AuCl_4]^-/Au$	$[AuCl_4]^- + 3e \rightleftharpoons Au + 4Cl^-$	1.002
Br_2/Br^-	$Br_2(l) + 2e \rightleftharpoons 2Br^-$	1.066
$Cu^{2+}/[Cu(CN)_2]^-$	$Cu^{2+} + 2CN^- + e \rightleftharpoons [Cu(CN)_2]^-$	1.103
IO_3^-/HIO	$IO_3^- + 5H^+ + 4e \rightleftharpoons HIO + 2H_2O$	1.14
IO_3^-/I_2	$2IO_3^- + 12H^+ + 10e \rightleftharpoons I_2 + 6H_2O$	1.195
MnO_2/Mn^{2+}	$MnO_2 + 4H^+ + 2e \rightleftharpoons Mn^{2+} + 2H_2O$	1.224
O_2/H_2O	$O_2 + 4H^+ + 4e \rightleftharpoons 2H_2O$	1.229
$Cr_2O_7^{2-}/Cr^{3+}$	$Cr_2O_7^{2-} + 14H^+ + 6e \rightleftharpoons 2Cr^{3+} + 7H_2O$	1.232
Cl_2/Cl^-	$Cl_2(g) + 2e \rightleftharpoons 2Cl^-$	1.358 27
ClO_4^-/Cl_2	$2ClO_4^- + 16H^+ + 14e \rightleftharpoons Cl_2 + 8H_2O$	1.39
ClO_3^-/Cl^-	$ClO_3^- + 6H^+ + 6e \rightleftharpoons Cl^- + 3H_2O$	1.451
PbO_2/Pb^{2+}	$PbO_2 + 4H^+ + 2e \rightleftharpoons Pb^{2+} + 2H_2O$	1.455
ClO_3^-/Cl_2	$ClO_3^- + 6H^+ + 5e \rightleftharpoons 1/2\ Cl_2 + 3H_2O$	1.47
BrO_3^-/Br_2	$2BrO_3^- + 12H^+ + 10e \rightleftharpoons Br_2 + 6H_2O$	1.482
$HClO/Cl^-$	$HClO + H^+ + 2e \rightleftharpoons Cl^- + H_2O$	1.482
Au^{3+}/Au	$Au^{3+} + 3e \rightleftharpoons Au$	1.498
MnO_4^-/Mn^{2+}	$MnO_4^- + 8H^+ + 5e \rightleftharpoons Mn^{2+} + 4H_2O$	1.507
Mn^{3+}/Mn^{2+}	$Mn^{3+} + e \rightleftharpoons Mn^{2+}$	1.541 5
$HBrO/Br_2$	$2HBrO + 2H^+ + 2e \rightleftharpoons Br_2 + 2H_2O$	1.596
H_5IO_6/IO_3^-	$H_5IO_6 + H^+ + 2e \rightleftharpoons IO_3^- + 3H_2O$	1.601
$HClO/Cl_2$	$2HClO + 2H^+ + 2e \rightleftharpoons Cl_2 + 2H_2O$	1.611
$HClO_2/HClO$	$HClO_2 + 2H^+ + 2e \rightleftharpoons HClO + H_2O$	1.645
MnO_4^-/MnO_2	$MnO_4^- + 4H^+ + 3e \rightleftharpoons MnO_2 + 2H_2O$	1.679

续表

电对	电极反应	$E^{\ominus}/V$
$PbO_2/PbSO_4$	$PbO_2 + SO_4^{2-} + 4H^+ + 2e \rightleftharpoons PbSO_4 + 2H_2O$	1.691 3
H_2O_2/H_2O	$H_2O_2 + 2H^+ + 2e \rightleftharpoons 2H_2O$	1.776
Co^{3+}/Co^{2+}	$Co^{3+} + e \rightleftharpoons Co^{2+}$	1.92
$S_2O_8^{2-}/SO_4^{2-}$	$S_2O_8^{2-} + 2e \rightleftharpoons 2SO_4^{2-}$	2.010
O_3/O_2	$O_3 + 2H^+ + 2e \rightleftharpoons O_2 + H_2O$	2.076
F_2/F^-	$F_2 + 2e \rightleftharpoons 2F^-$	2.866
F_2/HF	$F_2(g) + 2H^+ + 2e \rightleftharpoons 2HF$	3.503

2. 在碱性溶液中

电对	电极反应	$E^{\ominus}/V$
$Mn(OH)_2/Mn$	$Mn(OH)_2 + 2e \rightleftharpoons Mn + 2OH^-$	-1.56
$[Zn(CN)_4]^{2-}/Zn$	$[Zn(CN)_4]^{2-} + 2e \rightleftharpoons Zn + 4CN^-$	-1.34
ZnO_2^{2-}/Zn	$ZnO_2^{2-} + 2H_2O + 2e \rightleftharpoons Zn + 4OH^-$	-1.215
$[Sn(OH)_6]^{2-}/HSnO_2^-$	$[Sn(OH)_6]^{2-} + 2e \rightleftharpoons HSnO_2^- + 3OH^- + H_2O$	-0.93
SO_4^{2-}/SO_3^{2-}	$SO_4^{2-} + H_2O + 2e \rightleftharpoons SO_3^{2-} + 2OH^-$	-0.93
$HSnO_2^-/Sn$	$HSnO_2^- + H_2O + 2e \rightleftharpoons Sn + 3OH^-$	-0.909
H_2O/H_2	$2H_2O + 2e \rightleftharpoons H_2 + 2OH^-$	-0.827 7
$Ni(OH)_2/Ni$	$Ni(OH)_2 + 2e \rightleftharpoons Ni + 2OH^-$	-0.72
AsO_4^{3-}/AsO_2^-	$AsO_4^{3-} + 2H_2O + 2e \rightleftharpoons AsO_2^- + 4OH^-$	-0.71
SO_3^{2-}/S	$SO_3^{2-} + 3H_2O + 4e \rightleftharpoons S + 6OH^-$	-0.59
$SO_3^{2-}/S_2O_3^{2-}$	$2SO_3^{2-} + 3H_2O + 4e \rightleftharpoons S_2O_3^{2-} + 6OH^-$	-0.571
S/S^{2-}	$S + 2e \rightleftharpoons S^{2-}$	-0.476 27
$[Ag(CN)_2]^-/Ag$	$[Ag(CN)_2]^- + e \rightleftharpoons Ag + 2CN^-$	-0.31
CrO_4^{2-}/CrO_2^-	$CrO_4^{2-} + 4H_2O + 3e \rightleftharpoons Cr(OH)_4^- + 4OH^-$	-0.13
O_2/HO_2^-	$O_2 + H_2O + 2e \rightleftharpoons HO_2^- + OH^-$	-0.076
NO_3^-/NO_2^-	$NO_3^- + H_2O + 2e \rightleftharpoons NO_2^- + 2OH^-$	0.01
$S_4O_6^{2-}/S_2O_3^{2-}$	$S_4O_6^{2-} + 2e \rightleftharpoons 2S_2O_3^{2-}$	0.08
$[Co(NH_3)_6]^{3+}/[Co(NH_3)_6]^{2+}$	$[Co(NH_3)_6]^{3+} + e \rightleftharpoons [Co(NH_3)_6]^{2+}$	0.108
MnO_2/Mn^{2+}	$Mn(OH)_3 + e \rightleftharpoons Mn(OH)_2 + OH^-$	0.15
$Cr_2O_7^{2-}/Cr^{3+}$	$Co(OH)_3 + e \rightleftharpoons Co(OH)_2 + OH^-$	0.17
Ag_2O/Ag	$Ag_2O + H_2O + 2e \rightleftharpoons 2Ag + 2OH^-$	0.342
O_2/OH^-	$O_2 + 2H_2O + 4e \rightleftharpoons 4OH^-$	0.401
MnO_4^-/MnO_2	$MnO_4^- + 2H_2O + 3e \rightleftharpoons MnO_2 + 4OH^-$	0.595
BrO_3^-/Br^-	$BrO_3^- + 3H_2O + 6e \rightleftharpoons Br^- + 6OH^-$	0.61
BrO^-/Br^-	$BrO^- + H_2O + 2e \rightleftharpoons Br^- + 2OH^-$	0.761
ClO^-/Cl^-	$ClO^- + H_2O + 2e \rightleftharpoons Cl^- + 2OH^-$	0.81
H_2O_2/OH^-	$H_2O_2 + 2e \rightleftharpoons 2OH^-$	0.88
O_3/OH^-	$O_3 + H_2O + 2e \rightleftharpoons O_2 + 2OH^-$	1.24

3. 一些氧化还原电对的条件电极电势 $E^{\theta'}$

电极反应	$E^{\theta'}/V$	介 质
$Ag(Ⅱ) + e \rightleftharpoons Ag^+$	1.927	4 mol·L^{-1} HNO$_3$
$Ce(Ⅳ) + e \rightleftharpoons Ce(Ⅲ)$	1.70	1 mol·L^{-1} HClO$_4$
	1.61	1 mol·L^{-1} HNO$_3$
	1.44	0.5 mol·L^{-1} H$_2$SO$_4$
	1.28	1 mol·L^{-1} HCl
$[Co(en)_3]^{3+} + e \rightleftharpoons [Co(en)_3]^{2+}$	-0.20	0.1 mol·L^{-1} KNO$_3$ + 0.1 mol·L^{-1} en
$Cr_2O_7^{2-} + 14H^+ + 6e \rightleftharpoons 2Cr^{3+} + 7H_2O$	1.000	1 mol·L^{-1} HCl
	1.030	1 mol·L^{-1} HClO$_4$
	1.080	3 mol·L^{-1} HCl
	1.050	2 mol·L^{-1} HCl
	1.150	4 mol·L^{-1} H$_2$SO$_4$
$CrO_4^{2-} + 2H_2O + 3e \rightleftharpoons CrO_2^- + 4OH^-$	-0.120	1 mol·L^{-1} NaOH
$Fe(Ⅲ) + e \rightleftharpoons Fe(Ⅱ)$	0.750	1 mol·L^{-1} HClO$_4$
	0.670	0.5 mol·L^{-1} H$_2$SO$_4$
	0.700	1 mol·L^{-1} HCl
	0.460	2 mol·L^{-1} H$_3$PO$_4$
$H_3AsO_4 + 2H^+ + 2e \rightleftharpoons H_3AsO_3 + H_2O$	0.557	1 mol·L^{-1} HCl
$H_2SO_3 + 4H^+ + 4e \rightleftharpoons S + 3H_2O$	0.557	1 mol·L^{-1} HClO$_4$
$Fe(EDTA)^- + e \rightleftharpoons Fe(EDTA)^{2-}$	0.120	0.1 mol·L^{-1} EDTA(pH = 4~6)
	0.480	0.01 mol·L^{-1} HCl
$[Fe(CN)_6]^{3-} + e \rightleftharpoons [Fe(CN)_6]^{4-}$	0.560	0.1 mol·L^{-1} HCl
	0.720	1 mol·L^{-1} HClO$_4$
$I_2(水) + 2e \rightleftharpoons 2I^-$	0.6276	1 mol·L^{-1} H$^+$
$MnO_4^- + 8H^+ + 5e \rightleftharpoons Mn^{2+} + 4H_2O$	1.450	1 mol·L^{-1} HClO$_4$
	1.27	8 mol·L^{-1} H$_3$PO$_4$
$[SnCl_6]^{2-} + 2e \rightleftharpoons [SnCl_4]^{2-} + 2Cl^-$	0.140	1 mol·L^{-1} HCl
$Sn^{2+} + 2e \rightleftharpoons Sn$	-0.160	1 mol·L^{-1} HClO$_4$
$Sb(V) + 2e \rightleftharpoons Sb(Ⅲ)$	0.750	3.5 mol·L^{-1} HCl
$[Sb(OH)_6]^- + 2e \rightleftharpoons SbO_2^- + 2OH^- + 2H_2O$	-0.428	3 mol·L^{-1} NaOH
$SbO_2^- + 2H_2O + 3e \rightleftharpoons Sb + 4OH^-$	-0.675	10 mol·L^{-1} KOH
$Ti(Ⅳ) + e \rightleftharpoons Ti(Ⅲ)$	-0.010	0.2 mol·L^{-1} H$_2$SO$_4$
	0.120	2 mol·L^{-1} H$_2$SO$_4$
	-0.040	1 mol·L^{-1} HCl
$Pb(Ⅱ) + 2e \rightleftharpoons Pb$	-0.320	1 mol·L^{-1} NaAc
	-0.140	1 mol·L^{-1} HClO$_4$

附录 13 常见离子和化合物的颜色

1. 离子

(1) 无色离子

阳离子	Na^+	K^+	NH_4^+	Mg^{2+}	Ca^{2+}	Ba^{2+}	Al^{2+}	Sn^{4+}	Pb^{2+}	Bi^{3+}	Ag^+
	Zn^{2+}	Cd^{2+}	Hg_2^{2+}	Hg^{2+}							
阴离子	BO_2^-	$C_2O_4^{2-}$	Ac^-	CO_3^{2-}	SiO_3^{2-}	NO_3^-	NO_2^-	PO_4^{3-}	MoO_4^{2-}	SO_3^{2-}	SO_4^{2-}
	S^{2-}	$S_2O_3^{2-}$	F^-	Cl^-	ClO_3^-	Br^-	BrO_3^-	I^-	SCN^-	$[CuCl_2]^-$	

(2) 有色离子

$[Cu(H_2O)_4]^{2+}$	$[CuCl_4]^{2-}$	$[Cu(NH_3)_4]^{2+}$	$[Cr(H_2O)_6]^{2+}$
浅蓝色	黄色	深蓝色	蓝色
$[Cr(H_2O)_6]^{3+}$	$[Cr(H_2O)_5Cl]^{2+}$	$[Cr(H_2O)_4Cl_2]^+$	$[Cr(NH_3)_2(H_2O)_4]^{3+}$
紫色	浅绿色	暗绿色	紫红色
$[Cr(NH_3)_3(H_2O)_3]^{3+}$	$[Cr(NH_3)_4(H_2O)_2]^{3+}$	$[Cr(NH_3)_5H_2O]^{2+}$	$[Cr(NH_3)_6]^{3+}$
浅红色	橙红色	橙黄色	黄色
CrO_2^-	CrO_4^{2-}	$Cr_2O_7^{2-}$	$[Mn(H_2O)_6]^{2+}$
绿色	黄色	橙色	肉色
MnO_4^{2-}	MnO_4^-	$[Fe(C_2O_4)_3]^{3-}$	$[Fe(NCS)_n]^{3-n}$
绿色	紫红色	黄色	血红色
$FeCl_6^{3-}$	FeF_6^{3-}	$[Fe(H_2O)_6]^{2+}$	$[Fe(H_2O)_6]^{3+}$
黄色	无色	浅绿色	淡紫色
$[Fe(CN)_6]^{4-}$	$[Fe(CN)_6]^{3-}$	$[Co(H_2O)_6]^{2+}$	$[Co(NH_3)_6]^{2+}$
黄色	浅橘黄色	粉红色	黄色
$[Co(NH_3)_6]^{3+}$	$[CoCl(NH_3)_5]^{2+}$	$[Co(NH_3)_5(H_2O)]^{3+}$	$[Co(NH_3)_5CO_3]^+$
橙黄色	红紫色	粉红色	紫红色
$[Co(CN)_6]^{3-}$	$[Co(SCN)_4]^{2-}$	$[Ni(H_2O)_6]^{2+}$	$[Ni(NH_3)_6]^{2+}$
紫色	蓝色	亮绿色	蓝色
I_3^-			
浅棕黄色			

2. 化合物

(1) 氧化物

CuO	Cu_2O	Ag_2O	ZnO	Hg_2O	HgO	TiO_2
黑色	暗红色	暗棕色	白色	黑褐色	红色或黄色	白色或橙红色

续表

V_2O_3	VO_2	V_2O_5	Cr_2O_3	CrO_3	MnO_2	FeO
黑色	深蓝色	红棕色	绿色	红色	棕褐色	黑色
Fe_2O_3	Fe_3O_4	CoO	Co_2O_3	NiO	Ni_2O_3	PbO
砖红色	黑色	灰绿色	黑色	暗绿色	黑色	黄色
Pb_3O_4						
红色						

(2) 氢氧化物

$Zn(OH)_2$	$Pb(OH)_2$	$Mg(OH)_2$	$Sn(OH)_2$	$Sn(OH)_4$	$Mn(OH)_2$	$Fe(OH)_2$
白色	白色	白色	白色	白色	白色	白色或苍绿色
$Fe(OH)_3$	$Cd(OH)_2$	$Al(OH)_3$	$Bi(OH)_3$	$Sb(OH)_3$	$Cu(OH)_2$	$CuOH$
红棕色	白色	白色	白色	白色	浅蓝色	黄色
$Ni(OH)_2$	$Ni(OH)_3$	$Co(OH)_2$	$Co(OH)_3$	$Cr(OH)_3$		
浅绿色	黑色	粉红色	褐棕色	灰绿色		

(3) 氯化物

$AgCl$	Hg_2Cl_2	$PbCl_2$	$CuCl$	$CuCl_2$	$CuCl_2 \cdot 2H_2O$	$Hg(NH_3)Cl$
白色	白色	白色	白色	棕色	蓝色	白色
$CoCl_2$	$CoCl_2 H_2O$	$CoCl_2 \cdot 2H_2O$	$CoCl_2 \cdot 6H_2O$	$FeCl_3 \cdot 6H_2O$		
蓝色	蓝紫色	紫红色	粉红色	黄棕色		

(4) 溴化物

$AgBr$	$CuBr_2$	$PbBr_3$
淡黄色	黑紫色	白色

(5) 碘化物

AgI	Hg_2I_2	HgI_2	PbI_2	CuI
黄色	黄褐色	红色	黄色	白色

(6) 卤酸盐

$Ba(IO_3)_2$	$AgIO_3$	$KClO_4$	$AgBrO_3$
白色	白色	白色	白色

(7) 硫化物

Ag_2S	PbS	CuS	Cu_2S	FeS	Fe_2S_3	SnS	SnS_2
灰黑色	黑色	黑色	黑色	棕黑色	黑色	灰黑色	金黄色

续表

HgS	CdS	Sb_2S_3	Sb_2S_5	MnS	ZnS	As_2S_3
红色或黑色	黄色	橙色	橙红色	肉色	白色	黄色

(8) 硫酸盐

Ag_2SO_4	Hg_2SO_4	$PbSO_4$	$CaSO_4$	$BaSO_4$	$[Fe(NO)]SO_4$
白色	白色	白色	白色	白色	深棕色
$Cu(HO)_2SO_4$	$CuSO_4 \cdot 5H_2O$	$CoSO_4 \cdot 7H_2O$	$Cr_2(SO_4)_3 \cdot 6H_2O$	$Cr_2(SO_4)_3$	$Cr_2(SO_4)_3 \cdot 18H_2O$
浅蓝色	蓝色	红色	绿色	紫色或红色	蓝紫色

(9) 碳酸盐

Ag_2CO_3	$CaCO_3$	$BaCO_3$	$MnCO_3$	$CdCO_3$	$Zn_2(OH)_2CO_3$
白色	白色	白色	白色	白色	白色
$FeCO_3$	$Cu_2(OH)_2CO_3$	$Ni_2(OH)_2CO_3$			
白色	暗绿色	浅绿色			

(10) 磷酸盐

$Ca_3(PO_4)_2$	$CaHPO_4$	$Ba_3(PO_4)_2$	$FePO_4$	Ag_3PO_4	$MgNH_4PO_4$
白色	白色	白色	浅黄色	黄色	白色

(11) 铬酸盐

Ag_2CrO_4	$PbCrO_4$	$BaCrO_4$	$FeCrO_4 \cdot 2H_2O$	$CaCrO_4$
砖红色	黄色	黄色	黄色	黄色

(12) 硅酸盐

$BaSiO_3$	$CuSiO_3$	$CoSiO_3$	$Fe_2(SiO_3)_3$	$MnSiO_3$	$NiSiO_3$	$ZnSiO_3$
白色	蓝色	紫色	棕红色	肉色	翠绿色	白色

(13) 草酸盐

CaC_2O_4	$Ag_2C_2O_4$	$FeC_2O_4 \cdot 2H_2O$
白色	白色	黄色

(14) 类卤化合物

AgCN	$Ni(CN)_2$	$Cu(CN)_2$	CuCN	AgSCN	$Cu(SCN)_2$
白色	浅绿色	浅棕黄色	白色	白色	黑绿色

(15) 其他含氧酸盐

$Ag_2S_2O_3$	$BaSO_3$
白色	白色

(16) 其他化合物

$Cu_2[Fe(CN)_6]$	$Ag_3[Fe(CN)_6]$	$Zn_3[Fe(CN)_6]_2$
红棕色	橙色	黄褐色
$Co_2[Fe(CN)_6]$	$Ag_4[Fe(CN)_6]$	$Zn_2[Fe(CN)_6]$
绿色	白色	白色
$K_3[Co(NO_2)_6]$	$K_2Na[Co(NO_2)_6]$	$(NH_4)_2Na[Co(NO_2)_6]$
黄色	黄色	黄色
$K_2[PtCl_6]$	$Na_2[Fe(CN)_5NO]\cdot 2H_2O$	$NaAc\cdot Zn(Ac)_2\cdot 3[UO_2(Ac)_2]\cdot 9H_2O$
黄色	红色	黄色

附录14 危险药品的分类、性质和管理

类别		举例	性质	注意事项
1. 爆炸品		硝酸铵、苦味酸、三硝基苯	遇高热摩擦、撞击等，引起剧烈反应，放出大量气体和热量，产生猛烈爆炸	存放于阴凉、低温处。轻拿、轻放
2. 易燃品	易燃液体	丙酮、乙醚、甲醇、乙醇、苯等有机溶剂	沸点低、易挥发，遇火则燃烧，甚至引起爆炸	存放阴凉处，远离热源。使用时注意通风，不得有明火
	易燃固体	赤磷、硫、萘、溶化纤维	燃点低、受热、摩擦、撞击或遇氧化剂，可引起剧烈连续燃烧、爆炸	同上
	易燃气体	氢气、乙炔、甲烷	因撞击、受热引起燃烧。与空气按一定比例混合，则会爆炸	使用时注意通风。如为钢瓶气，不得在实验室存在
	遇水易燃品	钠、钾	遇水剧烈反应，产生可燃气体并放出热量，此反应热会引起燃烧	保存于煤油中，切勿与水接触
	自燃物品	黄磷	在适当温度下被空气氧化、放热，达到燃点而引起自燃	保存于水中
3. 氧化剂		硝酸钾、氯酸钾、过氧化氢、过氧化钠、高锰酸钾	具有强氧化性、遇酸、受热，与有机物、易燃品、还原剂混合时，因反应引起燃烧或爆炸	不得与易燃品、爆炸品、还原剂等一起存放
4. 剧毒品		氰化钾、三氧化二砷、升汞、氯化钡、六六六	剧毒，少量侵入人体（误食或接触伤口）引使中毒，甚至死亡	专人、专柜保管，现用现领，用后的剩余物，不论是固体或液体都应交回保管人，并应设有使用登记制度
5. 腐蚀性药品		强酸、氟化氢、强碱、溴、酚	具有强腐蚀性，触及物品造成腐蚀破坏，触及人体皮肤，引起化学烧伤	不要与氧化剂、易燃品、爆炸品放在一起

附录15 特种试剂的配制

试剂名称	配制方法	备注
银氨溶液	1.5 mL2% $AgNO_3$ + 2% NH_3（滴入），振荡，至生成的沉淀完全溶解为止	现用现配，贮于棕色瓶中
费林试剂	A 液：$3.5gCuSO_4 \cdot 5H_2O$ + 100 mL 水； B 液：$17gKNaC_4H_4O_6 \cdot 4H_2O$ + 15～20 mL 热水 + 20 mL25% NaOH + 水稀释到 100 mL	A、B 液分别贮存；临用前取 A、B 液等量混合
席夫试剂（品红亚硫酸溶液）	（1）0.50 g 品红的盐酸盐晶体 + 100 mL 热水，冷却后，通入 SO_2，使溶液呈无色 + 水稀释到 500 mL； （2）0.20 g 品红的盐酸盐晶体 + 100 mL 热水，冷却后，加入 $2gNaHSO_3$ 和 2 mL 浓 HCl，搅匀后，至红色褪去	（1）、（2）法中当配制完毕时，如呈粉红色，可加入 0.5 g 活性炭，搅拌后过滤；试剂贮于严密的棕色瓶中
淀粉溶液	1 g 可溶性淀粉 + 10 mL 水，搅匀，边搅拌边加入 20 mL 热水中，煮沸 1 min，冷却，过滤	现用现配，如保存可加入 0.5 gKI 及 2～3 滴氯仿
碘化钾淀粉溶液	100 mL 淀粉溶液 + 1 gKI	不得显蓝色，现用现配
漂白粉溶液	1 g 漂白粉 + 水稀释到 100 mL，搅匀，取上层清液	现用现配
次氯酸钠溶液	含 10%～14%（w/V）有效氯	用时与等量水混合
钼酸铵试剂	45 g $(NH_4)_6Mo_7O_{24} \cdot 4H_2O$ 或 40 g 纯 MoO_3 + 70 mLNH_3 + 140 mL 水，完全溶解后，再缓缓加入 250 mL 浓 HNO_3 和 500 mL 水的混合液中，随加随搅拌，最后加水稀释到 1 L。放置 1～2 日，倾取上层清液备用	
奈斯勒试剂 K_2HgI_4	$2.5 gHgCl_2$ + 10 mL 热水，慢慢加入 5 gKI + 5 mL 水的溶液中，振荡，至生成的红色沉淀不溶解为止，冷却；氢氧化钾溶液（15 gKOH + 30 mL 水）+ 水稀释到 100 mL，加入上面的 $HgCl_2$ 溶液 0.5 mL、振荡；将上述溶液静置一昼夜，倾取上层清液备用	贮于棕色瓶中，用橡皮塞塞紧
溴水 $Br_2 + H_2O$	在带有良好磨口塞的玻瓶内，将市售溴约 50 g（16 mL）注入 1 L 水中。在 2 h 内经常剧烈振荡；每次振荡之后微开塞子，使积聚的溴蒸气放出。在储存瓶底总有过量的溴。将溴水倒入试剂瓶时剩余的溴应留于储存瓶中而不倒入试剂瓶（倾倒溴和溴水时应在通风橱中进行）	为了操作时防止溴蒸气的灼伤，应戴上乳胶或橡胶手套，也可以将凡士林涂于手上
碘液 $I_2 + H_2O$	将 1.3 g 碘和 5 g 碘化钾溶解在尽可能少量的水中，待碘完全溶解后（充分搅动），再加水冲稀至 1 L。如此所配成的碘液其浓度为 0.01 mol/L	

附录16 常用有机溶剂的物理常数

溶剂	沸点/℃ (100 kPa)	熔点/℃	分子量	密度 (20℃)	介电常数	溶解度（克/百克水）	与水共沸混合物 沸点/℃	H_2O/%
乙醚	35	-116	74	0.71	4.3	6.0	3.4	1
二硫化碳	46	-111	76	1.26	2.6	0.29（20℃）	44	2
丙酮	56	-95	58	0.79	20.7	∞	—	—
氯仿	61.2	-64	119	1.49	4.8	0.82（℃）	56	2.5
甲醇	65	-98	32	0.79	32.7	∞	—	—
四氯化碳	77	-23	154	1.59	2.2	0.08	66	4
乙酸乙酯	77.1	-84	88	0.90	6.0	8.1	70.4	6
乙醇	78.3	-114	46	0.79	24.6	∞	78.1	4
苯	80.4	5.5	78	0.88	2.3	0.18	69.2	8.8
异丙醇	82.4	-88	60	0.79	19.9	∞	80.4	12
正丁醇	118	-89	74	0.81	17.5	7.45	92.2	37.5
甲酸	101	8	46	1.22	58.5	∞	107	26
甲苯	111	-95	92	0.87	2.4	0.05	84.1	13.5
吡啶	115	-42	79	0.98	12.4	∞	92.5	40.6
乙酸	118	17	60	1.05	6.2	∞	—	—
乙酸酐	140	-73	102	1.08	20.7	反应	—	—
硝基苯	211	6	123	1.20	34.8	0.19（℃）	99	88

参 考 文 献

[1] 邱德仁. 工业分析化学 [M]. 上海：复旦大学出版社，2003.
[2] 张舵，王英健. 工业分析（基础篇）（第二版）[M]. 大连：大连理工大学出版社，2010.
[3] 王英健，张舵. 工业分析（实训篇）[M]. 大连：大连理工大学出版社，2007.
[4] 李广超. 工业分析 [M]. 北京：化学工业出版社，2010.
[5] 王建梅，王桂芝. 工业分析 [M]. 北京：高等教育出版社，2007.
[6] 张小康，张正兢. 工业分析（第二版）[M]. 北京：化学工业出版社，2009.
[7] 穆华荣，于淑萍. 食品分析（第二版）[M]. 北京：化学工业出版社，2009.
[8] 张水华，王启军. 食品分析实验（第二版）[M]. 北京：化学工业出版社，2011.
[9] 中国标准出版社第五编辑室. 钢铁及合金化学分析方法标准汇编 [M]. 北京：中国标准出版社，2009.
[10] 王忠尧. 工业用水及污水水质分析 [M]. 北京：化学工业出版社，2010.
[11] 徐伏秋，张秋芬. 硅酸盐工业分析实验 [M]. 北京：化学工业出版社，2009.
[12] 刘刚. 职业技能鉴定培训教程·化肥分析 [M]. 北京：化学工业出版社，2008.
[13] 王翠萍，赵发宝. 煤质分析及煤化工产品检测 [M]. 北京：化学工业出版社，2009.
[14] 全国煤炭标准化技术委员会. 煤炭行业标准汇编：煤质检测加工利用卷 [M]. 北京：化学工业出版社，2006.